AutoCAD 工程设计系列丛书

AutoCAD 2016 中文版建筑设计 从入门到精通

孟 培 主编

机械工业出版社

本书主要介绍 AutoCAD 2016 中文版在建筑设计行业的具体应用。全书共分 17 章，其中，第 1 章介绍建筑设计基本理论；第 2 章介绍 AutoCAD 2016 入门；第 3 章介绍二维绘图与编辑命令；第 4 章介绍文本、表格与尺寸标注；第 5 章介绍快速绘图工具；第 6 章介绍建筑设计图样概述；第 7 章介绍砖混住宅平面图与立面图；第 8 章介绍砖混住宅剖面图及大样图；第 9 章介绍别墅平面图的绘制；第 10 章介绍别墅装饰平面图的绘制；第 11 章介绍别墅立面图的绘制；第 12 章介绍别墅剖面图的绘制；第 13 章介绍工程及施工图概况；第 14 章介绍酒店平面图的绘制；第 15 章介绍酒店立面图的绘制；第 16 章介绍酒店剖面图的绘制；第 17 章介绍酒店结构详图的绘制。本书各章之间紧密联系，前后呼应，形成一个整体。

本书既适合于 AutoCAD 软件的初、中级读者，也适用于已经学过 AutoCAD 先前版本的用户，更适合有意使用 AutoCAD 进行建筑制图的相关人员。

图书在版编目（CIP）数据

AutoCAD 2016 中文版建筑设计从入门到精通 / 孟培主编. —北京：机械工业出版社，2015.10

（AutoCAD 工程设计系列丛书）

ISBN 978-7-111-51907-2

Ⅰ.①A… Ⅱ.①孟… Ⅲ.①建筑设计－计算机辅助设计－AutoCAD 软件
Ⅳ.①TU201.4

中国版本图书馆 CIP 数据核字（2015）第 252639 号

机械工业出版社（北京市百万庄大街 22 号　邮政编码 100037）
策划编辑：张淑谦　　　责任编辑：张淑谦
责任校对：张艳霞　　　责任印制：乔　宇
保定市中画美凯印刷有限公司印刷
2015 年 11 月第 1 版 • 第 1 次印刷
184mm×260mm • 32 印张 • 791 千字
0001－3000 册
标准书号：ISBN 978-7-111-51907-2
　　　　　ISBN 978-7-89405-902-4（光盘）
定价：85.00 元（含 1DVD）

凡购本书，如有缺页、倒页、脱页，由本社发行部调换

电话服务　　　　　　　　　　　　网络服务

服务咨询热线：（010）88361066　　机 工 官 网：www.cmpbook.com

读者购书热线：（010）68326294　　机 工 官 博：weibo.com/cmp1952

　　　　　　　（010）88379203　　教育服务网：www.cmpedu.com

封面无防伪标均为盗版　　　　　金 书 网：www.golden-book.com

前　言

AutoCAD 是最早开发，也是用户群最庞大的 CAD 软件之一。经过多年的发展，其功能不断完善，现已覆盖机械、建筑、服装、电子、气象、地理等各个学科，在全球建立了牢固的用户网络。目前，虽然出现了许多其他的 CAD 软件，且这些后起之秀在不同的方面有很多优秀而卓越的功能，但是 AutoCAD 毕竟历经市场考验，以其开放性的平台和简单易行的操作方法，早已被工程设计人员认可。

一、本书特色

市面上关于 AutoCAD 建筑设计的学习书籍浩如烟海，但读者要挑选一本自己中意的书却很困难。那么，本书为什么能够让您在"众里寻她千百度"之际，于"灯火阑珊"中"蓦然回首"呢？那是因为本书有以下 5 大特色。

● 作者权威

本书作者有多年的计算机辅助建筑设计领域工作经验和教学经验。本书是作者总结多年的设计经验以及教学的心得体会，精心编著，力求全面、细致地展现出 AutoCAD 2016 在建筑设计应用领域的各种功能和使用方法。

● 实例专业

本书中引用的高层建筑小区设计和乡村别墅设计实例本身就是工程设计项目案例，再经过作者精心提炼和改编，不仅保证了读者能够学好知识点，更重要的是能帮助读者掌握实际的操作技能。

● 提升技能

本书从全面提升 AutoCAD 设计能力的角度出发，结合具体的案例来讲解如何利用 AutoCAD 2016 进行工程设计，真正让读者懂得计算机辅助建筑设计，从而独立地完成各种建筑工程设计。

● 内容全面

本书在有限的篇幅内，包罗了 AutoCAD 常用的功能以及常见的建筑图样设计讲解，涵盖了建筑设计基本理论、AutoCAD 绘图基础知识、建筑设计基础理轮、建筑施工图总体设计、建筑总平面图设计、建筑平面图设计、建筑立面图设计、建筑剖面图设计、建筑结构详图设计、建筑室内设计、建筑电气设计等知识。读者只要有本书在手，AutoCAD 建筑设计知识全精通。本书不仅有透彻的讲解，还有非常典型的工程实例，两个综合案例恰到好处地反映了城市通用建筑设计和乡村休闲特色设计的设计理念精髓。通过这些实例的演练，读者能够找到一条学习 AutoCAD 建筑设计的终南捷径。

● 知行合一

结合典型的建筑设计实例详细讲解 AutoCAD 2016 建筑设计知识要点，让读者在学习案例的过程中潜移默化地掌握 AutoCAD 2016 操作技巧，同时培养了工程设计实践能力。

二、本书组织结构和主要内容

本书是以最新的 AutoCAD 2016 版本为演示平台，全面介绍 AutoCAD 软件从基础到实例的全部知识，帮助读者从入门走向精通。全书分为 4 篇，共 17 章。

1．基础知识篇 —— 介绍必要的基本操作方法和技巧

第 1 章主要介绍建筑设计基本理论。

第 2 章主要介绍 AutoCAD 2016 入门。

第 3 章主要介绍二维绘图与编辑命令。

第 4 章主要介绍文本、表格与尺寸标注。

第 5 章主要介绍快速绘图工具。

2．住宅建筑设计实例篇 —— 详细介绍砖混住宅的设计过程

第 6 章主要介绍建筑设计图样概述。

第 7 章主要介绍砖混住宅平面图与立面图。

第 8 章主要介绍砖混住宅剖面图及大样图。

3．别墅建筑设计实例篇 —— 详细介绍某别墅的设计过程

第 9 章主要介绍别墅平面图的绘制。

第 10 章主要介绍别墅装饰平面图的绘制。

第 11 章主要介绍别墅立面图的绘制。

第 12 章主要介绍别墅剖面图的绘制。

4．酒店建筑设计实例篇 —— 详细介绍某酒店的设计过程

第 13 章主要介绍建筑工程及施工图概况。

第 14 章主要介绍酒店平面图的绘制。

第 15 章主要介绍酒店立面图的绘制。

第 16 章主要介绍酒店剖面图的绘制。

第 17 章主要介绍酒店结构详图的绘制。

三、本书源文件

本书所有实例操作需要的原始文件和结果文件，以及上机实验实例的原始文件和结果文件，都在随书光盘的"源文件"目录下，读者可以复制到计算机硬盘下参考和使用。

四、光盘使用说明

本书除利用传统的纸面讲解外，还随书配送了多媒体学习光盘。光盘中包含所有实例的素材源文件，并制作了全程实例动画 AVI 文件。为了增强教学的效果，更进一步方便读者的学习，作者亲自对实例动画进行了配音讲解。利用作者精心设计的多媒体界面，读者可以随心所欲地像看电影一样轻松愉悦地学习本书。

光盘中有两个重要的目录希望读者关注，"源文件"目录下是本书所有实例操作需要的原始文件和结果文件，以及上机实验实例的原始文件和结果文件。"动画"目录下是本书所有实例的操作过程视频 AVI 文件，总共时长 20 小时 30 分钟左右。

如果读者对本书提供的多媒体界面不习惯，也可以打开该文件夹，用自己喜欢的播放器进行播放。

提示： 由于本书多媒体光盘插入光驱后自动播放，有些读者不知道怎样查看文件光盘目录。具体的方法是退出本光盘自动播放模式，然后单击计算机桌面上的"我的电脑"图标，打开文件根目录，在光盘所在盘符上单击鼠标右键，在打开的快捷菜单中选择【打开】命令，就可以查看光盘文件目录。

五、读者学习导航

本书突出了实用性及技巧性，使学习者可以很快地掌握 AutoCAD 2016 中建筑工程设计的方法和技巧，可供广大的技术人员和工程设计专业的学生学习使用，也可作为各大、中专院校的教学参考书。

本书既讲述了简要的基础知识，又讲述了建筑行业的设计实例。

没有任何基础的读者可以从头开始学习。

如果需要学习建筑设计实例，可以从第 7 章开始学习。

六、致谢

本书主要由孟培编写，参与编写的还有孙立明、李兵、甘勤涛、徐声杰、张辉、李亚莉、韩校粉、闫聪聪、王敏、杨雪静、张亭、卢园、胡仁喜、秦志霞。由于编者水平有限，书中不足之处在所难免，望广大读者登录网站www.sjzswsw.com、发送邮件到 win760520@126.com 批评指正或加入三维书屋图书学习交流 QQ 群：379090620 交流学习。

作　者

目　　录

第2篇 住宅建筑设计实例篇

第 3 篇 别墅建筑设计实例篇

第 4 篇　酒店建筑设计实例篇

第 **1** 篇

基础知识篇

本篇介绍以下主要知识点：

- 建筑设计基本理论
- AutoCAD 2016 入门
- 二维绘图与编辑命令
- 文本、表格与尺寸标注
- 快速绘图工具

第1章 建筑设计基本理论

 知识导引

建筑设计是指建筑物在建造之前，设计者按照建设任务，将施工过程和使用过程中所存在的或可能发生的问题，事先做好通盘的设想，拟定好解决这些问题的办法、方案，并用图样和文件表达出来。

本章将简要介绍建筑设计的一些基本知识，包括建筑设计特点、建筑设计要求与规范、建筑设计内容等。

 内容要点

➢ 建筑设计概述。

➢ 建筑制图的基本知识。

1.1 建筑设计基础

 本节思路

本节简要介绍建筑设计的一些基本理论和建筑设计的一般特点。

1.1.1 建筑设计概述

建筑设计是为人类建立生活环境的综合艺术和科学，是一门涵盖极广的专业。建筑设计一般从总体说由三大阶段构成，即方案设计、初步设计和施工图设计。方案设计主要是构思建筑的总体布局，包括各个功能空间的设计、高度、层高、外观造型等内容；初步设计是对方案设计的进一步细化，确定建筑的具体尺度和大小，包括建筑平面图、建筑剖面图和建筑立面图等；施工图设计则是将建筑构思变成图纸的重要阶段，是建造建筑的主要依据，除包括建筑平面图、建筑剖面图和建筑立面图等外，还包括各个建筑大样图、建筑构造节点图，以及其他专业设计图纸，如结构施工图、电气设备施工图、暖通空调设备施工图等。总的来说，建筑施工图越详细越好，要准确无误。

在建筑设计中，需按照国家规范及标准进行设计，确保建筑的安全、经济、适用等，需遵守的国家建筑设计规范主要有：

1）房屋建筑制图统一标准 GB/T 50001-2010。

2）建筑制图标准 GB/T 50104-2010。

3）建筑内部装修设计防火规范 GB 50222-1995。

4）建筑工程建筑面积计算规范 GB/T 50353-2013。

5）民用建筑设计通则 GB 50352-2005。

6）建筑设计防火规范 GB J 50016-2014。

7）建筑采光设计标准 GB 50033-2013。

8）建筑照明设计标准 GB 50034-2013。

9）汽车库、修车库、停车场设计防火规范 GB 50067-2014。

10）自动喷水灭火系统设计规范 GB 50084-2001（2005 年版）。

11）公共建筑节能设计标准 GB 50189-2005。

 注 意

> 建筑设计规范中 GB 是国家标准，此外还有行业规范、地方标准等。

建筑设计是为人们工作、生活与休闲提供环境空间的综合艺术和科学。建筑设计与人们日常生活息息相关，从住宅到商场大楼，从写字楼到酒店，从教学楼到体育馆，无处不与建筑设计紧密联系。图 1-1 和图 1-2 所示是两种不同风格的建筑。

图 1-1　高层商业建筑

图 1-2　别墅建筑

1.1.2　建筑设计特点

建筑设计是根据建筑物的使用性质、所处环境和相应标准，运用物质技术手段和建筑美学原理，创造功能合理、舒适优美、满足人们物质和精神生活需要的室内外空间环境。设计构思时，需要运用物质技术手段，如各类装饰材料和设施设备等；还需要遵循建筑美学原理，综合考虑使用功能、结构施工、材料设备、造价标准等多种因素。

从设计者的角度来分析建筑设计的方法，主要有以下几点：

（1）总体与细部深入推敲

总体推敲是建筑设计应考虑的几个基本观点之一，是指有一个设计的全局观念。细处着手是指具体进行设计时，必须根据建筑的使用性质，深入调查、收集信息，掌握必要的资料和数据，从最基本的人体尺度、人流动线、活动范围和特点、家具与设备的尺寸，以及使用它们必需的空间等着手。

（2）里外、局部与整体协调统一

建筑室内外空间环境需要与建筑整体的性质、标准、风格以及室外环境协调、统一，它们之间有着相互依存的密切关系，设计时需要从里到外、从外到里多次反复协调，从而使设计更趋完善合理。

（3）立意与表达

设计的构思、立意至关重要。可以说，一项设计，没有立意就等于没有"灵魂"，设计的难度也往往在于要有一个好的构思。一个较为成熟的构思，往往需要足够的信息量，有商讨和思考的时间，在设计前期和出方案过程中使立意、构思逐步明确，形成一个好的构思。

> **⚠ 注意**
>
> 对于建筑设计来说，正确、完整，又有表现力地表达出建筑室内外空间环境设计的构思和意图，使建设者和评审人员能够通过图纸、模型、说明等，全面地了解设计意图，也是非常重要的。

建筑设计根据设计的进程，通常可以分为 4 个阶段，即准备阶段、方案阶段、施工图阶段和实施阶段。

（1）准备阶段

设计准备阶段主要是接受委托任务书，签订合同，或者根据标书要求参加投标；明确设计任务和要求，如建筑设计任务的使用性质、功能特点、设计规模、等级标准、总造价，以及根据任务的使用性质所需创造的建筑室内外空间环境氛围、文化内涵或艺术风格等。

（2）方案阶段

方案设计阶段是在设计准备阶段的基础上，进一步收集、分析、运用与设计任务有关的资料与信息，构思立意，进行初步方案设计，进而深入设计，进行方案的分析与比较。确定初步设计方案，提供设计文件，如平面图、立面、透视效果图等。图 1-3 所示是某个项目建筑设计方案效果图。

（3）施工图阶段

施工图设计阶段是提供有关平面、立面、构造节点大样，以及设备管线图等施工图纸，满足施工的需要。图 1-4 所示是某个项目建筑平面施工图。

（4）实施阶段

设计实施阶段也就是工程的施工阶段。建筑工程在施工前，设计人员应向施工单位进行设计意图说明及图纸的技术交底；工程施工期间需按图纸要求核对施工实况，有时还需根据现场实况提出对图纸的局部修改或补充；施工结束时，会同质检部门和建设单位进行工程验收。图 1-5 所示是正在施工中的建筑（局部）。

> **⚠ 注意**
>
> 为了使设计取得预期效果，建筑设计人员必须抓好设计各阶段的环节，充分重视设计、施工、材料、设备等各个方面，协调好与建设单位和施工单位之间的相互关系，在设计意图和构思方面取得沟通与共识，以期取得理想的设计工程成果。

图1-3　建筑设计方案　　　　　　　　　图1-4　建筑平面施工图（局部）

一套工业与民用建筑的建筑施工图通常包括的图样主要有如下几大类：

1）建筑平面图（简称平面图）：是按一定比例绘制的建筑的水平剖切图。通俗地讲，就是将一幢建筑窗台以上部分切掉，再将切面以下部分用直线和各种图例、符号直接绘制在纸上，以直观地表示建筑在设计和使用上的基本要求和特点。建筑平面图一般比较详细，通常采用较大的比例，如1：200、1：100和1：50，并标出实际的详细尺寸，图1-6所示为某建筑标准层平面图。

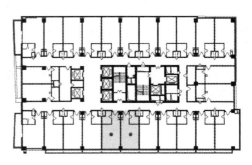

图1-5　施工中的建筑　　　　　　　　　　图1-6　建筑平面图

2）建筑立面图（简称立面图）：主要用来表达建筑物各个立面的形状和外墙面的装修等，是按照一定比例绘制建筑物的正面、背面和侧面的形状图，它表示的是建筑物的外部形式，说明建筑物长、宽、高的尺寸，表现楼地面标高、屋顶的形式、阳台位置和形式、门窗洞口的位置和形式、外墙装饰的设计形式、材料及施工方法等，图1-7所示为某建筑的立面图。

3）建筑剖面图（简称剖面图）：是按一定比例绘制的建筑竖直方向剖切前视图，它表示建筑内部的空间高度、室内立面布置、结构和构造等情况。在绘制剖面图时，应包括各层楼面的标高、窗台、窗上口、室内净尺寸等，剖切楼梯应表明楼梯分段与分级数量；建筑主要承重构件的相互关系，画出房屋从屋面到地面的内部构造特征，如楼板构造、隔墙构造、内门高度、各层梁和板位置、屋顶的结构形式与用料等；注明装修方法、楼、地面做法，所用材料加以说明，标明屋面做法及构造；各层的层高与标高，标明各部位高度尺寸等，图1-8所示为某建筑的剖面图。

图 1-7 建筑立面图

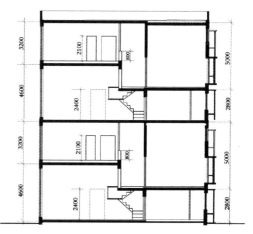

图 1-8 建筑剖面图

4）建筑大样图（简称详图）：主要用以表达建筑物的细部构造、节点连接形式以及构件、配件的形状大小、材料、做法等。详图要用较大比例绘制（如 1：20、1：5 等），尺寸标注要准确齐全，文字说明要详细。图 1-9 所示为墙身（局部）详图。

5）建筑透视效果图：除上述类型图形外，在实际工程实践中还经常绘制建筑透视图，尽管其不是施工图所要求的。但由于建筑透视图表示建筑物内部空间或外部形体与实际所能看到的建筑本身类似的主体图像，它具有强烈的三度空间透视感，非常直观地表现了建筑的造型、空间布置、色彩和外部环境等多方面内容。可见，建筑透视图常在建筑设计和销售时作为辅助工具。从高处俯视的透视图又叫"鸟瞰图"或"俯视图"。建筑透视图一般要严格地按比例绘制，并进行绘制上的艺术加工，这种图通常被称为建筑表现图或建筑效果图。一幅绘制精美的建筑表现图就是一件艺术作品，具有很强的艺术感染力。图 1-10 所示为某建筑三维外观透视图。

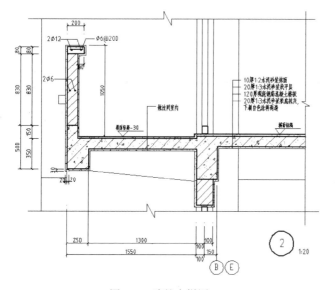

图 1-9 建筑大样图

图 1-10 建筑透视效果图

注 意

目前普遍采用计算机绘制效果图，其特点是透视效果逼真，可以复制多份。

1.2 建筑制图基本知识

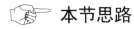 **本节思路**

建筑设计图纸是交流设计思想、传达设计意图的技术文件。尽管 AutoCAD 功能强大，但它毕竟不是专门为建筑设计定制的软件，一方面需要在用户的正确操作下才能实现其绘图功能，另一方面需要用户遵循统一制图规范，在正确的制图理论及方法的指导下来操作，才能生成合格的图样。可见，即使在当今大量采用计算机绘图的形势下，仍然有必要掌握基本绘图知识。基于此，笔者在本节中将必备的制图知识做简单介绍，已掌握该部分内容的读者可跳过本节。

1.2.1 建筑制图概述

1. 建筑制图的概念

建筑图纸是建筑设计人员用来表达设计思想、传达设计意图的技术文件，是方案投标、技术交流和建筑施工的要件。建筑制图是根据正确的制图理论及方法，按照国家统一的建筑制图规范将设计思想和技术特征清晰、准确地表现出来。建筑图纸包括方案图、初设图、施工图等类型。国家标准《房屋建筑制图统一标准》（GB/T 50001-2010）、《总图制图标准》（GB/T 50103-2010）、《建筑制图标准》（GB/T 50104-2010）是建筑专业手工制图和计算机制图的依据。

2. 建筑制图的方式

建筑制图有手工制图和计算机制图两种方式。手工制图又分为徒手绘制和工具绘制两种。

手工制图应该是建筑师必须掌握的技能，也是学习 AutoCAD 软件或其他绘图软件的基础。手工制图体现出一种绘图素养，直接影响计算机图面的质量，而其中的徒手绘画，则往往是建筑师职场上的闪光点和敲门砖。采用手工绘图的方式可以绘制全部的图纸文件，但是需要花费大量的精力和时间。计算机制图是指操作计算机绘图软件画出所需图形，并形成相应的图形电子文件，可以进一步通过绘图仪或打印机将图形文件输出，形成具体的图纸过程。它快速、便捷，便于文档存储，便于图纸的重复利用，可以大大提高设计效率。目前手绘主要用在方案设计的前期，而后期成品方案图及初设图、施工图都采用计算机绘制完成。

总之，这两种技能同等重要，不可偏废。在本书中，重点讲解应用 AutoCAD 2016 绘制建筑图的方法和技巧，对于手绘不做具体介绍。读者若需要加强此项技能，可以参看其他有关书籍。

3．建筑制图程序

建筑制图的程序是与建筑设计的程序相对应的。从整个设计过程来看，按照设计方案图、初设图、施工图的顺序来进行。后面阶段的图纸在前一阶段的基础上做深化、修改和完善。就每个阶段来看，一般遵循平面、立面、剖面、详图的过程来绘制。至于每种图样的制图程序，将在后面章节结合 AutoCAD 操作来讲解。

1.2.2 建筑制图的要求及规范

1．图幅、标题栏及会签栏

图幅即图面的大小，分为横式和立式两种。根据国家标准的规定，按图面的长和宽的大小确定图幅的等级。建筑常用的图幅有 A0（也称 0 号图幅，其余类推）、A1、A2、A3 及 A4，每种图幅的尺寸见表 1-1，表中的尺寸代号意义如图 1-11 和图 1-12 所示。

表 1-1 图幅标准 （单位：mm）

尺寸代号 \ 图幅代号	A0	A1	A2	A3	A4
b×1	841×1189	594×841	420×594	297×420	210×297
c		10			5
a			25		

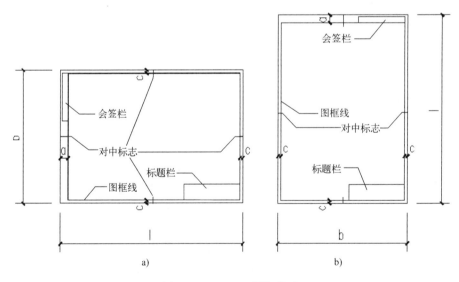

图 1-11 A0～A3 图幅格式

a) 横式幅面 b) 立式幅面

A0～A3 图纸可以在长边加长，但短边一般不应加长，加长尺寸见表 1-2。如有特殊需要，可采用 b×1=841×891 或 1189×1261 的幅面。

表 1-2 图纸长边加长尺寸 （单位：mm）

图 幅	长 边 尺 寸	长边加长后尺寸									
A0	1189	1486	1635	1783	1932	2080	2230	2378			
A1	841	1051	1261	1471	1682	1892	2102				
A2	594	743	891	1041	1189	1338	1486	1635	1783	1932	2080
A3	420	630	841	1051	1261	1471	1682	1892			

标题栏包括设计单位名称、工程名称、签字区、图名区以及图号区等内容。一般标题栏格式如图 1-13 所示，如今不少设计单位采用自己个性化的标题栏格式，但是仍必须包括这几项内容。

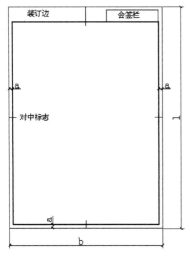

图 1-12 A4 立式图幅格式

图 1-13 标题栏格式

会签栏是为各工种负责人审核后签名用的表格，它包括专业、姓名、日期等内容，如图 1-14 所示。对于不需要会签的图纸，可以不设此栏。

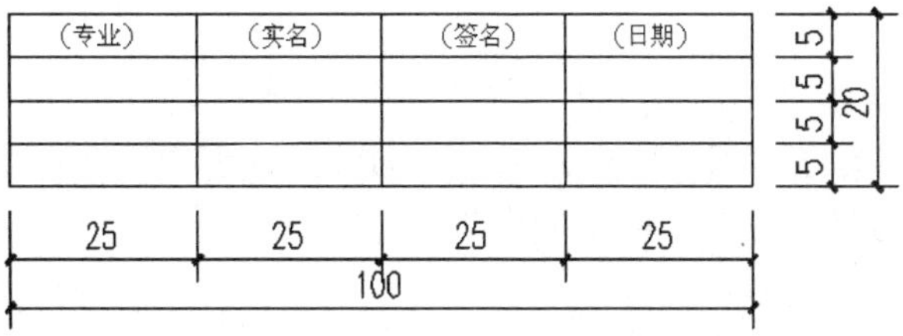

图 1-14 会签栏格式

此外，需要微缩复制的图纸，其一个边上应附有一段准确米制尺度，四个边上均附有对中标志。米制尺度的总长应为 100，分格应为 10。对中标志应画在图纸各边长的中点处，线宽应为 0.35，伸入框内应为 5。

2. 线型要求

建筑图纸主要由各种线条构成，不同的线型表示不同的对象和不同的部位，代表着不同的含义。为了使图面能够清晰、准确、美观地表达设计思想，工程实践中采用了一套常用的线型，并规定了它们的使用范围，其统计见表1-3。

表1-3　常用线型统计表

名　称		线　型	线　宽	适　用　范　围
实线	粗		b	建筑平面图、剖面图、构造详图的被剖切主要构件截面轮廓线；建筑立面图外轮廓线；图框线；剖切线；总图中的新建建筑物轮廓
	中		$0.5b$	建筑平、剖面中被剖切的次要构件的轮廓线；建筑平、立、剖面图构配件的轮廓线；详图中的一般轮廓线
	细		$0.25b$	尺寸线、图例线、索引符号、材料线及其他细部刻画用线等
虚线	中		$0.5b$	主要用于构造详图中不可见的实物轮廓；平面图中的起重机轮廓；拟扩建的建筑物轮廓
	细		$0.25b$	其他不可见的次要实物轮廓线
点画线	细		$0.25b$	轴线、构配件的中心线、对称线等
折断线	细		$0.25b$	绘制图样时的断开界限
波浪线	细		$0.25b$	构造层次的断开界线，有时也表示省略画出时的断开界限

图线宽度 b，宜从下列线宽中选取：2.0、1.4、1.0、0.7、0.5、0.35。不同的 b 值，产生不同的线宽组。在同一张图纸内，各不同线宽组中的细线，可以统一采用较细的线宽组中的细线。对于需要微缩的图纸，线宽不宜≤0.18。

3．尺寸标注

尺寸标注的一般原则有以下几点。

1）尺寸标注应力求准确、清晰、美观大方。同一张图纸中，标注风格应保持一致。

2）尺寸线应尽量标注在图样轮廓线以外，从内到外依次标注从小到大的尺寸，不能将大尺寸标在内，而小尺寸标在外，如图1-15所示。

3）最内一道尺寸线与图样轮廓线之间的距离不应小于 10，两道尺寸线之间的距离一般为 7～10。

4）尺寸界线朝向图样的端头距图样轮廓的距离应≥2，不宜直接与之相连。

5）在图线拥挤的地方，应合理安排尺寸线的位置，但不宜与图线、文字及符号相交；可以考虑将轮廓线作为尺寸界线，但不能作为尺寸线。

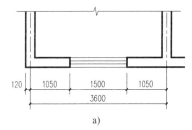
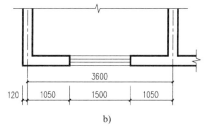

a)　　　　　　　　　　　　　　　　　　　　b)

图1-15　尺寸标注正误对比

a) 正确　b) 错误

6）室内设计图中连续重复的构配件等，当不易标明定位尺寸时，可在总尺寸的控制下，定位尺寸不用数值而用"均分"或"EQ"字样表示，如图1-16所示。

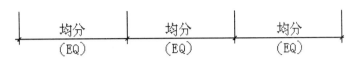

图1-16　均分尺寸

4．文字说明

在一幅完整的图纸中用图线方式表现得不充分和无法用图线表示的地方，就需要进行文字说明，例如，设计说明、材料名称、构配件名称、构造做法、统计表及图名等。文字说明是图纸内容的重要组成部分，制图规范对文字标注中的字体、字的大小、字体字号搭配等方面做了一些具体规定。

1）一般原则：字体端正，排列整齐，清晰准确，美观大方，避免过于个性化的文字标注。

2）字体：一般标注推荐采用仿宋字，大标题、图册封面、地形图等的汉字，也可书写成其他字体，但应易于辨认。

字型示例如下：

仿宋：建筑（小四）建筑（四号）建筑（二号）

黑体：建筑（四号）建筑（小二）

楷体：建筑 建筑（二号）

字母、数字及符号：0123456789abcdefghijk%@ 或

0123456789abcdefghijk%@

3）字的大小：标注的文字高度要适中。同一类型的文字采用同一大小的字。较大的字用于较概括性的说明内容，较小的字用于较细致的说明内容。文字的字高，应从如下系列中选用：3.5、5、7、10、14、20。如需书写更大的字，其高度应按$\sqrt{2}$的比值递增。注意字体及大小搭配的层次感。

5．常用图示标志

（1）详图索引符号及详图符号

平、立、剖面图中，在需要另设详图表示的部位，标注一个索引符号，以表明该详图的位置，这个索引符号即详图索引符号。详图索引符号采用细实线绘制，圆圈直径10mm。如图1-17所示，图中d、e、f、g用于索引剖面详图，当详图就在本张图纸时，采用a，详图不在本张图纸时，采用b、c、d、e、f、g的形式。

详图符号即详图的编号，用粗实线绘制，圆圈直径14，如图1-18所示。

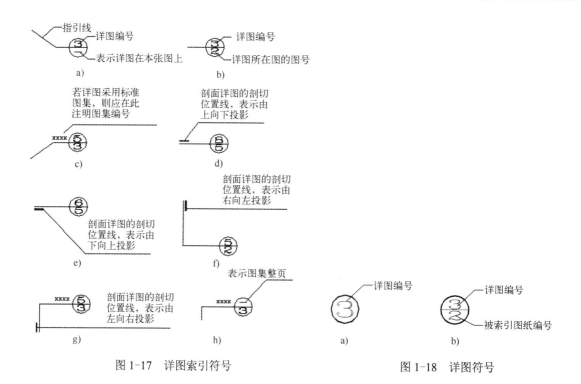

图 1-17 详图索引符号

图 1-18 详图符号

（2）引出线

由图样引出一条或多条线段指向文字说明，该线段就是引出线。引出线与水平方向的夹角一般采用0°、30°、45°、60°、90°，常见的引出线形式如图1-19所示。图中a、b、c、d

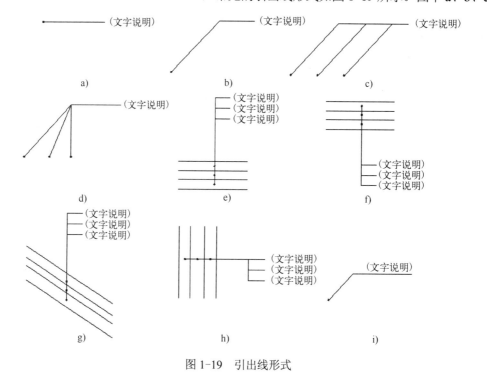

图 1-19 引出线形式

为普通引出线，e、f、g、h 为多层构造引出线。使用多层构造引出线时，应注意构造分层的顺序应与文字说明的分层顺序一致。文字说明可以放在引出线的端头（如图 1-19a～h 所示），也可放在引出线水平段之上（如图 1-19i 所示）。

（3）内视符号

内视符号标注在平面图中，用于表示室内立面图的位置及编号，建立平面图和室内立面图之间的联系。内视符号的形式如图 1-20 所示。图中立面图编号可用英文字母或阿拉伯数字表示，黑色的箭头指向表示的立面方向。

a)

b)

c)

图 1-20　内视符号

其他符号图例统计见表 1-4 和表 1-5。

表 1-4　建筑常用符号图例

符 号	说 明	符 号	说 明
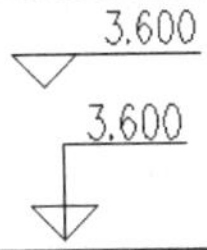 3.600 3.600	标高符号，线上数字为标高值，单位为 m 下面一个在标注位置比较拥挤时采用	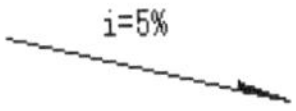 i=5%	表示坡度
 1 A	轴线号	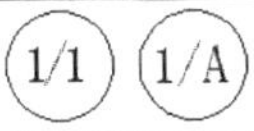 1/1 1/A	附加轴线号
	对称符号。在对称图形的中轴位置画此符号，可以省画另一半图形		指北针
	方形坑槽		圆形坑槽
	方形孔洞		圆形孔洞
@	表示重复出现的固定间隔，例如，"双向木格栅@500"	Φ	表示直径，如Φ30
 平面图 1:100	图名及比例	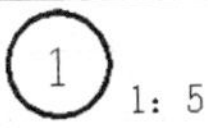 1 1:5	索引详图名及比例
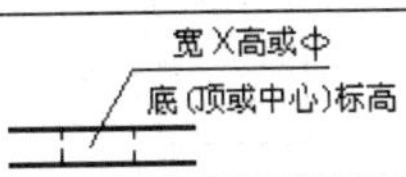 宽×高或Φ 底(顶或中心)标高	墙体预留洞	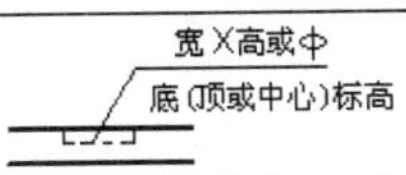 宽×高或Φ 底(顶或中心)标高	墙体预留槽
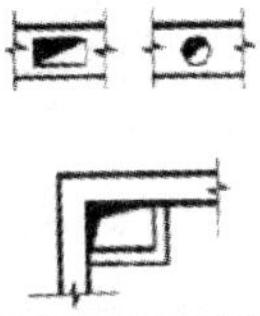	烟道	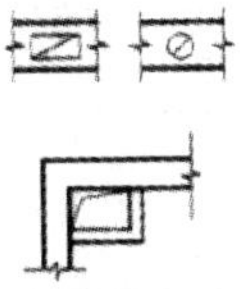	通风道
1 1	标注剖切位置的符号，标数字的方向为投影方向，"1"与剖面图的编号"1-1"对应	2 2	标注绘制断面图的位置，标数字的方向为投影放向，"2"与断面图的编号"2-2"对应

表1-5　总图常用图例

符　号	说　明	符　号	说　明
	新建建筑物。粗线绘制 需要时，表示出入口位置▲及层数 X 轮廓线以±0.00 处外墙定位轴线或外墙皮线为准 需要时，地上建筑用中实线绘制，地下建筑用细虚线绘制	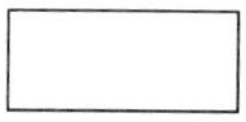	原有建筑。细线绘制
	拟扩建的预留地或建筑物。中虚线绘制		新建地下建筑或构筑物。粗虚线绘制
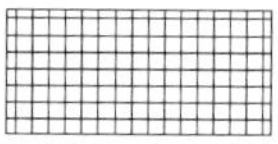	广场铺地	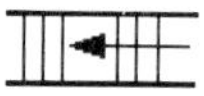	台阶，箭头指向表示向上
	烟囱。实线为下部直径，虚线为基础，必要时，可注写烟囱高度和上下口直径	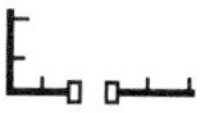	实体性围墙
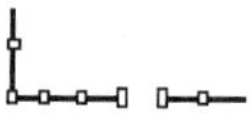	通透性围墙		挡土墙。被挡土在"突出"的一侧
	填挖边坡。边坡较长时，可在一端或两端局部表示		护坡。边坡较长时，可在一端或两端局部表示
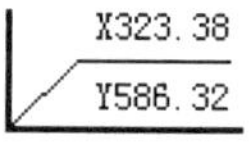 X323.38 Y586.32	测量坐标	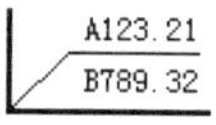 A123.21 B789.32	建筑坐标
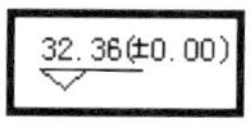 32.36(±0.00)	室内标高	 32.36	室外标高
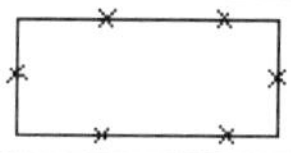	拆除的建筑物。用细实线表示	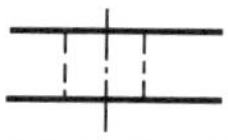	建筑物下面的通道

6．常用材料符号

建筑图中经常应用材料图例来表示材料，在无法用图例表示的地方，也采用文字说明。常用的图例见表1-6。

表1-6　常用材料图例

材料图例	说　明	材料图例	说　明
	自然土壤		夯实土壤
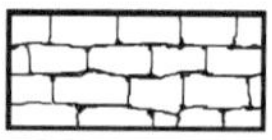	毛石砌体	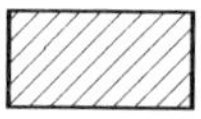	普通砖
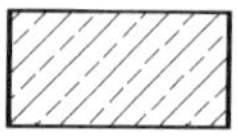	石材	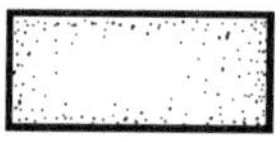	砂、灰土
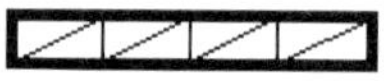	空心砖		松散材料
	混凝土		钢筋混凝土

（续）

材 料 图 例	说　明	材 料 图 例	说　明
	多孔材料		金属
	矿渣、炉渣		玻璃
	纤维材料		防水材料 上下两种根据绘 图比例大小选用
	木材		液体，须注明液 体名称

7．常用绘图比例

下面列出常用绘图比例，读者根据实际情况灵活使用。

1）总图：1:500，1:1000，1:2000。

2）平面图：1:50，1:100，1:150，1:200，1:300。

3）立面图：1:50，1:100，1:150，1:200，1:300。

4）剖面图：1:50，1:100，1:150，1:200，1:300。

5）局部放大图：1:10，1:20，1:25，1:30，1:50。

6）配件及构造详图：1:1，1:2，1:5，1:10，1:15，1:20，1:25，1:30，1:50。

1.2.3 建筑制图的内容及编排顺序

1．建筑制图内容

建筑制图的内容包括总图、平面图、立面图、剖面图、构造详图和透视图、设计说明、图纸封面、图样目录等方面。

2．图样编排顺序

图编排顺序一般应为图样目录、总图、建筑图、结构图、给水排水图、暖通空调图、电气图等。对于建筑专业，一般顺序为目录、施工图设计说明、附表（装修做法表、门窗表等）、平面图、立面图、剖面图、详图等。

第2章 AutoCAD 2016 入门

 知识导引

在本章中，我们开始循序渐进地学习 AutoCAD 2016 绘图的有关基本知识。了解如何设置图形的系统参数、样板图，熟悉建立新的图形文件、打开已有文件的方法等，为后面进入系统学习准备必要的前提知识。

内容要点

➤ 工作界面。
➤ 绘图系统配置。
➤ 文件管理。
➤ 基本输入操作。

2.1 操作界面

本节思路

AutoCAD 2016 的操作界面是 AutoCAD 显示、编辑图形的区域，一个完整的 AutoCAD 2016 的操作界面如图 2-1 所示，包括快速访问工具栏、交互信息工具栏、功能区、

图 2-1 AutoCAD 2016 中文版的操作界面

标题栏、绘图区、十字光标、菜单栏、工具栏、坐标系图标、命令行、状态栏、状态托盘、布局标签和滚动条等。

> **注意**
>
> 安装 AutoCAD 2016 后，默认的界面如图 2-2 所示。在绘图区中右击鼠标，弹出快捷菜单，如图 2-3 所示，选择"选项"命令，弹出"选项"对话框，选择"显示"选项卡，在窗口元素对应的"配色方案"中设置为"明"，继续单击"窗口元素"区域中的"颜色"按钮，将打开如图 2-4 所示的"图形窗口颜色"对话框，单击"图形窗口颜色"对话框中"颜色"下拉箭头，在打开的下拉列表中，选择白色，如图 2-5 所示，然后单击"应用并关闭"按钮，继续单击"确定"按钮，退出对话框，其界面如图 2-6 所示。

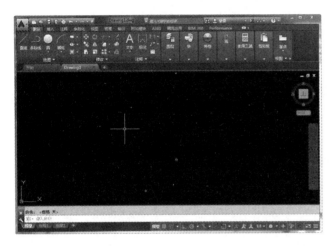

图 2-2　默认界面

图 2-3　快捷菜单

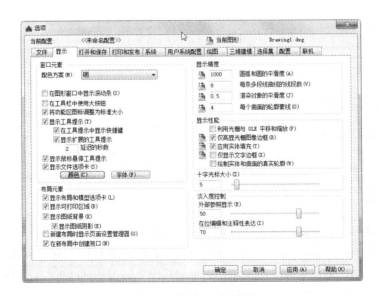

图 2-4　"选项"对话框

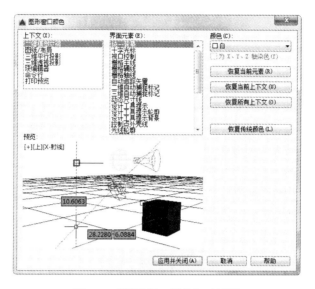

图 2-5 "图形窗口颜色"对话框

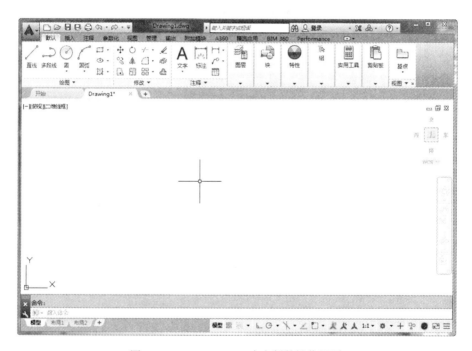

图 2-6 AutoCAD 2016 中文版的操作界面

2.1.1 标题栏

在 AutoCAD 2016 中文版绘图窗口的最上端是标题栏。在标题栏中，显示了系统当前正在运行的应用程序（AutoCAD 2016）和用户正在使用的图形文件。在用户第一次启动 AutoCAD 时，在 AutoCAD 2016 绘图窗口的标题栏中，将显示 AutoCAD 2016 在启动时创建并打开的图形文件的名字"Drawing1.dwg"，如图 2-1 所示。

2.1.2　绘图区

绘图区是指在标题栏下方的大片空白区域，绘图区域是用户使用 AutoCAD 绘制图形的区域，用户完成一幅设计图形的主要工作都是在绘图区域中完成的。

在绘图区域中，还有一个作用类似光标的十字线，其交点反映了光标在当前坐标系中的位置。在 AutoCAD 中，将该十字线称为光标，如图 2-1 中所示，AutoCAD 通过光标显示当前点的位置。十字线的方向与当前用户坐标系的 X 轴、Y 轴方向平行，系统预设十字线的长度为屏幕长度的 5%。

1．修改图形窗口中十字光标的大小

光标的长度为屏幕长度的 5%，用户可以根据绘图的实际需要更改其大小。改变光标大小的方法为：在绘图区中右击鼠标，在弹出的快捷菜单中选择"选项"命令，屏幕上将弹出"选项"对话框。打开"显示"选项卡，在"十字光标大小"区域中的编辑框中直接输入数值，或者拖动编辑框后的滑块，即可以对十字光标的大小进行调整，如图 2-7 所示。

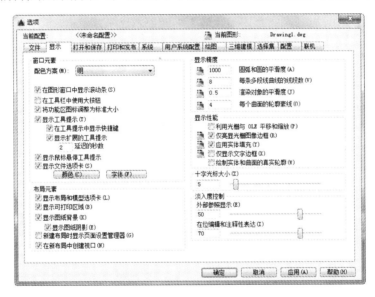

图 2-7　"选项"对话框中的"显示"选项卡

此外，还可以通过设置系统变量 CURSORSIZE 的值，实现对其大小的更改，其方法是在命令行中输入如下命令。

命令: CURSORSIZE↙

输入 CURSORSIZE 的新值 <5>:

在提示下输入新值即可，默认值为 5%。

2．修改绘图窗口的颜色

在默认情况下，AutoCAD 的绘图窗口是黑色背景、白色线条，这不符合绝大多数用户的习惯，因此修改绘图窗口颜色是大多数用户都需要进行的操作，通常按视觉习惯选择白色为窗口颜色。

2.1.3 坐标系图标

在绘图区域的左下角，有一个箭头指向图标，称之为坐标系图标，表示用户绘图时正使用的坐标系形式，如图 2-1 所示。坐标系图标的作用是为点的坐标确定一个参照系。根据工作需要，用户可以选择将其关闭。方法是单击"视图"选项卡"视口工具"面板中的"UCS图标"按钮，将其以灰色状态显示，如图 2-8 所示。

图 2-8 "视图"选项卡

2.1.4 菜单栏

在 AutoCAD 2016 默认的"草图与注解"界面中不显示菜单栏，用户可以单击快速访问工具栏后面的下拉三角按钮，弹出"自定义快速访问工具栏"，如图 2-9 所示，单击"显示菜单栏"选项，调出菜单栏。调出菜单栏后的操作界面如图 2-10 所示。

同其他 Windows 程序一样，AutoCAD 的菜单也是下拉形式的，并在菜单中包含子菜单。AutoCAD 的菜单栏中包含 12 个菜单："文件""编辑""视图""插入""格式""工具""绘图""标注""修改""参数""窗口"和"帮助"，这些菜单几乎包含了 AutoCAD 的所有绘图命令，后面的章节将围绕这些菜单展开讲述。一般来讲，AutoCAD 下拉菜单中的命令有以下 3 种。

图 2-9 自定义快速访问工具

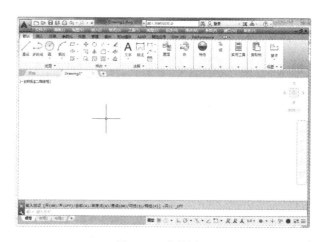

图 2-10 菜单栏

1．带有子菜单的菜单命令

这种类型的命令后面带有小三角形，例如，单击菜单栏中的"绘图"菜单，指向其下拉菜单中的"圆"命令，屏幕上就会进一步显示出"圆"子菜单中所包含的命令，如图 2-11所示。

2．打开对话框的菜单命令

这种类型的命令后面带有省略号，例如，单击菜单栏中的"格式"菜单，选择其下拉菜单中的"文字样式（S）..."命令，如图 2-12 所示。屏幕上就会打开对应的"文字样式"对话框，如图 2-13 所示。

图 2-11　带有子菜单的菜单命令　　　　图 2-12　打开对话框的菜单命令

3．直接执行操作的菜单命令

这种类型的命令后面既不带小三角形，也不带省略号，选择该命令将直接进行相应的操作。例如，执行菜单栏中的"视图"→"重生成"命令，系统将刷新显示所有视口，如图 2-14 所示。

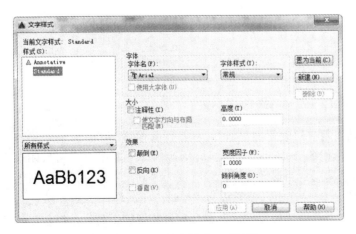

图 2-13　"文字样式"对话框　　　　　图 2-14　直接执行操作的菜单命令

2.1.5 工具栏

工具栏是一组图标型工具的集合，选择菜单栏中的"工具"→"工具栏"→"AutoCAD"，调出所需要的工具栏，把光标移动到某个图标，稍停片刻即在该图标一侧显示相应的工具提示，同时在状态栏中，显示对应的说明和命令名。此时，点取图标也可以启动相应命令。

1. 设置工具栏

AutoCAD 2016 的标准菜单提供了几十种工具栏，选择菜单栏中的"工具"→"工具栏"→"AutoCAD"，调出所需要的工具栏，如图 2-15 所示。用鼠标左键单击某一个未在界面显示的工具栏名，系统自动在界面打开该工具栏。反之，关闭工具栏。

图 2-15　单独的工具栏标签

2. 工具栏的"固定"、"浮动"与"打开"

工具栏可以在绘图区"浮动"，如图 2-16 所示，此时显示该工具栏标题，并可关闭该工具栏，用鼠标可以拖动"浮动"工具栏到图形区边界，使它变为"固定"工具栏，此时该工具栏标题隐藏。也可以把"固定"工具栏拖出，使它成为"浮动"工具栏。

在有些图标的右下角带有一个小三角，按住鼠标左键会打开相应的工具栏，按住鼠标左键，将光标移动到某一图标上然后松手，该图标就成为当前图标。单击当前图标，执行相应命令，如图 2-17 所示。

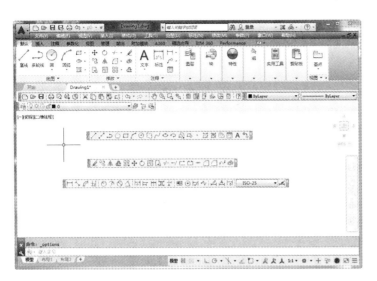

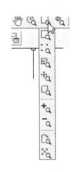

图 2-16 "浮动"工具栏 　　　　　　　图 2-17 "打开"工具栏

2.1.6 命令行窗口

命令行窗口是输入命令名和显示命令提示的区域，默认的命令行窗口布置在绘图区下方，是若干文本行，如图 2-1 所示。对命令行窗口，有以下几点需要说明。

1）移动拆分条，可以扩大与缩小命令行窗口。

2）可以拖动命令行窗口，布置在屏幕上的其他位置。默认情况下布置在图形窗口的下方。

3）在当前命令行窗口中输入的内容，可以按〈F2〉键用文本编辑的方法进行编辑，如图 2-18 所示。AutoCAD 文本窗口和命令窗口相似，它可以显示当前 AutoCAD 进程中命令的输入和执行过程，在执行 AutoCAD 某些命令时，它会自动切换到文本窗口，列出有关信息。

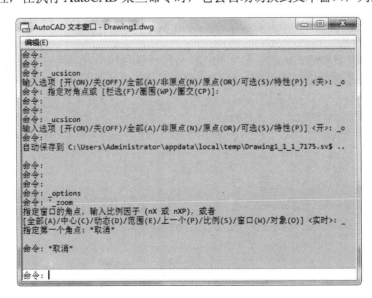

图 2-18 文本窗口

4）AutoCAD 通过命令行窗口，反馈各种信息，包括出错信息。因此，用户要时刻关注在命令窗口中出现的信息。

2.1.7 布局标签

AutoCAD 系统默认设定一个模型空间布局标签和"布局 1"、"布局 2"两个图样空间布局标签。在这里有两个概念需要解释一下。

1．布局

布局是系统为绘图设置的一种环境，包括图样大小，尺寸单位，角度设定，数值精确度等，在系统预设的 3 个标签中，这些环境变量都按默认设置。用户可以根据实际需要改变这些变量的值，用户也可以根据需要设置符合自己要求的新标签。

2．模型

AutoCAD 的空间分模型空间和图样空间。模型空间是绘图的环境，而在图样空间中，用户可以创建叫做"浮动视口"的区域，以不同视图显示所绘图形。用户可以在图样空间中调整浮动视口并决定所包含视图的缩放比例。如果选择图样空间，则可打印多个视图，用户可以打印任意布局的视图。AutoCAD 系统默认打开模型空间，用户可以通过鼠标左键单击选择需要的布局。

2.1.8 状态栏

状态栏在操作界面的底部，依次显示的有"模型或图纸空间""显示图形栅格""捕捉模式""正交限制光标""按指定角度限制光标""等轴测草图""显示捕捉参照线""将光标捕捉到二维参照点""显示注释对象""在注释比例发生变化时，将比例添加到注释性对象""当前视图的注释比例""切换工作空间""注释监视器""隔离对象""硬件加速""全屏显示"和"自定义"17 个功能开关按钮。单击这些开关按钮，可以实现这些功能的开和关。这些开关按钮的功能与使用方法将在后面的章节中详细介绍。

2.1.9 状态托盘

状态托盘包括一些常见的显示工具和注释工具，包括模型空间与布局空间转换工具，如图 2-19 所示，通过这些按钮可以控制图形或绘图区的状态。

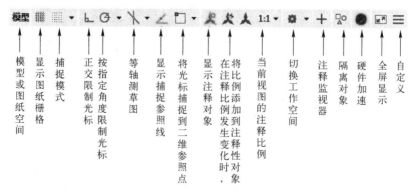

图 2-19　状态托盘工具

!注意

　　默认情况下，不会显示所有工具，可以通过状态栏上最右侧的按钮，选择要在"自定义"菜单中显示的工具。状态栏上显示的工具可能会发生变化，具体取决于当前的工作空间以及当前显示的是"模型"选项卡还是布局选项卡。下面对部分状态栏上的按钮做简单介绍，如图2-19所示。

　　1）模型或图纸空间：在模型空间与布局空间之间进行转换。

　　2）显示图形栅格：栅格是覆盖用户坐标系（UCS）的整个 XY 平面的直线或点的矩形图案。使用栅格类似于在图形下放置一张坐标纸。利用栅格可以对齐对象并直观显示对象之间的距离。

　　3）捕捉模式：对象捕捉对于在对象上指定精确位置非常重要。不论何时提示输入点，都可以指定对象捕捉。默认情况下，当光标移到对象的对象捕捉位置时，将显示标记和工具提示。

　　4）正交限制光标：将光标限制在水平或垂直方向上移动，便于精确地创建和修改对象。当创建或移动对象时，可以使用"正交"模式将光标限制在相对于用户坐标系(UCS)的水平或垂直方向上。

　　5）按指定角度限制光标（极轴追踪）：使用极轴追踪，光标将按指定角度进行移动。创建或修改对象时，可以使用"极轴追踪"来显示由指定的极轴角度所定义的临时对齐路径。

　　6）等轴测草图：通过设定"等轴测捕捉/栅格"，可以很容易地沿 3 个等轴测平面之一对齐对象。尽管等轴测图形看似三维图形，但它实际上是二维表示。因此不能期望提取三维距离和面积、从不同视点显示对象或自动消除隐藏线。

　　7）显示捕捉参照线（对象捕捉追踪）：使用对象捕捉追踪，可以沿着基于对象捕捉点的对齐路径进行追踪。已获取的点将显示一个小加号（+），一次最多可以获取 7 个追踪点。获取点之后，当在绘图路径上移动光标时，将显示相对于获取点的水平、垂直或极轴对齐路径。例如，可以基于对象端点、中点或者对象的交点，沿着某个路径选择一点。

　　8）将光标捕捉到二维参照点（对象捕捉）：使用执行对象捕捉设置（也称为对象捕捉），可以在对象上的精确位置指定捕捉点。选择多个选项后，将应用选定的捕捉模式，以返回距离靶框中心最近的点。按〈Tab〉键可在这些选项之间循环。

　　9）显示注释对象：当图标亮显时表示显示所有比例的注释性对象；当图标变暗时表示仅显示当前比例的注释性对象。

　　10）在注释比例发生变化时，将比例添加到注释性对象：注释比例更改时，自动将比例添加到注释对象。

　　11）当前视图的注释比例：左键单击注释比例右下角小三角符号弹出注释比例列表，如图2-20所示，可以根据需要选择适当的注释比例。

　　12）切换工作空间：进行工作空间转换。

　　13）注释监视器：打开仅用于所有事件或模型文档事件的注释监视器。

　　14）隔离对象：当选择隔离对象时，在当前视图中显示选定对象。所有其他对象都暂时隐藏；当选择隐藏对象时，在当前视图中暂时隐藏选定对象，所有其他对象都可见。

　　15）硬件加速：设定图形卡的驱动程序以及设置硬件加速的选项。

16）全屏显示：该选项可以清除 Windows 窗口中的标题栏、功能区和选项板等界面元素，使 AutoCAD 的绘图窗口全屏显示，如图 2-21 所示。

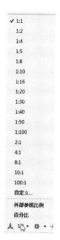

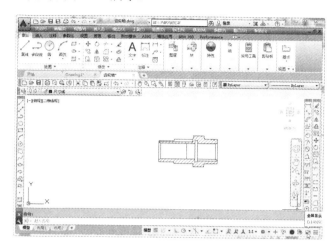

图 2-20　注释比例列表

图 2-21　全屏显示

17）自定义：状态栏可以提供重要信息，而无须中断工作流。使用 MODEMACRO 系统变量可将应用程序所能识别的大多数数据显示在状态栏中。使用该系统变量的计算、判断和编辑。

2.1.10　滚动条

在绘图区右击，在弹出的右键菜单中选择"选项"命令，弹出"选项"对话框。单击"显示"选项卡，在"窗口元素"选项组中，勾选"在图形窗口中显示滚动条"，单击"确定"按钮，结果如图 2-22 所示。在滚动条中单击鼠标或拖动滚动条中的滚动块，用户可以在绘图窗口中按水平或竖直两个方向浏览图形。

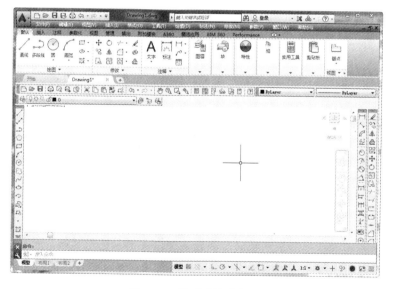

图 2-22　显示"滚动条"

2.1.11 快速访问工具栏和交互信息工具栏

1. 快速访问工具栏

该工具栏包括"新建""打开""保存""另存为""打印""放弃""重做"和"工作空间"等几个最常用的工具。用户也可以单击本工具栏后面的下拉按钮设置需要的常用工具。

2. 交互信息工具栏

该工具栏包括"搜索"、Autodesk A360、Autodesk Exchange 应用程序、"保持连接"和"单击此处访问帮助"等几个常用的数据交互访问工具。

2.1.12 功能区

功能区包括"默认""插入""注释""参数化""视图""管理""输出""附加模块""A360""精选应用""BIM 360"和"Performance"等几个功能，每个功能集成了相关的操作工具，方便了用户的使用。用户可以单击功能区选项后面的 按钮控制功能区的展开与收缩。

打开或关闭功能区的操作方式如下：

命令行：RIBBON（或 RIBBONCLOSE）。

菜单栏：工具→选项板→功能区。

2.2 配置绘图系统

本节思路

由于每台计算机所使用的显示器、输入设备和输出设备的类型不同，用户喜好的风格及计算机的目录设置也不同，所以每台计算机都是独特的。一般来讲，使用 AutoCAD 2016 的默认配置就可以绘图，但为了使用用户的定点设备或打印机，以及为提高绘图的效率，AutoCAD 推荐用户在作图前先进行必要的配置。

【执行方式】

命令行：preferences。

菜单栏：工具→选项。

右键菜单：选项（单击鼠标右键，系统打开右键菜单，其中包括一些最常用的命令，如图 2-23 所示）。

【操作格式】

执行上述命令后，系统自动打开"选项"对话框。用户可以在该对话框中选择有关选项，对系统进行配置。下面只就其中主要的几个选项卡作一下说明，其他配置选项，在后面用到时再作具体说明。

图 2-23 "选项"右键菜单

2.2.1 显示配置

"选项"对话框中的第二个选项卡为"显示"选项卡，该选项卡控制 AutoCAD 窗口的外观。该选项卡设定屏幕菜单、滚动条显示与否、固定命令行窗口中文字行数、AutoCAD 2016 的版面布局设置、各实体的显示分辨率以及 AutoCAD 运行时的其他各项性能参数的设定等。前面已经讲述了屏幕菜单设定、屏幕颜色、光标大小等知识，其余有关选项的设置读者可自己参照帮助文件学习。

在设置实体显示分辨率时，请务必记住，显示质量越高，即分辨率越高，计算机计算的时间越长，千万不要将其设置得太高。显示质量设定在一个合理的程度上是很重要的。

2.2.2 系统配置

"选项"对话框中的第五个选项卡为"系统"选项卡，如图 2-24 所示。该选项卡用来设置 AutoCAD 系统的有关特性。

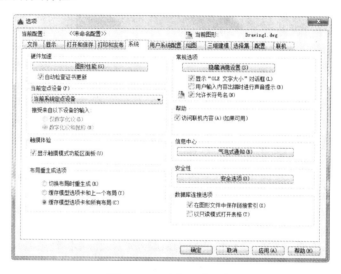

图 2-24 "系统"选项卡

2.3 设置绘图环境

本节思路

启动 AutoCAD 2016，在 AutoCAD 中，可以利用相关命令对图形单位和图形边界以及工作工件进行具体设置。

2.3.1 绘图单位设置

【执行方式】

命令行：DDUNITS（或 UNITS）。

菜单栏：格式→单位。

【操作格式】

执行上述命令后，系统打开"图形单位"对话框如图 2-25 所示。该对话框用于定义单位和角度格式。

【选项说明】

1．"长度"与"角度"选项组

指定测量的长度与角度当前单位及当前单位的精度。

2．"插入时的缩放单位"下拉列表框

控制使用工具选项板（例如，DesignCenter 或 i-drop）拖入当前图形的块的测量单位。如果块或图形创建时使用的单位与该选项指定的单位不同，则在插入这些块或图形时，将对其按比例缩放。插入比例是源块或图形使用的单位与目标图形使用的单位之比。如果插入块时不按指定单位缩放，请选择"无单位"。

3．输出样例

显示用当前单位和角度设置的例子。

4．光源

控制当前图形中光度控制光源的强度测量单位。

5．"方向"按钮

单击该按钮，系统显示"方向控制"对话框，如图 2-26 所示。可以在该对话框中进行方向控制设置。

图 2-25 "图形单位"对话框

图 2-26 "方向控制"对话框

2.3.2 图形边界设置

【执行方式】

命令行：LIMITS。

菜单栏：格式→图形界限。

【操作格式】

命令：LIMITS✓

重新设置模型空间界限：

指定左下角点或 [开(ON)/关(OFF)] <0.0000,0.0000>:（输入图形边界左下角的坐标后按〈Enter〉键）

指定右上角点 <12.0000,9.0000>:（输入图形边界右上角的坐标后按〈Enter〉键）

【选项说明】

1．开（ON）

使绘图边界有效。系统将在绘图边界以外拾取的点视为无效。

2．关（OFF）

使绘图边界无效。用户可以在绘图边界以外拾取点或实体。

3．动态输入角点坐标

AutoCAD 2016 的动态输入功能，可以直接在屏幕上输入角点坐标，输入了横坐标值后，按下〈,〉键，接着输入纵坐标值，如图 2-27 所示。也可以在光标位置直接按下鼠标左键确定角点位置。

图 2-27　动态输入

2.4　文件管理

本节思路

本节将介绍有关文件管理的一些基本操作方法，包括新建文件、打开已有文件、保存文件、删除文件等，这些都是进行 AutoCAD 2016 操作最基础的知识。

另外，在本节中，也将介绍安全口令和数字签名等涉及文件管理操作的 AutoCAD 2016 新增知识，请读者注意体会。

2.4.1　新建文件

【执行方式】

命令行：NEW。

菜单栏：文件→新建。

工具栏：标准→新建 ▢。

【操作步骤】

执行上述命令后，系统打开如图 2-28 所示"选择样板"对话框。

在运行快速创建图形功能之前必须进行如下设置：

1）将 FILEDIA 系统变量设置为 1；将 STARTUP 系统变量设置为 0。

2）从"工具"→"选项"菜单中选择默认图形样板文件。具体方法是：在"文件"选项卡下，单击"样板设置"节点下的"快速新建的默认样板文件"分节点，如图 2-29 所

示。单击"浏览"按钮，打开与图 2-30 类似的"选择文件"对话框，然后选择需要的样板
文件。

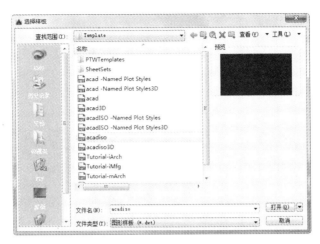

图 2-28　"选择样板"对话框

图 2-29　"选项"对话框的"文件"选项卡

2.4.2　打开文件

【执行方式】

命令行：OPEN。

菜单栏：文件→打开。

工具栏：标准→打开。

【操作格式】

执行上述命令后，打开"选择文件"对话框，如图 2-30 所示，在"文件类型"列表框
中用户可选.dwg 文件、.dwt 文件、.dxf 文件和.dws 文件。.dxf 文件是用文本形式存储的图形
文件，能够被其他程序读取，许多第三方应用软件都支持.dxf 格式。

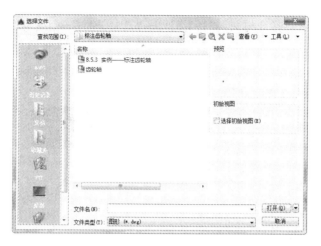

图 2-30 "选择文件"对话框

2.4.3 保存文件

【执行方式】

命令名：QSAVE(或 SAVE)。

菜单栏：文件→保存。

工具栏：标准→保存 🖫 。

【操作格式】

执行上述命令后，若文件已命名，则 AutoCAD 自动保存；若文件未命名（即为默认名 drawing1.dwg），则系统打开"图形另存为"对话框，如图 2-31 所示，用户可以命名保存。在"保存于"下拉列表框中可以指定保存文件的路径；在"文件类型"下拉列表框中可以指定保存文件的类型。

图 2-31 "图形另存为"对话框

为了防止因意外操作或计算机系统故障导致正在绘制的图形文件丢失，可以对当前图形文件设置自动保存。步骤如下：

1）利用系统变量 SAVEFILEPATH 设置所有"自动保存"文件的位置，如"C:\HU\"。

2）利用系统变量 SAVEFILE 存储"自动保存"文件名。该系统变量储存的文件名文件是只读文件，用户可以从中查询自动保存的文件名。

3）利用系统变量 SAVETIME 指定在使用"自动保存"时多长时间保存一次图形。

2.4.4　另存为

【执行方式】

命令行：SAVEAS。

菜单栏：文件→另存为。

【操作格式】

执行上述命令后，打开"图形另存为"对话框，如图 2-31 所示，AutoCAD 用另存名保存，并把当前图形更名。

2.4.5　退出

【执行方式】

命令行：QUIT 或 EXIT。

菜单栏：文件→退出。

按钮：AutoCAD 操作界面右上角的"关闭"按钮  。

【操作格式】

命令：QUIT✓(或 EXIT✓)

执行上述命令后，若用户对图形所做的修改尚未保存，则会出现图 2-32 所示的系统警告对话框。单击"是"按钮系统将保存文件，然后退出；单击"否"按钮系统将不保存文件。若用户对图形所做的修改已经保存，则直接退出。

图 2-32　系统警告对话框

2.4.6　图形修复

【执行方式】

命令行：DRAWINGRECOVERY。

菜单栏：文件→图形实用工具→图形修复管理器。

【操作格式】

命令：DRAWINGRECOVERY✓

执行上述命令后，系统打开"图形修复管理器"对话框，如图 2-33 所示，打开"备份文件"列表中的文件，可以重新保存，从而进行修复。

图 2-33　图形修复管理器

2.5　基本输入操作

👉 本节思路

在 AutoCAD 中，有一些基本的输入操作方法，这些基本方法是进行 AutoCAD 绘图的必备知识基础，也是深入学习 AutoCAD 的前提。

2.5.1 命令输入方式

AutoCAD 交互绘图必须输入必要的指令和参数。有多种 AutoCAD 命令输入方式（以画直线为例）：

1．在命令窗口输入命令名

命令字符可不区分大小写。例如，命令：LINE✓。执行命令时，在命令行提示中经常会出现命令选项。如输入绘制直线命令"LINE"后，命令行提示与操作如下：

命令: LINE✓

指定第一点:（在屏幕上指定一点或输入一个点的坐标）

指定下一点或 [放弃(U)]:

选项中不带括号的提示为默认选项，因此可以直接输入直线段的起点坐标或在屏幕上指定一点，如果要选择其他选项，则应该首先输入该选项的标识字符，如"放弃"选项的标识字符"U"，然后按系统提示输入数据即可。在命令选项的后面有时候还带有尖括号，尖括号内的数值为默认数值。

2．在命令窗口输入命令缩写字

如 L（Line）、C（Circle）、A（Arc）、Z（Zoom）、R（Redraw）、M（More）、CO（Copy）、PL（Pline）、E（Erase）等。

3．选取绘图菜单直线选项

选取该选项后，在状态栏中可以看到对应的命令说明及命令名。

4．选取工具栏中的对应图标

选取该图标后在状态栏中也可以看到对应的命令说明及命令名。

5．在命令行打开右键快捷菜单

如果在前面刚使用过要输入的命令，可以在命令行打开右键快捷菜单，在"最近的输入"子菜单中选择需要的命令，如图 2-34 所示。"最近的输入"子菜单中储存最近使用的几个命令，如果是经常重复使用的命令，这种方法就比较快速简洁。

6．在绘图区右击鼠标

如果用户要重复使用上次使用的命令，可以直接在绘图区右击鼠标，系统立即重复执行上次使用的命令，如图 2-35 所示，这种方法适用于重复执行某个命令。

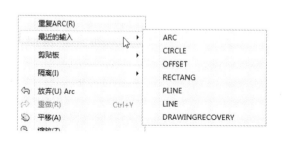

图 2-34　命令行右键快捷菜单

图 2-35　多重放弃或重做

2.5.2 命令的重复、撤销、重做

1．命令的重复

在命令窗口中键入〈Enter〉键可重复调用上一个命令，不管上一个命令是完成了还是被取消了。

2．命令的撤销

在命令执行的任何时刻都可以取消和终止命令的执行。

【执行方式】

命令行：UNDO。

菜单栏：编辑→放弃。

快捷键：Esc。

3．命令的重做

已被撤销的命令还可以恢复重做。可以恢复撤销的最后的一个命令。

【执行方式】

命令行：REDO。

菜单栏：编辑→重做。

该命令可以一次执行多重放弃和重做操作。单击"UNDO"或"REDO"列表箭头，可以选择要放弃或重做的操作，如图 2-35 所示。

2.5.3 透明命令

在 AutoCAD 2016 中有些命令不仅可以直接在命令行中使用，而且还可以在其他命令的执行过程中插入并执行，待该命令执行完毕，系统继续执行原命令，这种命令称为透明命令。透明命令一般多为修改图形设置或打开辅助绘图工具的命令。

上述 3 种命令的执行方式同样适用于透明命令的执行。命令行提示与操作如下：

命令: ARC↙

指定圆弧的起点或 [圆心(C)]: 'ZOOM↙ (透明使用显示缩放命令 ZOOM)

>>（执行 ZOOM 命令)

正在恢复执行 ARC 命令。

指定圆弧的起点或 [圆心(C)]: (继续执行原命令)

2.5.4 按键定义

在 AutoCAD 2016 中，除了可以通过在命令窗口输入命令、点取工具栏图标或点取菜单项来完成外，还可以使用键盘上的一组功能键或快捷键，通过这些功能键或快捷键，可以快速实现指定功能，如单击〈F1〉键，系统调用 AutoCAD 帮助对话框。

系统使用 AutoCAD 传统标准（Windows 之前）或 Microsoft Windows 标准解释快捷键。有些功能键或快捷键在 AutoCAD 的菜单中已经指出，如"粘贴"的快捷键为〈CTRL+V〉，这些只要用户在使用的过程中多加留意，就会熟练掌握。快捷键的定义见菜单命令后面的说明，如"粘贴(P) CTRL+V"。

2.5.5 命令执行方式

有的命令有两种执行方式,通过对话框或通过命令行输入命令。如指定使用命令窗口方式,可以在命令名前加短划来表示,如"-LAYER"表示用命令行方式执行"图层"命令。而如果在命令行输入"LAYER",系统则会自动打开"图层特性管理器"对话框。

另外,有些命令同时存在命令行、菜单和工具栏 3 种执行方式,这时如果选择菜单或工具栏方式,命令行会显示该命令,并在前面加一下画线,如通过菜单或工具栏方式执行"直线"命令时,命令行会显示"_line",命令的执行过程与结果与命令行方式相同。

2.5.6 坐标系统与数据的输入方法

1.坐标系

AutoCAD 采用两种坐标系:世界坐标系(WCS)与用户坐标系。用户刚进入 AutoCAD 时的坐标系统就是世界坐标系,是固定的坐标系统。世界坐标系也是坐标系统中的基准,绘制图形时多数情况下都是在这个坐标系统下进行的。

【执行方式】

命令行:UCS

功能区:选择"视图"选项卡"视口工具"面板中的"UCS 图标"按钮⌐。

AutoCAD 有两种视图显示方式:模型空间和图纸空间。模型空间是指单一视图显示法,我们通常使用的都是这种显示方式;图纸空间是指在绘图区域创建图形的多视图。用户可以对其中每一个视图进行单独操作。在默认情况下,当前 UCS 与 WCS 重合。图 2-36a 所示为模型空间下的 UCS 坐标系图标,通常放在绘图区左下角处;也可以指定它放在当前 UCS 的实际坐标原点位置,如图 2-36b 所示。图 2-36c 所示为图纸空间下的坐标系图标。

a)　　　　　　　　b)　　　　　　　　c)

图 2-36　坐标系图标

2.数据输入方法

在 AutoCAD 2016 中,点的坐标可以用直角坐标、极坐标、球面坐标和柱面坐标表示,每一种坐标又分别具有两种坐标输入方式:绝对坐标和相对坐标。其中直角坐标和极坐标最为常用。下面主要介绍一下它们的输入。

(1)直角坐标法:用点的 X、Y 坐标值表示的坐标

例如,在命令行中输入点的坐标提示下,输入"15,18",则表示输入了一个 X、Y 的坐标值分别为 15、18 的点,此为绝对坐标输入方式,表示该点的坐标是相对于当前坐标原点的坐标值,如图 2-37a 所示。如果输入"@10,20",则为相对坐标输入方式,表示该点的坐标是相对于前一点的坐标值,如图 2-37c 所示。

(2)极坐标法:用长度和角度表示的坐标,只能用来表示二维点的坐标

在绝对坐标输入方式下,表示为:"长度<角度",如"25<50",其中长度表示该点到坐

标原点的距离，角度为该点至原点的连线与 X 轴正向的夹角，如图 2-37b 所示。

在相对坐标输入方式下，表示为："@长度<角度"，如"@25<45"，其中长度为该点到前一点的距离，角度为该点至前一点的连线与 X 轴正向的夹角，如图 2-37d 所示。

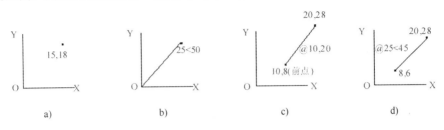

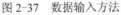

图 2-37　数据输入方法

3．动态数据输入

按下状态栏上的"动态输入"按钮 ，系统打开动态输入功能，可以在屏幕上动态地输入某些参数数据，例如，绘制直线时，在光标附近，会动态地显示"指定第一点"，以及后面的坐标框，当前显示的是光标所在位置，可以输入数据，两个数据之间以逗号隔开，如图 2-38 所示。指定第一点后，系统动态显示直线的角度，同时要求输入线段长度值，如图 2-39 所示，其输入效果与"@长度<角度"方式相同。

图 2-38　动态输入坐标值　　　　　　　　图 2-39　动态输入长度值

下面分别讲述一下点与距离值的输入方法。

1．点的输入

绘图过程中，常需要输入点的位置，AutoCAD 提供了如下几种输入点的方式：

1）用键盘直接在命令窗口中输入点的坐标：直角坐标有两种输入方式：x，y（点的绝对坐标值，例如，100，50）和@ x，y（相对于上一点的相对坐标值，例如，@ 50，-30）。坐标值均相对于当前的用户坐标系。

极坐标的输入方式为：长度<角度（其中，长度为点到坐标原点的距离，角度为原点至该点连线与 X 轴的正向夹角，例如，20<45）或@长度 < 角度（相对于上一点的相对极坐标，例如 @ 50 <-30）。

2）用鼠标等定标设备移动光标，单击左键在屏幕上直接取点。

3）用目标捕捉方式捕捉屏幕上已有图形的特殊点（如端点、中点、中心点、插入点、交点、切点、垂足点等。）

4）直接距离输入：先用光标拖拉出橡筋线确定方向，然后用键盘输入距离。这样有利于准确控制对象的长度等参数，如要绘制一条 10mm 长的线段，命令行提示与操作如下：

命令:LINE ↙

指定第一点：（在屏幕上指定一点）

指定下一点或 [放弃(U)]:

这时在屏幕上移动鼠标指明线段的方向，但不要单击鼠标左键确认，如图 2-40 所示，然后在命令行输入 10，这样就在指定方向上准确地绘制了长度为 10mm 的线段。

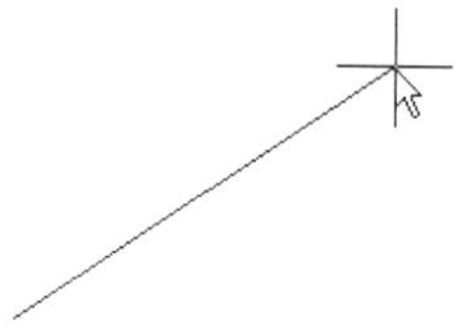

图 2-40 绘制直线

2．距离值的输入

在 AutoCAD 命令中，有时需要提供高度、宽度、半径、长度等距离值。AutoCAD 提供了两种输入距离值的方式：一种是用键盘在命令窗口中直接输入数值；另一种是在屏幕上拾取两点，以两点的距离值定出所需数值。

2.6 图层设置

☞ 本节思路

AutoCAD 中的图层就如同在手工绘图中使用的重叠透明图纸，如图 2-41 所示，可以使用图层来组织不同类型的信息。在AutoCAD 中，图形的每个对象都位于一个图层上，所有图形对象都具有图层、颜色、线型和线宽这 4 个基本属性。在绘制的时候，图形对象将创建在当前的图层上。每个 CAD 文档中图层的数量是不受限制的，每个图层都有自己的名称。

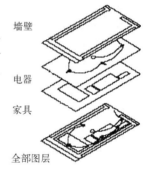

墙壁

电器

家具

全部图层

图 2-41 图层示意图

2.6.1 建立新图层

新建的 CAD 文档中只能自动创建一个名为 0 的特殊图层，如图 2-42 所示。默认情况下，图层 0 将被指定使用 7 号颜色、CONTINUOUS 线型、"默认"线宽以及 Color-7 打印样式。不能删除或重命名图层 0。通过创建新的图层，可以将类型相似的对象指定给同一个图层使其相关联。例如，可以将构造线、文字、标注和标题栏置于不同的图层上。并为这些图层指定通用特性。通过将对象分类放到各自的图层中，可以快速、有效地控制对象的显示以及对其进行更改。

【执行方式】

命令行：LAYER。

菜单栏：格式→图层。

图 2-42 "图层"工具栏

工具栏：图层→图层特性管理器 ▣。

功能区：单击"默认"选项卡"图层"面板中的"图层特性"按钮▣或单击"视图"选项卡"选项板"面板中的"图层特性"按钮▣。

【操作格式】

执行上述命令后，系统打开"图层特性管理器"对话框，如图 2-43 所示。

单击"图层特性管理器"对话框中"新建"▣按钮，建立新图层，默认的图层名为"图层 1"。可以根据绘图需要，更改图层名，例如，改为实体层、中心线层或标准层等。

图 2-43　"图层特性管理器"对话框

在一个图形中可以创建的图层数以及在每个图层中可以创建的对象数实际上是无限的。图层最长可使用 255 个字符的字母数字命名。图层特性管理器按名称的字母顺序排列图层。

> **注　意**
>
> 　　如果要建立多个图层，无需重复单击"新建"按钮。更有效的方法是：在建立一个新的图层"图层 1"后，改变图层名，在其后输入一个逗号"，"，这样就会又自动建立一个新图层"图层 1"，改变图层名，再输入一个逗号，又一个新的图层建立了，依次建立各个图层。也可以按两次按〈Enter〉键，建立另一个新的图层。图层的名称也可以更改，直接双击图层名称，键入新的名称。

在每个图层属性设置中，包括图层名称、关闭/打开图层、冻结/解冻图层、锁定/解锁图层、图层线条颜色、图层线条线型、图层线条宽度、图层打印样式以及图层是否打印等 9 个参数。下面将分别讲述如何设置这些图层参数。

1．设置图层线条颜色

在工程制图中，整个图形包含多种不同功能的图形对象，例如，实体、剖面线与尺寸标注等，为了便于直观区分它们，就有必要针对不同的图形对象使用不同的颜色，例如，实体层使用白色，剖面线层使用青色等。

要改变图层的颜色时，单击图层所对应的颜色图标，弹出"选择颜色"对话框，如图 2-44 所示。它是一个标准的颜色设置对话框，可以使用索引颜色、真彩色和配色系统等 3 个选项卡来选择颜色。系统显示的 RGB 配比，即 Red（红）、Green（绿）和 Blue（蓝）3 种颜色。

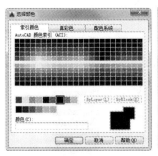

图 2-44　"选择颜色"对话框

2．设置图层线型

线型是指作为图形基本元素的线条的组成和显示方式，如实线、点画线等。在许多绘图工作中，常常以线型划分图层，为某一个图层设置适合的线型，在绘图时，只需将该图层设为当前工作层，即可绘制出符合线型要求的图形对象，极大地提高了绘图的效率。

单击图层所对应的线型图标，打开"选择线型"对话框，如图 2-45 所示。默认情况下，在"已加载的线型"列表框中，系统中只添加了 Continuous 线型。单击"加载"按钮，打开"加载或重载线型"对话框，如图 2-46 所示，可以看到 AutoCAD 还提供许多其他的线型，用鼠标选择所需线型，单击"确定"按钮，即可把该线型加载到"已加载的线型"列表框中，可以按住〈Ctrl〉键选择几种线型同时加载。

图 2-45 "选择线型"对话框

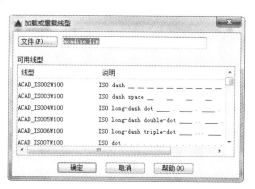

图 2-46 "加载或重载线型"对话框

3．设置图层线宽

线宽设置顾名思义就是改变线条的宽度。用不同宽度的线条表现图形对象的类型，也可以提高图形的表达能力和可读性，例如，绘制外螺纹时大径使用粗实线，小径使用细实线。

单击图层所对应的线宽图标，弹出"线宽"对话框，如图 2-47 所示。选择一个线宽，单击"确定"按钮完成对图层线宽的设置。

图层线宽的默认值为 0.25mm。在状态栏为"模型"状态时，显示的线宽同计算机的像素有关。线宽为零时，显示为一个像素的线宽。单击状态栏中的"线宽"按钮，屏幕上显示的图形线宽，显示的线宽与实际线宽成比例，如图 2-48 所示，但线宽不随着图形的放大和缩小而变化。"线宽"功能关闭时，不显示图形的线宽，图形的线宽均为默认值宽度值显示。可以在"线宽"对话框中选择需要的线宽。

图 2-47 "线宽"对话框

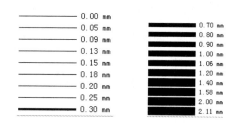

图 2-48 线宽显示效果图

2.6.2　设置图层

除了上面讲述的通过图层管理器设置图层的方法外，还有几种其他的简便方法可以设置图层的颜色、线宽、线型等参数。

1. 直接设置图层

可以直接通过命令行或菜单设置图层的颜色、线宽、线型。

【执行方式】

命令行：COLOR。

菜单栏：格式→颜色。

【操作格式】

执行上述命令后，系统打开"选择颜色"对话框，如图2-49所示。

图2-49　"选择颜色"对话框

【执行方式】

命令行：LINETYPE。

菜单栏：格式→线型。

【操作格式】

执行上述命令后，系统打开"线型管理器"对话框，如图 2-50 所示。该对话框的使用方法与图 2-45 所示的"选择线型"对话框类似。

【执行方式】

命令行：LINEWEIGHT 或 LWEIGHT。

菜单栏：格式→线宽。

【操作格式】

执行上述命令后，系统打开"线宽设置"对话框，如图 2-51 所示。该对话框的使用方法与图 2-47 的"线宽"对话框类似。

图2-50　"线型管理器"对话框

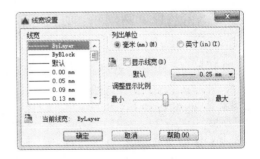

图2-51　"线宽设置"对话框

2. 利用"对象特性"工具栏设置图层

AutoCAD 2016 提供了一个"对象特性"工具栏，如图2-52所示。用户能够控制和使用工具栏上的"对象特性"工具栏快速地察看和改变所选对象的图层、颜色、线型和线宽等特性。"对象特性"工具栏上的图层颜色、线型、线宽和打印样式的控制增强了察看和编辑对象属性的命令。在绘图屏幕上选择任何对象都将在工具栏上自动显示它的所在图层、颜色、线型等属性。

图 2-52 "对象特性"工具栏

也可以在"对象特性"工具栏上的"颜色""线型""线宽"和"打印样式"下拉列表中选择需要的参数值。如果在"颜色"下拉列表中选择"选择颜色"选项,系统打开"选择颜色"选项,如图 2-53 所示;同样,如果在"线型"下拉列表中选择"其他"选项,如图 2-54 所示,系统就会打开"线型管理器"对话框,如图 2-50 所示。

3．用"特性"对话框设置图层

【执行方式】

命令行:DDMODIFY 或 PROPERTIES。

菜单栏:修改→特性。

工具栏:标准→特性圖。

【操作格式】

执行上述命令后,系统打开"特性"工具板,如图 2-55 所示。在其中可以方便地设置或修改图层、颜色、线型、线宽等属性。

图 2-53 "选择颜色"选项　　　图 2-54 "其他"选项　　　图 2-55 "特性"工具板

2.6.3 控制图层

1．切换当前图层

不同的图形对象需要绘制在不同的图层中,在绘制前,需要将工作图层切换到所需的图层上来。打开"图层特性管理器"对话框,选择图层,单击"当前"按钮✔完成设置。

2．删除图层

在"图层特性管理器"对话框中的图层列表框中选择要删除的图层,单击"删除图层"

按钮 ⚞ 即可删除该图层。从图形文件定义中删除选定的图层。只能删除未参照的图层。参照图层包括图层 0 及 DEFPOINTS、包含对象（包括块定义中的对象）的图层、当前图层和依赖外部参照的图层。不包含对象（包括块定义中的对象）的图层、非当前图层和不依赖外部参照的图层都可以删除。

3．关闭/打开图层

在"图层特性管理器"对话框中，单击图标♀，可以控制图层的可见性。图层打开时，图标小灯泡呈鲜艳的颜色，该图层上的图形可以显示在屏幕上或绘制在绘图仪上。当单击该属性图标后，图标小灯泡呈灰暗色时，该图层上的图形不显示在屏幕上，而且不能被打印输出，但仍然作为图形的一部分保留在文件中。

4．冻结/解冻图层

在"图层特性管理器"对话框中，单击图标☀，可以冻结图层或将图层解冻。图标呈雪花灰暗色时，该图层是冻结状态；图标呈太阳鲜艳色时，该图层是解冻状态。冻结图层上的对象不能显示，也不能打印，同时也不能编辑修改该图层上的图形对象。在冻结了图层后，该图层上的对象不影响其他图层上对象的显示和打印。例如，在使用 HIDE 命令消隐的时候，被冻结图层上的对象不隐藏其他的对象。

5．锁定/解锁图层

在"图层特性管理器"对话框中，单击图标🔓，可以锁定图层或将图层解锁。锁定图层后，该图层上的图形依然显示在屏幕上并可打印输出，还可以在该图层上绘制新的图形对象，但用户不能对该图层上的图形进行编辑修改操作。可以对当前层进行锁定，也可在对锁定图层上的图形进行查询和对象捕捉。锁定图层可以防止对图形的意外修改。

6．打印样式

在 AutoCAD 2016 中，可以使用一个称为"打印样式"的新对象特性。打印样式控制对象的打印特性，包括颜色、抖动、灰度、笔号、虚拟笔、淡显、线型、线宽、线条端点样式、线条连接样式和填充样式。使用打印样式给用户提供了很大的灵活性，因为用户可以设置打印样式来替代其他对象特性，也可以按用户需要关闭这些替代设置。

7．打印/不打印

在"图层特性管理器"对话框中，单击图标🖶，可以设定打印时该图层是否打印，以保证在图形显示可见不变的条件下，控制图形的打印特征。打印功能只对可见的图层起作用，对已经被冻结或关闭的图层不起作用。

8．新视口冻结

在"图层特性管理器"对话框中，单击图标🖫，显示可用的打印样式，包括默认打印样式 NORMAL。打印样式是打印中使用的特性设置的集合。

2.7 绘图辅助工具

👉 本节思路

要快速、顺利地完成图形绘制工作，有时要借助一些辅助工具，比如用于准确确定绘制位置的精确定位工具和调整图形显示范围与方式的显示工具等。下面简略介绍一下这两种非常重要的辅助绘图工具。

2.7.1 精确定位工具

在绘制图形时，可以使用直角坐标和极坐标精确定位点，但是有些点（如端点、中心点等）的坐标我们是不知道的，想精确地指定这些点是很难的，有时甚至是不可能的。幸好 AutoCAD 2016 已经很好地解决了这个问题。AutoCAD 2016 提供了辅助定位工具，使用这类工具，可以很容易地在屏幕中捕捉到这些点，进行精确绘图。

1. 栅格

AutoCAD 的栅格由有规则的点的矩阵组成，延伸到指定为图形界限的整个区域。使用栅格与在坐标纸上绘图是十分相似的，利用栅格可以对齐对象并直观显示对象之间的距离。如果放大或缩小图形，可能需要调整栅格间距，使其更适合新的比例。虽然栅格在屏幕上是可见的，但它并不是图形对象，因此它不会被打印成图形中的一部分，也不会影响在何处绘图。

可以单击状态栏上的"栅格"按钮或按〈F7〉键打开或关闭栅格。启用栅格并设置栅格在 X 轴方向和 Y 轴方向上的间距的方法如下：

【执行方式】

命令行：DSETTINGS（或 DS，SE 或 DDRMODES）。

菜单栏：工具→绘制设置。

【操作格式】

执行上述命令后，系统打开"草图设置"对话框，如图 2-56 所示。

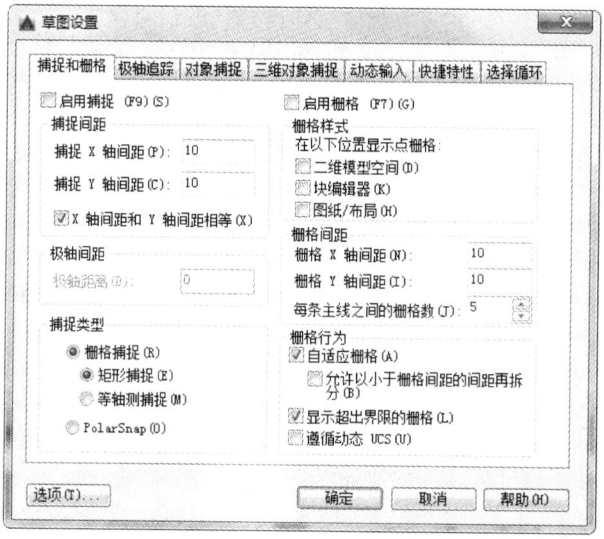

图 2-56 "草图设置"对话框

如果需要显示栅格，选择"启用栅格"复选框。在"栅格 X 轴间距"文本框中，输入栅格点之间的水平距离，单位为毫米。如果使用相同的间距设置垂直和水平分布的栅格点，则按〈Tab〉键。否则，在"栅格 Y 轴间距"文本框中输入栅格点之间的垂直距离。

用户可改变栅格与图形界限的相对位置。默认情况下，栅格以图形界限的左下角为起点，沿着与坐标轴平行的方向填充整个由图形界限所确定的区域。

捕捉可以使用户直接使用鼠标快捷准确地定位目标点。捕捉的类型有：栅格捕捉、矩形捕捉和等轴测捕捉等。在下文中将详细讲解。

另外，可以使用 GRID 命令通过命令行方式设置栅格，功能与"草图设置"对话框类似，不再赘述。

> **！注 意**
>
> 如果栅格的间距设置得太小，当进行"打开栅格"操作时，AutoCAD 将在文本窗口中显示"栅格太密，无法显示"的信息，而不在屏幕上显示栅格点。或者使用"缩放"命令时，将图形缩小很多，也会出现同样提示，不显示栅格。

2．捕捉

捕捉是指 AutoCAD 2016 可以生成一个隐含分布于屏幕上的栅格，这种栅格能够捕捉光标，使得光标只能落到其中一个栅格点上。捕捉可分为"矩形捕捉"和"等轴测捕捉"两种类型。默认设置为"矩形捕捉"，即捕捉点的阵列类似于栅格，如图 2-57 所示，用户可以指定捕捉模式在 X 轴方向和 Y 轴方向上的间距，也可改变捕捉模式与图形界限的相对位置。与栅格不同之处在于：捕捉间距的值必须为正实数；另外捕捉模式不受图形界限的约束。"等轴测捕捉"表示捕捉模式为等轴测模式，此模式是绘制正等轴测图时的工作环境，如图 2-58 所示。在"等轴测捕捉"模式下，栅格和光标十字线成绘制等轴测图时的特定角度。

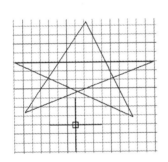

图 2-57 "矩形捕捉"实例

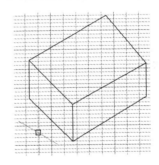

图 2-58 "等轴测捕捉"实例

在绘制图 2-57 和图 2-58 中的图形时，输入参数点时光标只能落在栅格点上。两种模式的切换方法是：打开"草图设置"对话框，进入"捕捉和栅格"选项卡，在"捕捉类型和样式"选项区中，通过单选框可以切换"矩阵捕捉"模式与"等轴测捕捉"模式。

3．极轴捕捉

极轴捕捉是在创建或修改对象时，按事先给定的角度增量和距离增量来追踪特征点，即捕捉相对于初始点、且满足指定的极轴距离和极轴角的目标点。

极轴追踪设置主要是设置追踪的距离增量和角度增量，以及与之关联的捕捉模式。这些设置可以通过"草图设置"对话框的"捕捉和栅格"选项卡与"极轴追踪"选项卡来实现，如图 2-59 和图 2-60 所示。

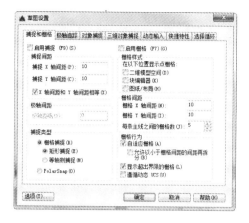

图 2-59 "捕捉和栅格"选项卡

图 2-60 "极轴追踪"选项卡

（1）设置极轴距离

在"草图设置"对话框的"捕捉和栅格"选项卡中，可以设置极轴距离，单位为毫米。绘图时，光标将按指定的极轴距离增量进行移动。

（2）设置极轴角度

在"草图设置"对话框的"极轴追踪"选项卡中，可以设置极轴角增量角度。设置时，可以使用向下箭头所打开的下拉选择框中的 90°、45°、30°、22.5°、18°、15°、10° 和 5° 的极轴角增量，也可以直接输入指定任意角度。光标移动时，如果接近极轴角，将显示对齐路径和工具栏提示。例如，如图 2-61 所示，当极轴角增量设置为 30°，光标移动 90° 时显示的对齐路径。

"附加角"用于设置极轴追踪时是否采用附加角度追踪。选中"附加角"复选框，通过"增加"按钮或者"删除"按钮来增加、删除附加角度值。

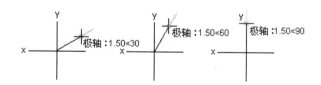

图 2-61 设置极轴角度实例

（3）对象捕捉追踪设置

用于设置对象捕捉追踪的模式。如果选择"仅正交追踪"选项，则当采用追踪功能时，系统仅在水平和垂直方向上显示追踪数据；如果选择"用所有极轴角设置追踪"选项，则当采用追踪功能时，系统不仅可以在水平和垂直方向显示追踪数据，还可以在设置的极轴追踪角度与附加角度所确定的一系列方向上显示追踪数据。

（4）极轴角测量

用于设置极轴角的角度测量采用的参考基准，"绝对"是指相对水平方向逆时针测量，"相对上一段"则是以上一段对象为基准进行测量。

4. 对象捕捉

AutoCAD 2016 给所有的图形对象都定义了特征点，对象捕捉是指在绘图过程中，通过捕捉这些特征点，迅速、准确地将新的图形对象定位在现有对象的确切位置上，例如，圆的圆心、线段中点或两个对象的交点等。在 AutoCAD 2016 中，可以通过单击状态栏中"对象捕捉"选项，或是在"草图设置"对话框的"对象捕捉"选项卡中选择"启用对象捕捉"单选框，来完成启用对象捕捉功能。在绘图过程中，对象捕捉功能的调用可以通过以下方式完成。

"对象捕捉"工具栏：如图 2-62 所示，在绘图过程中，当系统提示需要指定点位置时，可以单击"对象捕捉"工具栏中相应的特征点按钮，再把光标移动到要捕捉的对象上的特征点附近，AutoCAD 会自动提示并捕捉到这些特征点。例如，如果需要用直线连接一系列圆的圆心，可以将"圆心"设置为执行对象捕捉。如果有两个可能的捕捉点落在选择区域，AutoCAD 2016 将捕捉离光标中心最近的符合条件的点。还有可能指定点时需要检查哪一个对象捕捉有效，例如，在指定位置有多个对象捕捉符合条件，在指定点之前，按〈Tab〉键可以遍历所有可能的点。

对象捕捉快捷菜单：在需要指定点位置时，还可以按住〈Ctrl〉键或〈Shift〉键，单击鼠标右键，弹出对象捕捉快捷菜单，如图 2-63 所示。从该菜单上一样可以选择某一种特征点执行对象捕捉，把光标移动到要捕捉的对象上的特征点附近，即可捕捉到这些特征点。

图 2-62　"对象捕捉"工具栏　　　　　　　　图 2-63　"对象捕捉"快捷菜单

使用命令行：当需要指定点位置时，在命令行中输入相应特征点的关键字，把光标移动到要捕捉的对象上的特征点附近，即可捕捉到这些特征点。对象捕捉特征点的关键字见表 2-1。

表 2-1　对象捕捉模式

模　式	关　键　字	模　式	关　键　字	模　式	关　键　字
临时追踪点	TT	捕捉自	FROM	端点	END
中点	MID	交点	INT	外观交点	APP
延长线	EXT	圆心	CEN	象限点	QUA
切点	TAN	垂足	PER	平行线	PAR
节点	NOD	最近点	NEA	无捕捉	NON

> **注 意**
>
> 　1. 对象捕捉不可单独使用，必须配合别的绘图命令一起使用。仅当 AutoCAD 提示输入点时，对象捕捉才生效。如果试图在命令提示下使用对象捕捉，AutoCAD 将显示错误信息。
>
> 　2. 对象捕捉只影响屏幕上可见的对象，包括锁定图层、布局视口边界和多段线上的对象。不能捕捉不可见的对象，如未显示的对象、关闭或冻结图层上的对象或虚线的空白部分。

5. 自动对象捕捉

在绘制图形的过程中，使用对象捕捉的频率非常高，如果每次在捕捉时都要先选择捕捉模式，将会大大降低工作效率。出于此种考虑，AutoCAD 提供了自动对象捕捉模式。如果启用自动捕捉功能，当光标距指定的捕捉点较近时，系统会自动、精确地捕捉这些特征点，并显示出相应的标记以及该捕捉的提示。设置"草图设置"对话框中的"对象捕捉"选项卡，选中"启用对象捕捉追踪"复选框，可以调用自动捕捉，如图 2-64 所示。

> **注 意**
>
> 　用户可以设置自己经常要用的捕捉方式。一旦设置了运行捕捉方式后，在每次运行时，所设定的目标捕捉方式就会被激活，而不是仅对一次选择有效，当同时使用多种方式时，系统将捕捉距光标最近、同时又是满足多种目标捕捉方式之一的点。当光标距要获取的点非常近时，按下〈Shift〉键将暂时不获取对象点。

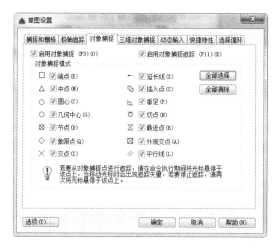

图 2-64 "对象捕捉"选项卡

6. 正交绘图

正交绘图模式，即在命令的执行过程中，光标只能沿 X 轴或者 Y 轴移动。所有绘制的线段和构造线都将平行于 X 轴或 Y 轴，因此它们相互垂直成 90° 相交，即正交。使用正交绘图，对于绘制水平和垂直线非常有用，特别是绘制构造线时经常使用。而且当捕捉模式为等轴测模式时，它还迫使直线平行于 3 个等轴测中的一个。

设置正交绘图可以直接单击状态栏中"正交"按钮 ⌐，或按〈F8〉键，会在文本窗口中显示相应的开/关提示信息。也可以在命令行中输入"ORTHO"命令，执行开启或关闭正交绘图。

> **！注 意**
>
> "正交"模式将光标限制在水平或垂直（正交）轴上。因为不能同时打开"正交"模式和极轴追踪，因此"正交"模式打开时，AutoCAD 会关闭极轴追踪。如果再次打开极轴追踪，AutoCAD 将关闭"正交"模式。

2.7.2 图形显示工具

对于一个较为复杂的图形来说，在观察整幅图形时往往无法对其局部细节进行查看和操作，而当在屏幕上显示一个细部时又看不到其他部分，为解决这类问题，AutoCAD 提供了缩放、平移、视图、鸟瞰视图和视口命令等一系列图形显示控制命令，可以用来任意地放大、缩小或移动屏幕上的图形显示，或者同时从不同的角度、不同的部位来显示图形。AutoCAD 2016 还提供了重画和重新生成命令来刷新屏幕、重新生成图形。

1．图形缩放

图形缩放命令类似于照相机的镜头，可以放大或缩小屏幕所显示的范围，只改变视图的比例，但是对象的实际尺寸并不发生变化。当放大图形一部分的显示尺寸时，可以更清楚地查看这个区域的细节；相反，如果缩小图形的显示尺寸，则可以查看更大的区域，如整体浏览。

图形缩放功能在绘制大幅面机械图纸，尤其是装配图时非常有用，是使用频率最高的命令之一。这个命令可以透明地使用，也就是说，该命令可以在其他命令执行时运行。用户完成涉及透明命令的过程时，AutoCAD 会自动地返回到用户调用透明命令前正在运行的命令。执行图形缩放的方法如下：

【执行方式】

命令行：ZOOM。

菜单栏：视图→缩放。

工具栏：标准→实时缩放 ⊙ （如图 2-65 所示）。

图 2-65 "缩放"工具栏

【操作格式】

执行上述命令后，系统提示：

指定窗口的角点，输入比例因子 (nX 或 nXP)，或者

[全部(A)/中心(C)/动态(D)/范围(E)/上一个(P)/比例(S)/窗口(W)/对象(O)] <实时>:

【选项说明】

（1）实时

这是"缩放"命令的默认操作，即在输入"ZOOM"命令后，直接按〈Enter〉键，将自动调用实时缩放操作。实时缩放就是可以通过上下移动鼠标交替进行放大和缩小。在使用实时缩放时，系统会显示一个"+"号或"－"号。当缩放比例接近极限时，AutoCAD 将不再

与光标一起显示"+"号或"-"号。需要从实时缩放操作中退出时，可按〈Enter〉键、〈Esc〉键或是在菜单中执行"Exit"命令退出。

（2）全部(A)

执行"ZOOM"命令后，在提示文字后键入"A"，即可执行"全部(A)"缩放操作。不论图形有多大，该操作都将显示图形的边界或范围，即使对象不包括在边界以内，它们也将被显示。因此，使用"全部(A)"缩放选项，可查看当前视口中的整个图形。

（3）中心(C)

通过确定一个中心点，该选项可以定义一个新的显示窗口。操作过程中需要指定中心点以及输入比例或高度。默认新的中心点就是视图的中心点，默认输入高度就是当前视图的高度，直接按〈Enter〉键后，图形将不会被放大。输入比例，则数值越大，图形放大倍数也将越大。也可以在数值后面紧跟一个 X，如 3X，表示在放大时不是按照绝对值变化，而是按相对于当前视图的相对值缩放。

（4）动态(D)

通过操作一个表示视口的视图框，可以确定所需显示的区域。选择该选项，在绘图窗口中出现一个小的视图框，按住鼠标左键左右移动可以改变该视图框的大小，定形后放开左键，再按下鼠标左键移动视图框，确定图形中的放大位置，系统将清除当前视口并显示一个特定的视图选择屏幕。这个特定屏幕，由有关当前视图及有效视图的信息所构成。

（5）范围(E)

"范围(E)"选项可以使图形缩放至整个显示范围。图形的范围由图形所在的区域构成，剩余的空白区域将被忽略。应用这个选项，图形中所有的对象都尽可能地被放大。

（6）上一个(P)

在绘制一幅复杂的图形时，有时需要放大图形的一部分以进行细节的编辑。当编辑完成后，有时希望回到前一个视图。这种操作可以使用"上一个(P)"选项来实现。当前视口由"缩放"命令的各种选项或"移动"视图、视图恢复、平行投影或透视命令引起的任何变化，系统都将做保存。每一个视口最多可以保存 10 个视图。连续使用"上一个(P)"选项可以恢复前 10 个视图。

（7）比例(S)

"比例(S)"选项提供了 3 种使用方法。在提示信息下，直接输入比例系数，AutoCAD 将按照此比例因子放大或缩小图形的尺寸。如果在比例系数后面加一"X"，则表示相对于当前视图计算的比例因子。使用比例因子的第三种方法就是相对于图形空间，例如，可以在图纸空间阵列布排或打印出模型的不同视图。为了使每一张视图都与图纸空间单位成比例，可以使用"比例(S)"选项，每一个视图可以有单独的比例。

（8）窗口(W)

"窗口(W)"选项是最常使用的选项。通过确定一个矩形窗口的两个对角来指定所需缩放的区域，对角点可以由鼠标指定，也可以输入坐标确定。指定窗口的中心点将成为新的显示屏幕的中心点。窗口中的区域将被放大或者缩小。调用"ZOOM"命令时，可以在没有选择任何选项的情况下，利用鼠标在绘图窗口中直接指定缩放窗口的两个对角点。

（9）对象(O)

"对象(O)"选项是缩放视图以便尽可能大地显示一个或多个选定的对象并使其位于视图

的中心。可以在启动"ZOOM"命令前后选择对象。

> **！注意**
>
> 　这里提到了诸如放大、缩小或移动等操作，仅仅是对图形在屏幕上的显示进行控制，图形本身并没有任何改变。

2．图形平移

当图形幅面大于当前视口时，例如，使用图形缩放命令将图形放大，如果需要在当前视口之外观察或绘制一个特定区域时，可以使用图形平移命令来实现。平移命令能将在当前视口以外的图形的一部分移动进来以便查看或编辑，但不会改变图形的缩放比例。执行图形缩放的方法如下：

【执行方式】

命令行：PAN。

菜单栏：视图→平移→实时。

工具栏：标准→实时平移。

快捷菜单：绘图窗口中单击右键，选择"平移"选项

激活平移命令之后，光标将变成一只"小手"，可以在绘图窗口中任意移动，以示当前正处于平移模式。单击并按住鼠标左键将光标锁定在当前位置，即"小手"已经抓住图形，然后，拖动图形使其移动到所需位置上。松开鼠标左键将停止平移图形。可以反复按下鼠标左键，拖动，松开，将图形平移到其他位置上。

2.8　对象约束

👉 **本节思路**

约束能够用于精确地控制草图中的对象。草图约束有两种类型：尺寸约束和几何约束。

几何约束建立起草图对象的几何特性（如要求某一直线具有固定长度）或是两个或更多草图对象的关系类型（如要求两条直线垂直或平行，或是几个弧具有相同的半径）。在图形区用户可以使用"参数化"选项卡内的"全部显示"、"全部隐藏"或"显示"来显示有关信息，并显示代表这些约束的直观标记，如图2-66所示的水平标记和共线标记。

尺寸约束建立起草图对象的大小（如直线的长度、圆弧的半径等）或是两个对象之间的关系（如两点之间的距离）。图2-67所示为一带有尺寸约束的示例。

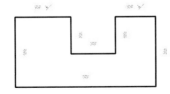

图2-66　"几何约束"示意图

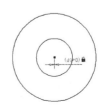

图2-67　"尺寸约束"示意图

2.8.1 建立几何约束

使用几何约束，可以指定草图对象必须遵守的条件，或是草图对象之间必须维持的关系。几何约束面板及工具栏（面板在"参数化"选项卡中的"几何"面板中）如图 2-68 所示，其主要几何约束选项功能见表 2-2。

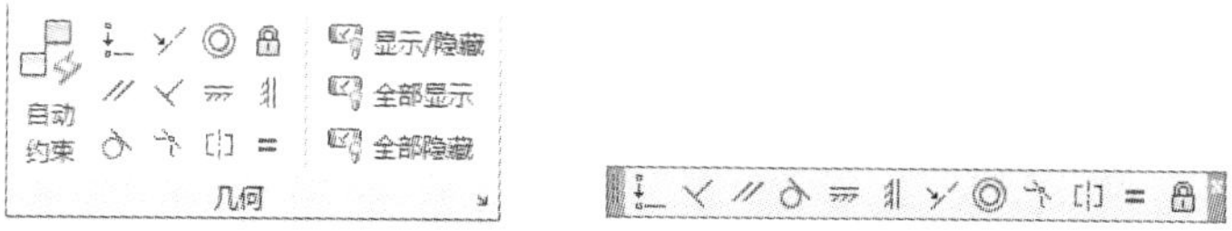

图 2-68 "几何约束"面板及工具栏

表 2-2 特殊位置点捕捉

约 束 模 式	功　　　能
重合	约束两个点使其重合，或者约束一个点使其位于曲线（或曲线的延长线）上。可以使对象上的约束点与某个对象重合，也可以使其与另一对象上的约束点重合
共线	使两条或多条直线段沿同一直线方向
同心	将两个圆弧、圆或椭圆约束到同一个中心点。结果与将重合约束应用于曲线的中心点所产生的结果相同
固定	将几何约束应用于一对对象时，选择对象的顺序以及选择每个对象的点可能会影响对象彼此间的放置方式
平行	使选定的直线位于彼此平行的位置。平行约束在两个对象之间应用
垂直	使选定的直线位于彼此垂直的位置。垂直约束在两个对象之间应用
水平	使直线或点对位于与当前坐标系的 X 轴平行的位置。默认选择类型为对象
竖直	使直线或点对位于与当前坐标系的 Y 轴平行的位置
相切	将两条曲线约束为保持彼此相切或其延长线保持彼此相切。相切约束在两个对象之间应用
平滑	将样条曲线约束为连续，并与其他样条曲线、直线、圆弧或多段线保持 G2 连续性
对称	使选定对象受对称约束，相对于选定直线对称
相等	将选定圆弧和圆的尺寸重新调整为半径相同，或将选定直线的尺寸重新调整为长度相同

绘图中可指定二维对象或对象上的点之间的几何约束。之后编辑受约束的几何图形时，将保留约束。因此，通过使用几何约束，可以在图形中包括设计要求。

2.8.2 几何约束设置

在用 AutoCAD 绘图时，使用"约束设置"对话框的"几何"选项卡，如图 2-69 所示，可以控制约束栏上显示或隐藏的几何约束类型。

【执行方式】

命令行：CONSTRAINTSETTINGS。

菜单栏：参数→约束设置。

功能区：单击"参数化"选项卡"几何"面板中的"对话框启动器"按钮 ↘。

工具栏：参数化→约束设置 ☷。

快捷键：CSETTINGS。

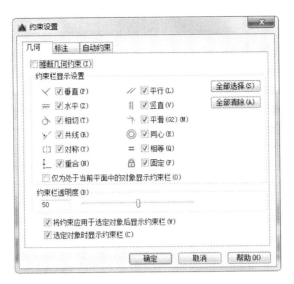

图 2-69 "约束设置"对话框"几何"选项卡

【操作步骤】

命令：CONSTRAINTSETTINGS✓

执行上述命令后，系统打开"约束设置"对话框，在该对话框中，单击"几何"标签打开"几何"选项卡，如图 2-69 所示。利用此对话框可以控制约束栏上约束类型的显示。

【选项说明】

1）"约束栏显示设置"选项组：此选项组控制图形编辑器中是否为对象显示约束栏或约束点标记。例如，可以为水平约束和竖直约束隐藏约束栏的显示。

2）"全部选择"按钮：选择几何约束类型。

3）"全部清除"按钮：清除选定的几何约束类型。

4）"仅为处于当前平面中的对象显示约束栏"复选框：仅为当前平面上受几何约束的对象显示约束栏。

5）"约束栏透明度"选项组：设置图形中约束栏的透明度。

6）"将约束应用于选定对象后显示约束栏"复选框：手动应用约束后或使用"AUTOCONSTRAIN"命令时显示相关约束栏。

2.8.3 建立尺寸约束

建立尺寸约束是限制图形几何对象的大小，也就是与在草图上标注尺寸相似，同样设置尺寸标注线，与此同时再建立相应的表达式，不同的是可以在后续的编辑工作中实现尺寸的参数化驱动。标注约束面板及工具栏（面板在"参数化"选项卡中的"标注"面板中）如图 2-70 所示。

图 2-70 "标注约束"面板及工具栏

在生成尺寸约束时，用户可以选择草图曲线、边、基准平面或基准轴上的点，以生成水平、竖直、平行、垂直和角度尺寸。

生成尺寸约束时，系统会生成一个表达式，其名称和值显示在一弹出的对话框文本区域中，如图 2-71 所示，用户可以接着编辑该表达式的名和值。

生成尺寸约束时，只要选中了几何体，其尺寸及其延伸线和箭头就会全部显示出来。将尺寸拖动到位，然后单击鼠标左键。完成尺寸约束后，用户还可以随时更

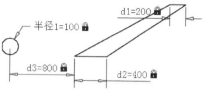

图 2-71 "尺寸约束编辑"示意图

改尺寸约束。只需在图形区选中该值双击，然后可以使用生成过程所采用的同一方式，编辑其名称、值或位置。

2.8.4 尺寸约束设置

在用 AutoCAD 绘图时，使用"约束设置"对话框内的"标注"选项卡，如图 2-72 所示，可控制显示标注约束时的系统配置。标注约束控制设计的大小和比例。它们可以约束以下内容：

1）对象之间或对象上的点之间的距离。

2）对象之间或对象上的点之间的角度。

【执行方式】

命令行：CONSTRAINTSETTINGS。

菜单栏：参数→约束设置。

功能区：单击"参数化"选项卡"标注"面板中的"对话框启动器"按钮 ⬛。

工具栏：参数化→约束设置 。

快捷键：CSETTINGS。

【操作步骤】

命令：CONSTRAINTSETTINGS✓

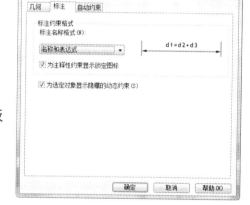

图 2-72 "约束设置"对话框"标注"选项卡

执行上述命令后，系统打开"约束设置"对话框，在该对话框中，单击"标注"标签打开"标注"选项卡，如图 2-72 所示。利用此对话框可以控制约束栏上约束类型的显示。

【选项说明】

1）"标注约束格式"选项组：该选项组内可以设置标注名称格式和锁定图标的显示。

2）"标注名称格式"下拉框：为应用标注约束时显示的文字指定格式。将名称格式设置为显示：名称、值或名称和表达式。例如，宽度=长度/2

3）"为注释性约束显示锁定图标"复选框：针对已应用注释性约束的对象显示锁定图标。

4）"为选定对象显示隐藏的动态约束"复选框：显示选定时已设置为隐藏的动态约束。

2.8.5 自动约束

在用 AutoCAD 绘图时，使用"约束设置"对话框内的"自动约束"选项卡，如图 2-73 所示，可将设定公差范围内的对象自动设置为相关约束。

【执行方式】

命令行：CONSTRAINTSETTINGS。

菜单栏：参数→约束设置。

功能区：单击"参数化"选项卡"标注"面板中的"对话框启动器" 。

工具栏：参数化→约束设置 。

快捷键：CSETTINGS。

【操作步骤】

命令：CONSTRAINTSETTINGS✓

执行上述命令后，系统打开"约束设置"对话框，在该对话框中，单击"自动约束"标签打开"自动约束"选项卡，如图2-73所示。利用此对话框可以控制自动约束相关参数。

图2-73　"约束设置"对话框中的"自动约束"选项卡

【选项说明】

1）"自动约束"列表框：显示自动约束的类型以及优先级。可以通过"上移"和"下移"按钮调整优先级的先后顺序。可以单击 ✔ 符号选择或去掉某约束类型作为自动约束类型。

2）"相切对象必须共用同一交点"复选框：指定两条曲线必须共用一个点（在距离公差内指定）以便应用相切约束。

3）"垂直对象必须共用同一交点"复选框：指定直线必须相交或者一条直线的端点必须与另一条直线或直线的端点重合（在距离公差内指定）。

4）"公差"选项组：设置可接受的"距离"和"角度"公差值以确定是否可以应用约束。

第3章 二维绘图与编辑命令

 知识导引

在本章中，开始讲解 AutoCAD 2016 绘制平面图的有关基本知识。读者应熟练掌握 AutoCAD 2016 绘制简单几何元素，包括直线、圆及圆弧等，同时利用这些一维元素构建平面图形。掌握了这些基础，才能绘制比较复杂的二维图形。

 内容要点

➤ 学会使用命令行。
➤ 掌握简单几何元素的绘制。
➤ 熟练掌握平面图形的绘制命令。

3.1 二维绘图命令

👉 **本节思路**

本节主要介绍 AutoCAD 2016 二维图形绘制命令及其具体操作步骤。

命令行操作：命令行后输入命令名。

菜单栏操作：选择"绘图"菜单命令，图 3-1 所示为绘图下拉菜单。

工具栏操作：打开"绘图"工具栏，如图 3-2 所示，在该工具栏中选择将要绘制的二维图形，单击其图标按钮，同样命令行中会显示相关的提示信息，按照这些提示信息完成二维图形绘制。

图 3-1　绘图下拉菜单

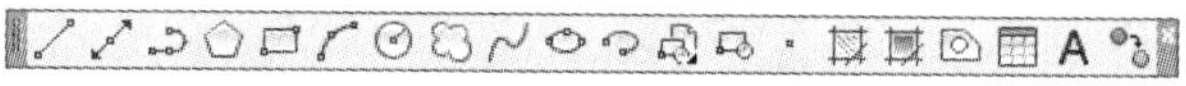

图 3-2　绘图工具栏

3.1.1 基本二维绘图命令

1．绘制点

【执行方式】

命令行：POINT。

菜单栏：绘图→点→单点或多点。

工具栏：绘图→点 ˙。

功能区：单击"默认"选项卡"绘图"面板中的"多点"按钮 ˙，如图 3-3 所示。

【操作格式】

命令：POINT ✓

当前点模式：PDMODE=0　PDSIZE=0.0000

指定点：（输入点的坐标）

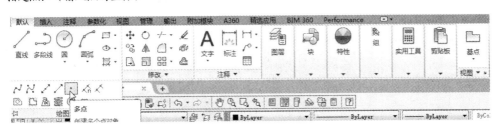

图 3-3　"绘图"面板 1

此时会在屏幕上的指定位置绘出一个点，当然也可在屏幕上直接用鼠标单击左键选取点，在屏幕指定的位置绘制一个或多个点。

2．绘制直线

【执行方式】

命令行：LINE。

菜单栏：绘图→直线。

工具栏：绘图→直线 ∕。

功能区：单击"默认"选项卡"绘图"面板中的"直线"按钮 ∕，如图 3-4 所示。

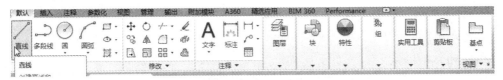

图 3-4　"绘图"面板 2

【操作格式】

命令：LINE ✓

指定第一点：（指定所绘直线段的起始点）

指定下一点或［放弃（U）］：（指定所绘直线段的端点）

指定下一点或［闭合（C）／放弃（U）］：（指定下一条直线段的端点）

…

指定下一点或［闭合（C）／放弃（U）］：（按空格键或〈Enter〉键结束本次操作）

利用所提供的坐标点绘制二维或三维的直线段。

随着每一步操作，AutoCAD 2016 会顺次绘制出连接各端点的直线段。但是，每一条直线段都是一个独立的对象，既可以对其进行独立的编辑操作，还可以利用"闭合(C)"选项封闭所绘出的折线（即将当前点与起始点进行连接），并退出本次操作。

3．绘制构造线

【执行方式】

命令行：XLINE。

菜单栏：绘图→构造线。

工具栏：绘图→构造线✐。

功能区：单击"默认"选项卡"绘图"面板中的"构造线"按钮✐，如图 3-5 所示。

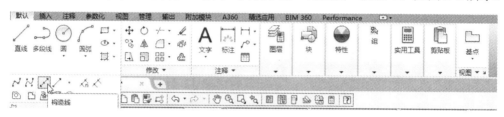

图 3-5　"绘图"面板 3

【操作格式】

命令：XLINE ✓

指定点或 [水平(H)/垂直(V)/角度(A)/二等分(B)/偏移(O)]：（指定一点或输入选项[水平/垂直/角度/二等分/偏移]）

指定通过点：（指定参照线要经过的点并按空格键或〈Enter〉键结束本次操作）

用所提供的坐标点绘制二维或三维的双向无限延长的直线。AutoCAD 2016 可以用多种方法绘制一条或多条直线。

4．绘制多线

【执行方式】

命令行：MLINE。

菜单栏：绘图→多线。

【操作格式】

命令：MLINE ✓

当前设置：对正 ＝ 上，比例 ＝1.00，样式 ＝STANDARD

指定起点或 [对正(J)/比例(S)/样式(ST)]：（指定起始点或输入选项[对正/比例/样式] ）

指定下一点：

指定下一点或 [放弃(U)]：

指定下一点或 [闭合(C)/放弃(U)]：

AutoCAD 2016 利用"多线样式"对话框设置这些格式。

【执行方式】

菜单栏：格式→多线样式。

命令：MLSTYLE。

【操作格式】

执行上述命令后，打开"多线样式"对话框，如图3-6所示。

图3-6 "多线样式"对话框

5. 绘制多段线

【执行方式】

命令行：PLINE。

菜单栏：绘图→多段线。

工具栏：绘图→多段线。

功能区：单击"默认"选项卡"绘图"面板中的"多段线"按钮。

【操作格式】

命令：PLINE ↙

指定起点：（指定多段线的起始点）

当前线宽为 0.0000 （提示当前多段线的宽度）

指定下一个点或 [圆弧(A)/半宽(H)/长度(L)/放弃(U)/宽度(W)]：

指定下一点或 [圆弧(A)/闭合(C)/半宽(H)/长度(L)/放弃(U)/宽度(W)]：

【选项说明】

1）指定下一个点：确定另一端点绘制一条直线段，是系统的默认项。

2）圆弧：使系统变为绘圆弧方式。选择了该项后，系统会提示：

指定圆弧的端点(按住〈Ctrl〉键以切换方向)或[角度(A)/圆心(CE)/方向(D)/半宽(H)/直线(L)/半径(R)/第二个点(S)/放弃(U)/宽度(W)]：

其中：

① 圆弧端点：绘制弧线段，为系统的默认项。弧线段从多段线上一段的最后一点开始并与多段线相切。

② 方向(D)：指定弧线段的方向。

③ 角度(A)：指定弧线段从起点开始包含的角度。若输入的角度值为正值，则按逆时针

方向绘制弧线段；反之，按顺时针方向绘制弧线段。

④ 圆心(CE)：指定所绘制弧线段的圆心。

⑤ 闭合(CL)：用一段弧线段封闭所绘制的多段线。

⑥ 半宽(H)：指定从宽多段线线段的中心到其一边的宽度。"宽度(W)"选项含义与其类似。

⑦ 直线(L)：退出 Arc 功能项并返回到"PLINE"命令的初始提示信息状态。

⑧ 半径(R)：指定所绘制弧线段的半径。

⑨ 第二个点(S)：利用三点绘制圆弧。

⑩ 放弃(U)：撤销上一步操作。

3）闭合(C)：绘制一条直线段来封闭多段线。

4）半宽(H)：指定从宽多段线线段的中心到其一边的宽度。

5）长度(L)：在与前一线段相同的角度方向上绘制指定长度的直线段。

6）放弃(U)：撤销上一步操作。

7）宽度(W)：指定下一段多线段的宽度。

图 3-7 为绘制的多段线。

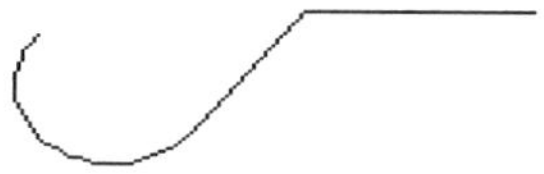

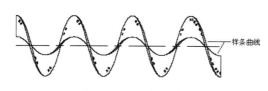

6．绘制样条曲线

图 3-7　绘制多段线

样条曲线可用于创建形状不规则的曲线，例如，为地理信息系统(GIS)应用或汽车设计绘制轮廓线。

AutoCAD 使用一种称为非一致有理 B 样条(NURBS)曲线的特殊样条曲线类型。NURBS曲线在控制点之间产生一条光滑的曲线，如图 3-8 所示。

【执行方式】

命令行：SPLINE。

菜单栏：绘图→样条曲线。

工具栏：绘图→样条曲线 ～

功能区：单击"默认"选项卡"绘图"面板中的"样条曲线拟合"按钮 ～ 或"样条曲线控制点"按钮 ～，如图 3-9 所示。

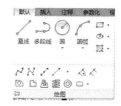

图 3-8　样条曲线

图 3-9　"绘图"面板 3

【操作格式】

命令：SPLINE

当前设置：方式=拟合　节点=弦

指定第一个点或 [方式(M)/节点(K)/对象(O)]：（指定一点或选择"对象(O)"选项）

输入下一个点或 [起点切向(T)/公差(L)]：

输入下一个点或 [端点相切(T)/公差(L)/放弃(U)]：

输入下一个点或 [端点相切(T)/公差(L)/放弃(U)/闭合(C)]：c（输入 c 响应闭合）

【选项说明】

1）对象(O)：将二维或三维的二次或三次样条曲线拟合多段线转换为等价的样条曲线，然后（根据 DELOBJ 系统变量的设置）删除该多段线。

2）闭合(C)：将最后一点定义为与第一点一致，并使它在连接处相切，这样可以闭合样条曲线。

用户可以指定一点来定义切向矢量，或者使用"切点"和"垂足"对象捕捉模式使样条曲线与现有对象相切或垂直。

3）公差(L)：使用新的公差值将样条曲线重新拟合至现有的拟合点。

4）<起点切向（T）>：定义样条曲线的第一点和最后一点的切向。

如果在样条曲线的两端都指定切向，可以输入一个点或者使用"切点"和"垂足"对象捕捉模式使样条曲线与已有的对象相切或垂直。

如果按〈Enter〉键，AutoCAD 将计算默认切向。

7．定数等分

【执行方式】

命令行：DIVIDE（缩写名：DIV）。

菜单栏：绘图→点→定数等分。

功能区：单击"默认"选项卡"绘图"面板中的"定数等分"按钮 ，如图 3-10 所示。

【操作格式】

命令：DIVIDE↙

选择要定数等分的对象：（选择要等分的实体）

输入线段数目或 [块(B)]：（指定实体的等分数，绘制结果如图 3-11a）

图 3-10 "绘图"面板 3

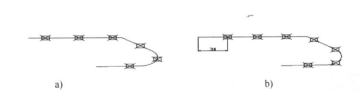

图 3-11 绘制等分点和测量点

【选项说明】

1）等分数范围 2～32767。

2）在等分点处，按当前点样式设置画出等分点。

3）在第二提示行选择"块(B)"选项时，表示在等分点处插入指定的块（BLOCK）。

3.1.2 实例——办公桌

本实例绘制的办公桌，如图 3-12 所示。由图 3-12 可知，该办公桌主要由直线组成，因此，可以用绘制直线命令或矩形命令来绘制。

图 3-12 办公桌

参见光盘 光盘\视频教学\第 3 章\办公桌.avi

1）在命令行中输入"LIMITS"命令，设置图幅。命令行提示与操作如下：

命令: LIMITS✓

重新设置模型空间界限:

指定左下角点或 [开(ON)/关(OFF)] <0.0000,0.0000>: 0,0✓

指定右上角点 <420.0000,297.0000>: 297,210✓。

2）单击"绘图"工具栏中的"直线"按钮，绘制办公桌外轮廓线。命令行提示与操作如下：

命令: LINE✓

指定第一点: 0,0✓（指定第一点坐标）

指定下一点或 [放弃(U)]: @150,0✓（指定下一点坐标）

指定下一点或 [放弃(U)]: @0,70✓

指定下一点或 [闭合(C)/放弃(U)]: @-150,0✓

指定下一点或 [闭合(C)/放弃(U)]: c✓

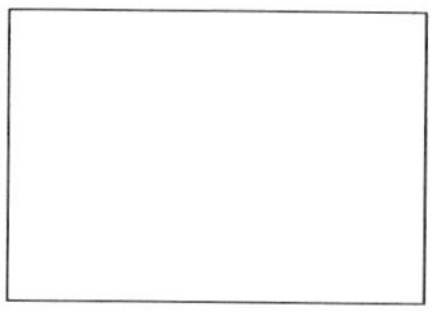

结果如图 3-13 所示。

图 3-13　绘制轮廓线

3）单击"绘图"工具栏中的"直线"按钮，绘制内轮廓线。命令行提示与操作如下：

命令: _line

指定第一个点: 2,2

指定下一点或 [放弃(U)]: @146,0

指定下一点或 [放弃(U)]: @0,66

指定下一点或 [闭合(C)/放弃(U)]: @-146,0

指定下一点或 [闭合(C)/放弃(U)]: c

4）单击"标准"工具栏中的"保存"按钮，保存图形。

命令: SAVEAS✓　（将绘制完成的图形以"办公桌.dwg"为文件名保存在指定的路径中）

3.1.3　复杂二维绘图命令

1. 绘制圆

【执行方式】

命令行：CIRCLE。

菜单栏：绘图→圆。

工具栏：绘图→圆。

功能区：单击"默认"选项卡"绘图"面板中的"圆"下拉菜单。

【操作格式】

AutoCAD 2016 提供了多种绘制圆的方法。下面着重介绍：

（1）圆心、半径方式

命令: CIRCLE ✓

指定圆的圆心或 [三点(3P)/两点(2P)/切点、切点、半径(T)]: （指定圆心坐标）

指定圆的半径或 [直径(D)]:

（2）三点方式

命令: CIRCLE ↙

指定圆的圆心或 [三点(3P)/两点(2P)/ 切点、切点、半径(T)]: 3P ↙（选择三点方式）

指定圆上的第一个点:

指定圆上的第二个点:

指定圆上的第三个点:

（3）相切、相切、半径方式

命令:CIRCLE ↙

指定圆的圆心或 [三点(3P)/两点(2P)/ 切点、切点、半径(T)]: T ↙（选择此方式）

指定对象与圆的第一个切点:

指定对象与圆的第二个切点:

指定圆的半径 :

此方式又叫 T 方式，是根据与两个指定对象相切的指定半径绘制圆。必须选择两个实体对象，不能在屏幕上任意取点，如图 3-14 所示。

2．绘制圆弧

【执行方式】

命令行：ARC。

菜单栏：绘图→圆弧。

工具栏：绘图→圆弧。

功能区：单击"默认"选项卡"绘图"面板中的"圆弧"下拉菜单，如图 3-15 所示。

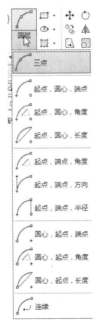

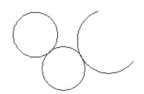

图 3-14　用 T 方式绘制圆　　　　图 3-15　"圆弧"下拉菜单

【操作格式】

AutoCAD 2016 提供了多种绘制圆弧的方法，下面着重介绍几种。

（1）利用三点绘制圆弧（为系统默认方式）

命令：ARC ✓

指定圆弧的起点或 [圆心(C)]：（指定起点）

指定圆弧的第二个点或 [圆心(C)/端点(E)]：（指定第二点）

指定圆弧的端点：（指定端点）

（2）利用圆弧的起点、圆心和端点绘制圆弧

命令：ARC ✓

指定圆弧的起点或 [圆心(C)]：（指定起点）

指定圆弧的第二个点或 [圆心(C)/端点(E)]：C ✓（选择圆心方式）

指定圆弧的圆心：

指定圆弧的端点(按住 Ctrl 键以切换方向)或 [角度(A)/弦长(L)]：（指定端点）

（3）利用圆弧的起点、圆心和圆弧的弦长绘制圆弧

命令：ARC✓

指定圆弧的起点或 [圆心(C)]：（指定起点）

指定圆弧的第二个点或 [圆心(C)/端点(E)]：C ✓（选择圆心方式）

指定圆弧的圆心：（指定圆弧的圆心）

指定圆弧的端点(按住 Ctrl 键以切换方向)或 [角度(A)/弦长(L)]：L ✓（选择弦长方式）

指定弦长(按住 Ctrl 键以切换方向)：（指定弦长的长度）

（4）利用圆弧的圆心、起点和夹角绘制圆弧

命令：ARC✓

指定圆弧的起点或 [圆心(C)]：C ✓（选择圆心方式）

指定圆弧的圆心：（指定圆心）

指定圆弧的起点：（指定起点）

指定圆弧的端点(按住 Ctrl 键以切换方向)或 [角度(A)/弦长(L)]：A ✓（选择圆弧夹角方式）

指定夹角(按住 Ctrl 键以切换方向)：（输入圆弧夹角的角度值）

3．绘制椭圆

【执行方式】

命令行：ELLIPSE。

菜单栏：绘图→椭圆。

工具栏：绘图→椭圆 ⬭。

【操作格式】

（1）利用椭圆上的两个端点的位置以及另一个轴的半长绘制椭圆（系统默认方式）

命令：ELLIPSE ✓

指定椭圆的轴端点或 [圆弧(A)/中心点(C)]：（指定轴端点）

指定轴的另一个端点：（指定轴的另一端点）

指定另一条半轴长度或 [旋转(R)]：

其中[旋转(R)]是指定绕长轴旋转的角度：可以输入一个角度值，其有效范围为 0～89.4°。输入 0 将定义圆。

（2）利用椭圆的中心坐标、一根轴上的一个端点的位置以及另一个轴的半长绘制椭圆

命令：ELLIPSE ✓

指定椭圆的轴端点或 [圆弧(A)/中心点(C)]：A ✓ （选择此方式绘制椭圆弧）

指定椭圆弧的轴端点或 [中心点(C)]： （指定轴端点）

指定轴的另一个端点： （指定轴的另一端点）

指定另一条半轴长度或 [旋转(R)]：

4．绘制矩形

【执行方式】

命令行：RECTANG。

菜单栏：绘图→矩形。

工具栏：绘图→矩形▭。

功能区：单击"默认"选项卡"绘图"面板中的"矩形"按钮▭。

【操作格式】

命令：RECTANG ✓

指定第一个角点或 [倒角(C)/标高(E)/圆角(F)/厚度(T)/宽度(W)]： （指定一点）

指定另一个角点或 [面积(A)/尺寸(D)/旋转(R)]：

【选项说明】

1）指定第一个角点：指定一点作为对角点创建矩形。矩形的边与当前的 X 或 Y 轴平行。

倒角(C)：设置矩形的倒角距离。仅对矩形的 4 个角进行处理，以满足绘图的要求。

标高(E)：设置矩形的标高。

圆角(F)：设置矩形的圆角半径。将矩形的 4 个角改由一小段圆弧连接。

厚度(T)：设置矩形的厚度。

宽度(W)：为所绘制的矩形设置线宽。

2）"指定另一个角点或[尺寸(D)]"中各选项的含义如下：

指定另一个角点：指定矩形的另一对角点来绘制矩形。

尺寸（D）：使用长和宽绘制矩形。

5．绘制多边形

在 AutoCAD 2016 中多边形是具有 3～1024 条等边长的封闭二维图形。

【执行方式】

命令行：POLYGON。

菜单栏：绘图→多边形。

工具栏：绘图→多边形⬠。

【操作格式】

在 AutoCAD 2016 中，绘制正多边形有 3 种方法。

（1）利用正多边形上一条边的两个端点绘制正多边形

命令：POLYGON ✓

输入侧面数<4>：

指定正多边形的中心点或 [边(E)]：E ✓ （选择利用边绘制正多边形）

指定边的第一个端点：

指定边的第二个端点：

（2）利用外切于圆绘制正多边形

命令：POLYGON ✓

输入侧面数<4>：

指定正多边形的中心点或 [边(E)]：

输入选项 [内接于圆(I)/外切于圆(C)]：C ✓（选择外切于圆绘制正多边形）

指定圆的半径：

（3）利用内接于圆绘制正多边形

命令：POLYGON ✓

输入侧面数<4>：

指定正多边形的中心点或 [边(E)]：（指定正多边形的中心点或[边]）

输入选项 [内接于圆(I)/外切于圆(C)]：I（选择内接于圆）

指定圆的半径：

3.1.4 实例——椅子

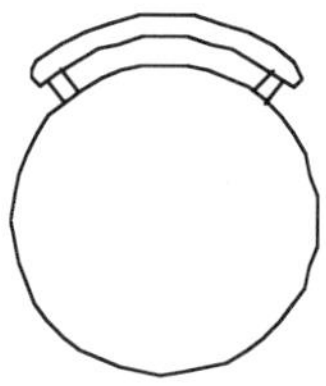

图 3-16 椅子

本实例绘制的椅子，如图 3-16 所示。由图可知，该椅子主要由圆和圆弧组成，可以用绘制圆命令和圆弧命令来绘制。

 参见光盘　　　光盘\视频教学\第 3 章\椅子.avi

1）单击"绘图"工具栏中的"圆"按钮⊙，绘制椅子主体。命令行提示与操作如下：

命令：_circle

指定圆的圆心或[3 点（3P）/2 点（2P）/切点、切点、半径（T）]：0,0

指定圆的半径或 [直径(D)]：200

2）单击"绘图"工具栏中的"圆弧"按钮╭，绘制圆弧。命令行提示与操作如下：

命令：_arc

指定圆弧的起点或 [圆心(C)]：C

指定圆弧的圆心：0,0

指定圆弧的起点：@250<45

指定圆弧的端点(按住〈Ctrl〉键以切换方向)或 [角度(A)/弦长(L)]：A

指定夹角(按住〈Ctrl〉键以切换方向)：90（结果如图 3-17 所示）。

同理绘制另外一条半径为 300 的圆弧，结果如图 3-18 所示。

3）单击"绘图"工具栏中的"直线"按钮╱，连接圆弧。命令行提示与操作如下：

命令：LINE✓

指定第一点：150,200✓

指定下一点或 [放弃(U)]：120,160✓

同理绘制坐标为{（130,210）、（100,170）}，{(-150,200)、(-120,160)}，{(-130,210)、(-100,170)}的 3 条直线，结果如图 3-19 所示。

图 3-17　绘制圆

图 3-18　绘制圆弧

图 3-19　绘制直线

4）继续单击"绘图"工具栏中的"圆弧"按钮，绘制圆弧。命令行提示与操作如下：

命令：_arc

指定圆弧的起点或 [圆心(C)]：（打开对象捕捉，捕捉半径为 250 的圆弧的右端点）

指定圆弧的第二个点或 [圆心(C)/端点(E)]：e

指定圆弧的端点：（捕捉半径为 300 的圆弧的右端点）

指定圆弧的中心点(按住〈Ctrl〉键以切换方向)或 [角度(A)/方向(D)/半径(R)]：r

指定圆弧的半径(按住〈Ctrl〉键以切换方向)：45

同理，绘制左边的圆弧，结果如图 3-16 所示。

3.1.5　实例——墙体

本实例绘制的墙体，如图 3-20 所示。由图可知，墙体平面图可以通过各种方法来绘制，其中最简单、最常用的方法是采用多线绘制与编辑的方法来绘制。

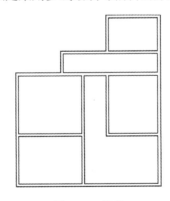
图 3-20　墙体

参见光盘　光盘\视频教学\第 3 章\墙体.avi

1）在命令行中输入"LIMITS"命令，设置图幅：297×210。

2）单击"绘图"工具栏中的"构造线"按钮，绘制出一条竖直构造线，与水平构造线组成"十"字构造线，结果如图 3-21 所示。

命令：XLINE✓

指定点或 [水平(H)/垂直(V)/角度(A)/二等分(B)/偏移(O)]：(指定一点)

指定通过点：(指定水平方向一点)

指定通过点:(指定竖直方向一点)

指定通过点:↙

3）单击"修改"工具栏中的"偏移"按钮（详细讲解见 3.2.2 节），将水平构造线依次向上偏移 4800、5100、1800 和 3000，将竖直构造线依次向右偏移 3900、1800、2100 和4500，结果如图 3-22 所示。命令行操作与提示如下：

图 3-21　绘制"十"字构造线

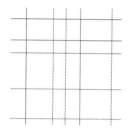

图 3-22　偏移处理

命令:_offset

当前设置: 删除源=否　图层=源　OFFSETGAPTYPE=0

指定偏移距离或 [通过(T)/删除(E)/图层(L)] <通过>:　4800（输入偏移距离）

选择要偏移的对象，或 [退出(E)/放弃(U)] <退出>:（选择水平直构造线）

指定要偏移的那一侧上的点，或 [退出(E)/多个(M)/放弃(U)] <退出>:（指定偏移方向）

选择要偏移的对象，或 [退出(E)/放弃(U)] <退出>:

命令:　OFFSET

当前设置: 删除源=否　图层=源　OFFSETGAPTYPE=0

指定偏移距离或 [通过(T)/删除(E)/图层(L)] <48.0000>:　5100（输入偏移距离）

选择要偏移的对象，或 [退出(E)/放弃(U)] <退出>:（选择上一步偏移的水平构造线）

指定要偏移的那一侧上的点，或 [退出(E)/多个(M)/放弃(U)] <退出>:（指定偏移方向）

选择要偏移的对象，或 [退出(E)/放弃(U)] <退出>:

命令:　OFFSET

当前设置: 删除源=否　图层=源　OFFSETGAPTYPE=0

指定偏移距离或 [通过(T)/删除(E)/图层(L)] <51.0000>:　1800（输入偏移距离）

选择要偏移的对象，或 [退出(E)/放弃(U)] <退出>:（选择上一步偏移的水平构造线）

指定要偏移的那一侧上的点，或 [退出(E)/多个(M)/放弃(U)] <退出>:（指定偏移方向）

选择要偏移的对象，或 [退出(E)/放弃(U)] <退出>:

命令:　OFFSET

当前设置: 删除源=否　图层=源　OFFSETGAPTYPE=0

指定偏移距离或 [通过(T)/删除(E)/图层(L)] <18.0000>:　3000（输入偏移距离）

选择要偏移的对象，或 [退出(E)/放弃(U)] <退出>:（选择上一步偏移的水平构造线）

指定要偏移的那一侧上的点，或 [退出(E)/多个(M)/放弃(U)] <退出>:（指定偏移方向）

选择要偏移的对象，或 [退出(E)/放弃(U)] <退出>:

命令:　OFFSET

当前设置: 删除源=否　图层=源　OFFSETGAPTYPE=0

指定偏移距离或 [通过(T)/删除(E)/图层(L)] <30.0000>: 3900（输入偏移距离）

选择要偏移的对象，或 [退出(E)/放弃(U)] <退出>:（选择竖直构造线）

指定要偏移的那一侧上的点，或 [退出(E)/多个(M)/放弃(U)] <退出>:（指定偏移方向）

选择要偏移的对象，或 [退出(E)/放弃(U)] <退出>:

命令: OFFSET

当前设置: 删除源=否 图层=源 OFFSETGAPTYPE=0

指定偏移距离或 [通过(T)/删除(E)/图层(L)] <39.0000>: 1800（输入偏移距离）

选择要偏移的对象，或 [退出(E)/放弃(U)] <退出>:（选择上一步偏移的竖直构造线）

指定要偏移的那一侧上的点，或 [退出(E)/多个(M)/放弃(U)] <退出>:（指定偏移方向）

选择要偏移的对象，或 [退出(E)/放弃(U)] <退出>:

命令: OFFSET

当前设置: 删除源=否 图层=源 OFFSETGAPTYPE=0

指定偏移距离或 [通过(T)/删除(E)/图层(L)] <18.0000>: 2100（输入偏移距离）

选择要偏移的对象，或 [退出(E)/放弃(U)] <退出>:（选择上一步偏移的竖直构造线）

指定要偏移的那一侧上的点，或 [退出(E)/多个(M)/放弃(U)] <退出>:（指定偏移方向）

选择要偏移的对象，或 [退出(E)/放弃(U)] <退出>:

命令: OFFSET

当前设置: 删除源=否 图层=源 OFFSETGAPTYPE=0

指定偏移距离或 [通过(T)/删除(E)/图层(L)] <21.0000>: 4500（输入偏移距离）

选择要偏移的对象，或 [退出(E)/放弃(U)] <退出>:（选择上一步偏移的竖直构造线）

指定要偏移的那一侧上的点，或 [退出(E)/多个(M)/放弃(U)] <退出>:（指定偏移方向）

4）选择菜单栏中的"格式"→"多线样式"命令，系统打开"多线样式"对话框，如图 3-23 所示。在该对话框中单击"新建"按钮，系统打开"创建新的多线样式"对话框，在该对话框的"新样式名"文本框中键入"墙体线"，如图 3-24 所示。单击"继续"按钮，系统打开"新建多线样式"对话框，单击"图元"选项组中的第一个图元项，在"偏移"文本框中将其数值改为 120，采用同样方法，将第二个图元项的偏移数值改为-120，其他选项设置如图 3-25 所示。确认后退出。

图 3-23 "多线样式"对话框

图 3-24 "创建新的多线样式"对话框

5）选择菜单栏中的"绘图"→"多线"命令，绘制墙体。命令行提示与操作如下：

命令: MLINE↙

当前设置: 对正 = 上，比例 = 20.00，样式 = STANDARD

指定起点或 [对正(J)/比例(S)/样式(ST)]: S↙

输入多线比例 <20.00>: 1↙

当前设置: 对正 = 上，比例 = 1.00，样式 = STANDARD

指定起点或 [对正(J)/比例(S)/样式(ST)]: J↙

输入对正类型 [上(T)/无(Z)/下(B)] <上>: Z↙

当前设置: 对正 = 无，比例 = 1.00，样式 = STANDARD

指定起点或 [对正(J)/比例(S)/样式(ST)]: ST

输入多线样式名或 [?]: 墙体线

指定起点或 [对正(J)/比例(S)/样式(ST)]: （在绘制的辅助线交点上捕捉一点）

指定下一点: （在绘制的辅助线交点上捕捉下一点）

指定下一点或 [放弃(U)]: （在绘制的辅助线交点上捕捉下一点）

指定下一点或 [闭合(C)/放弃(U)]: （在绘制的辅助线交点上捕捉下一点）

……

指定下一点或 [闭合(C)/放弃(U)]:C↙

完成墙体外轮廓线的绘制，结果如图 3-26 所示。

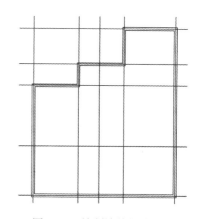

图 3-25 "新建多线样式"对话框　　　　图 3-26 绘制墙体外轮廓线

用相同方法根据辅助线网格绘制墙体内轮廓线，结果如图 3-27 所示。

6）选择菜单栏中的"修改"→"对象"→"多线"命令，系统打开"多线编辑工具"对话框，如图 3-28 所示。选择其中的"T 形合并"选项，确认后，命令行提示与操作如下：

命令: MLEDIT↙

选择第一条多线: （选择多线）

选择第二条多线: （选择多线）

选择第一条多线或 [放弃(U)]: （选择多线）

选择第一条多线或 [放弃(U)]: ↙

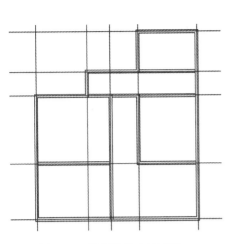

图 3-27　绘制墙体内轮廓线　　　　　　图 3-28　"多线编辑工具"对话框

采用同样方法继续进行多线编辑，最终完成墙体的绘制，结果如图 3-20 所示。

3.2　二维编辑命令

本节思路

本节针对 AutoCAD 2016 实践中对图形的一些要求，提供了大量的图形编辑功能，很大程度地满足了这方面的要求。

在 AutoCAD 2016 中，可以很方便地在"修改"下拉菜单中，如图 3-29 所示，或"修改"工具栏中，如图 3-30 所示，调用大部分绘图修改命令。

图 3-29　"修改"下拉菜单　　　　　　　　图 3-30　"修改"工具栏

3.2.1 选择编辑对象

AutoCAD 2016 把绘制的单个图形称为对象。绘图中在执行编辑操作和进行一些其他操作时，必须指定操作对象，即选择目标。

1. 用鼠标直接获取法

1）单击法：移动鼠标指到所要选取的对象上，然后单击左键，则该对象会以虚线的方式显示，表明该对象已被选取。

2）实线框选取法：在屏幕上左键单击一点，然后向右移动光标，此时光标在屏幕上会拉出一个实线框，当该实线框把所要选取的图形对象完全框住后，再单击一次，此时被框住的图形对象会以虚线的方式显示，表明该对象已被选取。

3）虚线框选取法：在屏幕上左键单击一点，然后向左移动光标，此时光标在屏幕上会拉出一个虚线框，当该虚线框把所要选取的图形对象一部分（而非全部）框住后，再点击一次，此时被部分框住的图形对象会以虚线的方式显示，表明该对象已被选取。

2. 使用选项法

【执行方式】

命令行：SELECT。

【操作格式】

这是通过输入 AutoCAD 2016 提供的选择图形对象命令，确定要选择图形对象的方法。获取此种选项信息的方法是在"选择对象："提示下，用户可以通过输入"?"来得到，命令行提示与操作如下：

命令：SELECT ✓

选择对象：? ✓

需要点或窗口(W)/上一个(L)/窗交(C)/框(BOX)/全部(ALL)/栏选(F)/圈围(WP)/圈交(CP)/编组(G)/添加(A)/删除(R)/多个(M)/前一个(P)/放弃(U)/自动(AU)/单个(SI)/子对象（SU）/对象（O）

选择对象：

【选项说明】

1）窗口(W)：选取由两点所定义的矩形框内的所有对象。与上面讲的实线框选取法基本相同，不过不论鼠标向左还是向右，均为实线框，且与边界相交的对象不会被选中。

2）上一个(L)：自动选取最后绘制的一个对象。

3）窗交(C)：此方式与"窗口"方法类似，但是它不仅包括矩形框内的对象，也包括与矩形框边界相交的所有对象。

4）框(BOX)：在使用时，系统根据用户在屏幕上指定的两个对角点的坐标而自动使用"窗口"或"窗交"两种选择方式。若从左向右指定对角点，为"窗口"方式；反之，则为"窗交"方式。

5）全部(ALL)：选择图面上的所有对象。

6）栏选(F)：临时绘制一些直线，凡是与这些直线相交的对象均被选中。

7）圈围(WP)：使用一个多边形来选择对象。该多边形可以为任意形状，但不能与自身相交。

8）圈交(CP)：类似于"圈围"方式，区别在于：与多边形边界相交的对象也可被选中。

9）编组(G)：选择指定组中的全部对象。

10）类(CL)：可以根据属性特征（如颜色等）和对象类型过滤选择集。

11）添加(A)：可以将选定对象添加到选择集。

12）删除(R)：可以将对象从当前选择集中删除。

13）多个(M)：指定多个点而不虚线显示被选对象，从而加快复杂对象上的对象选择过程。若两个对象交叉，指定交叉点两次就可以选定这两个对象。

14）前一个(P)：将上次编辑命令最后一次所构造的选择集作为当前选择集。

15）取消(U)：用于取消最近加入到选择集中的对象。

16）自动(AU)：若选中单个对象，则该对象即为自动选择的结果；如果选择点落到对象内部或外部的空白处，系统会采取一种窗口的选择方式，即把空白处的选择点作为一矩形框的一个对角点，移动鼠标到另一选择点，系统把该点作为矩形框的另一对角点，此时该矩形框框住的对象被选中，且变为虚线形式。

17）单个(SI)：选择指定的第一个对象或第一组对象集而不继续提示进行下一步选择。

3.2.2 基本二维编辑命令

1. 删除图形

【执行方式】

命令行：ERASE。

菜单栏：修改→删除。

工具栏：修改→删除 。

【操作格式】

命令：ERASE ✓

选择对象：（指定删除对象）

选择对象：（可以按〈Enter〉键结束命令，也可以继续指定删除对象）

当选择多个对象，多个对象都被删除；若选择的对象属于某个对象组，则该对象组的所有对象均被删除。

2. 图形复制

【执行方式】

命令行：COPY。

菜单栏：修改→复制。

工具栏：修改→复制 。

功能区：单击"默认"选项卡"修改"面板中的"复制"按钮 ，如图3-31所示。

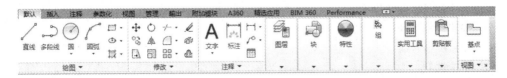

图3-31 "修改"面板

【操作格式】

命令: COPY↙

选择对象: （选择要复制的对象）

当前设置:　 复制模式 = 多个

指定基点或 [位移(D)/模式(O)] <位移>:（指定基点或位移）

指定第二个点或[阵列(A)]　<使用第一个点作为位移>:

指定第二个点或 [阵列(A)/退出(E)/放弃(U)] <退出>:

【选项说明】

1）指定基点：指定一个坐标点后，AutoCAD 系统把该点作为复制对象的基点，命令行提示“指定第二点或[阵列(A)] <使用第一点作位移>:”。在指定第二个点后，系统将根据这两点确定的位移矢量把选择的对象复制到第二点处。如果此时直接按〈Enter〉键，即选择默认的“用第一点作位移”，则第一个点被当作相对于 X、Y、Z 的位移。例如，如果指定基点为（2,3），并在下一个提示下按〈Enter〉键，则该对象从它当前的位置开始在 X 方向上移动 2 个单位，在 Y 方向上移动 3 个单位。复制完成后，命令行提示“指定第二个点或 [阵列(A)/退出(E)/放弃(U)] <退出>:”。这时，可以不断指定新的第二点，从而实现多重复制。

2）位移（D）：直接输入位移值，表示以选择对象时的拾取点为基准，以拾取点坐标为移动方向，按纵横比移动指定位移后确定的点为基点。例如，选择对象时拾取点坐标为（2,3），输入位移为 5，则表示以点（2,3）为基准，沿纵横比为 3∶2 的方向移动 5 个单位所确定的点为基点。

3）模式（O）：控制是否自动重复该命令，该设置由COPYMODE系统变量控制。

3. 图形镜像

【执行方式】

命令行：MIRROR。

菜单栏：修改→镜像。

工具栏：修改→镜像。

功能区：单击“默认”选项卡“修改”面板中的“镜像”按钮，如图 3-14 所示。

【操作格式】

命令: MIRROR ↙

选择对象: （指定镜像对象）

选择对象: （可以按〈Enter〉键或空格键结束选择，也可以继续）

指定镜像线的第一点: (通过两点确定镜像线)

指定镜像线的第二点:

要删除源对象吗? [是(Y)/否(N)]: （确定是否删除原对象）

示意图如图 3-32 所示。

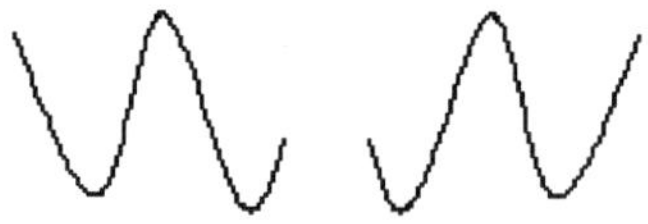

图 3-32　镜像命令

4. 图形偏移

【执行方式】

命令行：OFFSET。

菜单栏：修改→偏移。

工具栏：修改→偏移。

功能区：单击"默认"选项卡"修改"面板中的"偏移"按钮🔘，如图 3-14 所示。

【操作格式】

命令：OFFSET ✓

当前设置：删除源=否　图层=源　OFFSETGAPTYPE=0

指定偏移距离或 [通过(T)/删除(E)/图层(L)] <通过>:（指定距离值）

选择要偏移的对象，或 [退出(E)/放弃(U)] <退出>:（选择要偏移的对象。按〈Enter〉键会结束操作）

指定要偏移的那一侧上的点，或 [退出(E)/多个(M)/放弃(U)] <退出>:（指定偏移方向）

选择要偏移的对象，或 [退出(E)/放弃(U)] <退出>:

示意图如图 3-33 所示。

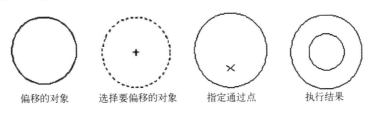

偏移的对象　　选择要偏移的对象　　指定通过点　　执行结果

图 3-33　图像偏移

5．图形阵列

【执行方式】

命令行：ARRAY。

菜单栏：修改→阵列→矩形阵列或环形阵列或路径阵列。

工具栏：修改→矩形阵列"🔳或路径阵列🔗或环形阵列🔳。

功能区：单击"默认"选项卡"修改"面板中的"矩形阵列"按钮🔳/"路径阵列"按钮🔗/"环形阵列"按钮🔳，如图 3-34 所示。

图 3-34　"修改"面板 2

【操作格式】

命令：ARRAY↙

选择对象：（使用对象选择方法）

输入阵列类型 [矩形(R)/路径(PA)/极轴(PO)] <路径>: R（指定阵列类型）

类型 = 矩形　关联 = 是

选择夹点以编辑阵列或 [关联(AS)/基点(B)/计数(COU)/间距(S)/列数(COL)/行数(R)/层数(L)/退出(X)] <退出>: R

输入行数或 [表达式(E)] <3>: 2（指定行数）

指定 行数 之间的距离或 [总计(T)/表达式(E)] <469098.0711>:200（指定行距）

指定 行数 之间的标高增量或 [表达式(E)] <0>:

选择夹点以编辑阵列或 [关联(AS)/基点(B)/计数(COU)/间距(S)/列数(COL)/行数(R)/层数(L)/退出(X)] <退出>:col

输入列数数或 [表达式(E)] <3>: 2（指定列数）

指定 列数 之间的距离或 [总计(T)/表达式(E)] <469098.0711>:200（指定列距）

指定 列数 之间的标高增量或 [表达式(E)] <0>:

选择夹点以编辑阵列或 [关联(AS)/基点(B)/计数(COU)/间距(S)/列数(COL)/行数(R)/层数(L)/退出(X)] <退出>:

【选项说明】

1）矩形（R）：将选定对象的副本分布到行数、列数和层数的任意组合。

2）路径（PA）：沿路径或部分路径均匀分布选定对象的副本。选择该选项后出现如下提示：

选择路径曲线:（选择一条曲线作为阵列路径）

选择夹点以编辑阵列或 [关联(AS)/方法(M)/基点(B)/切向(T)/项目(I)/行(R)/层(L)/对齐项目(A)/Z 方向(Z)/退出(X)] <退出>:（通过夹点，调整列数和层数；也可以分别选择各选项输入数值）

3）极轴（PO）：在绕中心点或旋转轴的环形阵列中均匀分布对象副本。选择该选项后出现如下提示：

指定阵列的中心点或 [基点(B)/旋转轴(A)]:（选择中心点、基点或旋转轴）

选择夹点以编辑阵列或 [关联(AS)/基点(B)/项目(I)/项目间角度(A)/填充角度(F)/行(ROW)/层(L)/旋转项目(ROT)/退出(X)] <退出>:（通过夹点，调整角度，填充角度；也可以分别选择各选项输入数值）

6. 图形移动

【执行方式】

命令行：MOVE。

菜单栏：修改→移动。

工具栏：修改→移动✛。

功能区：单击"默认"选项卡"修改"面板中的"移动"按钮✛，如图3-34所示。

【操作格式】

命令：MOVE ✓

选择对象：（指定移动对象）

选择对象：（可以按〈Enter〉键或空格键结束选择，也可以继续）

指定基点或 [位移(D)] <位移>:（指定基点）

指定第二个点或 <使用第一个点作为位移>:

【选项说明】

其中命令选项的意义与复制（COPY）相同。

7. 图形旋转

【执行方式】

命令行：ROTATE。

菜单栏：修改→旋转。

工具栏：修改→旋转○。

功能区：单击"默认"选项卡"修改"面板中的"旋转"按钮○，如图 3-34 所示。

【操作格式】

命令：ROTATE ✓

UCS 当前的正角方向：ANGDIR=逆时针　ANGBASE=0

选择对象：（指定旋转对象）

选择对象：（可以按〈Enter〉键或空格键结束选择，也可以继续）

指定基点：（指定旋转的基点）

指定旋转角度，或 [复制(C)/参照(R)] <0>:　（指定旋转角度）

【选项说明】

1）UCS 当前的正角方向：ANGDIR=逆时针　ANGBASE=0：说明当前的正角度方向为逆时针，零角度方向为 X 轴正方向。

2）复制（C）：选择该选项，则在旋转对象的同时，保留原对象，如图 3-35 所示。

3）[参照(R)]：以参照方式旋转对象。系统提示：

指定参照角 [0]：（指定要参考的角度值，默认值为 0）

指定新角度或 [点(P)] <0>:　（输入旋转后的角度值）

操作结束后，对象被旋转到指定的角度。同时，也可以用拖动鼠标的方法旋转对象。对象被移动后，原位置处的对象消失。

示意图如图 3-36 所示。

  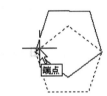

旋转前　　　　　　　　旋转后

图 3-35　复制旋转　　　　　　　　图 3-36　图形旋转

8. 图形缩放

【执行方式】

命令行：SCALE。

菜单栏：修改→缩放。

工具栏：修改 →缩放□。

功能区：单击"默认"选项卡"修改"面板中的"缩放"按钮□，如图 3-34 所示。

【操作格式】

命令：SCALE ✓

选择对象：（指定缩放对象）

选择对象：（可以按〈Enter〉键或空格键结束选择，也可以继续）

指定基点：（指定缩放中心点）

指定比例因子或 [复制（C）/参照(R)]：

【选项说明】

1）指定比例因子：按指定的比例缩放选定对象的尺寸。

2）复制（C）：可以复制缩放对象，即缩放对象时，保留原对象。

3）参照(R)：按参照长度和指定的新长度比例缩放所选对象。

9．图形拉伸

【执行方式】

命令行：STRETCH。

菜单栏：修改→拉伸。

工具栏：修改→拉伸 。

功能区：单击"默认"选项卡"修改"面板中的"拉伸"按钮 ，如图 3-34 所示。

【操作格式】

命令：STRETCH ✓

以交叉窗口或交叉多边形选择要拉伸的对象...

选择对象：（选择需要拉伸的图形）

指定基点或 [位移(D)] <位移>:(指定拉伸的基点)

指定第二个点或 <使用第一个点作为位移>: (指定拉伸的移至点)

此时，若指定第二个点，系统会根据以这两点决定的矢量拉伸对象。

示意图如图 3-37 所示。

 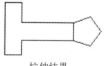

选择拉伸对象　　　　　　　　　　　　　　　　拉伸结果

图 3-37　图形拉伸

3.2.3　实例——餐桌布置

本实例绘制的餐桌布置，如图 3-38 所示。由图可知，餐桌的布置由桌子和椅子组成，可以通过圆命令和偏移命令来绘制桌子，通过直线、圆弧、复制命令来绘制椅子，再通过旋转和阵列命令来布置桌椅。

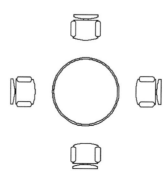

图 3-38　餐桌

光盘\视频教学\第 3 章\餐桌.avi

1）绘制初步轮廓。单击"绘图"工具栏中的"直线"按钮，绘制三条线段，如图 3-39 所示。

2）单击"修改"工具栏中的"复制"按钮，复制线段。命令行提示与操作如下：

命令: COPY↙

选择对象: (选择左边短竖线)

找到 1 个

选择对象: ↙

当前设置: 复制模式 = 多个

指定基点或 [位移(D)/模式(O)] <位移>: (捕捉横线段左端点)

指定第二个点或 [阵列(A)] <使用第一个点作为位移>:(捕捉横线段右端点)

结果如图 3-40 所示。采用同样方法依次按图 3-41、图 3-42、图 3-43 的顺序复制椅子轮廓线。

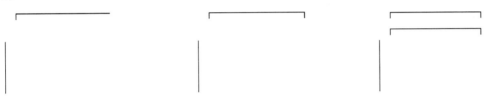

图 3-39 初步轮廓 　　　图 3-40 复制步骤一 　　　图 3-41 复制步骤二

3）单击"绘图"工具栏中的"直线"按钮和"绘图"工具栏中的"圆弧"按钮，绘制椅背，如图 3-44 所示。

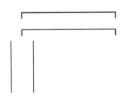 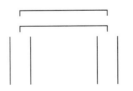 

图 3-42 复制步骤三 　　　图 3-43 复制步骤四 　　　图 3-44 绘制椅背

4）单击"绘图"工具栏中的"圆弧"按钮和单击"修改"工具栏中的"复制"按钮，绘制扶手圆角，如图 3-45 所示。

5）利用"直线"和"圆弧"命令绘制座板前沿，如图 3-46 所示。

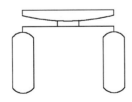 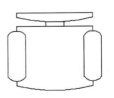

图 3-45 绘制扶手圆弧 　　　　　图 3-46 椅子图形

6）单击"绘图"工具栏中的"圆"按钮 ⊘，绘制桌面。

7）单击"修改"工具栏中的"偏移"按钮 ⬚，绘制桌缘。命令行提示与操作如下：

命令：_offset

指定偏移距离或 [通过(T)] <通过>：✓

选择要偏移的对象或 <退出>：（选择刚绘制的圆）

指定通过点：（指定一点）

选择要偏移的对象或 <退出>：✓

绘制的图形如图 3-47 所示。

8）单击"修改"工具栏中的"旋转"按钮 ⟳，旋转椅子。

命令：_rotate

UCS 当前的正角方向：ANGDIR=逆时针　ANGBASE=0

选择对象：（框选椅子）

选择对象：✓

指定基点：（指定椅背中心点）

指定旋转角度，或 [复制(C)/参照(R)] <0>：90✓

结果如图 3-48 所示。

9）单击"修改"工具栏中的"移动"按钮 ✛，移动椅子。命令行提示与操作如下：

命令：_move

选择对象：（框选椅子）

选择对象：✓

指定基点或 [位移(D)] <位移>：（指定椅背中心点）

指定位移的第二点或 <用第一点作位移>：（移到水平直径位置）

绘制结果如图 3-49 所示。

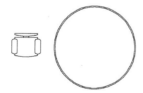
图 3-47　绘制桌子

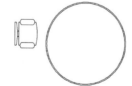
图 3-48　旋转椅子

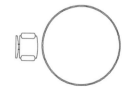
图 3-49　移动椅子

10）单击"修改"工具栏中的"环形阵列"按钮 ⬚，指定桌面圆心为阵列中心点，阵列数目为 4，将椅子进行阵列，生成其他椅子，最终图形如图 3-38 所示。命令行操作与提示如下：

命令：_arraypolar

类型 = 极轴　关联 = 是

指定阵列的中心点或 [基点(B)/旋转轴(A)]：（指定桌面圆心）

选择夹点以编辑阵列或 [关联(AS)/基点(B)/项目(I)/项目间角度(A)/填充角度(F)/行(ROW)/层(L)/旋转项目(ROT)/退出(X)] <退出>：I

输入阵列中的项目数或 [表达式(E)] <6>：4（指定阵列的项目数）

选择夹点以编辑阵列或 [关联(AS)/基点(B)/项目(I)/项目间角度(A)/填充角度(F)/行(ROW)/层(L)/旋转项目(ROT)/退出(X)] <退出>: F

指定填充角度(+=逆时针、−=顺时针)或 [表达式(EX)] <360>: 360（指定阵列角度）

选择夹点以编辑阵列或 [关联(AS)/基点(B)/项目(I)/项目间角度(A)/填充角度(F)/行(ROW)/层(L)/旋转项目(ROT)/退出(X)] <退出>:

3.2.4 实例——马桶

本实例绘制的马桶，如图 3-50 所示。由图可知，马桶是对称图形，它主要由桶和水箱组成，可以通过直线、样条曲线、圆、圆弧以及镜像命令绘制桶，利用直线、圆弧、镜像命令绘制水箱。

图 3-50 马桶

 参见光盘 光盘\视频教学\第 3 章\马桶.avi

1）单击"图层"工具栏中的"图层特性管理器"按钮，打开"图层特性管理器"对话框，设置两个图层：

"1"图层，颜色设为蓝色，其余属性默认。

"2"图层，颜色设为绿色，其余属性默认。

2）单击"绘图"工具栏中的"直线"按钮，绘制如图 3-51 所示的直线。

3）单击"绘图"工具栏中的"样条曲线"按钮，绘制如图 3-52 所示的轮廓线，其中一个端点捕捉到直线上。命令行操作与提示如下：

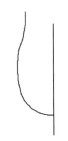

图 3-51 绘制直线　　　　　　　　　　　　　图 3-52 绘制样条曲线

命令：SPLINE

当前设置: 方式=拟合　节点=弦

指定第一个点或 [方式(M)/节点(K)/对象(O)]:（指定一点）

输入下一个点或 [起点切向(T)/公差(L)]:(指定第二点)

输入下一个点或 [端点相切(T)/公差(L)/放弃(U)]:（指定第三点）

输入下一个点或 [端点相切(T)/公差(L)/放弃(U)/闭合(C)]:

……

4）单击"绘图"工具栏中的"圆弧"按钮，绘制如图 3-53 所示的圆弧，其中两个端点分别捕捉到直线和样条曲线上。

5）利单击"绘图"工具栏中的"直线"按钮和"圆弧"按钮，绘制如图 3-54 所示的轮廓线，轮廓线首尾相连，最后两个端点捕捉到直线上。

6）单击"绘图"工具栏中的"圆"按钮 ⊘，绘制如图 3-55 所示的圆。

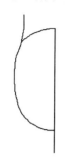

图 3-53　绘制圆弧　　　　　　　图 3-54　绘制轮廓线　　　　　　图 3-55　绘制圆

7）单击"修改"工具栏中的"镜像"按钮 ⚎，绘制另一半图形。命令行提示与操作如下：

命令：_mirror

选择对象：all↙

指定对角点：

找到 6 个

选择对象：↙

指定镜像线的第一点：（选择直线上竖直直线上一点）

指定镜像线的第二点：（选择直线上竖直直线上另一点）

要删除源对象吗？[是(Y)/否(N)] <N>：↙

删除掉中间竖直直线，结果如图 3-56 所示。

8）转换到图层 2。

9）单击"绘图"工具栏中的"直线"按钮 ✎ 和"圆弧"按钮 ⌒，并单击"修改"工具栏中的"镜像"按钮 ⚎，绘制水箱，方法与上面相似，结果如图 3-57 所示。

图 3-56　镜像　　　　　　　　　　　　　图 3-57　绘制水箱

10）单击"修改"工具栏中的"偏移"按钮 ⬚，偏移相应圆弧和直线，细化水箱按钮，结果如图 3-58 所示。

11）单击"绘图"工具栏中的"直线"按钮 ✎ 和"圆弧"按钮 ⌒，并单击"修改"工具栏中的“复制”按钮，绘制轮廓线，结果如图 3-59 所示。

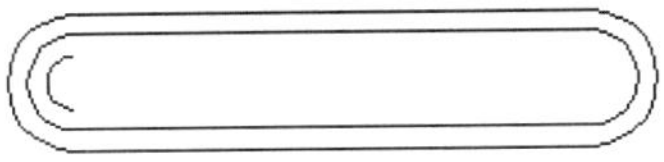

图 3-58 偏移对象

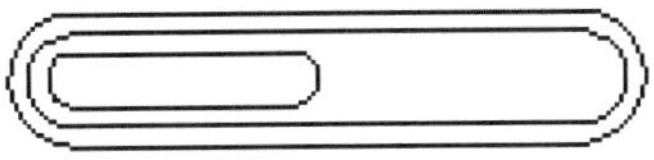

图 3-59 绘制直线和圆弧

12）单击“绘图”工具栏中的“圆”按钮，以图 3-60 中圆弧圆心为圆心绘制两个同心圆，完成一个按钮，结果如图 3-60 所示。

13）以水平线中点连线为对称线镜像按钮，结果如图 3-61 所示。

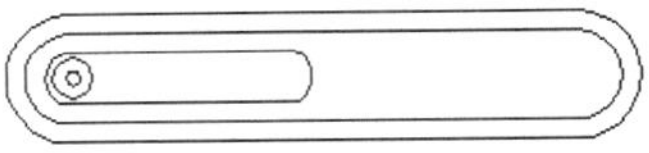

图 3-60 绘制同心圆

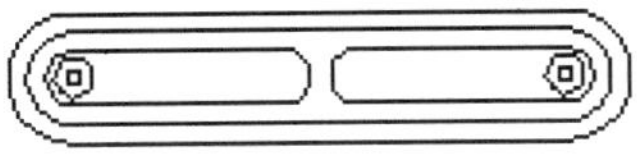

图 3-61 镜像按钮

14）单击“修改”工具栏中的“偏移”按钮，偏移马桶外缘和内沿轮廓线，最终结果如图 3-50 所示。

3.2.5 复杂二维编辑命令

1. 图形修剪

【执行方式】

命令行：TRIM。

菜单栏：修改→修剪。

工具栏：修改→修剪。

功能区：单击“默认”选项卡“修改”面板中的“修剪”按钮，如图 3-62 所示。

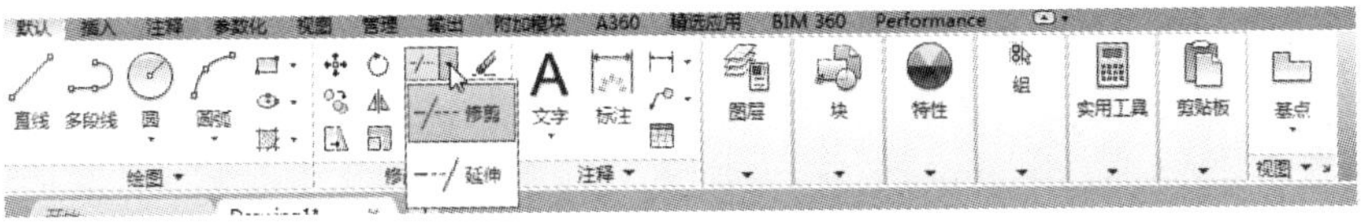

图 3-62 “修改”面板 3

【操作格式】

命令：TRIM ↙

当前设置：投影= UCS，边=无

选择剪切边...

选择对象或 <全部选择>：（指定修剪边界的图形）

选择对象：（可以按〈Enter〉键或空格键结束修剪边界的指定，也可以继续）

选择要修剪的对象，按住〈Shift〉键选择要延伸的对象，或 [栏选(F)/窗交(C)/投影(P)/边(E)/删除(R)/放弃(U)]：（选择修剪对象）

【选项说明】

1）当前设置：投影=UCS，边=无。提示选取修剪边界和当前使用的修剪模式。

2）选择要修剪的对象，按住〈Shift〉键选择要延伸的对象：指定要修剪的对象。在选择对象的同时按〈Shift〉键可将对象延伸到最近的修剪边界，而不修剪它，按〈Enter〉键结束该命令。

3）栏选（F）：系统以栏选的方式选择被修剪的对象。

4）窗交（C）：系统以窗交的方式选择被修剪的对象。

5）投影（P）：确定是否使用投影方式修剪对象。

选择要修剪的对象，按住〈Shift〉键选择要延伸的对象，或 [栏选(F)/窗交(C)/投影(P)/边(E)/删除(R)/放弃(U)]：P ↙

输入投影选项 [无(N)/UCS(U)/视图(V)]<UCS>：

- 无(N)：指定无投影。AutoCAD 2016 只修剪在三维空间中与剪切边相交的对象。
- UCS（用户坐标系）：指定在当前用户坐标系 XY 平面上的投影。
- 视图(V)：指定沿当前视图方向的投影。在二维图形中一般用此项。

6）边（E）：确定是在另一对象的隐含边处或与三维空间中一个对象相交的对象的修剪方式。

7）放弃（U）：取消上一次的操作。

示意图如图 3-63 所示。

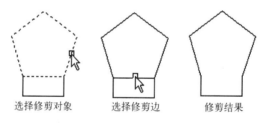

选择修剪对象　　　选择修剪边　　　修剪结果

图 3-63　图形修剪

2. 图形延伸

【执行方式】

命令行：EXTEND。

菜单栏：修改→延伸。

工具栏：修改→延伸 ⁻⁄ 。

功能区：单击"默认"选项卡"修改"面板中的"延伸"按钮 ⁻⁄，如图 3-62 所示。

【操作格式】

命令：EXTEND ↙

当前设置：投影=UCS，边=无

选择边界的边...

选择对象或 <全部选择>：（指定延伸边界的图形）

选择对象：（可以按〈Enter〉键或空格键结束延伸边界的指定，也可以继续）

选择要延伸的对象，按住〈Shift〉键选择要修剪的对象，或 [栏选(F)/窗交(C)/投影(P)/边(E)/放弃(U)]：

命令行提示各选项含义与"修剪"命令类似，不再赘述，示意图如图 3-64 所示。

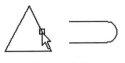

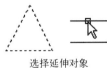
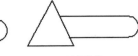

选择边界的边　　　　选择延伸对象　　　　延伸结果

图 3-64　图形延伸

3．图形断开

【执行方式】

命令行：BREAK。

菜单栏：修改→打断。

工具栏：修改→打断于点 或打断 。

功能区：单击"默认"选项卡"修改"面板中的"打断"按钮 或打断于点 ，如图 3-65 所示。

图 3-65　"修改"面板 4

【操作格式】

命令：BREAK ∠

选择对象：（选择要断开的对象）

指定第二个打断点或 [第一点(F)]：（指定第二个断开点或键入 F）

【选项说明】

1）选择对象：若用鼠标选择对象，AutoCAD 2016 会选中该对象并把选择点作为第一个断开点。

2）指定第二个打断点或 [第一点(F)]：若按〈F〉键，AutoCAD 2016 将取消前面的第一个选择点，提示指定两个新的断开点。

4．倒角

【执行方式】

命令行：CHAMFER。

菜单栏：修改→倒角。

工具栏：修改→倒角 。

功能区：单击"默认"选项卡"修改"面板中的"倒角"按钮 ，如图 3-66 所示。

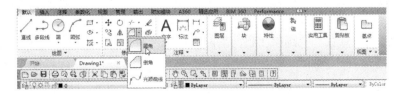

图 3-66　"修改"面板 5

【操作格式】

AutoCAD 2016 提供两种方法进行两个线型对象的倒角操作：指定斜线距离和指定倒角角度。

1）指定倒角距离：该距离是指从被连接的对象与斜线的交点到被连接的两对象的可能交点之间的距离。命令行提示与操作如下：

命令：CHAMFER ∠

（"修剪"模式）当前倒角距离 1 = 0.0000，距离 2 = 0.0000

选择第一条直线或 [放弃(U) /多段线(P)/距离(D)/角度(A)/修剪(T)/方式(E)/多个(M)]： D ∠

指定第一个倒角距离<0.0000>：

指定第二个倒角距离<0.0000>：

在此时可以设定两个倒角的距离，第一距离的默认值是上一次指定的距离，第二距离的默认值为第一距离所选的任意值。然后，选择要倒角的两个对象。系统会根据指定的距离连接两个对象。

2）指定倒角角度和倒角距离：使用这种方法时，需确定两个参数：倒角线与一个对象的倒角距离和倒角线与该对象的夹角。命令行提示与操作如下：

命令：CHAMFER ∠

（"修剪"模式）当前倒角距离 1 = 0.0000，距离 2 = 0.0000

选择第一条直线或 [放弃(U) /多段线(P)/距离(D)/角度(A)/修剪(T)/方式(E)/多个(M)]： A ∠

指定第一条直线的倒角长度<0.0000>：

指定第一条直线的倒角角度<0.0000>：

【选项说明】

1）放弃(u)：恢复在命令中执行的上一个操作。

2）多段线(P)：对整个二维多段线倒角。选择多段线后，系统会对多段线每个顶点处的相交直线段倒角。为了得到最好的倒角效果，一般设置倒角线为相等的值。

3）距离(D)：设置倒角至选定边端点的距离。

4）角度(A)：用第一条线的倒角距离和第二条线的角度设置倒角距离。

5）修剪(T)：控制 AutoCAD 是否修剪选定边为倒角线端点。

6）方式(E)：控制 AutoCAD 使用两个距离还是一个距离和一个角度来创建倒角。

7）多个(M)：用于给多个对象集加倒角。

示意图如图 3-67 所示。

5. 圆角

【执行方式】

命令行：FILLET。

菜单：修改→圆角。

工具栏：修改→圆角 。

倒角前　　　　　　　倒角后

图 3-67　倒角

功能区：单击"默认"选项卡"修改"面板中的"圆角"按钮 ，如图 3-66 所示。

【操作格式】

命令：FILLET ∠

当前设置：模式 = 修剪，半径 = 0.0000

选择第一个对象或 [放弃(U)/多段线(P)/半径(R)/修剪(T)/多个(M)]: （选择第一个对象或别的选项）

选择第二个对象，或按住〈Shift〉键选择对象以应用角点或 [半径(R)]: （选择第二个对象）

【选项说明】

其中"半径（R）"的含义是设置圆角半径。其他选项含义与"倒角"命令相同，不再赘述，示意图如图 3-68 所示。

6. 分解

【执行方式】

命令行：EXPLODE。

菜单栏：修改→分解。

工具栏：修改→分解 。

功能区：单击"默认"选项卡"修改"面板中的"分解"按钮 ，如图 3-66 所示。

图 3-68　圆角

【操作格式】

命令：EXPLODE ↙

选择对象：（选择要分解的对象）

选择一个对象后，该对象会被分解。

7. 合并

合并功能可以将直线、圆、椭圆弧和样条曲线等独立的线段合并为一个对象，如图 3-69 所示。

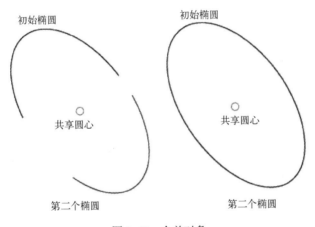

图 3-69　合并对象

【执行方式】

命令行：JOIN。

菜单栏：修改→合并。

工具栏：修改→合并 。

功能区：单击"默认"选项卡"修改"面板中的"合并"按钮 ，如图 3-66 所示。

【操作格式】

命令：JOIN↙

选择源对象或要一次合并的多个对象：（选择对象）

选择要合并的对象：（继续选择对象）

选择要合并的对象:

8．光顺曲线

在两条选定直线或曲线之间的间隙中创建样条曲线。

【执行方式】

命令行：BLEND。

菜单栏：修改→光顺曲线。

工具栏：修改→光顺曲线 。

功能区：单击"默认"选项卡"修改"面板中的"光顺曲线"按钮 ，如图 3-66 所示。

【操作格式】

命令: BLEND✓

连续性=相切

选择第一个对象或[连续性（CON）]：CON

输入连续性[相切（T）/平滑（S）]<相切>：

选择第一个对象或[连续性（CON）]：

选择第二个点：

【选项说明】

（1）连续性（CON）

在两种过渡类型中指定一种。

（2）相切（T）

创建一条 3 阶样条曲线，在选定对象的端点处具有相切（G1）连续性。

（3）平滑（S）

创建一条 5 阶样条曲线，在选定对象的端点处具有曲率（G2）连续性。

如果使用"平滑"选项，请勿将显示从控制点切换为拟合点。此操作将样条曲线更改为 3 阶，这会改变样条曲线的形状。

9．图案填充

当用户需要用一个重复的图案(Pattern)填充一个区域时，可以使用 BHATCH 命令建立一个关联的填充阴影对象，即所谓的图案填充。

【执行方式】

命令行：BHATCH。

菜单栏：绘图→图案填充。

工具栏：绘图→图案填充 。

功能区：单击"默认"选项卡"绘图"面板中的"图案填充"按钮 。

【操作格式】

执行上述命令后系统打开如图 3-70 所示的"图案填充创建"选项卡，各面板中的按钮含义如下：

图 3-70 "图案填充创建"选项卡

（1）"边界"面板

1）拾取点：通过选择由一个或多个对象形成的封闭区域内的点，确定图案填充边界，如图 3-71 所示。指定内部点时，可以随时在绘图区域中单击鼠标右键以显示包含多个选项的快捷菜单。

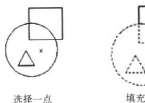

选择一点　　　　　填充区域　　　　　填充结果

图 3-71　边界确定

2）选择边界对象：指定基于选定对象的图案填充边界。使用该选项时，不会自动检测内部对象，必须选择选定边界内的对象，以按照当前孤岛检测样式填充这些对象，如图 3-72 所示。

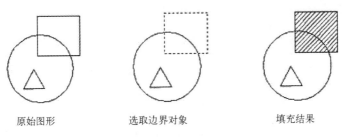

原始图形　　　　　选取边界对象　　　　　填充结果

图 3-72　选取边界对象

3）删除边界对象：从边界定义中删除之前添加的任何对象，如图 3-73 所示。

选取边界对象　　　　　删除边界　　　　　填充结果

图 3-73　删除"岛"后的边界

4）重新创建边界：围绕选定的图案填充或填充对象创建多段线或面域，并使其与图案填充对象关联（可选）。

5）显示边界对象：选择构成选定关联图案填充对象的边界的对象，使用显示的夹点可修改图案填充边界。

6）保留边界对象

指定如何处理图案填充边界对象。选项包括：

● 不保留边界。（仅在图案填充创建期间可用）不创建独立的图案填充边界对象。

● 保留边界-多段线。（仅在图案填充创建期间可用）创建封闭图案填充对象的多段线。

- 保留边界-面域（仅在图案填充创建期间可用）。创建封闭图案填充对象的面域对象。
- 选择新边界集。指定对象的有限集（称为边界集），以便通过创建图案填充时的拾取点进行计算。

（2）"图案"面板

显示所有预定义和自定义图案的预览图像。

（3）"特性"面板

1）图案填充类型：指定是使用纯色、渐变色、图案还是用户定义的填充。

2）图案填充颜色：替代实体填充和填充图案的当前颜色。

3）背景色：指定填充图案背景的颜色。

4）图案填充透明度：设定新图案填充或填充的透明度，替代当前对象的透明度。

5）图案填充角度：指定图案填充或填充的角度。

6）填充图案比例：放大或缩小预定义或自定义填充图案。

7）相对图纸空间（仅在布局中可用）：相对于图纸空间单位缩放填充图案。使用此选项，可很容易地做到以适合于布局的比例显示填充图案。

8）双向（仅当"图案填充类型"设定为"用户定义"时可用）：将绘制第二组直线，与原始直线成 90°角，从而构成交叉线。

9）ISO 笔宽（仅对于预定义的 ISO 图案可用）：基于选定的笔宽缩放 ISO 图案。

（4）"原点"面板

1）设定原点：直接指定新的图案填充原点。

2）左下：将图案填充原点设定在图案填充边界矩形范围的左下角。

3）右下：将图案填充原点设定在图案填充边界矩形范围的右下角。

4）左上：将图案填充原点设定在图案填充边界矩形范围的左上角。

5）右上：将图案填充原点设定在图案填充边界矩形范围的右上角。

6）中心：将图案填充原点设定在图案填充边界矩形范围的中心。

7）使用当前原点：将图案填充原点设定在 HPORIGIN 系统变量中存储的默认位置。

8）存储为默认原点：将新图案填充原点的值存储在 HPORIGIN 系统变量中。

（5）"选项"面板

1）关联：指定图案填充或填充为关联图案填充。关联的图案填充或填充在用户修改其边界对象时将会更新。

2）注释性：指定图案填充为注释性。此特性会自动完成缩放注释过程，从而使注释能够以正确的大小在图纸上打印或显示。

3）特性匹配

- 使用当前原点：使用选定图案填充对象（除图案填充原点外）设定图案填充的特性。
- 使用源图案填充的原点：使用选定图案填充对象（包括图案填充原点）设定图案填充的特性。

4）允许的间隙：设定将对象用作图案填充边界时可以忽略的最大间隙。默认值为 0，此值指定对象必须封闭区域而没有间隙。

5）创建独立的图案填充：控制当指定了几个单独的闭合边界时，是创建单个图案填充对象，还是创建多个图案填充对象。

6）孤岛检测

● 普通孤岛检测：从外部边界向内填充。如果遇到内部孤岛，填充将关闭，直到遇到孤岛中的另一个孤岛。

● 外部孤岛检测：从外部边界向内填充。此选项仅填充指定的区域，不会影响内部孤岛。

● 忽略孤岛检测：忽略所有内部的对象，填充图案时将通过这些对象。

7）绘图次序：为图案填充或填充指定绘图次序。选项包括不更改、后置、前置、置于边界之后和置于边界之前。

（6）"关闭"面板

关闭"图案填充创建"：退出 HATCH 并关闭上下文选项卡，也可以按〈Enter〉键或〈Esc〉键退出 HATCH。

3.2.6 **实例——转角沙发绘制**

本实例绘制的转角沙发，如图 3-74 所示。由图可知，转角沙发是由两个三人沙发和一个转角组成，可以通过矩形、定数等分、分解、偏移、复制、旋转，以及移动命令来绘制。

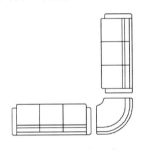

图 3-74　转角沙发

 参见光盘　光盘\视频教学\第 3 章\转角沙发.avi

1）单击"图层"工具栏中的"图层特性管理器"按钮，打开"图层特性管理器"对话框，设置两个图层："1"图层，颜色设为蓝色，其余属性采用默认值；"2"图层，颜色设为绿色，其余属性采用默认值，如图 3-75 所示。

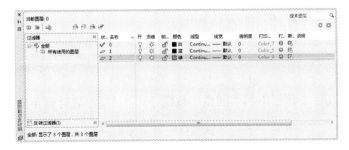

图 3-75　图层设置

2）单击"绘图"工具栏中的"矩形"按钮 ⬜，绘制适当尺寸的 3 个矩形，如图 3-76 所示。命令行操作与提示如下：

命令: RECTANG

指定第一个角点或 [倒角(C)/标高(E)/圆角(F)/厚度(T)/宽度(W)]: （在绘图区中指定一点）

指定另一个角点或 [面积(A)/尺寸(D)/旋转(R)]: （在绘图区指定另一点）

3）单击"修改"工具栏中的"分解"按钮 ⬚，将 3 个矩形分解。命令行提示与操作如下：

命令: EXPLODE ✓

选择对象: （选择 3 个矩形）

4）选择菜单栏中的"绘图"→"点"→"定数等分"命令，将中间矩形上部线段等分为 3 部分。命令行提示与操作如下：

命令: DIVIDE✓

选择要定数等分的对象: （选择中间矩形上部线段）

输入线段数目或 [块(B)]:3✓

5）将"2"图层设置为当前层。

6）单击"修改"工具栏中的"偏移"按钮 ⬚，将中间矩形下部线段向上偏移 3 次，取适当的偏移值。

7）打开状态栏上的"对象捕捉"开关和"正交"开关，捕捉中间矩形上部线段的等分点，向下绘制两条线段，下端点为第一次偏移的线段上的垂足，结果如图 3-77 所示。

图 3-76 绘制矩形

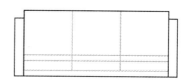

图 3-77 绘制直线

8）将"1"图层设置为当前层，单击"绘图"工具栏中的"直线"按钮 ╱ 和"圆弧"按钮 ⌒，绘制沙发转角部分，如图 3-78 所示。

9）单击"修改"工具栏中的"偏移"按钮 ⬚，将图 3-78 中下部圆弧向上偏移两次，取适当的偏移值。

10）选择偏移后的圆弧，将这两条圆弧转换到图层 2，如图 3-79 所示。

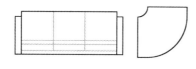

图 3-78 绘制多线段

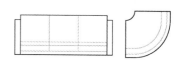

图 3-79 绘制多线段

11）单击"修改"工具栏中的"圆角"按钮 ⬜，对图形进行圆角处理。命令行提示与操作如下：

命令: FILLET✓

当前设置: 模式 = 修剪，半径 = 0.0000

选择第一个对象或 [放弃(U)/多段线(P)/半径(R)/修剪(T)/多个(M)]:R↙

指定圆角半径 <0.0000>: （输入适当值）

选择第一个对象或 [放弃(U)/多段线(P)/半径(R)/修剪(T)/多个(M)]: （选择第一个对象）

选择第二个对象，或按住〈Shift〉键选择对象以应用角点或 [半径(R)]: （选择第二个对象）

对各个转角处倒圆角后效果如图 6-80 所示。

12）单击"修改"工具栏中的"复制"按钮，复制左边沙发到右上角，如图 3-81 所示。

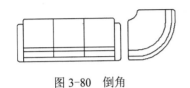 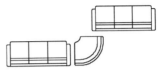

图 3-80　倒角　　　　　　　　　　　　图 3-81　复制

13）单击"修改"工具栏中的"旋转"按钮○和"移动"按钮✛，旋转并移动复制的沙发，最终效果如图 3-74 所示。

3.2.7　实例——灯具

本实例绘制的灯具，如图 3-82 所示。由图可知，它主要由灯柱和灯罩组成，可以通过矩形、偏移、圆、圆弧、修剪，以及镜像命令绘制灯柱，利用样条曲线、直线、圆弧、镜像命令绘制灯罩。

 光盘\视频教学\第3章\灯具.avi

1）单击"绘图"工具栏中的"矩形"按钮□，绘制轮廓线。单击"修改"工具栏中的"镜像"按钮，使轮廓线左右对称，如图 3-83 所示。

2）单击"绘图"工具栏中的"圆弧"按钮和单击"修改"工具栏中的"偏移"按钮，绘制两条圆弧，端点分别捕捉到矩形的角点，其中绘制的下面的圆弧中间一点捕捉到中间矩形上边的中点，如图 3-84 所示。

图 3-82　灯具　　　　　图 3-83　绘制矩形　　　　　图 3-84　绘制圆弧

3）单击"绘图"工具栏中的"直线"按钮和"圆弧"按钮，绘制灯柱上的结合点及如图 3-85 所示的轮廓线。

4）单击"修改"工具栏中的"修剪"按钮 ，修剪多余图线。命令行提示与操作如下：

命令:_trim↙

当前设置:投影=UCS，边=无

选择修剪边...

选择对象或〈全部选择〉：(选择修剪边界对象) ↙

选择对象：(选择修剪边界对象) ↙

选择对象: ↙

选择要修剪的对象，或按住〈Shift〉键选择要延伸的对象，或 [栏选(F)/窗交(C)/投影(P)/边(E)/删除(R)/放弃(U)]: (选择修剪对象) ↙

修剪结果如图 3-86 所示。

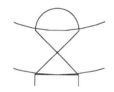 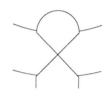

图 3-85　绘制多线段　　　　　　　　　　图 3-86　修剪图形

5）单击"绘图"工具栏中的"样条曲线"按钮 和单击"修改"工具栏中的"镜像"按钮 ，绘制灯罩轮廓线，如图 3-87 所示。

6）单击"绘图"工具栏中的"直线"按钮 ，补齐灯罩轮廓线，直线端点捕捉对应样条曲线端点，如图 3-88 所示。

7）单击"绘图"工具栏中的"圆弧"按钮 ，绘制灯罩顶端的突起，如图 3-89 所示。

8）单击"绘图"工具栏中的"样条曲线"按钮 ，绘制灯罩上的装饰线，最终结果如图 3-82 所示。

  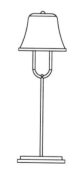

图 3-87　绘制样条曲线　　　　图 3-88　绘制直线　　　　图 3-89　绘制圆弧

3.2.8　实例——组合音响

本实例绘制的音响，如图 3-90 所示。由图可知，它主要由矩形和圆组成，可以通过矩形、偏移、圆、圆弧、圆角，以及图案填充命令绘制组合音响。

光盘\视频教学\第 3 章\组合音响.avi

1）单击"绘图"工具栏中的"直线"按钮 和"矩形"按钮 ，绘制轮廓线，如图 3-91 所示。

2）单击"绘图"工具栏中的"矩形"按钮 和"偏移"按钮 ，绘制各按钮，如图 3-92 所示。

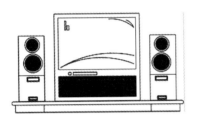

图 3-90　组合音响

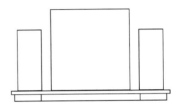

图 3-91　绘制轮廓线

3）单击"绘图"工具栏中的"圆"按钮 和"修改"工具栏中的"偏移"按钮 ，绘制音箱，如图 3-93 所示。

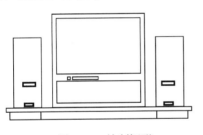

图 3-92　绘制矩形

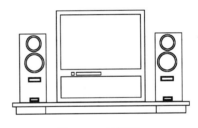

图 3-93　绘制圆

4）单击"绘图"工具栏中的"矩形"按钮 和"圆弧"按钮 ，绘制电视画面，如图 3-94 所示。

5）单击"修改"工具栏中的"圆角"按钮 ，对桌面进行倒圆角，如图 3-95 所示。

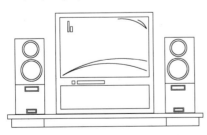

图 3-94　绘制画面图形

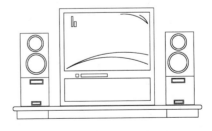

图 3-95　圆角处理

6）单击"绘图"工具栏中的"图案填充"按钮 ，打开"图案填充创建"选项板，选择"NET"，并设置相关参数，如图 3-96 所示，单击"拾取点"按钮选择相应区域内一点，确认后，填充得到的最终结果如图 3-90 所示。

图 3-96 "图案填充创建"选项卡

3.2.9 对象编辑

1. 钳夹功能

利用钳夹功能可以快速方便地编辑对象。AutoCAD 在图形对象上定义了一些特殊点，称为夹持点，利用夹持点可以灵活地控制对象，如图 3-97 所示。

要使用钳夹功能编辑对象必须先打开钳夹功能，打开的方法是：

菜单栏：工具→选项→选择集

在"选择集"选项卡的夹持点选项组下面，打开"显示夹点"复选框。在该页面上还可以设置代表夹持点的小方格的尺寸和颜色。

也可以通过 GRIPS 系统变量控制是否打开钳夹功能，1 代表打开，0 代表关闭。

打开了钳夹功能后，应该在编辑对象之前先选择对象。夹持点表示了对象的控制位置。

使用夹持点编辑对象，要选择一个夹持点作为基点，称为基准夹持点。然后，选择一种编辑操作：可以选择的编辑操作有删除、移动、复制选择、旋转和缩放等。可以用空格键、按〈Enter〉键或键盘上的快捷键循环选择这些功能。

下面仅就其中的拉伸对象操作为例进行讲述，其他操作类似。

在图形上拾取一个夹持点，该夹持点马上改变颜色，此点为夹持点编辑的基准点。这时系统提示：

** 拉伸 **

指定拉伸点或 [基点(B)/复制(C)/放弃(U)/退出(X)]:

在上述拉伸编辑提示下输入缩放命令，或单击鼠标右键在快捷菜单中选择"缩放"命令，系统就会转换为"缩放"操作，其他操作类似。

2. 修改对象属性

【执行方式】

命令行：DDMODIFY 或 PROPERTIES。

菜单栏：修改→特性。

工具栏：标准→特性▣。

功能区：单击"默认"选项卡"特性"面板中的"对话框启动器"按钮▾。

【操作格式】

命令：DDMODIFY↙

执行上述命令后，打开"特性工具板"，如图 3-98 所示。利用它可以方便地设置或修改对象的各种属性。不同的对象属性种类和值不同，修改属性值，对象改变为新的属性。

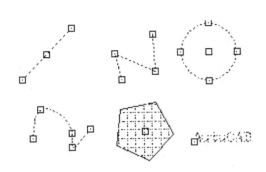

图 3-97 夹持点

图 3-98 特性工具板

3. 特性匹配

利用特性匹配功能可以将目标对象的属性与源对象的属性进行匹配，使目标对象变为与源对象相同。利用特性匹配功能可以方便快捷地修改对象属性，并保持不同对象的属性相同。

【执行方式】

命令行：MATCHPROP。

菜单栏：修改→特性匹配。

工具栏：标准→特性匹配📋。

功能区：单击"默认"选项卡"特性"面板中的"特性匹配"按钮📋。

【操作格式】

命令：MATCHPROP↙

选择源对象：（选择源对象）

当前活动设置：颜色 图层 线型 线型比例 线宽 透明度 厚度 打印样式 标注 文字 图案填充 多段线 视口 表格材质 阴影显示 多重引线

选择目标对象或 [设置(S)]：（选择目标对象）

图 3-99a 所示的是两个不同属性的对象，以左边的圆为源对象，对右边的矩形进行属性匹配，结果如图 3-99b 所示。

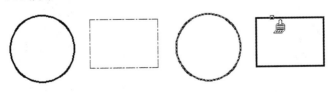

a)   b)

图 3-99 特性匹配

a) 原图 b) 结果

3.2.10 实例——花草平面图绘制

本小节以花草为例，如图 3-100 所示，简要说明平面配景图造型的绘制方法与技巧。

图 3-100　花草平面配景图

　光盘\视频教学\第 3 章\花草平面配景图.avi

1）单击"绘图"工具栏中的"直线"按钮 和"圆弧"按钮 ，绘制放射状造型，如图 3-101 所示。

2）单击"绘图"工具栏中的"样条曲线"按钮 ，绘制叶状图案造型，如图 3-102 所示。

图 3-101　绘制放射状造型

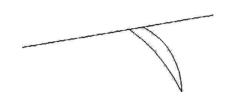

图 3-102　绘制叶状图案

3）单击"绘图"工具栏中的"圆弧"按钮 和"修改"工具栏中的"镜像"按钮 ，完成一条线条上的叶状图案，如图 3-103 所示。

4）按上述方法完成其他方向花草造型绘制，如图 3-104 所示。

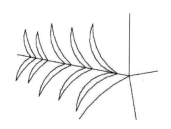

图 3-103　完成叶状图案

图 3-104　完成整个花草图案

5）单击"绘图"工具栏中的"圆弧"按钮 ，再绘制放射状的弧线造型，如图 3-105 所示。

6）单击"绘图"工具栏中的"圆"按钮⊙和"图案填充"按钮▨，在弧线上创建小实心体图案，如图3-106所示。

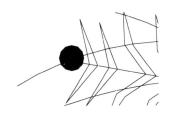

图3-105　绘制放射状弧线　　　　　　　图3-106　创建小实心体

7）按上述方法创建其他位置的实心体图案，如图3-107所示。

图3-107　完成整个花草图案

8）最后完成整个花草图案造型绘制，如图3-107所示。

3.2.11　实例——盆景立面图绘制

本节以盆景立面图为例，如图3-108所示，简要说明立面配景图造型的绘制方法与技巧。

参见光盘　　光盘\视频教学\第3章\盆景立面图绘制.avi

1）单击"绘图"工具栏中的"多段线"按钮⏎和"修改"工具栏中的"偏移"按钮🔳，绘制底部花盆上下端部水平轮廓。命令行提示与操作如下：

命令: PLINE（绘制由直线构成的花盆水平轮廓）

指定起点:（确定起点位置）

当前线宽为 0.0000

指定下一个点或 [圆弧（A）/半宽（H）/长度（L）/放弃（U）/宽度（W）]:（依次输入多段线端点的相对距离或直接在屏幕上使用鼠标点取）

指定下一点或 [圆弧（A）/闭合（C）/半宽（H）/长度（L）/放弃（U）/宽度（W）]:（按〈Enter〉键结束操作）

结果如图 3-109 所示。

2）单击"绘图"工具栏中的"直线"按钮✐和 "修改"工具栏中的"镜像"按钮▲，创建花盆侧面轮廓线，如图 3-110 所示。

图 3-108　盆景立面图　　　　　　图 3-109　花盆水平轮廓　　　　　　图 3-110　勾画侧面轮廓线

3）单击"绘图"工具栏中的"直线"按钮✐和"圆弧"按钮✐，勾画其中一根花草植物的根部图形，如图 3-111 所示。

4）单击"绘图"工具栏中的"直线"按钮✐和"修改"工具栏中的"偏移"按钮▣，再在植物根的上部绘制枝杆线条，如图 3-112 所示。

图 3-111　勾画根部图形　　　　　　　　　　图 3-112　绘制上部线条

5）单击"绘图"工具栏中的"直线"按钮✐和"圆弧"按钮✐，并单击"修改"工具栏中的"偏移"按钮▣，在其他的枝干勾画其线条，如图 3-113 所示。

6）最后完成植物枝干部分的立面造型，如图 3-114 所示。

图 3-113　勾画其他枝　　　　　　　　　图 3-114　枝干立面

7）单击"绘图"工具栏中的按钮"圆弧"[图标]和"修改"工具栏中的"镜像"按钮[图标]，在支杆顶部建立叶片图形，如图 3-115 所示。

8）单击"绘图"工具栏中的按钮"圆弧"[图标]和"修改"工具栏中"复制"按钮[图标]，绘制一个枝干上的叶片造型，如图 3-116 所示。

图 3-115　绘制叶片图形　　　　　　　　　图 3-116　复制叶片

> **！注 意**
>
> 对方向相同的叶片可以通过复制得到，以减少工作量。

9）按上述方法，在其他枝干上进行叶片绘制，如图 3-117 所示。

10）最后完成所有枝干的上部叶片造型绘制，如图 3-118 所示。

图 3-117　其他枝干叶片　　　　　　　　　图 3-118　上部叶片造型

11）至此，花草立面图绘制完成，保存图形，如图 3-110 所示。

第4章 文本、表格与尺寸标注

知识导引

　　文字注释是图形中很重要的一部分内容，进行各种设计时，通常不仅要绘出图形，还要在图形中标注一些文字，如技术要求、注释说明等，对图形对象加以解释。AutoCAD 提供了多种写入文字的方法，本章将介绍文本的注释和编辑功能。图表在 AutoCAD 图形中也有大量的应用，如明细表、参数表和标题栏等。AutoCAD 新增的图表功能使绘制图表变得方便快捷。尺寸标注是绘图设计过程当中相当重要的一个环节，AutoCAD 2016 提供了方便、准确的标注尺寸功能。

内容要点

- ➢ 文本标注。
- ➢ 图表标注。
- ➢ 尺寸标注与编辑。

4.1 文本标注

本节思路

　　文本是建筑图形的基本组成部分，在图签、说明、图纸目录等地方都要用到文本。本节讲述文本标注的基本方法。

4.1.1 设置文本样式

【执行方式】

命令行：STYLE 或 DDSTYLE

菜单栏：格式→文字样式

功能区：单击"默认"选项卡"注释"面板中的"文字样式"按钮 ，如图 4-1 所示。

图 4-1　单击"文字样式"按钮

【操作格式】

命令: STYLE✓

执行上述命令后，系统打开"文字样式"对话框，如图 4-2 所示。

图 4-2 "文字样式"对话框

利用该对话框可以新建文字样式或修改当前文字样式，图 4-3 和图 4-4 所示为各种文字样式。

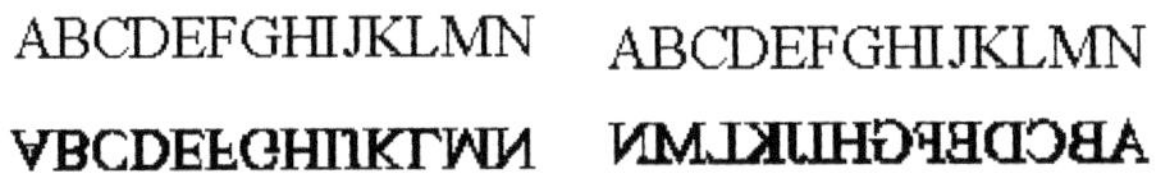

ABCDEFGHIJKLMN ABCDEFGHIJKLMN $abcd$

a) b)

图 4-3 文字倒置标注与反向标注   图 4-4 垂直标注文字

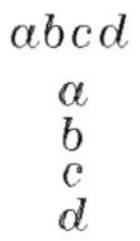

4.1.2 单行文本标注

【执行方式】

命令行：TEXT 或 DTEXT。

菜单栏：绘图→文字→单行文字。

工具栏：文字→单行文字 AI。

功能区：单击"默认"选项卡"注释"面板中的"单行文字"按钮 AI 或单击"注释"选项卡"文字"面板中的"单行文字"按钮 AI。

【操作格式】

命令: TEXT✓

当前文字样式： "Standard" 文字高度: 2.5000 注释性: 否 对正: 左

指定文字的起点或 [对正(J)/样式(S)]:

【选项说明】

1. 指定文字的起点

在此提示下直接在作图屏幕上点取一点作为文本的起始点，AutoCAD 提示：

指定高度 <0.2000>:（确定字符的高度）

指定文字的旋转角度 <0>:（确定文本行的倾斜角度）

输入文字: (输入文本)

输入文字: (输入文本或按〈Enter〉键)

2. 对正(J)

在上面的提示下键入"J",用来确定文本的对齐方式,对齐方式决定文本的哪一部分与所选的插入点对齐。执行此选项,AutoCAD 提示:

输入选项[左(L)/居中(C)/右(R)/对齐(A)/中间(M)/布满(F)/左上(TL)/中上(TC)/右上(TR)/左中(ML)/正中(MC)/右中(MR)/左下(BL)/中下(BC)/右下(BR)]:

在此提示下选择一个选项作为文本的对齐方式。当文本串水平排列时,AutoCAD 为标注文本串定义了图 4-5 所示的顶线、中线、基线和底线,各种对齐方式如图 4-6 所示,图中大写字母对应上述提示中各命令。下面以"对齐"为例进行简要说明。

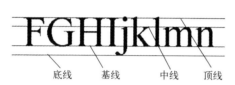

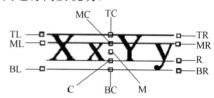

图 4-5 文本行的底线、基线、中线和顶线　　　　图 4-6 文本的对齐方式

实际绘图时,有时需要标注一些特殊字符,例如直径符号、上画线或下画线、温度符号等,由于这些符号不能直接从键盘上输入,AutoCAD 提供了一些控制码,用来实现这些要求。控制码用两个百分号(％％)加一个字符构成,常用的控制码见表 4-1。

表 4-1　AutoCAD 常用控制码

符　号	功　能
％％O	上画线
％％U	下画线
％％D	"度"符号
％％P	正负符号
％％C	直径符号
％％％	百分号%
\u+2248	几乎相等
\u+2220	角度
\u+E100	边界线
\u+2104	中心线
\u+0394	差值
\u+0278	电相位
\u+E101	流线
\u+2261	标识
\u+E102	界碑线
\u+2260	不相等
\u+2126	欧姆
\u+03A9	欧米加
\u+214A	低界线
\u+2082	下标 2
\u+00B2	上标 2

4.1.3 多行文本标注

【执行方式】

命令行：MTEXT

菜单栏：绘图→文字→多行文字

工具栏：绘图→多行文字 **A** 或文字→多行文字 **A**

功能区：单击"默认"选项卡"注释"面板中的"多行文字"按钮 **A** 或单击"注释"选项卡"文字"面板中的"多行文字"按钮 **A**

【操作格式】

命令:MTEXT↙

当前文字样式:"Standard"　文字高度: 2.5000　注释性: 否

指定第一角点: (指定矩形框的第一个角点)

指定对角点或[高度(H)/对正(J)/行距(L)/旋转(R)/样式(S)/宽度(W)/栏(C)]:

【选项说明】

1. 指定对角点

直接在屏幕上点取一个点作为矩形框的第二个角点，AutoCAD 以这两个点为对角点形成一个矩形区域，其宽度作为将来要标注的多行文本的宽度，而且第一个点作为第一行文本顶线的起点。执行命令后 AutoCAD 打开如图 4-7 所示的多行文字编辑器，可利用此对话框与编辑器输入多行文本并对其格式进行设置。关于各项的含义与功能，稍后再详细介绍。

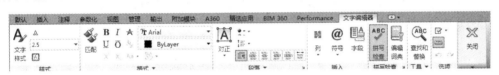

图 4-7　"文字编辑器"选项卡

2. 其他选项

1）对正(J)：确定所标注文本的对齐方式。

2）行距(L)：确定多行文本的行间距，这里所说的行间距是指相邻两文本行的基线之间的垂直距离。

3）旋转(R)：确定文本行的倾斜角度。

4）样式(S)：确定当前的文本样式。

5）宽度(W)：指定多行文本的宽度。

在多行文字绘制区域，单击鼠标右键，系统打开右键快捷菜单，如图 4-8 所示。该快捷菜单提供标准编辑选项和多行文字特有的选项。在多行文字编辑器中单击右键以显示快捷菜单。菜单顶层的选项是基本编辑选项：放弃、重做、剪切、复制和粘贴。后面的选项是多行文字编辑器特有的选项，介绍如下：

1）插入字段：显示"字段"对话框如图 4-9 所示，从中可以选择要插入到文字中的字段。关闭该对话框后，字段的当前值将显示在文字中。

2）符号：在光标位置插入符号或不间断空格。也可以手动插入符号。

图 4-8　右键快捷菜单

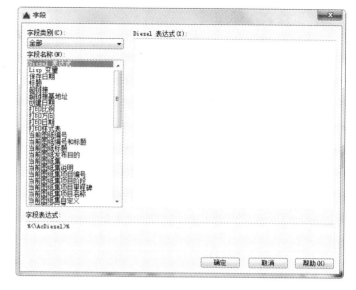

图 4-9　"字段"对话框

　　3）输入文字：显示"选择文件"对话框（标准文件选择对话框）。选择任意 ASCII 或 RTF 格式的文件。

　　4）段落对齐：设置多行文字对象的对正和对齐方式。"左上"选项是默认设置。 在一行的末尾输入的空格也是文字的一部分，并会影响该行文字的对正。文字根据其左右边界进行置中对正、左对正或右对正。文字根据其上下边界进行中央对齐、顶对齐或底对齐。各种对齐方式与前面所述类似，不再赘述。

　　5）段落：为段落和段落的第一行设置缩进。指定制表位和缩进，控制段落对齐方式、段落间距和段落行距如图 4-10 所示。

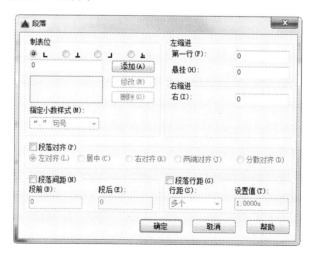

图 4-10　"段落"对话框

　　6）项目符号和列表：显示用于编号列表的选项。

　　7）分栏：为当前多行文字对象指定"不分栏"。

8）改变大小写：改变选定文字的大小写，可以选择"大写"或"小写"。

9）自动大写：将所有新输入的文字转换成大写。自动大写不影响已有的文字。要改变已有文字的大小写，请选择文字，单击鼠标右键，然后在快捷菜单上单击"改变大小写"。

10）字符集 ：显示代码页菜单。选择一个代码页并将其应用到选定的文字。

11）段落对齐：选择多行文字对象中的所有文字。

12）合并段落：将选定的段落合并为一段并用空格替换每段的换行。

13）背景遮罩：用设定的背景对标注的文字进行遮罩。单击该命令，系统打开"背景遮罩"对话框，如图4-11所示。

14）删除格式：清除选定文字的粗体、斜体或下画线格式。

图4-11　"背景遮罩"对话框

（15）编辑器设置：显示"文字格式"工具栏的选项列表。有关详细信息，请参见编辑器设置。

4.1.4　多行文本编辑

【执行方式】

命令行：DDEDIT。

菜单栏：修改→对象→文字→编辑。

工具栏：文字→编辑 A^k 。

【操作格式】

命令: DDEDIT↙

选择注释对象或 [放弃(U)]:

要求选择想要修改的文本，同时光标变为拾取框。用拾取框点击对象，如果选取的文本是用"TEXT"命令创建的单行文本，可对其直接进行修改。如果选取的文本是用"MTEXT"命令创建的多行文本，可根据前面的介绍对各项设置或内容进行修改。

4.2　表格

☞ 本节思路

在以前的版本中，要绘制表格必须采用绘制图线或者图线结合偏移或复制等编辑命令来完成，这样的操作过程烦琐而复杂，不利于提高绘图效率。从 AutoCAD 2005 开始，新增加了一个"表格"绘图功能，有了该功能，创建表格就变得非常容易，用户可以直接插入设置好样式的表格，而不用绘制由单独的图线组成的栅格。

4.2.1　设置表格样式

【执行方式】

命令行：TABLESTYLE。

菜单栏：格式→表格样式。

工具栏：样式→表格样式管理器 。

功能区：单击"默认"选项卡"注释"面板中的"表格样式"按钮。

【操作格式】

命令: TABLESTYLE↙

执行上述命令后，系统打开"表格样式"对话框，如图 4-12 所示。

【选项说明】

1．新建

执行上述命令后，系统打开"创建新的表格样式"对话框，如图 4-13 所示。输入新的表格样式名后，单击"继续"按钮，系统打开../AutoCAD 2016 中文版建筑设计从入门到精通/acr_t9.html – 852638"新建表格样式"对话框，如图 4-14 所示。从中可以定义新的表样式。

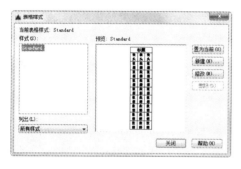

图 4-12 "表格样式"对话框

图 4-13 "创建新的表格样式"对话框

"新建表格样式"对话框的"单元样式"下拉列表框中有 3 个重要的选项："数据""表头"和"标题"，分别控制表格中数据、列标题和总标题的有关参数，如图 4-15 所示。

图 4-14 "新建表格样式"对话框

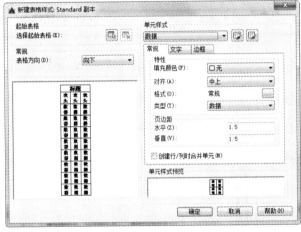

图 4-14 "新建表格样式"对话框（续）

图 4-16 所示为数据文字样式为"standard"，文字高度为 4.5，文字颜色为"红色"，填充颜色为"黄色"，对齐方式为"右下"；没有列标题行，标题文字样式为"standard"，文字高度为 6，文字颜色为"蓝色"，填充颜色为"无"，对齐方式为"正中"；表格方向为"上"，水平单元边距和垂直单元边距都为"1.5"的表格样式。

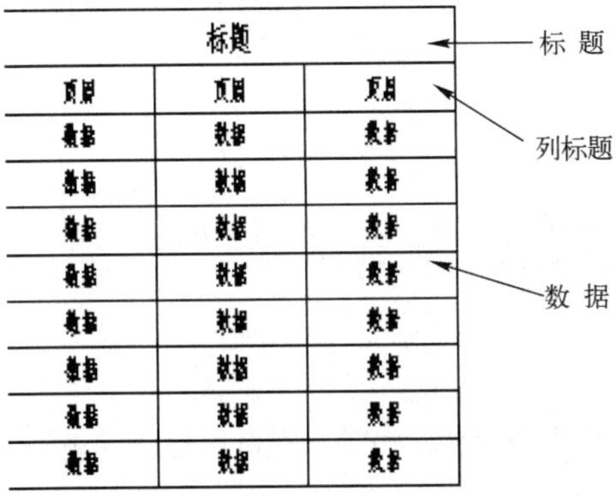

图 4-15 表格样式

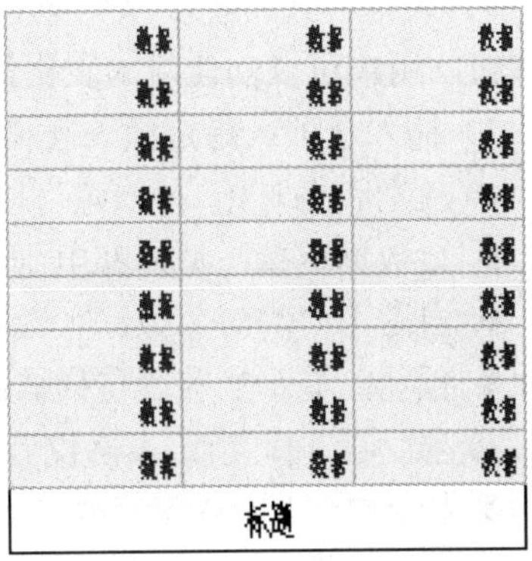

图 4-16 表格示例

2. 修改

对当前表格样式进行修改，方式与新建表格样式相同。

4.2.2 创建表格

【执行方式】

命令行：TABLE。

菜单栏：绘图→表格。

工具栏：绘图→表格⊞。

功能区：单击"默认"选项卡"注释"面板中的"表格"按钮⊞（或单击"注释"选项卡"表格"面板中的"表格"按钮⊞）。

【操作格式】

命令: TABLE↙

执行上述命令后，系统打开"插入表格"对话框，如图 4-17 所示。

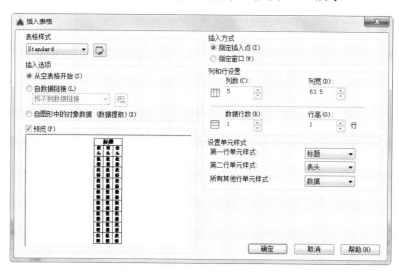

图 4-17 "插入表格"对话框

【选项说明】

1）表格样式：在要从中创建表格的当前图形中选择表格样式。通过单击下拉列表旁边的按钮，用户可以创建新的表格样式。

2）插入选项：指定插入表格的方式。

● 从空表格开始 ：创建可以手动填充数据的空表格。

● 自数据链接：从外部电子表格中的数据创建表格。

● 自图形中的对象数据（数据提取）：启动"数据提取"向导。

● 预览：显示当前表格样式的样例。

3）插入方式：指定表格位置。

● 指定插入点：指定表格左上角的位置。可以使用定点设备，也可以在命令提示下输入坐标值。如果表格样式将表格的方向设置为由下而上读取，则插入点位于表格的左下角。

- 指定窗口：指定表格的大小和位置。可以使用定点设备，也可以在命令提示下输入坐标值。选定此选项时，行数、列数、列宽和行高取决于窗口的大小以及列和行设置。

4）列和行设置：设置列和行的数目和大小。

- 列数：选定"指定窗口"选项并指定列宽时，"自动"选项将被选定，且列数由表格的宽度控制。如果已指定包含起始表格的表格样式，则可以选择要添加到此起始表格的其他列的数量。

- 列宽：指定列的宽度。选定"指定窗口"选项并指定列数时，则选定了"自动"选项，且列宽由表格的宽度控制。最小列宽为一个字符。

- 数据行数：指定行数。选定"指定窗口"选项并指定行高时，则选定了"自动"选项，且行数由表格的高度控制。带有标题行和表格头行的表格样式最少应有 3 行。最小行高为一个文字行。如果已指定包含起始表格的表格样式，则可以选择要添加到此起始表格的其他数据行的数量。

- 行高：按照行数指定行高。文字行高基于文字高度和单元边距，这两项均在表格样式中设置。选定"指定窗口"选项并指定行数时，则选定了"自动"选项，且行高由表格的高度控制。

5）设置单元样式：对于那些不包含起始表格的表格样式，请指定新表格中行的单元格式。

- 第一行单元样式：指定表格中第一行的单元样式。默认情况下，使用标题单元样式。

- 第二行单元样式：指定表格中第二行的单元样式。默认情况下，使用表头单元样式。

- 所有其他行单元样式：指定表格中所有其他行的单元样式。默认情况下，使用数据单元样式。

在上面的"插入表格"对话框中进行相应设置后，单击"确定"按钮，系统在指定的插入点或窗口自动插入一个空表格，用户可以逐行逐列输入相应的文字或数据，如图 4-18 所示。

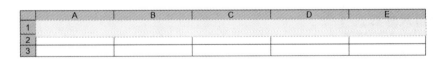

图 4-18　表格

4.2.3 编辑表格文字

【执行方式】

命令行：TABLEDIT。

定点设备：表格内双击。

快捷菜单：编辑单元文字。

【操作格式】

命令: TABLEDIT↙

拾取表格单元: (选择任意一个单元格)

用户可以对指定表格单元的文字进行编辑。

4.3 尺寸标注

本节思路

在本节中尺寸标注相关命令的菜单方式集中在"标注"菜单中，工具栏方式集中在"标注"工具栏中，如图 4-19 和 4-20 所示。

图 4-19 "标注"菜单   图 4-20 "标注"工具栏

4.3.1 设置尺寸样式

【执行方式】

命令行：DIMSTYLE。

菜单栏：格式→标注样式或标注→标注样式。

工具栏：标注→标注样式。

功能区：单击"默认"选项卡"注释"面板中的"标注样式"按钮。

【操作格式】

执行上述命令后，系统打开"标注样式管理器"对话框，如图 4-21 所示。利用此对话框可方便、直观地定制和浏览尺寸标注样式，包括产生新的标注样式、修改已存在的样式、设置当前尺寸标注样式、样式重命名以及删除一个已有样式等。

【选项说明】

1．"置为当前"按钮

单击此按钮，把在"样式"列表框中选中的样式设置为当前样式。

2．"新建"按钮

定义一个新的尺寸标注样式。单击此按钮，AutoCAD 打开"创建新标注样式"对话框，如图 4-22 所示，利用此对话框可创建一个新的尺寸标注样式。单击"继续"按钮，系统打开"新建标注样式"对话框，如图 4-23 所示，利用此对话框可对新样式的各项特性进行设置。该对话框中各部分的含义和功能将在后面介绍。

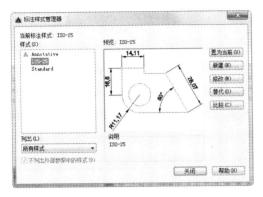

图 4-21 "标注样式管理器"对话框

图 4-22 "创建新标注样式"对话框

3．"修改"按钮

修改一个已存在的尺寸标注样式。单击此按钮，AutoCAD 弹出"修改标注样式"对话框，该对话框中的各选项与"新建标注样式"对话框中完全相同，可以对已有标注样式进行修改。

4．"替代"按钮

设置临时覆盖尺寸标注样式。单击此按钮，AutoCAD 打开"替代当前样式"对话框，该对话框中各选项与"新建标注样式"对话框完全相同，用户可改变选项的设置覆盖原来的设置，但这种修改只对指定的尺寸标注起作用，而不影响当前尺寸变量的设置。

5．"比较"按钮

比较两个尺寸标注样式在参数上的区别或浏览一个尺寸标注样式的参数设置。单击此按钮，AutoCAD 打开"比较标注样式"对话框，如图 4-24 所示。可以把比较结果复制到剪切板上，再粘贴到其他的 Windows 应用软件中。

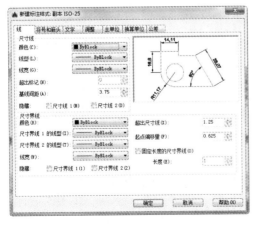

图 4-23 "新建标注样式"对话框

图 4-24 "比较标注样式"对话框

在图 4-23 所示的"新建标注样式"对话框中，有 6 个选项卡，分别说明如下：

1．符号和箭头

该选项卡对箭头、圆心标记、弧长符号折断标注和半径折弯标注等的各个参数进行设置，如图 4-25 所示。包括箭头的大小、引线、形状等参数，圆心标记的类型大小等参数、弧长符号位置、半径折弯标注的折弯角度、线性折弯标注的折弯高度因子以及折断标注的折断大小等参数。

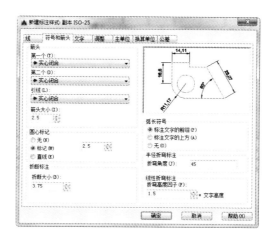

图 4-25 "新建标注样式"对话框的"符号和箭头"选项卡

2．文字

该选项卡对文字的外观、位置、对齐方式等各个参数进行设置，如图 4-26 所示。包括文字外观的文字样式、颜色、填充颜色、文字高度、分数高度比例、是否绘制文字边框等参数，文字位置的垂直、水平和从尺寸线偏移等参数。对齐方式有水平、与尺寸线对齐、ISO标准等 3 种方式。图 4-27 为尺寸在垂直方向放置的 4 种不同情形，图 4-28 为尺寸在水平方向放置的 5 种不同情形。

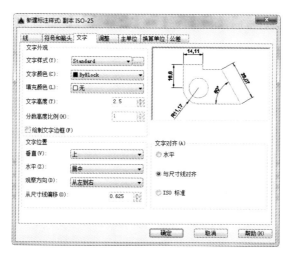

图 4-26 "新建标注样式"对话框的"文字"选项卡

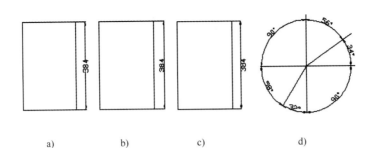

图 4-27　尺寸文本在垂直方向的放置

a) 置中　b) 上方　c) 外部　d) JIS

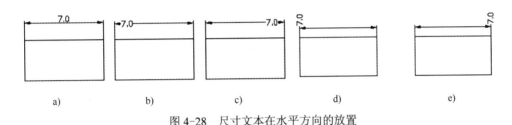

图 4-28　尺寸文本在水平方向的放置

a) 置中　b) 第一条尺寸界线　c) 第二条尺寸界线　d) 第一条尺寸界线上方　e) 第二条尺寸界线上方

3．调整

该选项卡对调整选项、文字位置、标注特征比例、调整等各个参数进行设置，如图 4-29 所示。包括调整选项选择，文字不在默认位置时的放置位置，标注特征比例选择以及调整尺寸要素位置等参数。图 4-30 为文字不在默认位置时放置位置的 3 种不同情形。

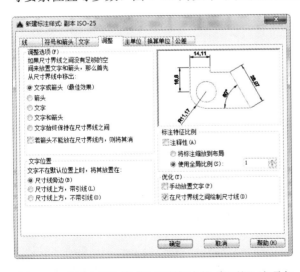

图 4-29　"新建标注样式"对话框中的"调整"选项卡

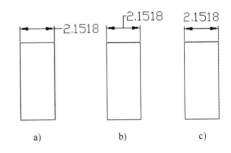

图 4-30　尺寸文本的位置

4．主单位

该选项卡用来设置尺寸标注的主单位和精度，以及给尺寸文本添加固定的前缀或后缀。本选项卡含两个选项组，分别对长度型标注和角度型标注进行设置，如图 4-31 所示。

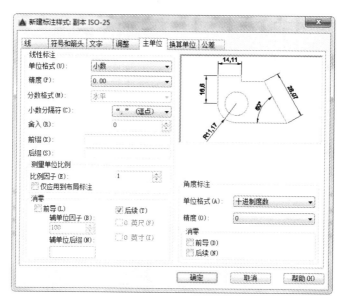

图 4-31　"新建标注样式"对话框中的"主单位"选项卡

5．换算单位

该选项卡用于对换算单位进行设置，如图 4-32 所示。

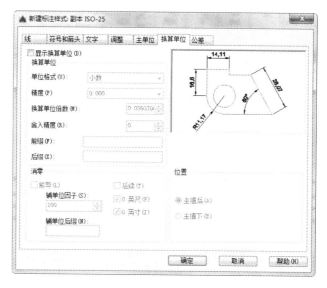

图 4-32　"新建标注样式"对话框中的"换算单位"选项卡

6．公差

该选项卡用于对尺寸公差进行设置，如图 4-33 所示。其中"方式"下拉列表框列出了 AutoCAD 提供的 5 种标注公差的形式，用户可从中选择。这 5 种形式分别是"无""对称""极限偏差""极限尺寸"和"基本尺寸"，其中"无"表示不标注公差，即上面的通常标注情形。其余 4 种标注情况如图 4-34 所示。在"精度""上偏差""下偏差""高度比例""垂直位置"等文本框中输入或选择相应的参数值。

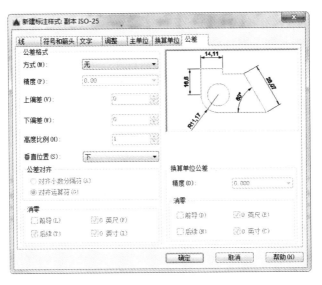

图 4-33　"新建标注样式"对话框中的"公差"选项卡

> **注 意**
>
> 　　系统自动在上偏差数值前加一"+"号，在下偏差数值前加一"–"号。如果上偏差是负值或下偏差是正值，都需要在输入的偏差值前加负号。如下偏差是+0.005，则需要在"下偏差"微调框中输入-0.005。

图 4-34　公差标注的形式

4.3.2　尺寸标注

1. 线性标注

【执行方式】

命令行：DIMLINEAR。

菜单栏：标注→线性。

工具栏：标注→线性 ⊢⊣。

功能区：单击"默认"选项卡"注释"面板中的"线性"按钮，如图 4-35 所示。

【操作格式】

命令：DIMLINEAR✓

指定第一条尺寸界线原点或 <选择对象>:

在此提示下有两种选择，直接按〈Enter〉键选择要标注的对象或确定尺寸界线的起始点，按〈Enter〉键并选择要标注的对象或指定两条尺寸界线的起始点后，系统继续提示：

指定尺寸线位置或[多行文字(M)/文字(T)/角度(A)/水平(H)/垂直(V)/旋转(R)]:

【选项说明】

1）指定尺寸线位置：确定尺寸线的位置。用户可移动鼠标选择合适的尺寸线位置，然后按〈Enter〉键或单击鼠标左键，AutoCAD会自动测量所标注线段的长度并标注出相应的尺寸。

2）多行文字(M)：用多行文本编辑器确定尺寸文本。

3）文字(T)：在命令行提示下输入或编辑尺寸文本。选择此选项后，AutoCAD 提示：

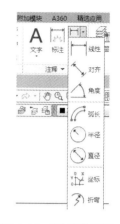

图 4-35 "注释"面板 2

输入标注文字 <默认值>:

其中的默认值是 AutoCAD 自动测量得到的被标注线段的长度，直接按〈Enter〉键即可采用此长度值，也可输入其他数值代替默认值。当尺寸文本中包含默认值时，可使用尖括号"<>"表示默认值。

4）角度(A)：确定尺寸文本的倾斜角度。

5）水平(H)：水平标注尺寸，不论标注什么方向的线段，尺寸线均水平放置。

6）垂直(V)：垂直标注尺寸，不论被标注线段沿什么方向，尺寸线总保持垂直。

7）旋转(R)：输入尺寸线旋转的角度值，旋转标注尺寸。

对齐标注的尺寸线与所标注的轮廓线平行；坐标尺寸标注点的纵坐标或横坐标；角度标注可以标注两个对象之间的角度；直径或半径标注可以标注圆或圆弧的直径或半径；圆心标记则标注圆或圆弧的中心或中心线，具体由"新建（修改）标注样式"对话框中"尺寸与箭头"选项卡下的"圆心标记"选项组决定。上面所述这几种尺寸标注与线性标注类似，不再赘述。

2．基线标注

基线标注用于产生一系列基于同一条尺寸界线的尺寸标注，适用于长度尺寸标注、角度标注和坐标标注等。在使用基线标注方式之前，应该先标注出一个相关的尺寸，如图 4-36所示。基线标注两平行尺寸线间距由"新建（修改）标注样式"对话框中"尺寸与箭头"选项卡下的"尺寸线"选项组中"基线间距"文本框中的值决定。

【执行方式】

命令行：DIMBASELINE。

菜单栏：标注→基线。

工具栏：标注→基线 。

【操作格式】

命令：DIMBASELINE✓

指定第二条尺寸界线原点或 [选择(S)/放弃(U)] <选择>:

直接确定另一个尺寸的第二条尺寸界线的起点，AutoCAD 以上次标注的尺寸为基准标注，标注出相应尺寸。

直接按〈Enter〉键，系统提示：

选择基准标注:(选取作为基准的尺寸标注)

连续标注又叫尺寸链标注，用于产生一系列连续的尺寸标注，后一个尺寸标注均把前一个标注的第二条尺寸界线作为它的第一条尺寸界线。与基线标注一样，在使用连续标注方式之前，应该先标注出一个相关的尺寸。其标注过程与基线标注类似，如图4-37所示。

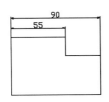

图 4-36　基线标注

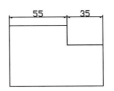

图 4-37　连续标注

3．快速标注

快速尺寸标注命令 QDIM 使用户可以交互地、动态地、自动化地进行尺寸标注。在QDIM 命令中可以同时选择多个圆或圆弧标注直径或半径，也可同时选择多个对象进行基线标注和连续标注，选择一次即可完成多个标注，因此可节省时间，提高工作效率。

【执行方式】

命令行：QDIM。

菜单栏：标注→快速标注。

工具栏：标注→快速标注 。

【操作格式】

命令：QDIM✓

关联标注优先级 = 端点

选择要标注的几何图形: (选择要标注尺寸的多个对象后按〈Enter〉键)

指定尺寸线位置或 [连续(C)/并列(S)/基线(B)/坐标(O)/半径(R)/直径(D)/基准点(P)/编辑(E)/设置(T)] <连续>:

【选项说明】

1）指定尺寸线位置：直接确定尺寸线的位置，按默认尺寸标注类型标注出相应尺寸。

2）连续(C)：产生一系列连续标注的尺寸。

3）并列(S)：产生一系列交错的尺寸标注，如图 4-38 所示。

4）基线(B)：产生一系列基线标注的尺寸。后面的"坐标(O)""半径(R)""直径(D)"含义与此类同。

5）基准点(P)：为基线标注和连续标注指定一个新的基准点。

6）编辑(E)：对多个尺寸标注进行编辑。系统允许对已存在的尺寸标注添加或移去尺寸点。选择此选项，AutoCAD 提示：

指定要删除的标注点或 [添加(A)/退出(X)] <退出>:

在此提示下确定要移去的点之后按〈Enter〉键，AutoCAD 对尺寸标注进行更新。图 4-39所示为图 4-38 删除中间四个标注点后的尺寸标注。

4．引线标注

【执行方式】

命令行：QLEADER。

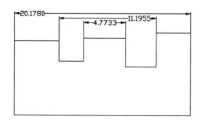

图 4-38 交错尺寸标注

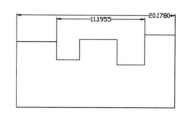

图 4-39 删除标注点

【操作格式】

命令：QLEADER↙

指定第一个引线点或 [设置(S)] <设置>:

指定下一点：（输入指引线的第二点）

指定下一点：（输入指引线的第三点）

指定文字宽度 <0.0000>：（输入多行文本的宽度）

输入注释文字的第一行 <多行文字(M)>：（输入单行文本或按〈Enter〉键打开多行文字编辑器输入多行文本）

输入注释文字的下一行：（输入另一行文本）

输入注释文字的下一行：（输入另一行文本或按〈Enter〉键）

也可以在上面操作过程中选择"设置（S）"项打开"引线设置"对话框进行相关参数设置，如图 4-40 所示。

图 4-40 "引线设置"对话框

另外还有一个名为 LEADER 的命令行命令也可以进行引线标注，与 QLEADER 命令类似，不再赘述。

4.3.3 尺寸编辑

1. 编辑尺寸

【执行方式】

命令行：DIMEDIT。

菜单栏：标注→对齐文字→默认。

工具栏：标注→编辑标注 。

【操作格式】

命令：DIMEDIT↙

输入标注编辑类型 [默认(H)/新建(N)/旋转(R)/倾斜(O)] <默认>:

【选项说明】

1）<默认>：按尺寸标注样式中设置的默认位置和方向放置尺寸文本，如图 4-41a 所示。

2）新建(N)：打开多行文字编辑器，可利用此编辑器对尺寸文本进行修改。

3）旋转(R)：改变尺寸文本行的倾斜角度。尺寸文本的中心点不变，使文本沿给定的角度方向倾斜排列，如图 4-41b 所示。

4）倾斜(O)：修改长度型尺寸标注的尺寸界线，使其倾斜一定角度，与尺寸线不垂直，如图 4-41c 所示。

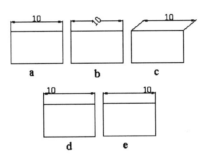

图 4-41　尺寸标注的编辑

2. 编辑尺寸文字

【执行方式】

命令行：DIMTEDIT。

菜单：标注→对齐文字→（除"默认"命令外其他命令）。

工具栏：标注→编辑标注文字 。

【操作格式】

命令：DIMTEDIT↙

选择标注：(选择一个尺寸标注)

为标注文字指定新位置或 [左对齐(L)/右对齐(R)/居中(C)/默认(H)/角度(A)]:

【选项说明】

1）指定标注文字的新位置：更新尺寸文本的位置。用鼠标把文本拖动到新的位置。

2）左（右）对齐：使尺寸文本沿尺寸线左（右）对齐，如图 4-41d 和图 4-41e 所示。

3）居中(C)：把尺寸文本放在尺寸线上的中间位置，如图 4-41a 所示。

4）默认(H)：把尺寸文本按默认位置放置。

5）角度(A)：改变尺寸文本行的倾斜角度。

第 5 章　快速绘图工具

 知识导引

为了方便绘图，提高绘图效率，AutoCAD 2016 提供了一些快速绘图工具，包括图块及其属性、设计中心、工具选项板以及样板图等。这些工具的一个共同特点是可以将分散的图形通过一定的方式组织成一个单元，在绘图时将这些单元插入到图形中，达到提高绘图速度和图形标准化的目的。

 内容要点

➢ 图块及属性。
➢ 设计中心与工具选项板。

5.1　图块及其属性

 本节思路

把一组图形对象组合成图块加以保存，需要的时候可以把图块作为一个整体以任意比例和旋转角度插入到图中任意位置，这样不仅避免了大量的重复工作，提高绘图速度和工作效率，而且可大大节省磁盘空间。

5.1.1　图块操作

1. 图块定义

【执行方式】

命令行：BLOCK。

菜单栏：绘图→块→创建。

工具栏：绘图→创建块 。

【操作格式】

执行上述命令后，系统打开如图 5-1 所示的"块定义"对话框，利用该对话框指定定义对象和基点以及其他参数，可定义图块并命名。

2. 图块保存

【操作格式】

命令行：WBLOCK

【操作格式】

执行上述命令后，系统打开如图 5-2 所示的"写块"对话框。利用此对话框可把图形对象保存为图块或把图块转换成图形文件。

图 5-1 "块定义"对话框

图 5-2 "写块"对话框

⮕

> **！注 意**
>
> 以 BLOCK 命令定义的图块只能插入到当前图形。以 WBLOCK 保存的图块则既可以插入到当前图形，也可以插入到其他图形。

3．图块插入

【执行方式】

命令行：INSERT。

菜单栏：插入→块。

工具栏：插入→插入块 或绘图→插入块 。

【操作格式】

执行上述命令后，系统打开"插入"对话框，如图 5-3 所示。利用此对话框设置插入点位置、插入比例以及旋转角度可以指定要插入的图块及插入位置。

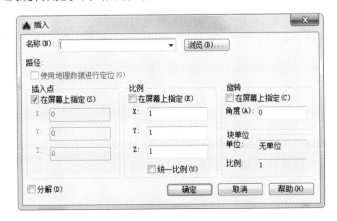

图 5-3 "插入"对话框

5.1.2 实例——指北针图块

本实例绘制的指北针图块，如图 5-4 所示。本例应用二维绘图及编辑命令绘制指北针，利用写块命令，将其定义为图块。

 光盘\视频教学\第 5 章\指北针图块.avi

1．绘制指北针

1）单击"绘图"工具栏中的"圆"按钮⊘，绘制一个直径为 24 的圆。

2）单击"绘图"工具栏中的"直线"按钮✎，绘制圆的竖直直径，结果如图 5-5 所示。

3）单击"修改"工具栏中的"偏移"按钮⬚，使直径向左右两边各偏移 1.5，结果如图 5-6 所示。

图 5-4　指北针图块

4）单击"修改"工具栏中的"修剪"按钮✄，选取圆作为修剪边界，修剪偏移后的直线。

5）单击"绘图"工具栏中的"直线"按钮✎，绘制直线，结果如图 5-7 所示。

图 5-5　绘制竖直直线　　　　　图 5-6　偏移直线　　　　　图 5-7　绘制直线

6）单击"修改"工具栏中的"删除"按钮✐，删除多余直线。

7）单击"绘图"工具栏中的"图案填充"按钮▨，选择 "Solid"图标，选择指针作为图案填充对象进行填充，结果如图 5-4 所示。

2．保存图块

命令: WBLOCK↙

AutoCAD 打开"写块"对话框，如图 5-8 所示。单击"拾取点"按钮⬚，拾取指北针的顶点为基点，单击"选择对象"按钮⬚，拾取下面图形为对象，输入图块名称"指北针图块"并指定路径，确认保存。

图 5-8　"写块"对话框

5.1.3 实例——椅子图块

本实例绘制的椅子图块，如图 5-9 所示。本例应用二维绘图及编辑命令绘制椅子，利用写块命令，将其定义为图块，然后利用块编辑定义器，将其定义为动态块。

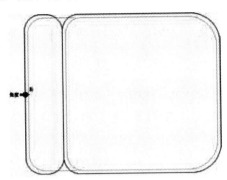

图 5-9　椅子图块

参见
光盘

光盘\视频教学\第 5 章\椅子图块.avi

1．绘制椅子

1）单击"绘图"工具栏中的"直线"按钮 ，过(120,0)→(@-120,0)→(@0,500)→(@120,0)→(@0,-500)→(@500,0)→(@0,500)→(@-500,0)绘制轮廓线，结果如图 5-10 所示。

2）单击"绘图"工具栏中的"直线"按钮 ，过(10,10)→(@600,0)→(@0,480)→(@-600,0)→(c)绘制直线；过(130,10)→(@0,480)绘制直线，结果如图 5-11 所示。

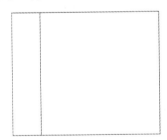

图 5-10　绘制轮廓线

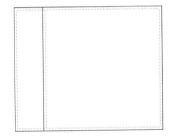

图 5-11　绘制直线

3）单击"修改"工具栏中的"圆角"按钮 ，进行圆角处理，右上角与右下角圆角半径为 90，其余圆角半径为 50，结果如图 5-12 所示。

4）细化图形，结果如图 5-13 所示。

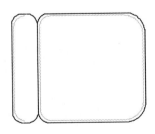

图 5-12　圆角处理

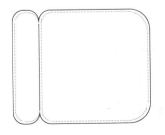

图 5-13　细化图形

2．定义图块

在命令行中输入"WBLOCK"命令，打开"写块"对话框，拾取左侧竖直线的中心点为基点，以整个椅子图形为对象，输入图块名称并指定路径，确认退出。

3．定义动态块

命令：BEDIT↙

系统打开"编辑块定义"对话框，如图 5-14 所示，在"要创建或编辑的块"文本框中输入块名或在列表框中选择已定义的块或当前图形。确认后系统打开"块编写"选项板和"块编辑器"工具栏，如图 5-15 所示。

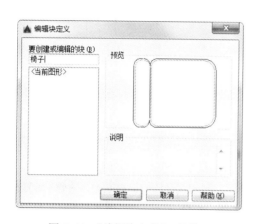

图 5-14 "编辑块定义"对话框

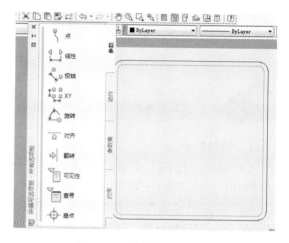

图 5-15 "块编辑器"工具栏

在"块编写"选项板的"参数"选项卡选择"旋转"项，系统提示：

命令：_BParameter 旋转

指定基点或 [名称(N)/标签(L)/链(C)/说明(D)/选项板(P)/值集(V)]：（指定图形左侧竖直线的中点）

指定参数半径：（指定适当半径）

指定默认旋转角度或 [基准角度(B)] <0>：（指定适当角度）

指定标签位置：（指定适当位置）

在块编写选项板的"动作"选项卡选择"旋转"项，系统提示：

命令：_BActionTool 旋转

选择参数：（选择刚设置的旋转参数）

指定动作的选择集

选择对象：（选择椅子图块）

指定动作位置或 [基点类型(B)]：（指定一个适当位置）

定义结果如图 5-9 所示。

5.1.4 图块的属性

1．属性定义

【执行方式】

命令行：ATTDEF。

菜单栏：绘图→块→定义属性。

【操作格式】

执行上述命令后，系统打开"属性定义"对话框，如图 5-16 所示。

图 5-16 "属性定义"对话框

【选项说明】

（1）"模式"选项组

1）"不可见"复选框：选中此复选框，属性为不可见显示方式，即插入图块并输入属性值后，属性值在图中并不显示出来。

2）"固定"复选框：选中此复选框，属性值为常量，即属性值在属性定义时给定，在插入图块时 AutoCAD 不再提示输入属性值。

3）"验证"复选框：选中此复选框，当插入图块时 AutoCAD 重新显示属性值让用户验证该值是否正确。

4）"预设"复选框：选中此复选框，当插入图块时 AutoCAD 自动把事先设置好的默认值赋予属性，而不再提示输入属性值。

5）"锁定位置"复选框：锁定块参照中属性的位置。解锁后，属性可以相对于使用夹点编辑块的其他部分移动，并且可以调整多行文字属性的大小。

6）"多行"复选框：指定属性值可以包含多行文字。选定此选项后，可以指定属性的边界宽度。

（2）"属性"选项组

1）"标记"文本框：输入属性标签。属性标签可由除空格和感叹号以外的所有字符组成。AutoCAD 自动把小写字母改为大写字母。

2）"提示"文本框：输入属性提示。属性提示是插入图块时 AutoCAD 要求输入属性值的提示。如果不在此文本框内输入文本，则以属性标签作为提示。如果在"模式"选项组选中"固定"复选框，即设置属性为常量，则不需设置属性提示。

3）"默认"文本框：设置默认的属性值。可把使用次数较多的属性值作为默认值，也可不设默认值。

其他各选项组比较简单，不再赘述。

2．修改属性定义

【执行方式】

命令行：DDEDIT。

菜单栏：修改→对象→文字→编辑。

【操作格式】

命令: DDEDIT↙

选择注释对象或 [放弃(U)]:

在此提示下选择要修改的属性定义，AutoCAD 打开"编辑属性定义"对话框，如图 5-17 所示。可以在该对话框中修改属性定义。

3．图块属性编辑

【执行方式】

命令行：EATTEDIT。

菜单栏：修改→对象→属性→单个。

工具栏：修改 II→编辑属性 ☜。

【操作格式】

命令: EATTEDIT↙

选择块:

选择块后，系统打开"增强属性编辑器"对话框，如图 5-18 所示。该对话框不仅可以编辑属性值，还可以编辑属性的文字选项和图层、线型、颜色等特性值。

图 5-17 "编辑属性定义"对话框

图 5-18 "增强属性编辑器"对话框

5.1.5 实例——标高图块

本实例绘制的标高图块，如图 5-19 所示。本例应用二维绘图及编辑命令绘制标高符号，利用定义属性命令，将标高图块定义属性。

参见
光盘　　光盘\视频教学\第 5 章\标高图块.avi

1．绘制标高符号

单击"绘图"工具栏中的"直线"按钮，绘制标高符号，结果如图 5-20 所示。

2．定义属性

命令：ATTDEF✓（或执行菜单命令："绘图"→"块"→"定义属性"）

系统打开"属性定义"对话框，进行如图 5-21 所示的设置，其中模式为"验证"，插入点为标高符号水平线上方适当位置，确认退出，结果如图 5-19 所示。

图 5-19　标高图块　　　图 5-20　绘制标高符号　　　图 5-21　"属性定义"对话框

3．定义图块

在命令行中输入"WBLOCK"命令后，打开"写块"对话框，拾取图形下尖点为基点，以上面图形为对象，输入图块名称并指定路径，确认退出。

5.2　设计中心与工具选项板

👉 本节思路

使用 AutoCAD 2016 设计中心可以很容易地组织设计内容，并把它们拖动到当前图形中。工具选项板是"工具选项板"窗口中选项卡形式的面板，提供组织、共享和放置块及填充图案的有效方法。工具选项板还可以包含由第三方开发人员提供的自定义工具。也可以利用设置中心组织内容，并将其创建为工具选项板。设计中心与工具选项板的使用大大方便了绘图，提高了绘图的效率。

5.2.1　设计中心

1．启动设计中心

【执行方式】

命令行：ADCENTER。

菜单栏：工具→选项板→设计中心。

工具栏：标准→设计中心🖳。

快捷键：Ctrl+2。

功能区：单击"视图"选项卡"选项板"面板中的"设计中心"按钮🖳。

【操作格式】

执行上述命令后,系统打开设计中心。第一次启动设计中心时,它默认打开的选项卡为"文件夹"。内容显示区采用大图标显示,左边的资源管理器采用"tree view"显示方式显示系统的树形结构,浏览资源的同时,在内容显示区显示所浏览资源的有关细目或内容,如图 5-22 所示。也可以搜索资源,方法与 Windows 资源管理器类似。

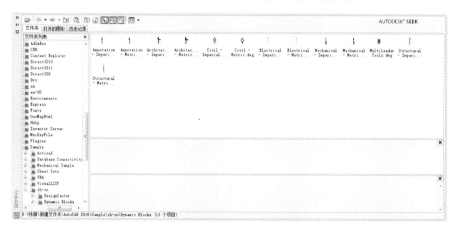

图 5-22 AutoCAD 2016 设计中心的资源管理器和内容显示区

2. 利用设计中心插入图形

设计中心一个最大的优点是可以将系统文件夹中的 DWG 图形当成图块插入到当前图形中去。

1)从文件夹列表或查找结果列表框选择要插入的对象,拖动对象到打开的图形。

2)单击鼠标右键,从快捷菜单选择"复制"、"插入为块"等命令,如图 5-23 所示。

3)在相应的命令行提示下将图形复制或插入到绘图区中。

图 5-23 右键快捷菜单

5.2.2 工具选项板

1. 打开工具选项板

【执行方式】

命令行:TOOLPALETTES。

菜单栏:工具→选项板→工具选项板。

工具栏:标准→工具选项板 。

功能区:单击"视图"选项卡"选项板"面板中的"工具选项板"按钮 。

快捷键:Ctrl+3。

【操作格式】

执行上述命令后,系统自动打开"工具选项板窗口",如图 5-24 所示。移动鼠标到标题处点击右键,打开右键菜单,从中可以调出"样例"选项板和"所有选项板",如图 5-25 所示。也可以选择"新建选项板"选项来新建选项板(见图 5-26)。不需要的选项板,可以移动鼠标到选项卡名上，从右键菜单中点击删除。选项板中的内容被称为"工具"，可以是几何图形、标注、块、图案填充、实体填充、渐变填充、光栅图像和外部参照等内容。使用时，鼠标点击选项板上的内容，拖动到绘图区，这时，注意配合命令行提示进行操作，从而实现几何图形绘制、块插入或图案填充等。

图 5-24　工具选项板

图 5-25　快捷菜单

图 5-26　新建选项板

2．将设计中心内容添加到工具选项板

在 Designcenter 文件夹上单击鼠标右键，系统打开快捷菜单，从中选择"创建块的工具选项板"命令，如图 5-27 所示。设计中心中储存的图元就出现在工具选项板中新建的 Designcenter 选项卡上，如图 5-28 所示。这样就可以将设计中心与工具选项板结合起来，建立一个快捷、方便的工具选项板。

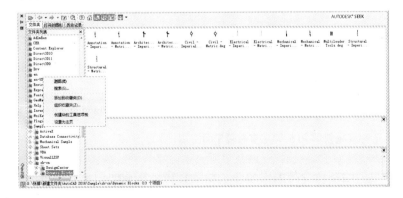

图 5-27　快捷菜单

3．利用工具选项板绘图

只需要将工具选项板中的图形单元拖动到当前图形，该图形单元就以图块的形式插入到当前图形中。图 5-29 所示是将工具选项板中"Design Center"选项卡中的"Kitchens"图形单元拖到绘图区中。

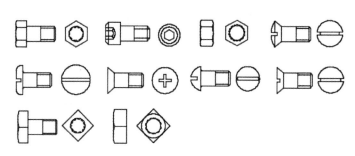

图 5-28　创建工具选项板 　　　　　　　　　　图 5-29　Kitchens 图形单元

5.2.3　实例——居室布置平面图

利用设计中心和工具选项板辅助绘制如图 5-30 所示的居室布置平面图。

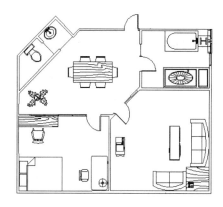

图 5-30　居室布置平面图

光盘\视频教学\第 5 章\居室布置平面图.avi

1）利用学过的绘图命令与编辑命令，绘制住房结构截面图。其中进门为餐厅，左手为厨房，右手为卫生间，正对为客厅，客厅左边为寝室。

2）选择菜单栏中的"标准"→"工具选项板"命令，打开"工具选项板"。在工具选项板菜单中选择"新建工具选项板"命令，建立新的工具选项板选项卡。在"新建工具选项板"对话框的名称栏中输入"住房"，按〈Enter〉键。新建"住房"选项卡。

3）选择菜单栏中的"标准"→"设计中心"命令，打开"设计中心"对话框，将设计中心中储存的 Kitchens、House Designer、Home-Space Planner 图块拖动到工具选项板的"住房"选项卡上，如图 5-31 所示。

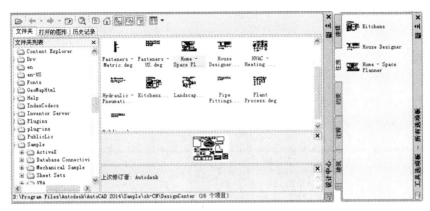

图 5-31　向工具选项板插入设计中心中储存的图块

4）布置餐厅。将工具选项板中的 Home-Space Planner 图块拖动到当前图形中，执行菜单栏中的"修改"→"缩放"命令调整所插入的图块与当前图形的相对大小，如图 5-32 所示。对该图块进行分解操作，将 Home-Space Planner 图块分解成单独的小图块集。将图块集中的"饭桌"图块和"植物"图块拖动到餐厅的适当位置，如图 5-33 所示。

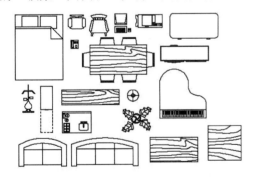

图 5-32　将 Home-Space Planner 图块拖动到当前图形

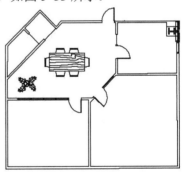

图 5-33　布置餐厅

5）重复步骤 4，以相同方法布置居室其他房间。最终绘制的结果如图 5-30 所示。

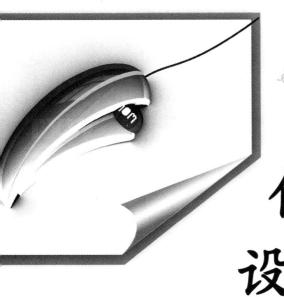

第2篇

住宅建筑
设计实例篇

本篇介绍以下主要知识点：

- 建筑设计图样概述
- 砖混住宅建筑平面及立面图的绘制
- 砖混住宅建筑剖面及大样图的绘制

第6章 建筑设计图样概述

 知识导引

　　建筑对于大部分人来说并不陌生，我们都生活在一定的建筑物之中，但是建筑制图对于很多人而言，却是比较生涩难懂的。建筑图样是依据一定的标准来绘制的。本章主要讲解建筑总平面图、平面图、立面图、剖面图、详图的内容，以及绘制步骤。

内容要点

- ➢ 建筑总平面图绘制。
- ➢ 建筑平面图绘制。
- ➢ 建筑立面图绘制。
- ➢ 建筑剖面图绘制。
- ➢ 建筑详图绘制。

6.1 建筑总平面图绘制

6.1.1 总平面图绘制概述

　　总平面专业设计成果包括设计说明书、设计图纸，以及按照合同所规定的鸟瞰图、模型等。总平面图只是其中的设计图纸部分。在不同设计阶段，总平面图除了具备其基本功能外，表达设计意图的深度和倾向有所不同。

　　在方案设计阶段，总平面图着重体现新建建筑物的体量大小、形状以及与周边道路、房屋、绿地、广场和红线之间的空间关系，同时传达室外空间的设计效果。由此可见，方案图在具有必要的技术性的基础上，还强调艺术性的体现。就目前的情况来看，除了绘制 CAD 线条图外，还需对线条图进行套色、渲染处理或制作鸟瞰图、模型等。总之，设计者需要不遗余力地展现自己设计方案的优点及魅力，以在竞争中胜出。

　　在初步设计阶段，设计者需要进一步推敲总平面设计中涉及的各种因素和环节（如道路红线、建筑红线或用地界线、建筑控制高度、容积率、建筑密度、绿地率、停车位数，以及总平面布局、周围环境、空间处理、交通组织、环境保护、文物保护、分期建设等），推敲方案的合理性、科学性和可实施性，进一步准确落实各种技术指标，深化竖向设计，为施工图设计做准备。

　　在施工图设计阶段，总平面专业成果包括图纸目录、设计说明、设计图纸、计算书。其中设计图纸包括总平面图、竖向布置图、土方图、管道综合图、景观布置图，以及详图等。总平面图是新建房屋定位、放线，以及布置施工现场的依据，可见，总平面图必须详细、准确、清楚地表达出设计思想。

6.1.2 总平面图中的图例说明

1．建筑物图例

1）新建的建筑物：采用粗实线表示，如图 6-1 所示。当有需要时可以在右上角用点数或数字表示建筑物的层数，如图 6-2 和图 6-3 所示。

图 6-1　新建建筑物图例　　　图 6-2　以点表示层数（4 层）　　　图 6-3　以数字表示层数（16 层）

2）旧有的建筑物：采用细实线表示，如图 6-4 所示。与新建建筑物图例一样，也可以在右上角用点数或数字表示建筑物的层数。

3）计划扩建的预留地或建筑物：采用虚线表示，如图 6-5 所示。

4）拆除的建筑物：采用打上叉号的细实线表示，如图 6-6 所示。

图 6-4　旧有建筑物图例　　　图 6-5　计划中的建筑物图例　　　图 6-6　拆除的建筑物图例

5）坐标：如图 6-7 和图 6-8 所示。注意两种坐标的表示方法。

图 6-7　测量坐标图例　　　　　　　　图 6-8　施工坐标图例

6）新建的道路：如图 6-9 所示。其中，"R8"表示道路的转弯半径为 8m，"30.10"为路面中心的标高。

7）旧有的道路：如图 6-10 所示。

图 6-9　新建的道路图例 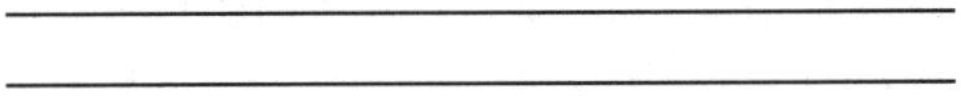　　　　　　　　图 6-10　旧有的道路图例

8）计划扩建的道路：如图 6-11 所示。

9）拆除的道路：如图 6-12 所示。

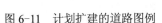 

图 6-11　计划扩建的道路图例　　　　　　　图 6-12　拆除的道路图例

2．用地范围

建筑师得到的地形图（或基地图）中一般都标明了本建设项目的用地范围。实际上，并不是所有用地范围内都可以布置建筑物。在这里，关于场地界限的几个概念及其关系需要明确，也就是常说的红线及退红线问题。

（1）建设用地边界线

建设用地边界线指业主获得土地使用权的土地边界线，也称为地产线、征地线，如图 6-13 所示的 ABCD 范围。用地边界线范围表明地产权所属，是法律上权利和义务关系界定的范围，但并不是所有用地面积都可以用来开发建设。如果其中包括城市道路或其他公共设施，则要保证它们的正常使用（图 6-13 中的用地界限内就包括了城市道路）。

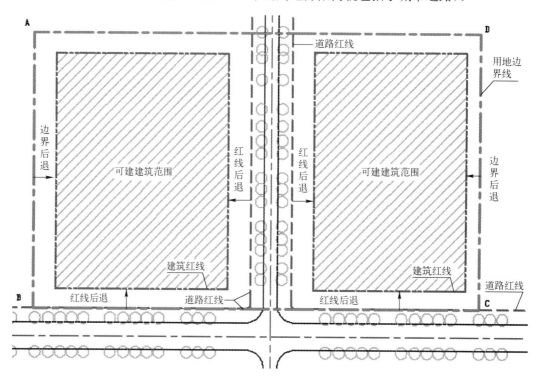

图 6-13　各用地控制线之间的关系

（2）道路红线

道路红线是指规划的城市道路路幅的边界线。也就是说，两条平行的道路红线之间为城市道路（包括居住区级道路）用地。建筑物及其附属设施的地下、地表部分如基础、地下室、台阶等不允许突出道路红线。地上部分主体结构不允许突入道路红线，在满足当地城市规划部门的要求下，允许窗罩、遮阳、雨篷等构件突入，具体规定详见《民用建筑设计通则》（GB50357-2005）。

（3）建筑红线

建筑红线是指城市道路两侧控制沿街建筑物或构筑物（如外墙、台阶等）靠邻街面的界线，又称建筑控制线。建筑控制线划定可建造建筑物的范围。由于城市规划要求，在用地界线内需要由道路红线后退一定距离确定建筑控制线，这就叫作红线后退。如果考虑到在相邻建筑之间按规定留出防火间距、消防通道和日照间距的时候，也需要由用地边界后退一定的距离，这叫做后退边界。在后退的范围内可以修建广场、停车场、绿化、道路等，但不可以修建建筑物。至于建筑突出物的相关规定，与道路红线相同。

在拿到基地图时，除了明确地物、地貌外，还要搞清楚其中对用地范围的具体限定，为建筑设计做准备。

6.1.3　总平面图绘制步骤

一般情况下，在 AutoCAD 2016 中总平面图绘制步骤由以下 4 步构成。

1．地形图的处理

包括地形图的插入、描绘、整理、应用等。

2．总平面布置

包括建筑物、道路、广场、停车场、绿地、场地出入口布置等内容。

3．各种文字及标注

包括文字、尺寸、标高、坐标、图表、图例等内容。

4．布图

包括插入图框、调整图面等。

6.2　建筑平面图绘制

6.2.1　建筑平面图绘制概述

本节主要向读者介绍建筑平面图一般包含的内容、类型及绘制平面图的一般方法，为下面 AutoCAD 2016 的操作做准备。

6.2.2　建筑平面图内容

建筑平面图是假想在门窗洞口之间用一水平剖切面将建筑物剖成两半，下半部分在水平面（H 面）上的正投影图。在平面图中的主要图形包括剖切到墙、柱、门窗、楼梯，以及看到的地面、台阶、楼梯等剖切面以下的构件轮廓。由此可见，从平面图中，可以看到建筑的平面大小、形状、空间平面布局、内外交通及联系、建筑构配件大小及材料等内容。为了清晰、准确地表达这些内容，除了按制图知识和规范绘制建筑构配件平面图形，还需要标注尺寸及文字说明、设置图面比例等。

6.2.3　建筑平面图类型

1．根据剖切位置不同分类

根据剖切位置不同，建筑平面图可分为地下层平面图、底层平面图、X 层平面图、标准层平面图、屋顶平面图、夹层平面图等。

2．按不同的设计阶段分类

按不同的设计阶段分为方案平面图、初设平面图和施工平面图。不同阶段图纸表达深度不一样。

6.2.4 建筑平面图绘制的一般步骤

建筑平面图绘制的一般步骤为以下 10 步。

1）绘图环境设置。

2）轴线绘制。

3）墙线绘制。

4）柱绘制。

5）门窗绘制。

6）阳台绘制。

7）楼梯、台阶绘制。

8）室内布置。

9）室外周边景观（底层平面图）。

10）尺寸、文字标注。

根据工程的复杂程度，上面绘图顺序有可能小范围调整，但总体顺序基本不变。

6.3 建筑立面图绘制

6.3.1 建筑立面图的图示内容

建筑立面图的图示内容主要包括以下 4 个方面。

1）室内外的地面线、房屋的勒脚、台阶、门窗、阳台、雨篷；室外的楼梯、墙和柱；外墙的预留孔洞、檐口、屋顶、雨水管、墙面修饰构件等。

2）外墙各个主要部位的标高。

3）建筑物两端或分段的轴线和编号。

4）标出各个部分的构造、装饰节点详图的索引符号。使用图例和文字说明外墙面的装饰材料和做法。

6.3.2 建筑立面图的命名方式

建筑立面图命名目的在于能够一目了然地识别其立面的位置。由此可见，各种命名方式都是围绕"明确位置"这一主题来实施的。至于采取哪种方式，视具体情况而定。

1．以相对主入口的位置特征命名

以相对主入口的位置特征命名的建筑立面图称为正立面图、背立面图、侧立面图。这种方式一般适用于建筑平面图方正、简单，入口位置明确的情况。

2．以相对地理方位的特征命名

以相对地理方位的特征命名，建筑立面图常称为南立面图、北立面图、东立面图、西立面图。这种方式一般适用于建筑平面图规整、简单，而且朝向相对正南正北偏转不大的情况。

3．以轴线编号来命名

以轴线编号来命名是指用立面起止定位轴线来命名，比如①-⑥立面图、Ⓕ-Ⓐ立面图等。这种方式命名准确，便于查对，特别适用于平面较复杂的情况。

根据国家标准 GB/T 50104–2010，有定位轴线的建筑物，宜根据两端定位轴线号编注立面图名称。无定位轴线的建筑物可按平面图各面的朝向确定名称。

6.3.3 建筑立面图绘制的一般步骤

从总体上来说，立面图是在平面图的基础上，引出定位辅助线确定立面图样的水平位置及大小。然后，根据高度方向的设计尺寸确定立面图样的竖向位置及尺寸，从而绘制出一个个图样。通常，立面图绘制的步骤如下：

1）绘图环境设置。

2）确定定位辅助线：包括墙、柱定位轴线、楼层水平定位辅助线及其他立面图样的辅助线。

3）立面图样绘制：包括墙体外轮廓及内部凹凸轮廓、门窗（幕墙）、入口台阶及坡道、雨棚、窗台、窗楣、壁柱、檐口、栏杆、外露楼梯、各种线脚等内容。

4）配景：包括植物、车辆、人物等。

5）尺寸、文字标注。

6）线型、线宽设置。

> **注意**
>
> 对上述绘制步骤，需要说明的是，并不是将所有的辅助线绘制好后才绘制图样，一般是由总体到局部、由粗到细，一项一项地完成。如果将所有的辅助线一次绘出，则会密密麻麻，无法分清。

6.4 建筑剖面图绘制

6.4.1 建筑剖面图的图示内容

剖面图的数量是根据建筑物的具体情况和施工需要来确定的。其图示内容包括：

1）墙、柱及其定位轴线。

2）室内底层地面、地沟、各层的楼面、顶棚、屋顶、门窗、楼梯、阳台、雨篷、墙洞、防潮层、室外地面、散水、脚踢板等能看到的内容。习惯上可以不画基础的大放脚。

3）各个部位完成面的标高：室内外地面、各层楼面、各层楼梯平台、檐口或女儿墙顶面、楼梯间顶面、电梯间顶面的标高。

4）各部位的高度尺寸：包括外部尺寸和内部尺寸。外部尺寸包括门、窗洞口的高度、层间高度，以及总高度。内部尺寸包括地坑深度、隔断、搁板、平台、室内门窗的高度。

5）楼面和地面的构造。一般采用引出线指向所说明的部位，按照构造的层次顺序，逐层加以文字说明。

6）详图的索引符号。

6.4.2 剖切位置及投射方向的选择

根据规范规定，剖面图的剖切部位应根据图纸的用途或设计深度，在平面图上选择空间复杂、能反映全貌、构造特征以及有代表性的部位剖切。

投射方向一般宜向左、向上，当然也要根据工程情况而定。剖切符号标在底层平面图中，短线的指向为投射方向。剖面图编号标在投射方向一侧，剖切线若有转折，应在转角的外侧加注与该符号相同的编号。

6.4.3 剖面图绘制的一般步骤

建筑剖面图一般在平面图、立面图的基础上，并参照平、立面图绘制。其一般绘制步骤如下：

1）绘图环境设置。

2）确定剖切位置和投射方向。

3）绘制定位辅助线：包括墙、柱定位轴线、楼层水平定位辅助线及其他剖面图样的辅助线。

4）剖面图样及看线绘制：包括剖到和看到的墙柱、地坪、楼层、屋面、门窗（幕墙）、楼梯、台阶及坡道、雨篷、窗台、窗楣、檐口、阳台、栏杆、各种线脚等内容。

5）配景：包括植物、车辆、人物等。

6）尺寸、文字标注。

7）至于线型、线宽的设置，则贯穿到绘图过程中去。

6.5 建筑详图绘制

6.5.1 建筑详图图示内容

楼梯详图包括平面、剖面及节点 3 部分。平面、剖面常用 1:50 的比例绘制，楼梯中的节点详图可以根据对象大小酌情采用 1:5、1:10、1:20 等比例。楼梯平面图与建筑平面图不同的是，它只需绘制出楼梯及四面相接的墙体；楼梯平面图需要准确地表示出楼梯间净空、梯段长度、梯段宽度、踏步宽度和级数、栏杆（栏板）的大小及位置，以及楼面、平台处的标高等。楼梯间剖面图只需绘制出与楼梯相关的部分，相邻部分可用折断线断开。选择在底层第一跑梯并能够剖到门窗的位置剖切，向底层另一跑梯段方向投射。尺寸需要标注层高、平台、梯段、门窗洞口、栏杆高度等竖向尺寸，并应标注出室内外地坪、平台、平台梁底面的标高。水平方向需要标注定位轴线及编号、轴线尺寸、平台、梯段尺寸等。梯段尺寸一般用"踏步宽（高）×级数=梯段宽（高）"的形式表示。此外，楼梯剖面上还应注明栏杆构造节点详图的索引编号。

电梯详图一般包括电梯间平面图、机房平面图和电梯间剖面图 3 个部分，常用 1:50 的比例绘制。平面图需要表示出电梯井、电梯厅、前室相对定位轴线的尺寸及自身的净空尺寸，表示出电梯图例及配重位置、电梯编号、门洞大小及开取形式、地坪标高等。机房平面需表示出设备平台位置及平面尺寸、顶面标高、楼面标高，以及通往平台的梯子形式等内容。剖面图需要剖在电梯井、门洞处，表示出地坪、楼层、地坑、机房平台的竖向尺寸和高度，标注出门洞高度。为了节约图纸，中间相同部分可以折断绘制。

厨房、卫生间放大图根据其大小可酌情采用 1:30、1:40、1:50 的比例绘制。需要详细表示出各种设备的形状、大小、位置、地面设计标高、地面排水方向，以及坡度等，对于需要进一步说明的构造节点，须标明详图索引符号、绘制节点详图，或引用图集。

门窗详图包括立面图、断面图、节点详图等内容。立面图常用 1:20 的比例绘制，断面图常用 1:5 的比例绘制，节点图常用 1:10 的比例绘制。标准化的门窗可以引用有关标准图集，说明其门窗图集编号和所在位置。根据《建筑工程设计文件编制深度规定》（2003 年版），非标准的门窗、幕墙需绘制详图。如委托加工，需绘制出立面分格图，标明开取扇、开取方向，说明材料、颜色，以及与主体结构的连接方式等。

就图形而言，详图兼有平、立、剖面的特征，它综合了平、立、剖面绘制的基本操作方法，并具有自己的特点，只要掌握一定的绘图程序，难度应不大。真正的难度在于对建筑构造、建筑材料、建筑规范等相关知识的掌握。

通过对建筑详图的说明，我们清楚地了解了建筑详图的绘制内容，具体如下所示：

1）具有详图编号，而且要对应平面图上的剖切符号编号。

2）详细说明建筑屋面、楼层、地面和檐口的构造。

3）详细说明楼板与墙的连接情况以及楼梯梯段与梁、柱之间的连接情况。

4）详细说明门窗顶、窗台及过梁的构造情况。

5）详细说明勒脚、散水等构造的具体情况。

6）具有各个部位的标高以及各个细部的大小尺寸和文字说明。

6.5.2 详图绘制的一般步骤

详图绘制的一般步骤如下：

1）图形轮廓绘制：包括断面轮廓和看线。

2）材料图例填充：包括各种材料图例选用和填充。

3）符号、尺寸、文字等标注：包括设计深度要求的轴线及编号、标高、索引、折断符号和尺寸、说明文字等。

第7章 砖混住宅平面图与立面图的绘制

 知识导引

　　本章将以砖混住宅建筑设计为例，详细讲述砖混住宅设计平面图和立面图的绘制过程。在讲述过程中，将逐步带领读者完成平面图和立面图的绘制，并讲述关于住宅平面图和立面图设计的相关知识和技巧。本章包括住宅平面图和立面图绘制的知识要点，尺寸文字标注等内容。

 内容要点

　　➤ 学会绘制砖混住宅地下层平面图。
　　➤ 学会绘制砖混住宅楼立面图。

7.1 砖混住宅地下层平面图

本节思路

　　本例砖混住宅是设计建造于某城市住宅小区住宅楼，砖混结构，地上六层、地下一层，共 7 层。地下一层主要包括储藏室，一层主要包括主卧，客厅、厨房、餐厅、卧室。其他 5 层与一层构造相同。下面主要讲述地下层平面图的绘制方法，如图 7-1 所示。

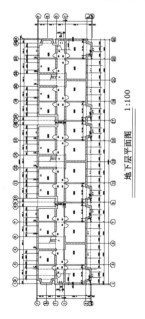

图 7-1　砖混住宅地下层平面图

光盘\视频教学\第 7 章\砖混住宅地下层平面图.avi

7.1.1　绘图准备

1．打开 AutoCAD 2016 应用程序，单击"标准"工具栏中的"新建"按钮，打开"选择样板"对话框如图 7-2 所示。以"acadiso.dwt"为样板文件，建立新文件。并保存到适当的位置。

2．设置单位。选择菜单栏中的"格式"→"单位"命令，系统打开"图形单位"对话框，如图 7-3 所示。设置长度"类型"为"小数"，"精度"为"0"；设置角度"类型"为"十进制度数"，"精度"为"0"；系统默认逆时针方向为正，插入时的缩放单位设置为"无单位"。

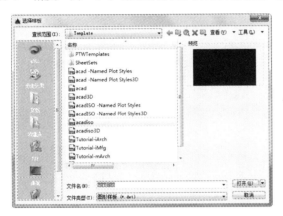

图 7-2　新建样板文件

图 7-3　图形单位对话框

3．在命令行中输入"LIMITS"命令设置图幅：420000×297000。命令行提示与操作如下：

命令：LIMITS✓

重新设置模型空间界限：

指定左下角点或 [开(ON)/关(OFF)]<0.0000,0.0000>：✓

指定右上角点 <12.0000,9.0000>：42000,29700　　　✓

4．新建图层

1）单击"图层"工具栏中的"图层特性管理器"按钮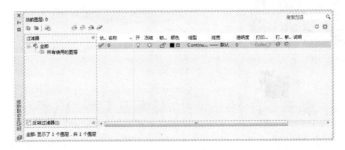，打开"图层特性管理器"对话框，如图 7-4 所示。

图 7-4　"图层特性管理器"对话框

> **注 意**
>
> 在绘图过程中，往往有不同的绘图内容，如轴线、墙线、装饰布置图块、地板、标注、文字等，如果将这些内容均放置在一起，绘图之后如果要删除或编辑某一类型的图形，将带来选取的困难。AutoCAD 提供了图层功能，为编辑带来了极大的方便。
>
> 在绘图初期可以建立不同的图层，将不同类型的图形绘制在不同的图层当中，在编辑时可以利用图层的显示和隐藏功能、锁定功能来操作图层中的图形，十分利于编辑运用。

2）单击"图层特性管理器"对话框中的"新建图层"按钮 ，如图 7-5 所示。

3）新建图层的图层名称默认为"图层 1"，将其修改为"轴线"。图层名称后面的选项由左至右依次为："开/关图层""在所有视口中冻结/解冻图层""锁定/解锁图层"、"图层默认颜色""图层默认线型""图层默认线宽""打印样式"等。其中，编辑图形时最常用的是"图层的开/关""锁定以及图层颜色""线型的设置"等。

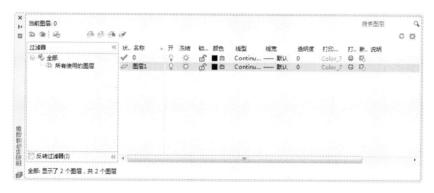

图 7-5　新建图层

4）单击新建的"轴线"图层"颜色"栏中的色块，打开"选择颜色"对话框，如图 7-6 所示，选择红色为轴线图层的默认颜色。单击"确定"按钮，返回"图层特性管理器"对话框。

5）单击"线型"栏中的选项，打开"选择线型"对话框，如图 7-7 所示。轴线一般在绘图中应用点画线进行绘制，因此应将"轴线"图层的默认线型设为中心线。单击"加载"按钮，打开"加载或重载线型"对话框，如图 7-8 所示。

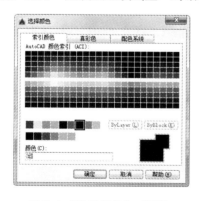

图 7-6　"选择颜色"对话框

图 7-7　"选择线型"对话框

6）在"可用线型"列表框中选择"CENTER"线型，单击"确定"按钮，返回"选择线型"对话框。选择刚刚加载的线型，如图 7-9 所示，单击"确定"按钮，轴线图层设置完毕。

图 7-8 "加载或重载线型"对话框

图 7-9 加载线型

!注意

修改系统变量 DRAGMODE，推荐修改为"AUTO"。系统变量为"ON"时，再选定要拖动的对象后，仅当在命令行中输入"DRAG"命令后才在拖动时显示对象的轮廓；系统变量为"OFF"时，在拖动时不显示对象的轮廓；系统变量位"AUTO"时，在拖动时总是显示对象的轮廓。

7）采用相同的方法按照以下说明，新建其他几个图层。
● "墙线"图层：颜色为白色，线型为实线，线宽为 0.3mm。
● "门窗"图层：颜色为蓝色，线型为实线，线宽为默认。
● "文字"图层：颜色为白色，线型为实线，线宽为默认。
● "尺寸标注"图层：颜色为绿色，线型为实线，线宽为默认。

在绘制的平面图中，包括轴线、门窗、装饰、文字和尺寸标注几项内容，分别按照上面所介绍的方式设置图层。其中的颜色可以依照读者的绘图习惯自行设置，并没有具体的要求。设置完成后的"图层特性管理器"对话框如图 7-10 所示。

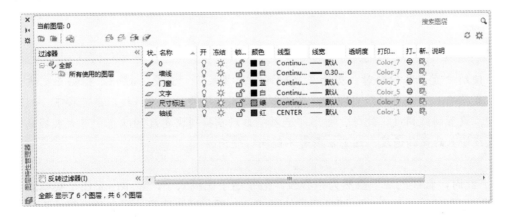

图 7-10 设置图层

> **注 意**
>
> 　　有时在绘制过程中需要删除使用过程中暂时不需要的图层，可以将无用的图层关闭，这样在全选复制粘贴至一新文件中，那些无用的图层就不会贴过来。如果曾经在这个不要的图层中定义过块，又在另一图层中插入了这个块，那么这个不要的图层是不能用这种方法删除的。

7.1.2　绘制轴线

1）在"图层"工具栏的下拉列表中，选择"轴线"图层为当前层，如图 7-11 所示。

图 7-11　设置当前图层

2）单击"绘图"工具栏中的"直线"按钮，在空白区域任选其起点，绘制一条长度为 13000 的竖直轴线。命令行提示与操作如下：

命令: LINE

指定第一点:（任选起点）

指定下一点或 [放弃(U)]: @0,13000

如图 7-12 所示。

3）单击"绘图"工具栏中的"直线"按钮，过竖直直线选一点为起点，绘制一条长度为 52000 的水平轴线，如图 7-13 所示。

图 7-12　绘制竖直轴线　　　　　　　　　　图 7-13　绘制轴线

> **注 意**
>
> 　　使用"直线"命令时，若为正交轴网，只要按下"正交"按钮，根据正交方向提示，直接输入下一点的距离即可，而不需要输入@符号，若为斜线，则可按下"极轴"按钮，设置斜线角度，此时，图形即进入了自动捕捉所需角度的状态，可大大提高制图时直线输入距离的速度。注意，两者不能同时使用。

4）此时，轴线的线型虽然为中心线，但是由于比例太小，显示出来还是实线的形式。选择刚刚绘制的轴线并右击，在打开的如图 7-14 所示的快捷菜单中选择"特性"命令，打开"特性"对话框，如图 7-15 所示。将"线型比例"设置为"50"，轴线显示如图 7-16 所示。

图 7-14 下拉菜单　　　　　图 7-15 "特性"对话框

图 7-16 修改轴线比例

操作技巧

通过全局修改或单个修改每个对象的线型比例因子，可以以不同的比例使用同一个线型。默认情况下，全局线型和单个线型比例均设置为 1.0。比例越小，每个绘图单位中生成的重复图案就越多。例如，设置为 0.5 时，每一个图形单位在线型定义中显示重复两次的同一图案。不能显示完整线型图案的短线段显示为连续线。对于太短，甚至不能显示一个虚线小段的线段，可以使用更小的线型比例。

5）单击"修改"工具栏中的"偏移"按钮 ，然后在"偏移距离"提示行后面输入"900"，按〈Enter〉键确认后选择水平直线，在直线上侧单击鼠标左键，将直线向上偏移"900"的距离，命令行提示与操作如下：

命令: _offset

当前设置: 删除源=否　图层=源　OFFSETGAPTYPE=0

指定偏移距离或[通过(T)/删除(E)/图层(L)]<通过>: 900

选择要偏移的对象或[退出(E)/放弃(U)]<退出>: （选择水平直线）

指定要偏移的那一侧上的点或[退出(E)/多个(M)/放弃(U)]<退出>（在水平直线上侧单击鼠标左键）:

选择要偏移的对象或[退出(E)/放弃(U)]<退出>:

按照上述方法，继续偏移其他轴线，偏移的尺寸分别为：水平直线向上偏移 4500、1800、1900、1800，如图 7-17 所示。

图 7-17　偏移水平直线

6）单击"修改"工具栏中的"偏移"按钮，然后在"偏移距离"提示行后面输入"900"，按〈Enter〉键确认后选择竖直直线，在直线右侧单击鼠标左键，将直线向右偏移"900"的距离，命令行提示与操作如下：

命令: _offset

当前设置: 删除源=否　图层=源　OFFSETGAPTYPE=0

指定偏移距离或[通过(T)/删除(E)/图层(L)]<通过>: 900

选择要偏移的对象或[退出(E)/放弃(U)]<退出>: （选择竖直直线）

指定要偏移的那一侧上的点或[退出(E)/多个(M)/放弃(U)]<退出>: （在竖直直线右侧侧单击鼠标左键）

选择要偏移的对象或[退出(E)/放弃(U)]<退出>:

按照上述方法，继续偏移其他轴线，垂直直线向右偏移 3000、3000、2600、3000、3000、900、900、3000、3000、2600、3000、3000、900、900、3000、3000、2600、3000、3000、900，如图 7-18 所示。

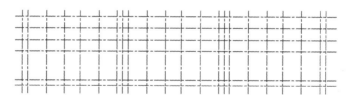

图 7-18　偏移直线

7）单击"修改"工具栏中的"偏移"按钮，选取左侧第三根竖直直线连续向右偏移，偏移距离为 4300，16400，16400，如图 7-19 所示。

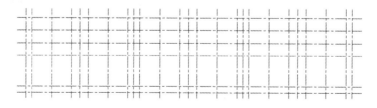

图 7-19　偏移直线

8）单击"修改"工具栏中的"修剪"按钮，对上一步偏移后的轴线进行修剪，命令行提示与操作如下：

命令: TRIM

当前设置:投影=UCS，边=无

选择剪切边…

选择对象或 <全部选择>:(选择修剪界线)

选择要修剪的对象，或按住〈Shift〉键选择要延伸的对象，或 [栏选(F)/窗交(C)/投影(P)/边(E)/删除(R)/放弃(U)]: （选择被修剪的对象）

……

逐个修剪，结果如图 7-20 所示。

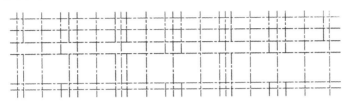

图 7-20 修剪轴线

9）单击"修改"工具栏中的"删除"按钮 ，选取上一步修剪轴线后的多余线段进行删除，如图 7-21 所示，命令行操作与提示如下：

命令: _erase

选择对象: （选择多余直线，按〈Enter〉键）

……

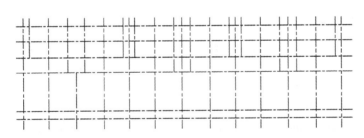

图 7-21 删除多余图形

10）单击"绘图"工具栏中的"直线"按钮 ，在图形适当位置绘制多段斜向直线，如图 7-22 所示。

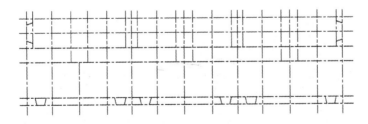

图 7-22 绘制斜向直线

7.1.3 绘制外部墙线

一般的建筑结构的墙线均可通过 AutoCAD 中的"多线"命令来绘制。本例将利用"多线""修剪"和"偏移"命令完成绘制。

1. 在"图层"工具栏的下拉列表中，选择"墙线"图层为当前层，如图 7-23 所示。

图 7-23　设置当前图层

2．设置多线样式。

在建筑结构中，包括承载受力的承重结构和用来分割空间、美化环境的非承重墙。

1）选择菜单栏中的"格式"→"多线样式"命令，打开"多线样式"对话框，如图 7-24 所示。

2）在多线样式对话框中，可以看到样式栏中只有系统自带的 STANDARD 样式，单击右侧的"新建"按钮，打开"创建新的多线样式"对话框，如图 7-25 所示。在新样式名的空白文本框中输入"墙"，作为多线的名称。单击"继续"按钮，打开"新建多线样式：墙"的对话框，如图 7-26 所示。

图 7-24　"多线样式"对话框

图 7-25　"创建新的多线样式"对话框

图 7-26　"新建多线样式：墙"对话框

3）"墙"为绘制外墙时应用的多线样式，由于外墙的宽度为"370"，所以将偏移分别修改为"120"和"-250"，单击"确定"按钮，回到多线样式对话框中，单击"确定"回到绘图状态。

3. 绘制墙线。

1）选择菜单栏中的"绘图"→"多线"命令，绘制砖混住宅地下室平面图中所有 370 厚的墙体。命令行提示与操作如下：

命令：mline

当前设置：对正=上，比例=20.00，样式=STANDARD

指定起点或[对正(J)/比例(S)/样式(ST)]：st（设置多线样式）

输入多线样式名或[?]：墙（多线样式为墙 1）

当前设置：对正=上，比例=20.00，样式=墙

指定起点或[对正(J)/比例(S)/样式(ST)]：j

输入对正类型[上(T)/无(Z)/下(B)]<上>：z（设置对中模式为无）

当前设置：对正=无，比例=20.00，样式=墙

指定起点或[对正(J)/比例(S)/样式(ST)]：s

输入多线比例<20.00>：1（设置线型比例为 1）

当前设置：对正=无，比例=1.00，样式=墙

指定起点或[对正(J)/比例(S)/样式(ST)]：（选择左侧竖直直线下端点

指定下一点：指定下一点或[放弃(U)]：

逐个进行绘制，完成后的结果如图 7-27 所示。

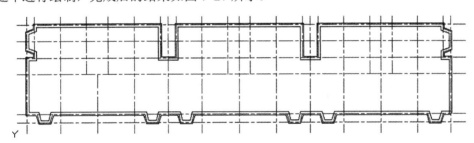

图 7-27 绘制外墙线

　　绘制墙体时需要注意墙体厚度不同，要对多线样式进行修改。

☞ 操作技巧

　　目前，国内对建筑 CAD 制图开发了多套适合我国规范的专业软件，如天正、广厦等。这些以 AutoCAD 为平台开发的制图软件，通常根据建筑制图的特点，对许多图形进行模块化、参数化，故在使用这些专业软件时，大大提高了 CAD 制图的速度，而且 CAD 制图格式规范统一，大大降低了一些单靠 CAD 制图易出现的小错误，给制图人员带来了极大的方便，节约了大量的制图时间，感兴趣的读者可试一试相关软件。

　　2）选择菜单栏中的"格式"→"多线样式"命令，打开"多线样式"对话框，如图 7-28 所示。单击右侧的"新建"按钮，打开"创建新的多线样式"对话框，如图 7-29 所

示。在新样式名的空白文本框中输入"内墙"，作为多线的名称，单击"继续"按钮。

图 7-28 "多线样式"对话框

图 7-29 创建新的多线样式

3）"内墙"为绘制非承重墙时应用的多线样式，由于非承重墙的厚度为"240"，所以按照图 7-30 中所示，将偏移分别修改为"120"和"-120"，单击"确定"按钮，回到多线样式对话框中，单击"确定"按钮回到绘图状态。

图 7-30 "新建多线样式：内墙"对话框

4．选择菜单栏中的"绘图"→"多线"命令，绘制图形中的非承重墙，绘制完成如图 7-31 所示。

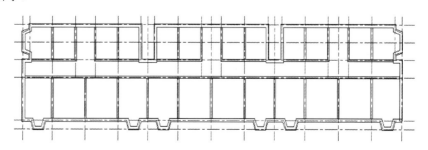

图 7-31 绘制内墙线

5. 单击"修改"工具栏中的"偏移"按钮 ，选取最左侧竖直轴线向右偏移，偏移距离为 2100，45000，如图 7-32 所示。

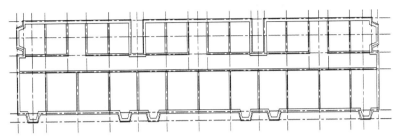

图 7-32　添加墙线

6. 单击"修改"工具栏中的"修剪"按钮 ，对偏移后的轴线进行修剪，如图 7-33 所示。

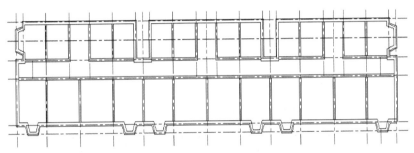

图 7-33　修剪轴线

7. 绘制墙体。

1）选择菜单栏中"格式"→"多线样式"命令，打开"多线样式"对话框，如图 7-34 所示。单击右侧的"新建"按钮，打开"创建新的多线样式"对话框，如图 7-35 所示。在新样式名的空白文本框中输入"120"线的名称，单击"继续"按钮。

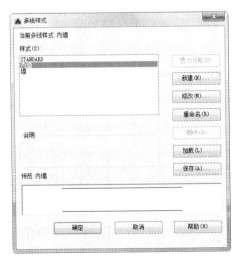

图 7-34　"多线样式"对话框

图 7-35　"创建新的多线样式"对话框

2）"内墙"为绘制非承重墙时应用的多线样式，由于非承重墙的厚度为"120"，所以按图 7-36 中所示，将偏移分别修改为"60"和"-60"，单击"确定"按钮，回到多线样式对话框中，单击"确定"按钮回到绘图状态。

图 7-36　编辑新建多线样式

3）选择菜单栏中的"绘图"→"多线"命令，绘制砖混住宅地下室平面图中所有 120 厚的墙体，如图 7-37 所示。

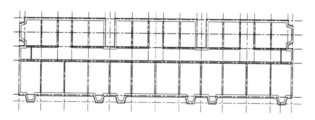

图 7-37　绘制墙体

4）选择菜单栏中的"修改"→"对象"→"多线"命令，打开"多线编辑工具"对话框，如图 7-38 所示。

5）单击对话框的"T 形闭合"选项，选取多线，完成多线修剪，如图 7-39 所示。

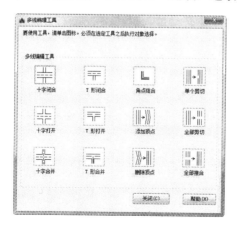

图 7-38　"多线编辑工具"对话框

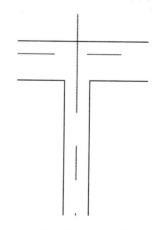

图 7-39　T 形打开

利用其他多线编辑命令完成墙线的修剪，如图7-40所示。

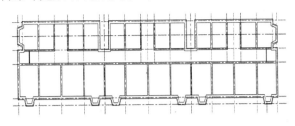

图7-40 多线修改

7.1.4 绘制柱子

1）单击"绘图"工具栏中的"多段线"按钮，在图形适当位置绘制连续多段线，命令行提示与操作如下：

命令：PLINE

指定起点：<打开对象捕捉和正交功能>

当前线宽为0（指定线宽）

指定下一个点或 [圆弧(A)/半宽(H)/长度(L)/放弃(U)/宽度(W)]: 120

指定下一点或 [圆弧(A)/闭合(C)/半宽(H)/长度(L)/放弃(U)/宽度(W)]: 360

指定下一点或 [圆弧(A)/闭合(C)/半宽(H)/长度(L)/放弃(U)/宽度(W)]:（垂直向下捕捉墙线上一点）

指定下一点或 [圆弧(A)/闭合(C)/半宽(H)/长度(L)/放弃(U)/宽度(W)]:C

结构如图7-41所示。

2）其他柱子的大小相同，位置不同，单击"修改"工具栏中的"复制"按钮，选取上一步绘制的多段线为复制对象，将其复制到适当位置。注意复制时，灵活应用对象捕捉功能，这样会很方便定位，如图7-42所示。

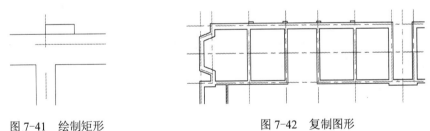

图7-41 绘制矩形   图7-42 复制图形

3）单击"修改"工具栏中的"镜像"按钮，选取复制的4个柱子图形，进行镜像，如图7-43所示。

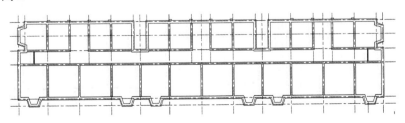

图7-43 镜像图形

4）图形中墙体与柱子图形是贯通的，需要进行修剪。单击"修改"工具栏中的"分解"按钮，选取所有墙线，单击〈Enter〉键确认，完成分解。命令行提示与操作如下：

命令: _explode

选择对象:（选择全部墙线）

5）单击"修改"工具栏中的"修剪"按钮，对墙体与柱子贯通处进行修剪，如图 7-44 所示。

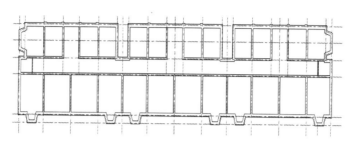

图 7-44 修剪图形

> **注意**
>
> 柱子离外墙间距为 120，有一些多线并不适合利用"多线编辑"命令修改，可以先将多线分解，直接利用"修剪"命令进行修改。

7.1.5 绘制窗户

1. 修剪窗洞

1）绘制洞口时，常以临近的墙线或轴线作为距离参照来帮助确定洞口位置。现在以客厅北侧的窗洞为例，拟绘制洞口宽"1500"，位于该段墙体的中部，因此洞口两侧剩余墙体的宽度均为"750"（到轴线）。打开"轴线"层，将"墙线"层置为当前层。单击"修改"工具栏中的"偏移"按钮，将左侧墙的轴线向右偏移距离为"750"，将右侧轴线向左偏移距离为"750"，结果如图 7-45 所示。

2）单击"修改"工具栏中的"修剪"按钮，将两根轴线间的墙线剪掉，结果如图 7-46 所示。

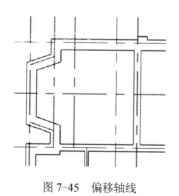

图 7-45 偏移轴线

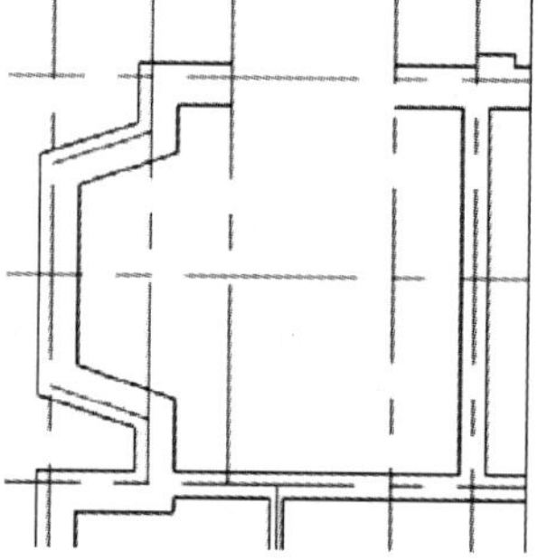

图 7-46 修剪处理

3）单击"绘图"工具栏中的"直线"按钮✎，将墙体剪断处封口，然后单击"修改"工具栏中的"删除"按钮✎，将偏移后的两条轴线删除，一个门窗洞口如图 7-47 所示。

4）利用上述方法绘制出图形中所有门窗洞口，如图 7-48 所示。

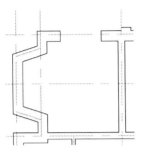

图 7-47 门窗洞口的绘制

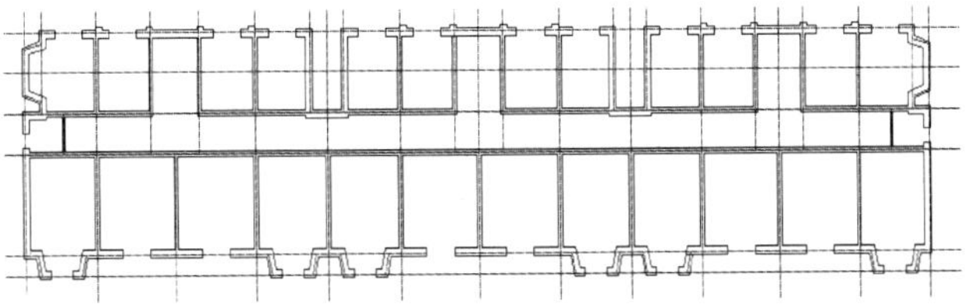

图 7-48 修剪窗洞口

2. 绘制窗户

1）在"图层"工具栏的下拉列表中，选择"门窗"图层为当前层，如图 7-49 所示。

图 7-49 设置当前图层

2）单击"绘图"工具栏中的"直线"按钮✎，绘制一条水平直线封闭窗洞，如图 7-50 所示。

3）单击"修改"工具栏中的"偏移"按钮✎，选取上一步绘制的窗线向上偏移，偏移距离为 123.33，如图 7-51 所示。

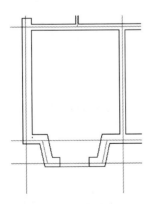

图 7-50 绘制窗线

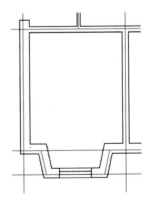

图 7-51 偏移窗线

4）选择菜单栏中的"格式"→"线型"命令，打开"线型管理器"对话框，单击"加载"按钮，系统打开"加载或重载线型"对话框，如图 7-52 所示。选择一种需要的线型，单击"确定"按钮，该线型就出现在"线型管理器"对话框的列表框中。

5）选取一根窗线，如图 7-53 所示，单击鼠标右键，在打开的快捷菜单中选择"特性"命令，如图 7-54 所示，打开"特性"选项，如图 7-55 所示，在"线型"选项后面的下拉列表框中选择需要的线型，线型改变如图 7-56 所示。

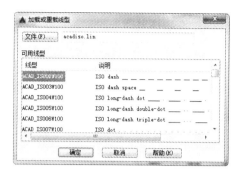

图 7-52 "加载或重载线型"对话框

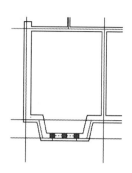

图 7-53 选取窗线

图 7-54 弹出菜单

图 7-55 特性

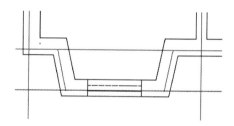

图 7-56 修改窗线线型

注意

如果不事先设置线型，除了基本的 contiuous 线型外，其他的线型不会显示在"线型"选项后面的下拉列表框中。

6）利用上述方法完成所有窗线的绘制，如图 7-57 所示。

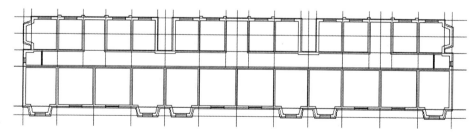

图 7-57 偏移窗线

7.1.6 绘制门

地下一层的门有 M1 和 M3 两种，下面分别讲述其绘制方法。

1. 修剪 M1 门洞

1）单击"绘图"工具栏中的"直线"按钮 ✎，在墙线拐角位置绘制一段水平直线，刚好连接两条竖直墙线，如图 7-58 所示。

2）单击"修改"工具栏中的"偏移"按钮 ⬱，选取上一步绘制的水平直线向下偏移，偏移距离为 900，如图 7-59 所示。

3）单击"修改"工具栏中的"修剪"按钮 ⌖，对上一步偏移的直线所夹的墙线进行修剪处理，如图 7-60 所示。

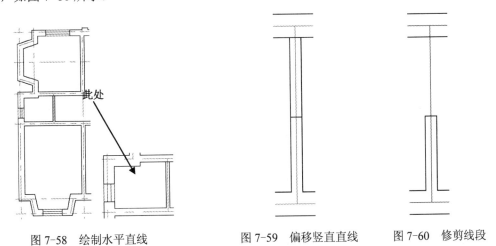

图 7-58 绘制水平直线　　　图 7-59 偏移竖直直线　　　图 7-60 修剪线段

4）利用上述方法，修剪出图形右边另一个 M1 门洞口，如图 7-61 所示。

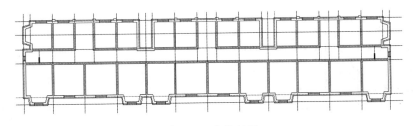

图 7-61 修剪门洞

2. 修剪 M3 门洞

这里总共有 3 种结构略有差别的 M3 门洞，下面分别讲述。

（1）M3 门洞 1

1）单击"绘图"工具栏中的"直线"按钮 ✎，在墙线拐角位置绘制一段竖直直线，如图 7-62 所示。

2）单击"修改"工具栏中的"偏移"按钮 ⬱，选取上一步绘制的竖直直线向左偏移，偏移距离为 900，如图 7-63 所示。

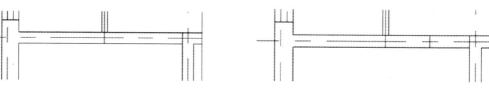

图 7-62　绘制竖直直线　　　　　　　　图 7-63　偏移竖直直线

3）单击"修改"工具栏中的"修剪"按钮，对上一步偏移的直线所夹的墙线进行修剪处理，完成一个 M3 门洞绘制，如图 7-64 所示。

（2）M3 门洞 2

和 M3 门洞 1 略有差别，其开口大小也为 900，只是离墙线距离为 120，如图 7-65 所示，其绘制方法与上面所述方法类似，不再赘述。利用上述方法，修剪出图形中 M3 门洞，如图 7-66 所示。

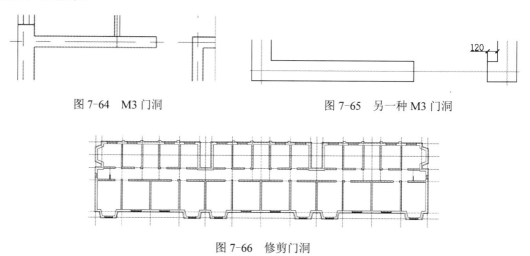

图 7-64　M3 门洞　　　　　　　　　　　图 7-65　另一种 M3 门洞

图 7-66　修剪门洞

（3）M3 门洞 3

1）单击"绘图"工具栏中的"直线"按钮，在图形下部一个 M3 门洞处墙体中从门洞竖线开始绘制一条长度为 1630 的水平直线，以此水平直线的终点为起点向下绘制一条竖直直线与墙线相交，如图 7-67 所示。

2）单击"绘图"工具栏中的"修剪"按钮，对图形进行修剪，如图 7-68 所示。

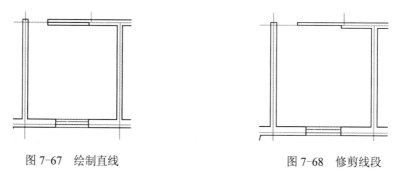

图 7-67　绘制直线　　　　　　　　　　　图 7-68　修剪线段

利用相同方法修剪其他相同墙体，绘制完成的门洞如图 7-69 所示。

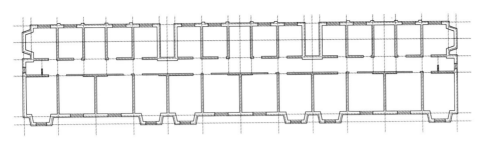

图 7-69 修剪墙体

3．绘制门

绘制 M1。

1）单击"绘图"工具栏的"直线"按钮 ，绘制一条斜向直线，如图 7-70 所示。

2）单击"绘图"工具栏中的"圆弧"按钮 ，利用"起点、端点、角度"绘制一段角度为 90°的圆弧，命令行提示与操作如下：

命令: _arc

指定圆弧的起点或 [圆心(C)]: (选择斜线下端点)

指定圆弧的第二个点或 [圆心(C)/端点(E)]: _e↙

指定圆弧的端点: (选择左上方门洞竖线与墙轴线交点)

指定圆弧的圆心或 [角度(A)/方向(D)/半径(R)]: _a ↙

指定夹角: -90↙

结果如图 7-71 所示。

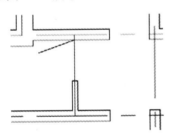

图 7-70 绘制斜向直线

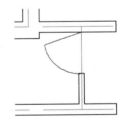

图 7-71 绘制圆弧

> **注 意**
>
> 绘制圆弧时，注意指定合适的端点或圆心，指定端点的时针方向即为绘制圆弧的方向。例如，要绘制图示的下半圆弧，则起始端点应在左侧，终端点应在右侧，此时端点的时针方向为逆时针，即得到相应的逆时针圆弧。

3）在命令行中输入"WBLOCK"命令，打开"写块"对话框，如图 7-72 所示，以"M1"为对象，以左下角的竖直线的中点为基点，定义"M1"图块。

4）单击"绘图"工具栏中的"插入块"按钮 ，打开"插入"对话框，如图 7-73 所示。选择"M1"图块，将其插入到图中适当位置，如图 7-74 所示。

图 7-72 "写块"对话框　　　　　　　图 7-73 "插入"对话框

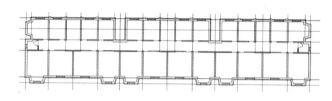

图 7-74　绘制门

> ⚠ 注 意
>
> 插入时注意指定插入点和旋转比例的选择。

图形中有 M1 和 M3 两种门图形，尺寸相同。绘制方法上一步已经讲述过，这里就不再重复绘制了。继续单击"绘图"工具栏中的"插入块"按钮🔲，结合"修改"工具栏中的"复制"按钮😊 和"镜像"按钮⚖，完成图形中剩余 M3 门图形的插入。

完成所有图形的绘制，如图 7-75 所示。

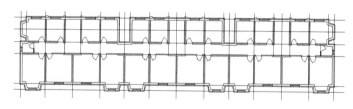

图 7-75　绘制剩余门图形

7.1.7　绘制楼梯

绘制楼梯时需要知道以下参数：

1）楼梯形式（单跑、双跑、直行、弧形等）。

2）楼梯各部位长、宽、高 3 个方向的尺寸，包括楼梯总宽、总长、楼梯宽度、踏步宽度、踏步高度、平台宽度等。

3）楼梯的安装位置。

下面讲述楼梯的具体绘制方法：

1）新建"楼梯"图层，颜色为"蓝色"，其余属性默认。将"楼梯层"设为当前图层，如图 7-76 所示。

图 7-76 设置当前图层

2）单击"图层"工具栏中的"图层特性管理器"按钮，将当前图层设置为"楼梯"图层。

3）单击"修改"工具栏中的"偏移"按钮，将楼梯间右侧的轴线向左依次偏移540，400，300，120，如图 7-77 所示。

4）单击"修改"工具栏中的"修剪"按钮，以墙体边和下轴线为界线修剪偏移线段，结果如图 7-78 所示。

5）选中刚修剪的 4 条偏移的轴线，在"图层"工具栏的下拉列表框中选择"楼梯"图层，如图 7-79 所示，这样就将刚修剪的 4 条偏移轴线的所在图层转换到"楼梯"图层，其线型和颜色等属性也随之变换。

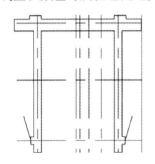

图 7-77 偏移轴线

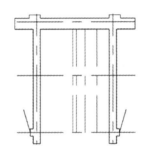

图 7-78 修剪轴线

图 7-79 改变图层

6）单击"绘图"工具栏中的"直线"按钮，以最左边的修剪的轴线的下端点为起点在楼梯间绘制一条水平直线，直线的终点为此直线与右边墙体边的交点，如图 7-80 所示。

7）单击"修改"工具栏中的"偏移"按钮，绘制的水平直线向上偏移，偏移距离为260，偏移 4 次，如图 7-81 所示。

8）单击"修改"工具栏中的"修剪"按钮，修剪偏移线段，如图 7-82 所示。

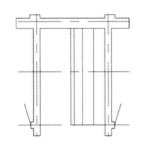

图 7-80 绘制水平线

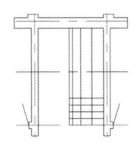

图 7-81 偏移水平线

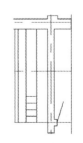

图 7-82 修剪线段

9）单击"绘图"工具栏中的"直线"按钮/，绘制倾斜线和折断线，结果如图 7-83 所示。

10）单击"修改"工具栏中的"修剪"按钮，修剪折断线，如图 7-84 所示。

11）单击"绘图"工具栏中的"多段线"按钮和"多行文字"按钮 **A**，绘制楼梯箭头，完成一层楼梯的绘制。命令行提示与操作如下：

命令: PLINE

指定起点:

当前线宽为 0.0000

指定下一个点或 [圆弧(A)/半宽(H)/长度(L)/放弃(U)/宽度(W)]:

指定下一点或 [圆弧(A)/闭合(C)/半宽(H)/长度(L)/放弃(U)/宽度(W)]: w

指定起点宽度 <0.0000>: 50(指定起点宽度)

指定端点宽度 <50.0000>: 0(指定端点宽度)

指定下一点或 [圆弧(A)/闭合(C)/半宽(H)/长度(L)/放弃(U)/宽度(W)]:

指定下一点或 [圆弧(A)/闭合(C)/半宽(H)/长度(L)/放弃(U)/宽度(W)]:

这样单个楼梯绘制完毕，结果如图 7-85 所示。

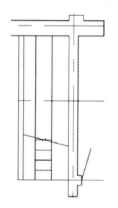
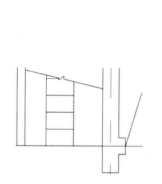
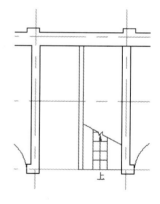

图 7-83　绘制折断线　　　　图 7-84　修剪线段　　　　图 7-85　绘制指引箭头

12）单击"修改"工具栏中的"复制"按钮，选取已经绘制完的楼梯图形向其他楼梯间内复制，如图 7-86 所示。

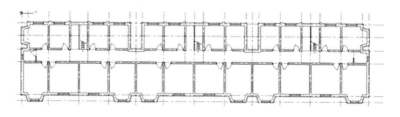

图 7-86　复制楼梯图形

7.1.8　绘制内墙

1）单击"修改"工具栏中的"偏移"按钮，选取最上边水平轴线向下偏移，偏移距离为 3280、420、300、1200，如图 7-87 所示。

2）选择菜单栏中的"绘图"→"多线"命令，将"内墙"多线样式置为当前，根据上一步偏移的轴线确定的位置绘制多线，如图 7-88 所示。

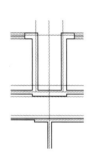 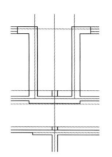

图 7-87　偏移直形　　　　　　　　　图 7-88　绘制多线

3）单击"修改"工具栏中的"删除"按钮 ，删除偏移轴线。

4）单击"绘图"工具栏中的"直线"按钮 ，绘制水平线段，封闭上一步绘制的多线，如图 7-89 所示。

5）单击"修改"工具栏中的"修剪"按钮 ，修剪绘制图形，并利用前面所学知识，修改部分线段线型，如图 7-90 所示。

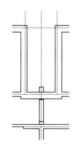 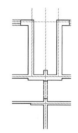

图 7-89　封闭线段　　　　　　　　　图 7-90　修改线型

6）利用上述方法绘制另外一处内墙，如图 7-91 所示。

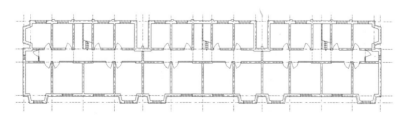

图 7-91　绘制相同图形

7.1.9　尺寸标注

（1）在"图层"工具栏的下拉列表中，选择"尺寸标注"图层为当前层，如图 7-92 所示。

图 7-92   设置当前图层

（2）设置标注样式。

1）选择菜单栏中的"格式"→"标注样式"命令，打开"标注样式管理器"对话框，如图 7-93 所示。

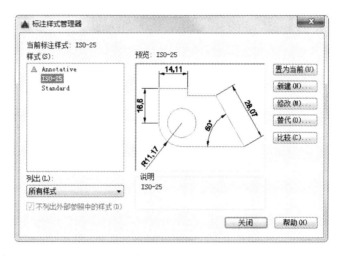

图 7-93   "标注样式管理器"对话框

2）单击"修改"按钮，打开"修改标注样式"对话框。单击"线"选项卡，如图 7-94 所示，按照图中的参数修改标注样式。

图 7-94   "线"选项卡

3）单击"符号和箭头"选项卡，按照图 7-95 所示的设置进行修改，箭头样式选择为"建筑标记"，箭头大小修改为"100"。

图7-95　"符号和箭头"选项卡

4）在"文字"选项卡中设置"文字高度"为"300"，如图7-96所示。

图7-96　"文字"选项卡

5）在"主单位"选项卡中设置如图7-97所示。

图7-97　"主单位"选项卡

（3）在工具栏中任意位置单击右键，在打开的快捷菜单上选择"标注"选项，将"标注"工具栏显示在屏幕上，如图 7-98 所示。

（4）将"尺寸标注"图层设为当前图层，单击"标注"工具栏中的"线性"按钮┝┤，标注图形细部尺寸，命令行提示与操作如下：

命令: DIMLINEAR

指定第一个延伸线原点或 <选择对象>:（指定一点）

指定第二条延伸线原点:（指定第二点）

指定尺寸线位置或[多行文字(M)/文字(T)/角度(A)/水平(H)/垂直(V)/旋转(R)]:（指定合适的位置）

逐个标注，结果如图 7-99 所示。

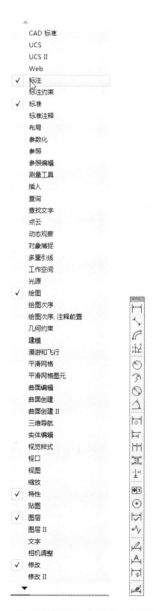

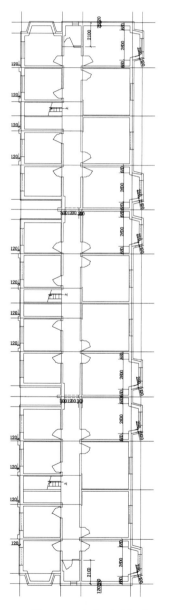

图 7-98　选择"标注"选项和"标注"工具栏　　　　图 7-99　细部尺寸标注

（5）单击"标注"工具栏中的"线性"按钮和"连续"按钮，标注第一道尺寸，如图 7-100 所示。

（6）单击"标注"工具栏中的"线性"按钮和"连续"按钮，标注第二道尺寸，如图 7-101 所示。

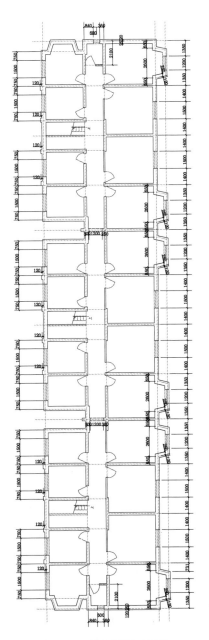

图 7-100　第一道尺寸标注

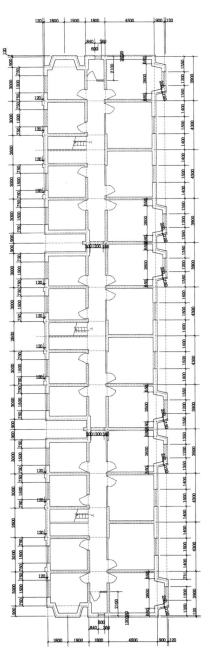

图 7-101　第二道尺寸标注

（7）单击"标注"工具栏中的"线性"按钮，标注图形总尺寸，如图 7-102 所示。

（8）单击"修改"工具栏中的"分解"按钮，选取标注的第二道尺寸进行分解。

（9）单击"绘图"工具栏中的"直线"按钮 ✏，分别在横竖 4 条总尺寸线上方绘制 4 条直线，如图 7-103 所示。

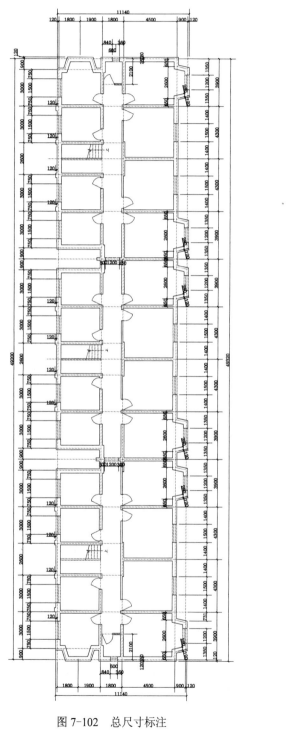

图 7-102　总尺寸标注

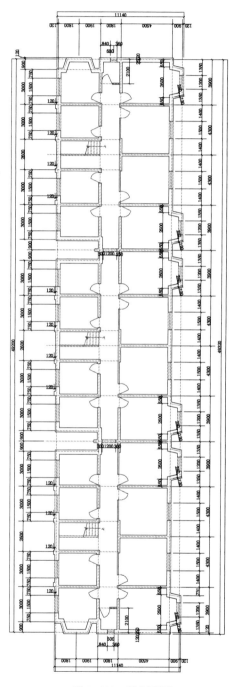

图 7-103　绘制直线

（10）单击"修改"工具栏中的"延伸"按钮 ⇥，选取分解后的标注线段，向上延伸，延伸至上一步偏移的水平直线。

（11）单击"修改"工具栏中的"删除"按钮 ，删除偏移后的直线，如图 7-104 所示。

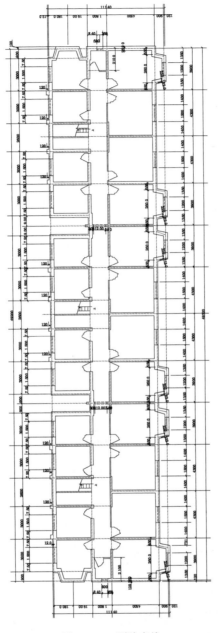

图 7-104　删除直线

7.1.10　添加轴号

1）单击"绘图"工具栏中的"圆"按钮 ，在适当位置绘制一个半径为 500 的圆，如图 7-105 所示。

2）选择菜单栏中的"绘图"→"块"→"定义属性"命令，打开"属性定义"对话框，如图 7-106 所示，单击"确定"按钮，在圆心位置，输入一个块的属性值。设置完成后的效果如图 7-107 所示。

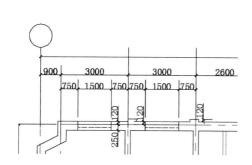

图 7-105　绘制圆

图 7-106　"块属性定义"对话框

3）单击"绘图"工具栏中的"创建块"按钮 ，打开"块定义"对话框，如图 7-108 所示。在"名称"文本框中写入"轴号"，指定圆心为基点；选择整个圆和刚才的"轴号"标记为对象，单击"确定"按钮，打开如图 7-109 所示的"编辑属性"对话框，输入轴号为"1"，单击"确定"按钮，轴号效果图如图 7-110 所示。

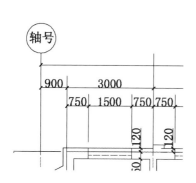

图 7-107　在圆心位置写入属性值

图 7-108　"块定义"对话框

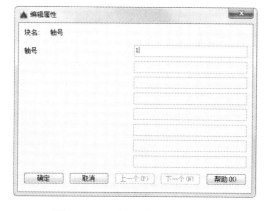

图 7-109　"编辑属性"对话框

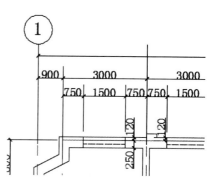

图 7-110　输入轴号

4）单击"绘图"工具栏中的"插入块"按钮，打开"插入"对话框，将轴号图块插入到轴线上，并修改图块属性，结果如图 7-111 所示。

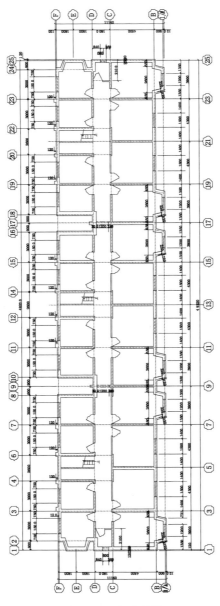

图 7-111　标注轴号

7.1.11　文字标注

1）在"图层"工具栏的下拉列表中，选择"文字"图层为当前层，如图 7-112 所示。

图 7-112　设置当前图层

2）选择菜单栏栏中的"格式"→"文字样式"命令，打开"文字样式"对话框，如图 7-113 所示。

图 7-113 "文字样式"对话框

3）单击"新建"按钮，打开"新建文字样式"对话框，将文字样式命名为"说明"，如图 7-114 所示。

4）单击"确定"按钮，在"文字样式"对话框中取消勾选"使用大字体"复选框，然后在"字体名"下拉列表中选择"宋体"，"高度"设置为"250"，如图 7-115 所示。

图 7-114 "新建文字样式"对话框

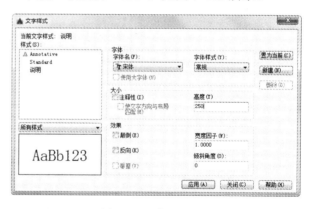

图 7-115 修改文字样式

在 AutoCAD 中输入汉字时，可以选择不同的字体，在"字体名"下拉列表时，有些字体前面有"@"标记，如"@仿宋_GB2312"，这说明该字体是为横向输入汉字用的，即输入的汉字逆时针旋转90°。如果要输入正向的汉字，不能选择前面带"@"标记的字体。

5）将"文字"图层设为当前层。单击"绘图"工具栏中的"多行文字"按钮 **A** ，和"修改"工具栏中的"复制"按钮 ，完成图形中文字的标注，如图 7-116 所示。

6）单击"绘图"工具栏中的"多段线"按钮 ，指定起点宽度为 100，端点宽度为 100，在绘制图形下方绘制一段多段线，如图 7-117 所示。

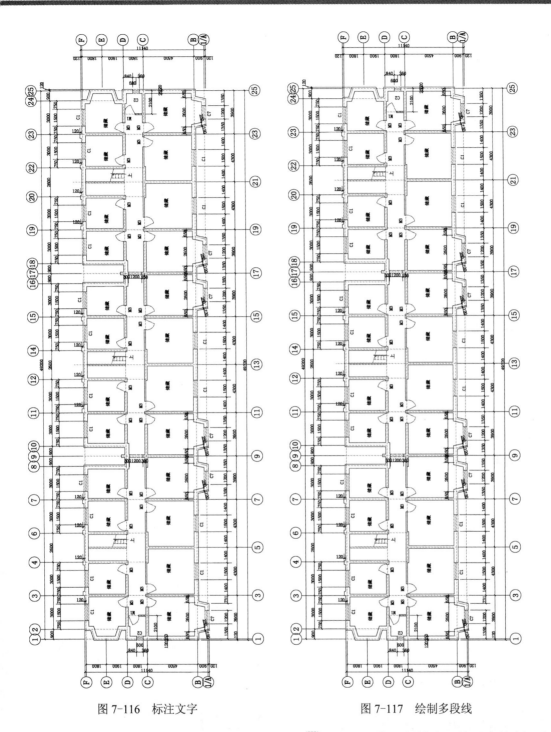

图 7-116　标注文字　　　　　　　　　图 7-117　绘制多段线

　　7）单击"绘图"工具栏中的"直线"按钮，在上一步绘制的多段线下方绘制一条水平直线，如图 7-118 所示。

　　8）单击"绘图"工具栏中的"多行文字"按钮 A，在上一步绘制的线段上添加文字，如图 7-119 所示。最终完成地下室平面图的绘制。

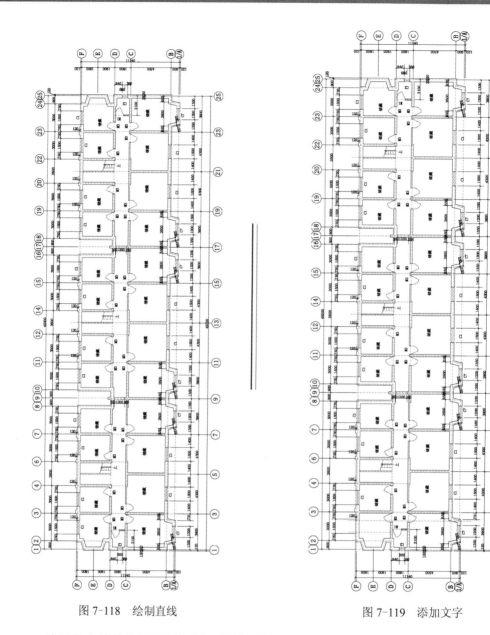

图 7-118　绘制直线　　　　　　　图 7-119　添加文字

　　砖混住宅的其他平面图包括一层平面图、二～五层平面图、六层平面图、夹层平面图、屋顶平面图的绘制方法与地下一层类似。由于篇幅所限，不再赘述，相关图纸读者可以在随书光盘中查找相关文件。

7.2　某砖混住宅楼 1-25 立面图绘制

本节思路

　　本例绘制南立面图，先确定定位辅助线，再根据辅助线运用直线命令、偏移命令、多行文字命令完成绘制。本例绘制的立面图如图 7-120 所示。

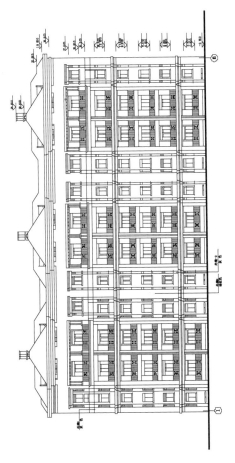

图 7-120 立面图

 参见
光盘
光盘\视频教学\第 7 章\立面图.avi

7.2.1 设置绘图环境

1）用 LIMITS 命令设置图幅：42000×29700。

2）单击"图层"工具栏中的"图层特性管理器"按钮，打开"图层特性管理器"对话框，创建"立面"图层。

7.2.2 绘制定位辅助线

1）单击"标准"工具栏中的"打开"按钮，打开"源文件/一层平面图"文件。

2）单击"修改"工具栏中的"删除"按钮，删除图形中不需要的部分，整理图形如图 7-121 所示。

3）单击"修改"工具栏中的"复制"按钮，选取整理过的一层平面图，将其复制到新样板图中。

4）将当前图层设置为"立面"图层。单击"绘图"工具栏中的"多段线"按钮，指定起点宽度为 200，端点宽度为 200，在一层平面图下方绘制一条地平线，地平线上方需留出足够的绘图空间，如图 7-122 所示。

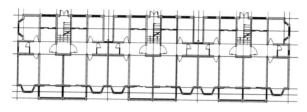

图 7-121　整理图形

图 7-122　绘制地平线

5）单击"绘图"工具栏中的"直线"按钮 ，由一层平面图向下引出定位辅助线，结果如图 7-123 所示。

6）单击"修改"工具栏中的"偏移"按钮 ，根据室内外高差、各层层高、屋面标高等确定楼层定位辅助线，如图 7-124 所示。

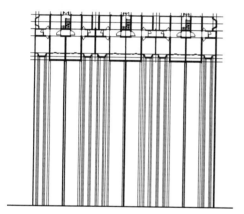

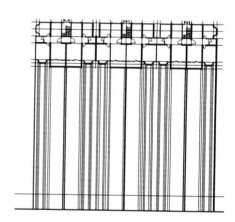

图 7-123　绘制一层竖向辅助线

图 7-124　偏移层高

7）单击"修改"工具栏中的"修剪"按钮 ，对引出的辅助线进行修剪，结果如图 7-125 所示。

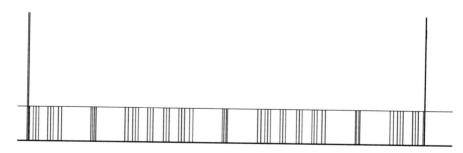

图 7-125　修剪线段

7.2.3 绘制地下层立面图

1）单击"修改"工具栏中的"偏移"按钮 ，将前面偏移的层高线连续向上偏移，偏移距离为 3000，如图 7-126 所示。

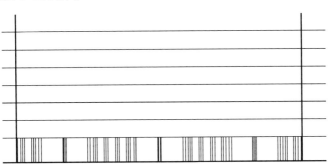

图 7-126　偏移层高线

2）单击"修改"工具栏中的"偏移"按钮 ，将地坪线向上偏移，偏移距离为 300，如图 7-127 所示。

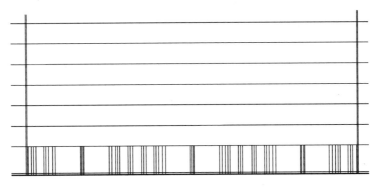

图 7-127　偏移地坪线

3）单击"修改"工具栏中的"修剪"按钮 ，将上一步偏移的线段进行修剪，如图 7-128 所示。

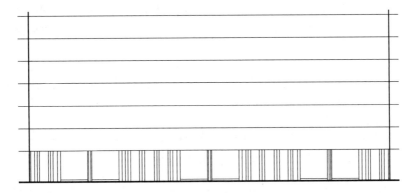

图 7-128　修剪偏移线段

4）单击"绘图"工具栏的"矩形"按钮 ▭，在立面图中左下方适当位置绘制一个 1500×250 的矩形，如图 7-129 所示。

5）单击"修改"工具栏中的"偏移"按钮 ▵，选取上一步绘制的矩形向内偏移，偏移距离为 30，如图 7-130 所示。

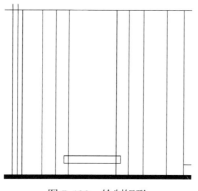

图 7-129　绘制矩形

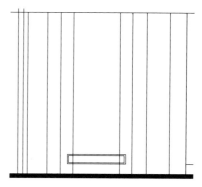

图 7-130　偏移矩形

6）单击"绘图"工具栏中的"直线"按钮 ╱，在偏移后的矩形内中间位置绘制两段竖直直线，距离大约为 30，如图 7-131 所示。

7）单击"修改"工具栏中的"修剪"按钮 ⁺╱，对图形进行修剪，如图 7-132 所示。

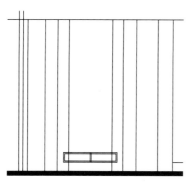

图 7-131　绘制直线

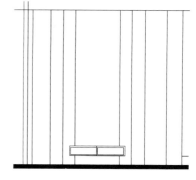

图 7-132　修剪图形

8）单击"修改"工具栏中的"偏移"按钮 ▵，将地坪线向上偏移，偏移距离为 1650，1600。然后单击"修改"工具栏中的"分解"按钮 ▨，将偏移后的地坪线分解，如图 7-133 所示。

图 7-133　偏移地坪线

9）单击"修改"工具栏中的"修剪"按钮 ⁺╱，将偏移后的地坪线进行修剪，如图 7-134 所示。

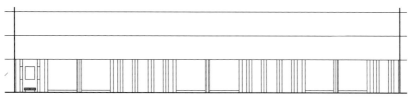

图 7-134　修剪地坪线

10）单击"修改"工具栏中的"偏移"按钮🔲，将修剪后的左侧竖直线向右偏移，偏移距离为 10、30、20，如图 7-135 所示。

11）单击"修改"工具栏中的"偏移"按钮🔲，将修剪后的最下端水平线向上偏移，偏移距离为 30、50、1120，20、20、20、260、30、50，如图 7-136 所示。

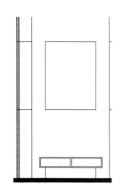

图 7-135　偏移竖直直线

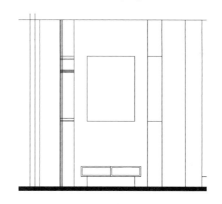

图 7-136　偏移水平直线

12）单击"修改"工具栏中的"修剪"按钮🔲，将偏移后的线段进行修剪，如图 7-137 所示。

13）单击"修改"工具栏中的"偏移"按钮🔲，将右侧竖直线向左偏移，偏移距离为 50、15、15、300，如图 7-138 所示。

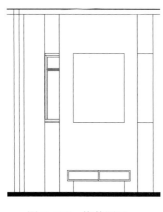

图 7-137　修剪图形

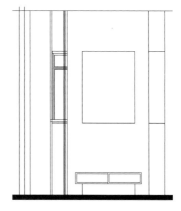

图 7-138　偏移直线

14）单击"修改"工具栏中的"修剪"按钮🔲，将偏移直线进行修剪，如图 7-139 所示。

15）单击"修改"工具栏中的"镜像"按钮🔲，将上一步绘制的窗户图形，以中间矩形上边中点为镜像起始点进行镜像，如图 7-140 所示。

图 7-139　修剪图形

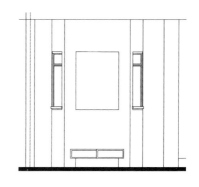

图 7-140　镜像窗户

16）单击"修改"工具栏中的"删除"按钮❤，删除多余线段，如图 7-141 所示。

17）单击"绘图"工具栏中的"直线"按钮✐，"修改"工具栏中的"偏移"按钮❤和"删除"按钮❤，绘制一层平面图中 C10 号窗，如图 7-142 所示。

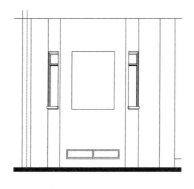

图 7-141　删除线段

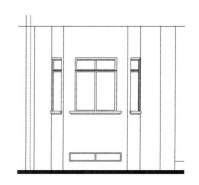

图 7-142　绘制窗户

18）在命令行中输入"WBLOCK"命令，打开"写块"对话框，如图 7-143 所示，以绘制完成的窗户图形为对象，选一点为基点，定义"C10 窗户"图块。

19）单击"绘图"工具栏中的"插入块"按钮🖼，打开"插入"对话框，如图 7-144 所示。选择"C10 窗户"图块，将其插入到图中适当位置，如图 7-145 所示。

图 7-143　定义窗户图块

图 7-144　"插入"对话框

图 7-145　"插入"窗户

利用上述方法插入图形中的小窗户，如图 7-146 所示。

图 7-146　"插入"窗户

20）单击"修改"工具栏中的"修剪"按钮，修剪多余的线段，如图 7-147 所示。

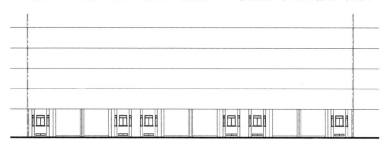

图 7-147　修剪图线

21）单击"修改"工具栏中的"偏移"按钮，将地坪线向上偏移，偏移距离为 910，然后单击"修改"工具栏中的"分解"按钮，将偏移后的多段线分解，如图 7-148 所示。

图 7-148　偏移地坪线

22）单击"修改"工具栏中的"修剪"按钮，对偏移后的地坪线进行修剪，如图 7-149 所示。

图 7-149　修剪地坪线

23）单击"修改"工具栏中的"偏移"按钮，将上一步修剪的水平直线向上偏移，偏移距离为 50、30、130，20、470、20、147、30、1110、30，370、30，如图 7-150 所示。

24）单击"修改"工具栏中的"偏移"按钮，将上一步左侧竖直直线向右偏移，偏移距离为 800、30、495、30、480、30、480、30、495、30，如图 7-151 所示。

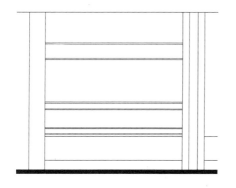

图 7-150　偏移线段

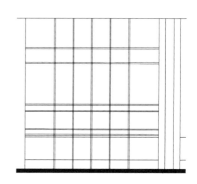

图 7-151　偏移线段

25）单击"修改"工具栏中的"偏移"按钮，将地坪线向上偏移，偏移距离为 2887，单击"修改"工具栏中的"修剪"按钮，对图形进行修剪，如图 7-152 所示。

26）单击"修改"工具栏中的"偏移"按钮、"修剪"按钮和"绘图"工具栏中的"直线"按钮、"圆"按钮，细化图形，如图 7-153 所示。

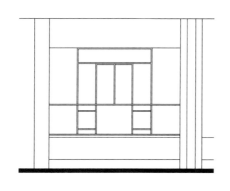

图 7-152　修剪图形

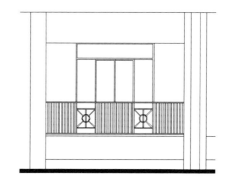

图 7-153　细化图形

27）在命令行中输入"WBLOCK"命令，打开"写块"对话框，如图 7-154 所示，以绘制完成的窗户图形为对象，选一点为基点，定义"阳台门"图块。

28）单击"修改"工具栏中的"复制"按钮，将上一步定义成块的阳台门复制到适当位置，如图 7-155 所示。

图 7-154　定义阳台门图块

图 7-155　复制阳台门

29）单击"修改"工具栏中的"偏移"按钮，将阳台与阳台之间的左右两侧竖直直线分别向内偏移，偏移距离为 240，如图 7-156 所示。

图 7-156　偏移线段

30）单击"修改"工具栏中的"删除"按钮，删除多余线段，如图 7-157 所示。

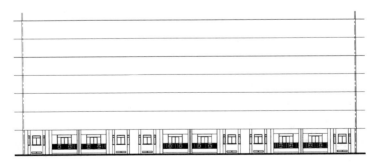

图 7-157　删除线段

7.2.4　绘制屋檐

1）单击"修改"工具栏中的"偏移"按钮，首先将地坪线向上偏移。然后将左右两侧竖直直线分别向外偏移，如图 7-158 所示。

图 7-158　偏移线

2）单击"修改"工具栏中的"修剪"按钮，对偏移后的线段进行修剪完成屋檐的绘制，如图 7-159 所示。

图 7-159　绘制屋檐线

3）单击"绘图"工具栏中的"直线"按钮，在屋檐线条上绘制多条不垂直线段，如图 7-160 所示。

图 7-160　绘制多段直线

7.2.5　复制图形

1）单击"修改"工具栏中的"复制"按钮，选取底层窗户图形向其他层复制。然后单击"修改"工具栏中的"删除"按钮，删除多余的水平辅助线，结果如图 7-161 所示。

图 7-161　复制窗户并删除辅助线

2）单击"修改"工具栏中的"复制"按钮，选取前面小节中已经绘制完成的屋檐图形向上复制，如图 7-162 所示。

图 7-162　复制屋檐图形

3）单击"修改"工具栏中的"复制"按钮，选取窗户图形，继续向上复制，如图 7-163 所示。

图 7-163　复制图形

4）单击"绘图"工具栏中的"直线"按钮和"修改"工具栏中的"偏移"按钮，绘制屋檐，如图 7-164 所示。

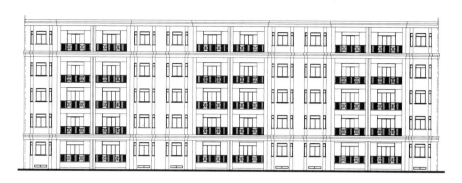

图 7-164　绘制屋檐

5）单击"修改"工具栏中的"复制"按钮 ，选取相同窗户图形向上复制，单击"绘图"工具栏中的"直线"按钮 ，在复制窗户图形上方绘制一条水平直线，单击"修改"工具栏中的"修剪"按钮 ，修剪过长线段，如图 7-165 所示。

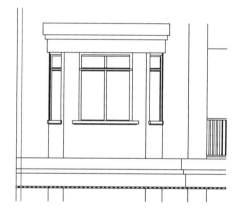

图 7-165　绘制短屋檐

6）单击"修改"工具栏中的"复制"按钮 ，选取上一步绘制的短屋檐图形进行复制，如图 7-166 所示。

图 7-166　复制短屋檐

7）利用绘制短屋檐的方法绘制剩余长屋檐，如图 7-167 所示。

图 7-167　绘制长屋檐

8）单击"绘图"工具栏中的"直线"按钮 ，和"修改"工具栏中的"修剪"按钮 ，对窗户图形进行修剪，完成图形绘制，如图 7-168 所示。

图 7-168　修剪图形

9）单击"绘图"工具栏中的"直线"按钮 ，在图形上方绘制一条水平直线，如图 7-169 所示。

图 7-169　绘制直线

10）单击"绘图"工具栏中的"矩形"按钮 和"修改"工具栏中"修剪"按钮 、"偏移"按钮 ，绘制顶部窗户，如图 7-170 所示。

图 7-170　绘制窗户

11）单击"修改"工具栏中的"复制"按钮 🗐，选取上一步绘制的窗户图形向右复制，如图 7-171 所示。

图 7-171 复制窗户

12）单击"绘图"工具栏中的"直线"按钮 ∕，绘制连续直线，如图 7-172 所示。

图 7-172 绘制直线

13）单击"修改"工具栏中的"偏移"按钮 ⬚，选取上一步绘制的水平直线向上偏移，如图 7-173 所示。

图 7-173 绘制屋檐

14）单击"绘图"工具栏中的"直线"按钮 ∕ 和"修改"工具栏中的"偏移"按钮 ⬚，绘制多段平面屋顶，如图 7-174 所示。

图 7-174   绘制多段平面屋顶

15）单击"绘图"工具栏中的"直线"按钮，在上一步绘制的直线段中绘制斜向屋顶，如图 7-175 所示。

图 7-175   斜向屋顶

16）利用前面所学知识，绘制剩余图形，并将平面图形删除，结果如图 7-176 所示。

图 7-176   绘制剩余图形

7.2.6   绘制标高

1）单击"绘图"工具栏中的"直线"按钮，绘制标高，如图 7-177 所示。

2）单击"绘图"工具栏中的"多行文字"按钮 **A**，在标高上添加文字，最终完成标高的绘制。

3）单击"修改"工具栏中的"复制"按钮 ，选取已经绘制完成的标高进行复制，双击标高上的文字可以修改文字，完成所有标高的绘制，如图 7-178 所示。

图 7-177　绘制标高

图 7-178　绘制标高

7.2.7　添加文字说明

1）在命令行中输入"QLEADER"命令，为图形添加引线。单击"绘图"工具栏中的"多行文字"按钮 **A**，为图形添加文字说明，如图 7-179 所示。

图 7-179　添加文字说明

2）单击"绘图"工具栏中的"直线"按钮 和"圆"按钮 以及"多行文字"按钮 **A**，绘制轴号如图 7-120 所示。

砖混住宅的其他立面图包括 25～1 立面图、A～F 轴立面图、F～A 立面图的绘制方法与 1～25 立面图类似。由于篇幅所限，不再赘述，读者可以在随书光盘中查找相关图样文件。

第8章 砖混住宅剖面图及大样图的绘制

知识导引

建筑剖面图主要反映建筑物的结构形式、垂直空间利用、各层构造做法和门窗洞口高度等。建筑详图设计是建筑施工图绘制过程中的一项重要内容，与建筑构造设计息息相关。本章以砖混住宅剖面图和大样图为例，详细论述建筑剖面图和大样图的 CAD 绘制方法与相关技巧。

内容要点

> 学会绘制砖混住宅剖面图。
> 学会绘制楼梯放大图。
> 学会绘制卫生间放大图。

8.1 砖混住宅 1-1 剖面图绘制

本节思路

本节以砖混住宅楼剖面图为例，通过绘制墙体、门窗等剖面图形，建立标准层建筑剖面图及屋面剖面轮廓图，完成整个剖面图绘制。图 8-1 所示是某屋面结构剖面局部图形。

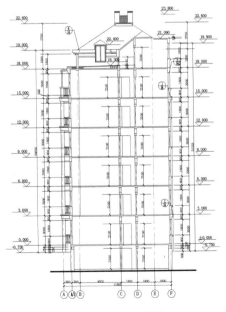

图 8-1 1-1 剖面图

参见
光盘   光盘\动画演示\第 8 章\砖混住宅 1-1 剖面图绘制.avi

8.1.1 设置绘图环境

1）在命令行中输入"LIMITS"命令设置图幅：设置图幅为 42000×29700。

2）单击"图层"工具栏中的"图层特性管理器"按钮，创建"剖面"图层，并将其设置为当前图层，如图 8-2 所示。

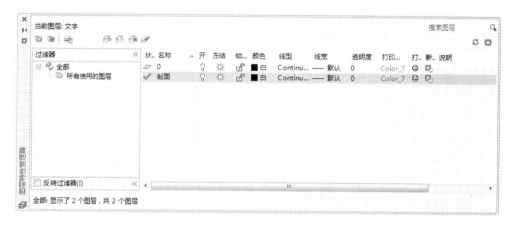

图 8-2 新建图层

8.1.2 图形整理

1）单击"标准"工具栏中的"打开"按钮，打开"源文件/一层平面图"。关闭不需要的图层，整理图形，如图 8-3 所示。

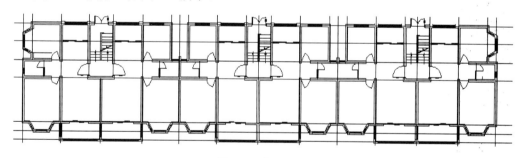

图 8-3 整理图形

2）框选图形，单击鼠标右键，打开快捷菜单中单击"剪贴板"→"带基点复制"选项，如图 8-4 所示。选取任意一点为基点复制一层平面图。

3）切换到"1-1 剖面图.dwg"图形，单击鼠标右键，在打开的快捷菜单中单击"剪贴板"→"粘贴"选项，如图 8-5 所示。

4）单击"修改"工具栏中的"旋转"按钮，选取复制的一层平面图进行旋转，旋转角度为-90°，如图 8-6 所示。

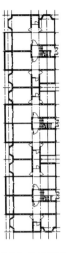

図 8-4　快捷菜单　　　　　図 8-5　快捷菜单　　　図 8-6　绘制室外地平线和一层楼板

8.1.3　绘制辅助线

1）单击"绘图"工具栏中的"多段线"按钮，指定起点宽度为 100，端点宽度为 100，在旋转后的一层平面图下方绘制室外地坪线，如图 8-7 所示。

2）单击"修改"工具栏中的"延伸"按钮，选取部分轴线，将其延伸到上一步绘制的地坪线上，结果如图 8-8 所示。

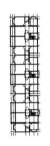

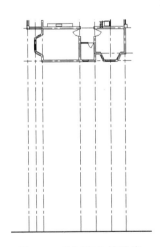

図 8-7　绘制地坪线　　　　　　　　図 8-8　绘制定位辅助线

8.1.4　绘制墙线

1）单击"修改"工具栏中的"偏移"按钮，选取左右两侧竖直轴线，分别向外偏移 120，并将偏移后的轴线切换到墙线层，如图 8-9 所示。

操作技巧

在绘制建筑剖面图中的门窗或楼梯时，除了利用前面介绍的方法直接绘制外，还可借助图库中的图形模块进行绘制。例如，一些未被剖切的可见门窗或一组楼梯栏杆等。在常见的室内图库中，有很多种类和尺寸的门窗和栏杆立面可供选择，绘图者只需找到合适的图形模块进行复制，然后粘贴到自己的图形中即可。如果图库中提供的图形模块与实际需要的图形之间存在尺寸或角度上的差异，可利用"分解"命令先将模块进行分解，然后利用"旋转"或"缩放"命令进行修改，将其调整到满意的结果后，插入到图中的相应位置。

2）单击"修改"工具栏中的"偏移"按钮，选取最左侧竖直直线向右偏移，偏移距离为370、530、240、130、770、4260、240、1560、240、3330、130，如图8-10所示。

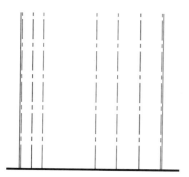

图 8-9　切换图层

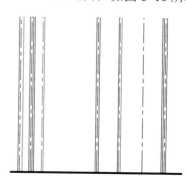

图 8-10　偏移线段

8.1.5　绘制楼板

1）单击"修改"工具栏中的"偏移"按钮，选取地坪线向上偏移，偏移距离为2700、3000、3000、3000、3000、3000、3000、4600，如图8-11所示。

2）单击"修改"工具栏中的"修剪"按钮，对偏移后的线段进行修剪，如图8-12所示。

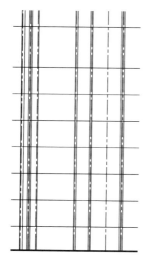

图 8-11　偏移线段

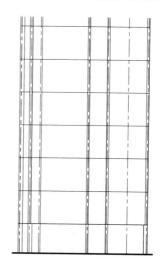

图 8-12　修剪线段

3）单击"修改"工具栏中的"偏移"按钮 ，选取除最上端最下端水平线以外所有水平直线分别向下偏移，偏移距离为100，400，1600。重复"偏移"命令，选取最下端水平线向下偏移，偏移距离为100，300，如图 8-13 所示。

4）单击"修改"工具栏中的"修剪"按钮 ，对偏移后的线段进行修剪，单击"修改"工具栏中的"删除"按钮 ，删除多余线段，如图 8-14 所示。

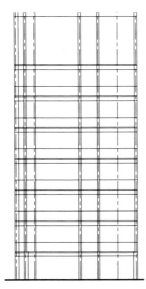

图 8-13　偏移水平直线

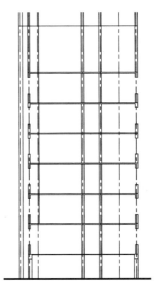

图 8-14　修剪线段

5）单击"修改"工具栏中的"偏移"按钮 ，选取最上端水平直线连续向下偏移，偏移距离为 4800、500、200、2300、500、200、2300、500、200、2300、500、200、2300、500、200、2300、500、200，如图 8-15 所示。

6）单击"修改"工具栏中的"修剪"按钮 ，对偏移线段进行修剪，如图 8-16 所示。

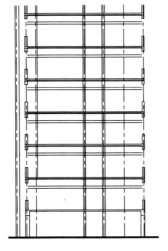

图 8-15　偏移线段

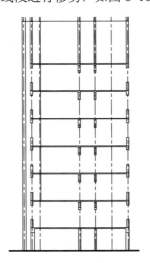

图 8-16　修剪偏移线段

8.1.6 绘制门窗

1）单击"修改"工具栏中的"偏移"按钮🔲，选取地坪线向上偏移，偏移距离为200、2100、200；然后单击"修改"工具栏中的"分解"按钮🔲，将偏移后的地坪线分解，最后单击"修改"工具栏中的"修剪"按钮🔲，进行修剪，如图8-17所示。

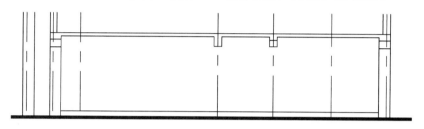

图8-17　修剪偏移线段

2）单击"绘图"工具栏中的"直线"按钮🔲，在修剪的窗洞口处绘制一条竖直直线，如图8-18所示。

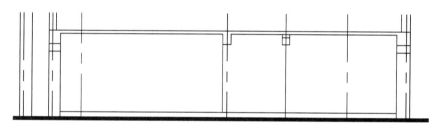

图8-18　绘制直线

3）单击"修改"工具栏中的"偏移"按钮🔲，选取上一步绘制的竖直直线向右偏移，偏移距离为80、80、80，如图8-19所示。

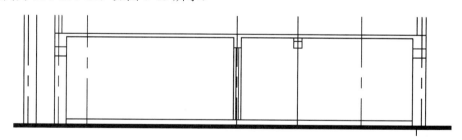

图8-19　偏移直线

4）利用上述绘制窗线的方法绘制剖面图中其他窗线，如图8-20所示。

5）单击"修改"工具栏中的"偏移"按钮🔲，选取地坪线向上偏移，偏移距离为2300、2500、3000、3000、3000、3000；选取左侧竖直轴线向右偏移，偏移距离为6720、900，最后单击"修改"工具栏中的"分解"按钮🔲，将偏移后的地坪线分解，结果如图8-21所示。

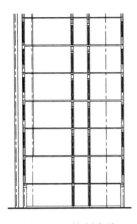

图 8-20　绘制窗线

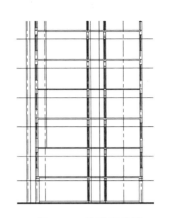

图 8-21　偏移竖直线

6）单击"修改"工具栏中的"修剪"按钮 ，对偏移后的线段进行修改，如图 8-22 所示。

7）单击"绘图"工具栏中的"直线"按钮 ，在图形适当位置绘制一条水平直线，使其在一层楼板线下 750，如图 8-23 所示。

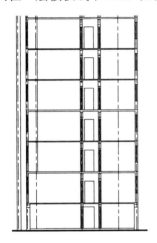

图 8-22　修剪图形

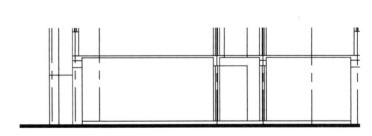

图 8-23　绘制水平直线

8）单击"修改"工具栏中的"偏移"按钮 ，选取上一步绘制的水平直线向上偏移，偏移距离为 900、90、10、700、50、1480、80、450、40、100，如图 8-24 所示。

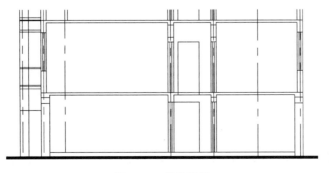

图 8-24　偏移线段

9）单击"修改"工具栏中的"偏移"按钮 ✍，选取左侧竖直直线向左偏移，偏移距离为 50、50、50。向右偏移距离为 800、50、50，单击"修改"工具栏中的"延伸"按钮 ⁻/，选取水平直线向左延伸到最左侧竖直直线，如图 8-25 所示。

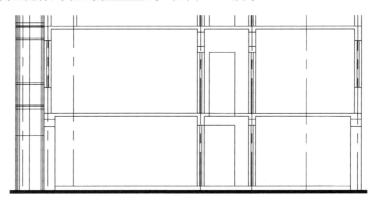

图 8-25　延伸线段

10）单击"修改"工具栏中的"修剪"按钮 ✄，对偏移线段进行修剪并整理图形，结果如图 8-26 所示。

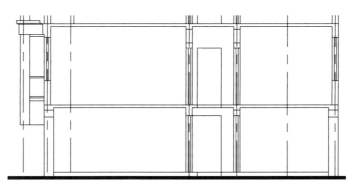

图 8-26　修剪图形

11）单击"绘图"工具栏中的"直线"按钮 ✐ 和"修改"工具栏中的"偏移"按钮 ✍，绘制内部图形，如图 8-27 所示。

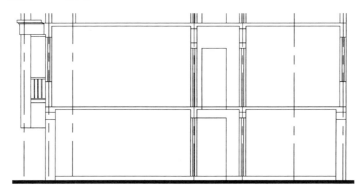

图 8-27　绘制内部图形

8.1.7 绘制剩余图形

1）利用"复制"等命令完成左侧图形绘制，如图 8-28 所示。

2）利用上述方法绘制右侧图形，如图 8-29 所示。

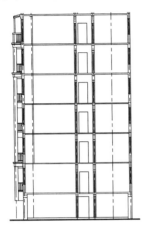

图 8-28 绘制左侧图形

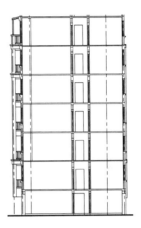

图 8-29 绘制右侧图形

3）单击"修改"工具栏中的"偏移"按钮，选取最上端水平直线向上偏移，偏移距离为 1200，如图 8-30 所示。

4）单击"绘图"工具栏中的"直线"按钮和"修改"工具栏中的"偏移"按钮，补充顶层墙体和窗线，如图 8-31 所示。

图 8-30 偏移线段

图 8-31 补充墙线

5）单击"绘图"工具栏中的"直线"按钮，绘制多段斜向直线，如图 8-32 所示。

6）单击"绘图"工具栏中的"直线"按钮和"矩形"按钮，绘制顶层小屋窗户大体轮廓。

7）单击"修改"工具栏中的"修剪"按钮和"偏移"按钮，细化窗户图形，如

图 8-33 所示。

8）利用上述方法完成剩余图形的绘制，如图 8-34 所示。

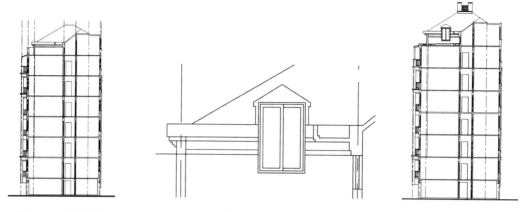
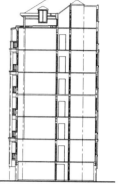

图 8-32　绘制直线　　　　　　　图 8-33　窗户图形　　　　　　图 8-34　绘制剩余图形

8.1.8　添加文字说明和标注

1）单击"标注"工具栏中的"线性"按钮┠┨和"连续"按钮┠┠┨，标注细部尺寸如图 8-35 所示。

2）单击"标注"工具栏中的"线性"按钮┠┨和"连续"按钮┠┠┨，标注第一道尺寸，如图 8-36 所示。

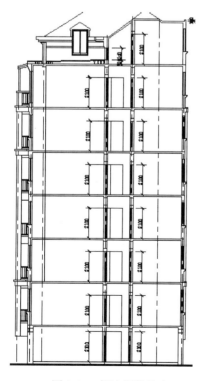
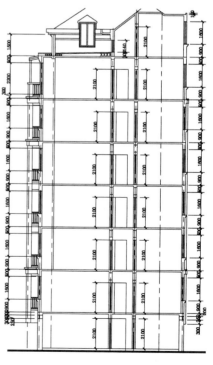

图 8-35　标注细部尺寸　　　　　　　　　　图 8-36　标注第一道尺寸

3）单击"标注"工具栏中的"线性"按钮├┤和"连续"按钮├┼┤，标注剩余尺寸，如图8-37所示。

4）单击"绘图"工具栏中的"直线"按钮╱和"多行文字"按钮Ａ，进行标高标注，如图8-38所示。

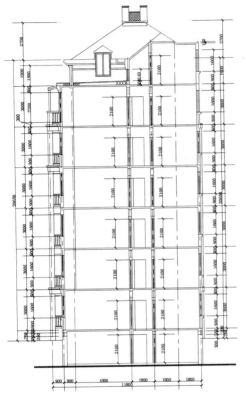

图8-37 标注剩余尺寸

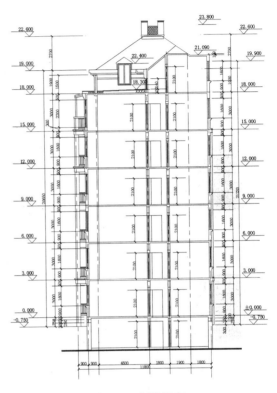

图8-38 标注标高

5）单击"绘图"工具栏中的"圆"按钮⊘、"多行文字"按钮Ａ和"修改"工具栏中的"复制"按钮⅋，标注轴线号和文字说明。最终完成 1-1 剖面图的绘制，如图 8-1 所示。

砖混住宅的其他剖面图还有 2-2 剖面图，其绘制方法与 1-1 剖面图类似。由于篇幅所限，不再赘述，读者可以在随书光盘中查找相关图样。

8.2 楼梯放大图

👉 **本节思路**

本节以砖混住宅地下层楼梯放大图制作为例讲述楼梯放大图的绘制过程。为了绘图简单准确，可以直接从砖混住宅地下层平面图中直接复制出楼梯间图样，再加以修改即可得到楼梯放大图，如图8-39所示。

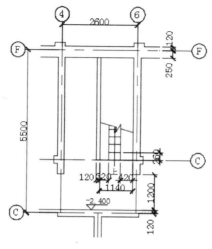

图 8-39　楼梯放大图

参见
光盘
　光盘\动画演示\第 8 章\楼梯放大图.avi

8.2.1　绘图准备

　　1）单击"标准"工具栏中的"打开"按钮 ，打开"源文件/砖混住宅地下层平面图"文件。

　　2）单击"修改"工具栏中的"复制"按钮 ，选择楼梯间图样，和轴线一起复制出来。然后检查楼梯的位置，如图 8-40 所示。

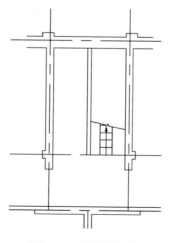

图 8-40　选楼梯间图

8.2.2　添加标注

　　楼梯平面标注尺寸包括定位轴线尺寸及编号、墙柱尺寸、门窗洞口尺寸、楼梯长和宽、平台尺寸等。符号、文字包括地面、楼面、平台标高、楼梯上下指引线及踏步级数、图名、比例等。

1）单击"标注"工具栏中的"线性"按钮⊢⊢和"连续"按钮⊞，标注楼梯间放大平面图，如图 8-41 所示。

2）单击"绘图"工具栏中的"圆"按钮⊘和"多行文字"按钮**A**，绘制轴号，如图 8-42 所示。

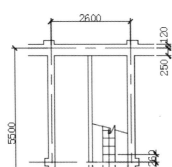

图 8-41　标注楼梯间图放大图

图 8-42　绘制轴号

3）单击"修改"工具栏中的"复制"按钮℧，选取上一步已经绘制完成的轴号，进行复制。并修改轴号内文字。完成图形内轴号的绘制，如图 8-43 所示。

4）单击"绘图"工具栏中的"直线"按钮⟋和"多行文字"按钮**A**，绘制楼梯间详图标高符号，如图 8-44 所示。

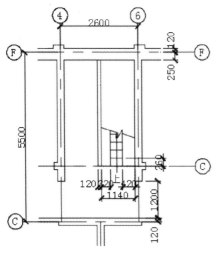

图 8-43　复制轴号

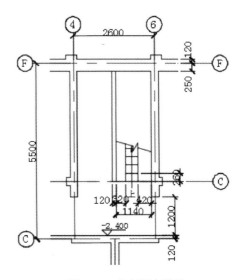

图 8-44　绘制标高符号

8.3 卫生间放大图

本节思路

以某砖混住宅一层卫生间放大图制作为例讲述卫生间放大图的绘制。为了绘图简单准确，可以直接从砖混住宅一层平面图中直接复制出卫生间图样，再加以修改即可得到卫生间放大图，如图 8-45 所示。

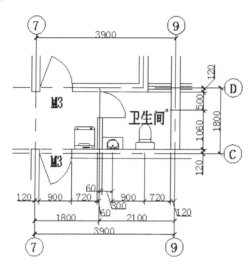

图 8-45　卫生间放大图

　光盘\动画演示\第 8 章\卫生间放大图.avi

8.3.1　绘图准备

首先单击"修改"工具栏中的"复制"按钮，先将卫生间图样连同轴线复制出来，然后检查平面墙体、门窗位置及尺寸的正确性，调整内部洗脸盆、坐便器等设备，使它们的位置、形状与设计意图和规范要求相符，接着，确定地面排水方向和地漏位置，如图 8-46 所示。

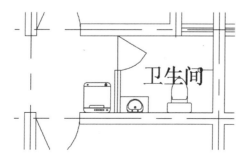

图 8-46　卫生间放大图

8.3.2 添加标注

1）单击"标注"工具栏中的"线性"按钮□和"连续"按钮█，标注卫生间放大平面图，如图 8-47 所示。

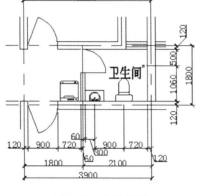

图 8-47 标注图形

2）单击"绘图"工具栏中的"圆"按钮◎和"多行文字"按钮█，绘制轴号，如图 8-48 所示。

3）单击"修改"工具栏中的"复制"按钮█，选取上一步已经绘制完成的轴号，进行复制，并修改轴号内文字。最后单击"绘图"工具栏中的"多行文字"按钮█，标注文字，完成卫生间放大图的绘制，如图 8-49 所示。

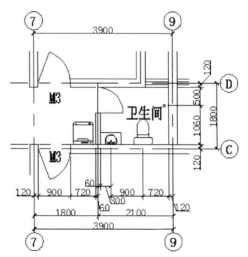

图 8-48 绘制轴号   图 8-49 复制轴号

砖混住宅的其他大样图还有节点大样图、二层楼梯放大图、三～五层楼梯放大图、三～六层楼梯放大图、夹层卫生间放大图，其绘制方法与楼梯放大图类似。由于篇幅所限，不再赘述，读者可以在随书光盘中查找相关图样。

第 **3** 篇

别墅建筑
设计实例篇

本篇介绍以下主要知识点：

- 别墅平面图的绘制
- 别墅装饰平面图的绘制
- 别墅立面图的绘制
- 别墅剖面图的绘制

第9章　别墅平面图的绘制

知识导引

本章将以别墅建筑平面图设计为例，详细讲述别墅建筑平面图的绘制过程。在讲述过程中，将逐步带领读者完成平面图的绘制，并讲述关于别墅平面设计的相关知识和技巧。本章包括别墅平面图绘制的知识要点，装饰图块的绘制，尺寸、文字标注等内容。

内容要点

➢ 建筑平面图概述。

➢ 本案例设计思想。

➢ 别墅地下室平面图。

➢ 首层平面图。

➢ 二层平面图。

9.1　本案例设计思想

本节思路

本实例介绍的是某城市别墅区独院别墅，砖混结构，建筑朝向偏南，主要空间阳光充足，地形方正，共三层，室内楼梯贯穿。配合建筑设计单位的房型设计，根据朝向、风向等自然因素以及考虑到居住者的生活便利等因素，做出了初步设计图，如图 9-1 所示。

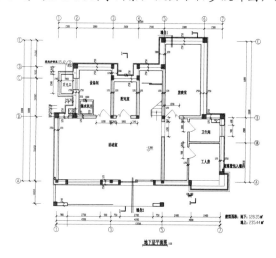

图 9-1　某别墅地下层、首层、二层平面图

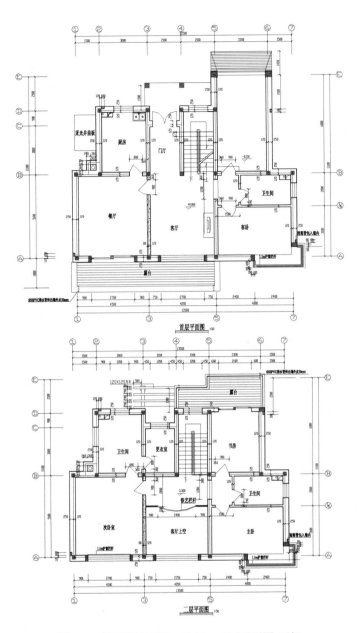

图 9-1　某别墅地下层、首层、二层平面图（续）

地下层布置了活动室、放映室、工人房、卫生间、设备间、配电室、集水坑和采光井。整个地下层的基本设计思路是把不适宜放在地上的或次要的建筑单元都放置在地下层。例如，活动室可能是举办家庭舞会或打乒乓球、台球等体育娱乐活动的空间，易产生比较大的噪声，放映室也易产生比较大的声音，这些声音容易干扰别墅内其他楼层或相邻建筑其他人的休息或活动，把这些单元放置在地下层，就极大地减少了对别人的干扰。工人房、设备间、配电室，这些建筑单元相对比较次要和琐碎，设置在其他楼层，有碍整个建筑楼层布置的美感和整体性，所以就集中在地下层，这就是设计思想中的所谓的"藏拙"。采光井是为地下层专门设计的特殊单元，地下层最大的问题在于见不到阳光，无法保持自然的空气流通。设置采光井，让阳光透进地下层，可以极大地改善地下层的通风和采光，把地下层和大自然连接起来，减少地下层的隔绝感和压抑感。

首层布置了客厅、餐厅、厨房、客卧、卫生间、门厅、露台等建筑单元。首层是最方便的楼层，也是对外展示最多的楼层，基本设计思路是把起居、会客活动经常用到的建筑单元尽量布置在首层。例如，客厅、客卧、餐厅、车库这些单元都是主人会客或进出经常使用的建筑单元，当然应该设置在首层。

首层的客厅、客卧、餐厅等对采光有一定要求的空间都设在别墅的南侧，采光、通风良好。餐厅是连接室内外的另一个重要空间，通常不设置室外门，本次设计在南侧设置了大尺度的玻璃室外门，连接室外露台及室内空间，使业主在就餐期间享受最佳的视野和环境。

二层的位置相对独立，是业主和家人的私人活动空间，这里布置主卧、次卧以及相应配套的独立卫生间以及更衣室、书房等，主卧和次卧之间通过过道相连。这里一个画龙点睛的精彩设计是将首层客厅的上方做成共享结构，这样就把整个别墅的首层和二层有机地连接起来，楼上楼下沟通方便，使整个别墅内部变成一个整体的"独立王国"。坐在客厅，上面是一片空旷，没有了那种单元楼的压抑感，有的是纵览整个别墅空间的满足感和成就感。二层占据了有利的高度，北侧大面积的室外观景平台，是业主与家人及朋友之间小聚的最佳静谧场所。

9.2 别墅地下室平面图

☞ 本节思路

地下室主要包括活动室、放映室、工人房、卫生间、设备间、配电室、集水坑和采光井。下面主要讲述地下室平面图（见图 9-2）的绘制方法。

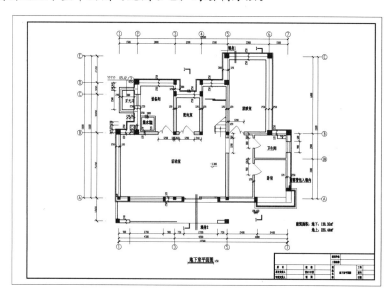

图 9-2 别墅地下室平面图

参见 光盘   光盘\视频教学\第9章\别墅地下室平面图.avi

9.2.1 绘图准备

1. 打开 AutoCAD 2016 应用程序，单击"标准"工具栏中的"新建"按钮，弹出"选择样板"对话框，如图 9-3 所示。以"acadiso.dwt"为样板文件建立新文件，并保存到适当的位置。

2. 设置单位。选择菜单栏中的"格式"→"单位"命令，系统打开"图形单位"对话框，如图 9-4 所示。设置长度"类型"为"小数"，"精度"为"0"；设置角度"类型"为"十进制度数"，"精度"为"0"；系统默认逆时针方向为正，插入时的缩放单位设置为"无单位"。

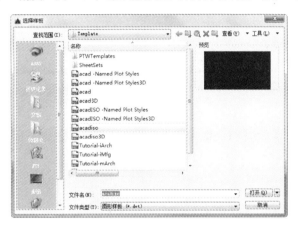

图 9-3　新建样板文件　　　　　　　　图 9-4　"图形单位"对话框

3. 在命令行中输入 LIMITS 命令设置图幅：420000mm×297000mm，命令行提示与操作如下。

命令：LIMITS↙

重新设置模型空间界限：

指定左下角点或 [开(ON)/关(OFF)]<0.0000,0.0000>：↙

指定右上角点 <12.0000,9.0000>：420000,297000↙

4. 新建图层。

1）单击"图层"工具栏中的"图层特性管理器"按钮，弹出"图层特性管理器"对话框，如图 9-5 所示。

> **！注 意**
>
> 　　在绘图过程中，往往有不同的绘图内容，如轴线、墙线、装饰布置图块、地板、标注、文字等，如果将这些内容均放置在一起，绘图之后若要删除或编辑某一类型的图形，将带来选取的困难。AutoCAD 提供了图层功能，为编辑带来了极大的方便。
>
> 　　在绘图初期可以建立不同的图层，将不同类型的图形绘制在不同的图层当中，在编辑时可以利用图层的显示和隐藏功能、锁定功能来操作图层中的图形，利于编辑运用。

图 9-5 "图层特性管理器"对话框

2）单击"图层特性管理器"对话框中的"新建图层"按钮 ，如图 9-6 所示。

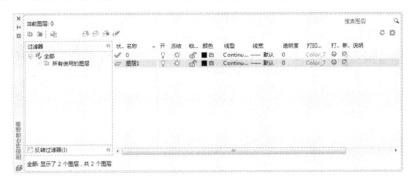

图 9-6 新建图层

3）新建图层的图层名称默认为"图层 1"，将其修改为"轴线"。图层名称后面的选项主要包括"开/关图层""在所有视口中冻结/解冻图层""锁定/解锁图层""图层默认颜色""图层默认线型""图层默认线宽""打印样式"等。其中，编辑图形时最常用的是"开/关图层""锁定/解锁图层"以及"图层默认颜色""线型的设置"等。

4）单击新建的"轴线"图层"颜色"栏中的色块，弹出"选择颜色"对话框，如图 9-7 所示，选择红色为轴线图层的默认颜色。单击"确定"按钮，返回"图层特性管理器"对话框。

5）单击"线型"栏中的选项，弹出"选择线型"对话框，如图 9-8 所示。

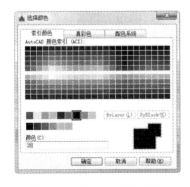

图 9-7 "选择颜色"对话框   图 9-8 "选择线型"对话框

轴线一般在绘图中应用点画线进行绘制，因此应将"轴线"图层的默认线型设为中心线。单击"加载"按钮，弹出"加载或重载线型"对话框，如图9-9所示。

6）在"可用线型"列表中选择"CENTER"线型，单击"确定"按钮返回"选择线型"对话框。选择刚刚加载的线型，如图9-10所示，单击"确定"按钮，轴线图层设置完毕。

图9-9 "加载或重载线型"对话框

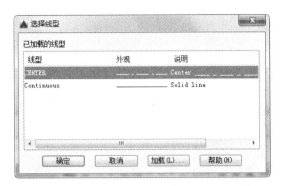

图9-10 加载线型

> **注意**
>
> 修改系统变量DRAGMODE，推荐修改为"AUTO"。系统变量为"ON"时，在选定要拖动的对象后，仅当在命令行中输入"DRAG"命令后才在拖动时显示对象的轮廓；系统变量为"OFF"时，在拖动时不显示对象的轮廓；系统变量为"AUTO"时，在拖动时总是显示对象的轮廓。

7）采用相同的方法按照以下说明，新建其他几个图层。
- "墙线"图层：颜色为白色，线型为实线，线宽为0.3。
- "门窗"图层：颜色为蓝色，线型为实线，线宽为默认。
- "轴线"图层：颜色为红色，线型为CENTER，线宽为默认。
- "文字"图层：颜色为白色，线型为实线，线宽为默认。
- "尺寸"图层：颜色为94，线型为实线，线宽为默认。
- "家具"图层：颜色为洋红，线型为实线，线宽为默认。
- "装饰"图层：颜色为洋红，线型为实线，线宽为默认。
- "绿植"图层：颜色为92，线型为实线，线宽为默认。
- "柱子"图层：颜色为白色，线型为实线，线宽为默认。
- "楼梯"图层：颜色为白色，线型为实线，线宽为默认。

在绘制的平面图中，包括轴线、门窗、装饰、文字和尺寸标注几项内容，分别按照上面所介绍的方式设置图层。其中的颜色可以依照读者的绘图习惯自行设置，并没有具体的要求。设置完成后的"图层特性管理器"对话框如图9-11所示。

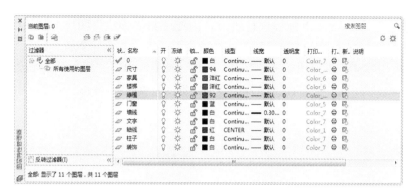

图 9-11　设置图层

> **注　意**
>
> 　　有时在绘制过程中需要删除不要的图层，此时可以将无用的图层先关闭，再全选、粘贴至一新文件中，那些无用的图层就不会粘贴过来。如果曾经在某个不要的图层中定义过块，又在另一图层中插入了这个块，那么这个不要的图层是不能用这种方法删除的。

9.2.2　绘制轴线

1）在"图层"工具栏的下拉列表中，选择"轴线"图层为当前层，如图 9-12 所示。

图 9-12　设置当前图层

2）单击"绘图"工具栏中的"直线"按钮 ∠，在空白区域任选一点为起点，绘制一条长度为 16687 的竖直轴线。命令行提示与操作如下：

命令: LINE↙

指定第一点:↙（任选起点）

指定下一点或 [放弃(U)]: @0,16687↙

结果如图 9-13 所示。

3）单击"绘图"工具栏中的"直线"按钮 ∠，以上一步绘制的竖直直线下端点为起点，向右绘制一条长度为 15512 的水平轴线，结果如图 9-14 所示。

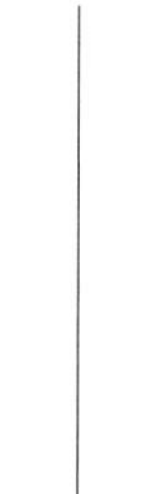

图 9-13　绘制竖直轴线

图 9-14　绘制轴线

4）此时，轴线的线型虽然为中心线，但是由于比例太小，显示出来还是实线的形式。选择刚刚绘制的轴线并单击鼠标右键，在弹出的如图 9-15 所示的快捷菜单中选择"特性"命令，弹出"特性"对话框，如图 9-16 所示。将"线型比例"设置为 100，轴线显示如图 9-17 所示。

图 9-15　快捷菜单

图 9-16　"特性"对话框

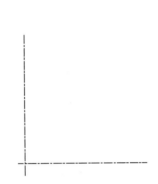

图 9-17　修改轴线比例

5）单击"修改"工具栏中的"偏移"按钮，设置"偏移距离"为"910"，按〈Enter〉键确认后选择竖直直线为偏移对象，在直线右侧单击鼠标左键，将直线向右偏移910 的距离，命令行提示与操作如下：

命令：_OFFSET↙
当前设置：删除源=否　图层=源　OFFSETGAPTYPE=0
指定偏移距离或[通过(T)/删除(E)/图层(L)]<通过>：910↙

选择要偏移的对象或[退出(E)/放弃(U)]<退出>: ∠（选择竖直直线）

指定要偏移的那一侧上的点或[退出(E)/多个(M)/放弃(U)]<退出>: ∠（在水平直线右侧单击鼠标左键）

选择要偏移的对象或[退出(E)/放弃(U)]<退出>: ∠

结果如图 9-18 所示。

6）选择上一步偏移直线为偏移对象，将直线向右进行偏移，偏移距离为 625、2255、810、660、1440、1440、636、2303、1085、1500，如图 9-19 所示。

7）单击"修改"工具栏中的"偏移"按钮 ≜，选择底部水平直线为偏移对象向上进行偏移，偏移距离为 1700、1980、3250、3000、900、2100，结果如图 9-20 所示。

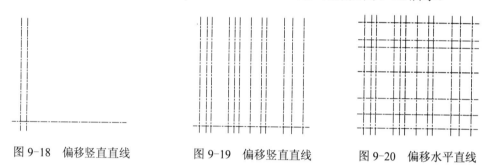

图 9-18　偏移竖直直线　　　　图 9-19　偏移竖直直线　　　　图 9-20　偏移水平直线

9.2.3　绘制及布置墙体柱子

1）在"图层"工具栏的下拉列表中，选择"柱子"图层作为当前层，如图 9-21 所示。

2）单击"绘图"工具栏中的"矩形"按钮 ▢，在图形空白区域绘制一个"370×370"的矩形，如图 9-22 所示。

图 9-21　设置当前图层　　　　　　　　　　图 9-22　绘制矩形

3）单击"绘图"工具栏中的"图案填充"按钮 ▨，打开"图案填充创建"选项板，选择"ANSI31"，并设置相关参数，如图 9-23 所示，单击"拾取点"按钮选择相应区域内一点，确认后，效果如图 9-24 所示。

图 9-23　"图案填充创建"选项卡

图 9-24　填充图形

利用上述方法绘制 240×240、240×370、370×240、300×300、180×370 的柱子。

4）单击"修改"工具栏中的"复制"按钮，选择"370×370"的矩形为复制对象，将其放置到图形轴线上，如图9-25所示。

5）单击"修改"工具栏中的"复制"按钮，选择"240×370"的矩形为复制对象，将其放置到图形轴线上，如图9-26所示。

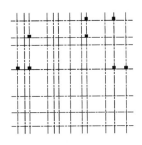

图9-25 复制柱子

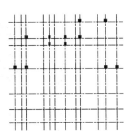

图9-26 复制柱子

6）单击"修改"工具栏中的"复制"按钮，选择"240×240"的矩形为复制对象，将其放置到图形轴线上，如图9-27所示。

利用上述方法完成剩余柱子图形的布置，如图9-28所示。

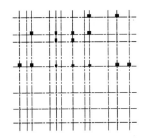

图9-27 复制柱子

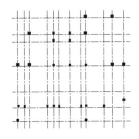

图9-28 布置柱子

7）单击"绘图"工具栏中的"多段线"按钮，指定起点宽度为25、端点宽度为25，绘制柱子之间的连接线，如图9-29所示。

8）单击"绘图"工具栏中的"多段线"按钮，指定起点宽度为25，端点宽度为25，完成剩余墙线的绘制，如图9-30所示。

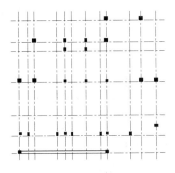

图9-29 绘制墙线

图9-30 绘制剩余墙线

9）单击"轴线"图层前面的"开/关"按钮，使其处于关闭状态，关闭轴线图层，结果如图 9-31 所示。

10）单击"绘图"工具栏中的"多段线"按钮 ，指定起点宽度为 5、端点宽度为 5，在距离墙线外侧 60 处，绘制图形中的外围墙线，如图 9-32 所示。

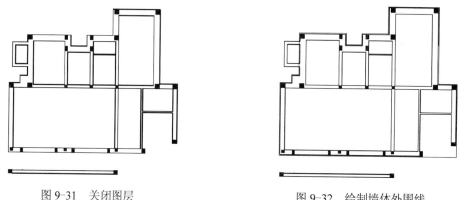

图 9-31　关闭图层　　　　　　　　　　图 9-32　绘制墙体外围线

11）在"图层"工具栏的下拉列表中，选择"门窗"图层为当前层，如图 9-33 所示。

图 9-33　设置当前图层

12）单击"绘图"工具栏中的"直线"按钮 ，在图形适当位置绘制一条竖直直线，如图 9-34 所示。

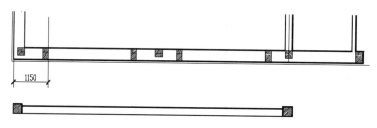

1150

图 9-34　绘制竖直直线

13）单击"修改"工具栏中的"偏移"按钮 ，选择上一步绘制的竖直直线为偏移对象，向右进行偏移，偏移距离为 2700，如图 9-35 所示。

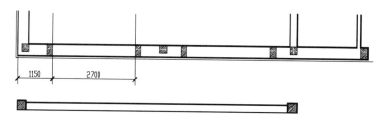

1150　　2700

图 9-35　偏移线段

利用上述方法完成剩余窗户辅助线的绘制，如图 9-36 所示。

14）单击"修改"工具栏中的"修剪"按钮 ，选择上一步绘制的窗户辅助线间的墙体为修剪对象，对其进行修剪，如图 9-37 所示。

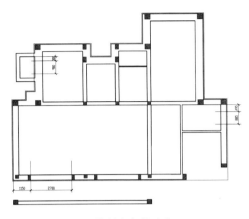

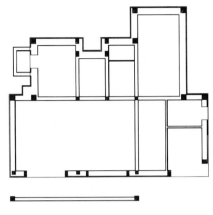

图 9-36 绘制窗户辅助线

图 9-37 修剪窗线

门洞线的绘制方法与窗洞线的绘制方法基本相同，不再赘述，如图 9-38 所示。

15）单击"修改"工具栏中的"修剪"按钮，选择门窗洞口线间墙体为修剪对象，对其进行修剪，如图 9-39 所示。

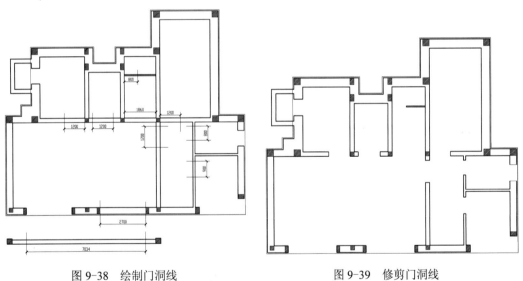

图 9-38 绘制门洞线

图 9-39 修剪门洞线

⚠ 注 意

如果不事先设置线型，除了基本的 continuous 线型外，其他的线型不会显示在"线型"选项后面的下拉列表中。

16）执行菜单栏中的"格式"→"多线样式"命令，打开"多线样式"对话框，如图 9-40 所示。

17）在"多线样式"对话框中，单击右侧的"新建"按钮，打开"创建新的多线样式"对话框，如图 9-41 所示。在"新样式名"文本框中输入"窗"作为多线的名称。单击"继续"按钮，打开"新建多线样式：窗"对话框，如图 9-42 所示。

图 9-40 "多线样式"对话框

图 9-41 "创建新的多线样式"对话框

图 9-42 "新建多线样式：窗"对话框

18）窗户所在墙体宽度为 370，将偏移分别修改为 185 和-185，61.6 和-61.6，单击"确定"按钮，回到"多线样式"对话框中，单击"置为当前"按钮，将创建的多线样式设为当前多线样式，单击"确定"按钮，回到绘图状态。

19）选择菜单栏中的"绘图"→"多线"命令，绘制窗线，命令行提示与操作如下：

命令: MLINE✓

当前设置: 对正 = 上，比例 = 20.00，样式 = 窗

指定起点或 [对正(J)/比例(S)/样式(ST)]:j✓

输入对正类型 [上(T)/无(Z)/下(B)] <上>:z✓

当前设置: 对正 = 无，比例 = 20.00，样式 = 窗

指定起点或 [对正(J)/比例(S)/样式(ST)]:s✓

输入多线比例 <20.00>:1✓

当前设置: 对正 = 无，比例 = 8.00，样式 = 窗

指定起点或 [对正(J)/比例(S)/样式(ST)]:✓

指定下一点:✓

指定下一点或 [放弃(U)]:✓

结果如图 9-43 所示。

20）执行菜单栏"格式"→"多线样式"命令，打开"多线样式"对话框，在"多线样式"对话框中，单击右侧的"新建"按钮，打开"创建新的多线样式"对话框，如图 9-41 所示。在"新样式名"文本框中输入"500 窗"，作为多线的名称。单击"继续"按钮，打开编辑多线的对话框。

21）窗户所在墙体宽度为 500，将偏移分别修改为 250 和-250，89.3 和-89.3，单击"确定"按钮，回到"多线样式"对话框中，单击"置为当前"按钮，将创建的多线样式设为当前多线样式，单击"确定"按钮，回到绘图状态。

22）选择菜单栏中的"绘图"→"多线"命令，在修剪的窗洞内绘制多线，完成窗线的绘制，如图 9-44 所示。

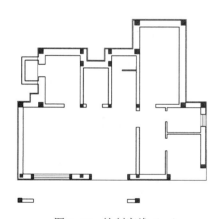

图 9-43　绘制窗线（一）

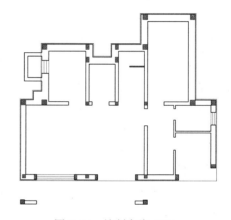

图 9-44　绘制窗线（二）

23）单击"绘图"工具栏中的"多段线"按钮，指定起点宽度为 0、端点宽度为 0，在墙线外围绘制连续多段线，如图 9-45 所示。

24）单击"修改"工具栏中的"偏移"按钮，选择上一步绘制的多段线为偏移对象，向内进行偏移，偏移距离为 100、33、34、33，结果如图 9-46 所示。

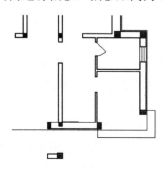

图 9-45　绘制多段线

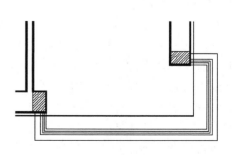

图 9-46　偏移多段线

9.2.4 绘制门

1）单击"绘图"工具栏的"直线"按钮，在图形空白区域绘制一条长为 318 的竖直直线，如图 9-47 所示。

2）单击"修改"工具栏中的"旋转"按钮○，选择上一步绘制的竖直直线为旋转对象，以竖直直线下端点为旋转基点将其旋转-45°，如图 9-48 所示。

图 9-47　绘制竖直直线　　　　　　　图 9-48　旋转竖直直线

3）单击"绘图"工具栏中的"圆弧"按钮，利用"起点、端点、角度"绘制一段角度为 90°的圆弧，命令行提示与操作如下：

命令:_ARC↙

指定圆弧的起点或 [圆心(C)]:（选择斜线下端点）↙

指定圆弧的第二个点或 [圆心(C)/端点(E)]:_E↙

指定圆弧的端点:（选择左上方门洞竖线与墙轴线交点）↙

指定圆弧的中心点(按住〈Ctrl〉键以切换方向)或 [角度(A)/方向(D)/半径(R)]:_a↙

指定夹角(按住〈Ctrl〉键以切换方向):-90↙

结果如图 9-49 所示。

同理绘制右侧大门图形，完成右侧大门的绘制，如图 9-50 所示。

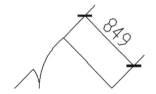

图 9-49　绘制圆弧　　　　　　　　　图 9-50　绘制门

4）在命令行中输入"WBLOCK"命令，打开"写块"对话框，如图 9-51 所示，以"M1"为对象，以左下角的竖直线的中点为基点，定义"单扇门"图块。

对开门的绘制方法与单扇门的绘制方法基本相同，不再赘述，结果如图 9-52 所示。

5）在命令行中输入"WBLOCK"命令，打开"写块"对话框，如图 9-51 所示，以绘制的双扇门为对象，以左下角的竖直线的中点为基点，定义"双扇门"图块。

6）单击"绘图"工具栏中的"插入块"按钮，弹出"插入"对话框，如图 9-53 所示。

7）单击"浏览"按钮，弹出"选择图形文件"对话框，选择"源文件/图块/单扇门"图块，设置旋转角度为 270°，单击"打开"按钮，回到"插入"对话框，单击"确定"按钮，完成图块插入，如图 9-54 所示。

图 9-51　"写块"对话框

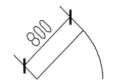

图 9-52　绘制对开门

图 9-53　"插入"对话框

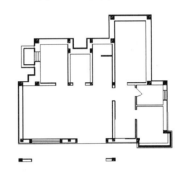

图 9-54　插入门（一）

8）单击"绘图"工具栏中的"插入块"按钮，弹出"插入"对话框，如图 9-53 所示。单击"浏览"按钮，弹出"选择图形文件"对话框，选择"源文件/图块/单扇门"图块，设置旋转角度为 270°，设置比例为 8:1，单击"打开"按钮，回到"插入"对话框，单击"确定"按钮，完成图块插入，如图 9-55 所示。

9）单击"绘图"工具栏中的"插入块"按钮，弹出"插入"对话框，如图 9-53 所示。单击"浏览"按钮，弹出"选择图形文件"对话框，选择"源文件/图块/对开门"图块，单击"打开"按钮，回到"插入"对话框，单击"确定"按钮，完成图块插入，如图 9-56 所示。

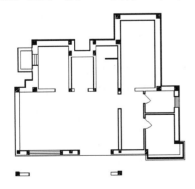

图 9-55　插入门（二）

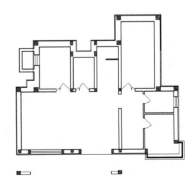

图 9-56　插入对开门

10）单击"绘图"工具栏中的"直线"按钮 ，在图形底部绘制一条水平直线，如图 9-57 所示。

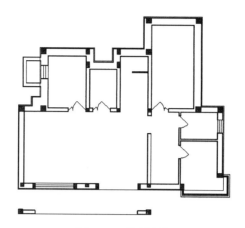

图 9-57　绘制直线

11）单击"绘图"工具栏中的"矩形"按钮 ，在上一步绘制的直线上方绘制一个"3780×25"的矩形，如图 9-58 所示。

12）单击"绘图"工具栏中的"直线"按钮 和"矩形"按钮 ，绘制剩余部分的门图形，如图 9-59 所示。

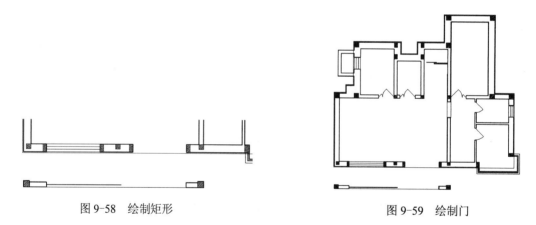

图 9-58　绘制矩形　　　　　　　　　　　图 9-59　绘制门

> **注意**
>
> 绘制圆弧时，注意指定合适的端点或圆心，指定端点的时针方向即为绘制圆弧的方向。例如，要绘制下半圆弧，则起始端点应在左侧，终端点应在右侧，此时端点的时针方向为逆时针，即得到相应的逆时针圆弧。

> **注意**
>
> 插入时注意指定插入点和旋转比例。

9.2.5 绘制楼梯

1．绘制楼梯时的参数

1）楼梯形式（单跑、双跑、直行、弧形等）。

2）楼梯各部位长、宽、高 3 个方向的尺寸，包括楼梯总宽、总长、楼梯宽度、踏步宽度、踏步高度、平台宽度等。

3）楼梯的安装位置。

2．楼梯的绘制方法

1）将楼梯层设为当前图层，如图 9-60 所示。

图 9-60　设置当前图层

2）单击"绘图"工具栏中的"直线"按钮 ，在楼梯间内绘制一条长为 900 的水平直线，如图 9-61 所示。

3）单击"绘图"工具栏中的"矩形"按钮 ，在楼梯间水平线左侧绘制一个"50×1320"的矩形，如图 9-62 所示。

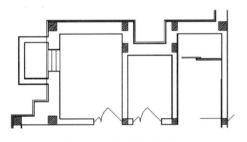
图 9-61　绘制水平直线

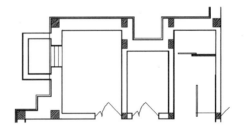
图 9-62　绘制矩形

4）单击"修改"工具栏中的"偏移"按钮 ，选择上一步绘制的水平直线为偏移对象，向上进行偏移，偏移距离为 270、270、270、270，如图 9-63 所示。

5）单击"绘图"工具栏中的"直线"按钮 ，在上一步偏移线段内绘制一条斜向直线，如图 9-64 所示。

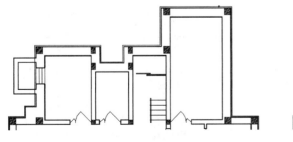
图 9-63　偏移线段

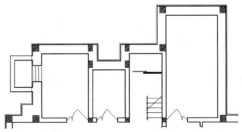
图 9-64　绘制斜线

6）单击"修改"工具栏中的"修剪"按钮 ，选择上一步绘制的斜线上方的线段进行修剪，如图 9-65 所示。

7）单击"绘图"工具栏中的"直线"按钮，在所绘图形中间位置绘制一条竖直直线，如图 9-66 所示。

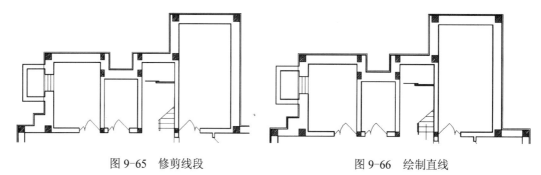

图 9-65　修剪线段　　　　　　　　　图 9-66　绘制直线

8）单击"绘图"工具栏中的"直线"按钮，以上一步绘制的竖直直线上端点为直线起点向下绘制一条斜向直线，如图 9-67 所示。

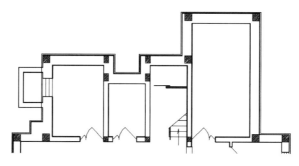

图 9-67　绘制直线

9.2.6　绘制集水坑

1）单击"绘图"工具栏中的"多段线"按钮，指定起点宽度为 15、端点宽度为 15，在图形适当位置绘制连续多段线，如图 9-68 所示。

2）单击"修改"工具栏中的"偏移"按钮，选择上一步绘制的连续多段线为偏移对象，向内进行偏移，偏移距离为 100，如图 9-69 所示。

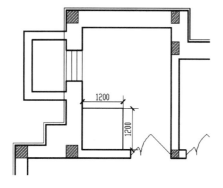
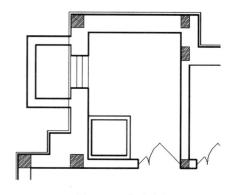

图 9-68　绘制多段线　　　　　　　　　图 9-69　偏移线段

9.2.7 绘制内墙烟囱

1）单击"绘图"工具栏中的"多段线"按钮 ➟，指定起点宽度为15、端点宽度为 15，在上一步图形左侧位置，绘制"360×360"的正方形，如图 9-70 所示。

2）单击"绘图"工具栏中的"直线"按钮 ✎，过上一步绘制的正方形四边中点绘制十字交叉线，如图 9-71 所示。

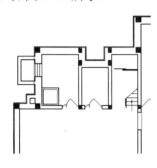

图 9-70　绘制正方形

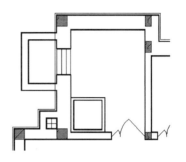

图 9-71　绘制交叉线

3）单击"绘图"工具栏中的"圆"按钮 ⊙，选择上一步绘制的十字交叉线中点为圆心绘制一个适当半径的圆，如图 9-72 所示。

4）单击"修改"工具栏中的"删除"按钮 ✐，选择上一步绘制的十字交叉线为删除对象将其删除，如图 9-73 所示。

图 9-72　绘制圆

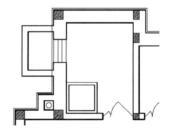

图 9-73　删除线段

利用相同方法绘制图形中的雨水管，如图 9-74 所示。

5）单击"绘图"工具栏中的"直线"按钮 ✎，绘制图形中的剩余连接线，如图 9-75 所示。

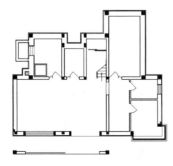

图 9-74　绘制雨水管

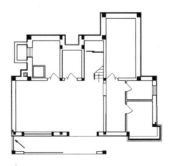

图 9-75　绘制连接线

6）单击"绘图"工具栏中的"多段线"按钮⌐⇀，指定起点宽度为 25、端点宽度为 25，在图形适当位置绘制连续多段线，如图 9-76 所示。

7）单击"绘图"工具栏中的"多段线"按钮⌐⇀，指定起点宽度为 25、端点宽度为 25，过上一步绘制的多段线底部水平边中点为直线起点向上绘制一条竖直直线，如图 9-77 所示。

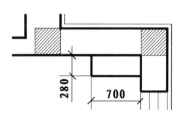
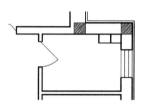

图 9-76　绘制多段线　　　　　　　　　　图 9-77　绘制竖直直线

8）单击"绘图"工具栏中的"圆"按钮⊙，在上一步绘制的图形内适当位置选一点为圆心，绘制一个半径为 50 的圆，如图 9-78 所示。

9）单击"绘图"工具栏中的"直线"按钮／，在上一步绘制的图形内绘制连续直线，如图 9-79 所示。

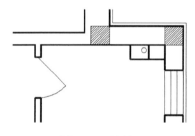
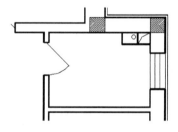

图 9-78　绘制圆　　　　　　　　　　　图 9-79　绘制连续直线

10）单击"绘图"工具栏中的"多段线"按钮⌐⇀，在图形适当位置绘制一个"178×74"的矩形，如图 9-80 所示。

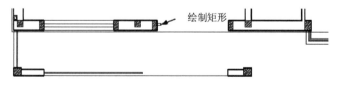

图 9-80　绘制矩形

11）单击"修改"工具栏中的"复制"按钮℃，选择上一步绘制的矩形为复制对象，对其进行连续复制，如图 9-81 所示。

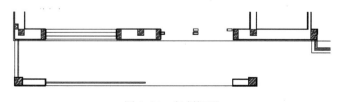

图 9-81　复制矩形

12）单击"绘图"工具栏中的"直线"按钮 ✎，绘制上一步复制的矩形之间的连接线，如图 9-82 所示。

13）在"图层"工具栏的下拉列表中，选择"尺寸"图层为当前层，如图 9-83 所示。

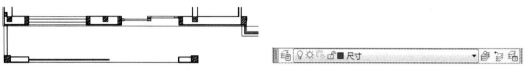

图 9-82　绘制矩形间连接线　　　　　　　图 9-83　设置当前图层

14）设置标注样式。

执行菜单栏中的"格式"→"标注样式"命令，弹出"标注样式管理器"对话框，如图 9-84 所示。

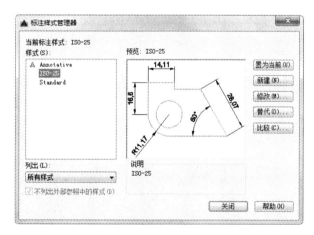

图 9-84　"标注样式管理器"对话框

单击"修改"按钮，弹出"修改标注样式"对话框。单击"线"选项卡，对话框显示如图 9-85 所示，按照图中的参数修改标注样式。

图 9-85　"线"选项卡

单击"符号和箭头"选项卡，按照图 9-86 所示的设置进行修改，箭头样式选择为"建筑标记"，箭头大小修改为 400。

图 9-86 "符号和箭头"选项卡

在"文字"选项卡中设置"文字高度"为 450，如图 9-87 所示。

图 9-87 "文字"选项卡

"主单位"选项卡中的设置如图 9-88 所示。

15）在工具栏中任意位置单击右键，在弹出的快捷菜单中选择"标注"选项，将"标注"工具栏显示在屏幕上，如图 9-89 所示。

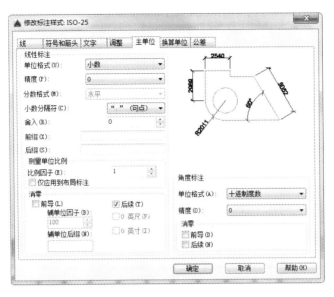

图9-88 "主单位"选项卡

16）单击"绘图"工具栏中的"直线"按钮，在墙内绘制标注辅助线，如图9-90所示。

图9-89 选择"标注"选项和"标注"工具栏

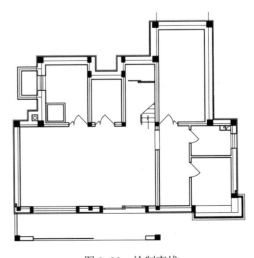

图9-90 绘制直线

17）将"尺寸标注"图层设为当前层，单击"标注"工具栏中的"线性"按钮，标注图形细部尺寸，命令行提示与操作如下：

命令：DIMLINEAR↙

指定第一个尺寸界线原点或 <选择对象>::↙（指定一点）

指定第二条尺寸界线原点或 :↙（指定第二点）

指定尺寸线位置或[多行文字(M)/文字(T)/角度(A)/水平(H)/垂直(V)/旋转(R)]:↙（指定合适的位置）

逐个标注，结果如图 9-91 所示。

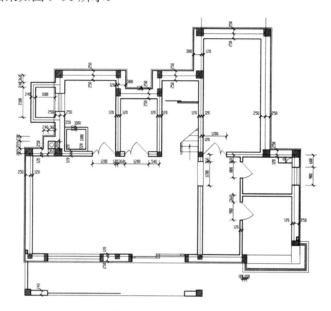

图 9-91　标注细部尺寸

18）单击"标注"工具栏中的"线性"按钮 和"连续"按钮 ，标注图形第一道尺寸，如图 9-92 所示。

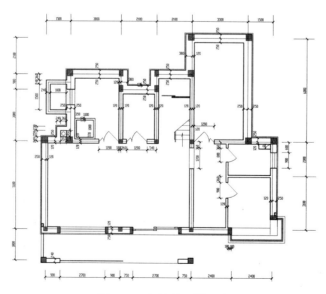

图 9-92　标注第一道尺寸

19）单击"标注"工具栏中的"线性"按钮 □ 和"连续"按钮 □，标注图形第二道尺寸，如图9-93所示。

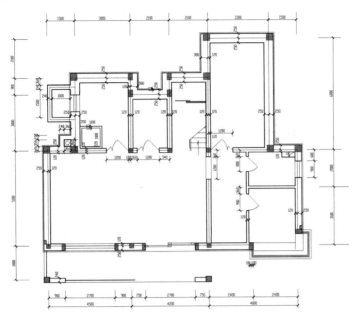

图9-93　标注第二道尺寸

20）单击"标注"工具栏中的"线性"按钮 □ 和"连续"按钮 □，标注图形总尺寸，如图9-94所示。

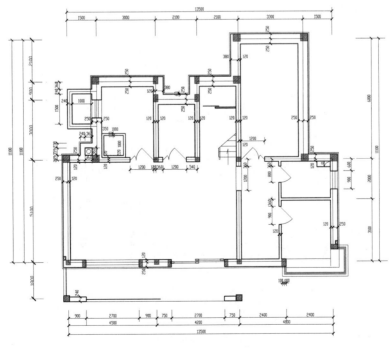

图9-94　标注总尺寸

21）单击"修改"工具栏中的"分解"按钮 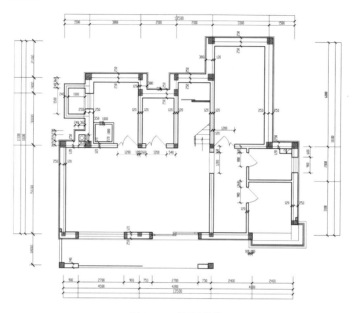，选取标注的第二道尺寸为分解对象，单击〈Enter〉键确认进行分解。

22）单击"绘图"工具栏中的"直线"按钮 ，分别在横竖 4 条总尺寸线上方绘制 4 条直线，如图 9-95 所示。

图 9-95　绘制直线

23）单击"修改"工具栏中的"延伸"按钮 ，选取分解后的标注线段，进行延伸，延伸至上一步绘制的直线，如图 9-96 所示。

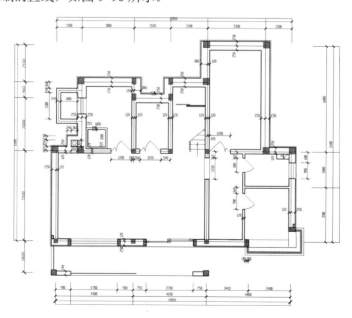

图 9-96　延伸直线

24）单击"修改"工具栏中的"删除"按钮 ✎，选择绘制的直线为删除对象，对其进行删除，如图 9-97 所示。

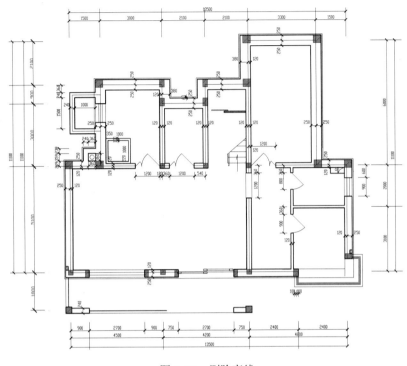

图 9-97 删除直线

9.2.8 添加轴号

1）单击"绘图"工具栏中的"圆"按钮 ⊙，在适当位置绘制一个半径为 500 的圆，如图 9-98 所示。

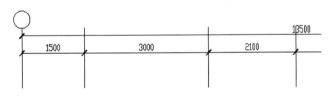

图 9-98 绘制圆

2）单击菜单栏中的"绘图"→"块"→"属性定义"命令，弹出"属性定义"对话框，如图 9-99 所示，单击"确定"按钮，在圆心位置输入一个块的属性值。设置完成后的效果如图 9-100 所示。

3）单击"绘图"工具栏中的"创建块"按钮 ▱，弹出"块定义"对话框，如图 9-101 所示。在"名称"文本框中输入"轴号"，指定圆心为基点，选择整个圆和刚才的"轴号"标记为对象，单击"确定"按钮，弹出如图 9-102 所示的"编辑属性"对话框，输入轴号为 1，单击"确定"按钮，轴号效果图如图 9-103 所示。

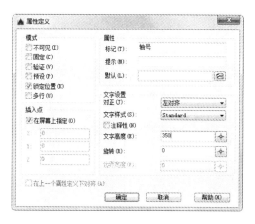

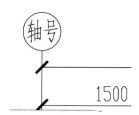

图 9-99　块属性定义

图 9-100　在圆心位置输入属性值

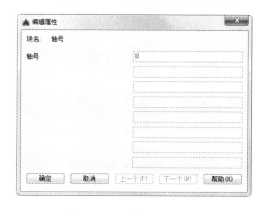

图 9-101　"块定义"对话框

图 9-102　"编辑属性"对话框

4）单击"绘图"工具栏中的"插入块"按钮 ，弹出"插入"对话框，将轴号图块插入到轴线上，并修改图块属性，结果如图 9-104 所示。

图 9-103　输入轴号

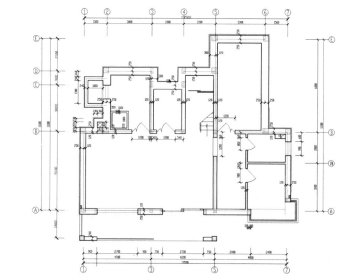

图 9-104　标注轴号

9.2.9 绘制标高

1）单击"绘图"工具栏中的"直线"按钮✏，在图形空白区域绘制一条长为 500 的水平直线，如图 9-105 所示。

2）单击"绘图"工具栏中的"直线"按钮✏，以上一步绘制的水平直线左端点为起点绘制一条斜向直线，如图 9-106 所示。

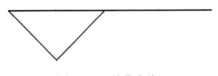

图 9-105 绘制水平直线

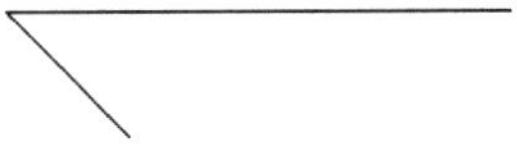

图 9-106 绘制直线

3）单击"修改"工具栏中的"镜像"按钮▲，选择上一步绘制的斜向直线为镜像对象，对其进行竖直镜像，如图 9-107 所示。

4）单击"绘图"工具栏中的"多行文字"按钮 **A**，在上一步图形上方添加文字，如图 9-108 所示。

图 9-107 镜像直线

图 9-108 添加文字

5）单击"修改"工具栏中的"移动"按钮✛，选择上一步绘制的标高图形为移动对象，将其放置到图形适当位置，如图 9-109 所示。

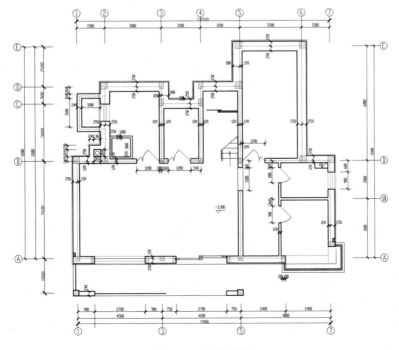

图 9-109 添加标高

9.2.10 文字标注

1）在"图层"工具栏的下拉列表中，选择"文字"图层为当前层，如图 9-110 所示。

图 9-110　设置当前图层

2）选择菜单栏中的"格式"→"文字样式"命令，弹出"文字样式"对话框，如图 9-111 所示。

图 9-111　"文字样式"对话框

3）单击"新建"按钮，弹出"新建文字样式"对话框，将文字样式命名为"说明"，如图 9-112 所示。

4）单击"确定"按钮，在"文字样式"对话框中取消勾选"使用大字体"复选框，然后在"字体名"下拉列表中选择"宋体"，"高度"设置为 150，如图 9-113 所示。

图 9-112　"新建文字样式"对话框　　　　　图 9-113　修改文字样式

5）在 CAD 中输入汉字时，可以选择不同的字体，在"字体名"下拉列表中，有些字体前面有"@"标记，如"@仿宋_GB2312"，这说明该字体是为横向输入汉字用的，即输入的汉字逆时针旋转 90°。如果要输入正向的汉字，不能选择前面带"@"标记的字体。

6）将"文字"图层设为当前层。单击"绘图"工具栏中的"多行文字"按钮 A 和"修改"工具栏中的"复制"按钮，完成图形中文字的标注，如图 9-114 所示。

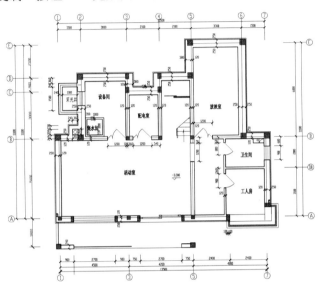

图 9-114　标注文字

9.2.11 绘制剖切号

1）单击"绘图"工具栏中的"多段线"按钮，指定起点宽度为 50、端点宽度为 50，在图形适当位置绘制连续多段线，如图 9-115 所示。

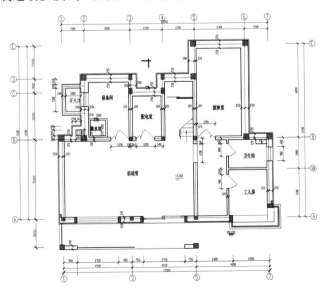

图 9-115　绘制多段线

2）单击"绘图"工具栏中的"多行文字"按钮**A**，在上一步绘制的多段线左侧添加文字说明，如图9-116所示。

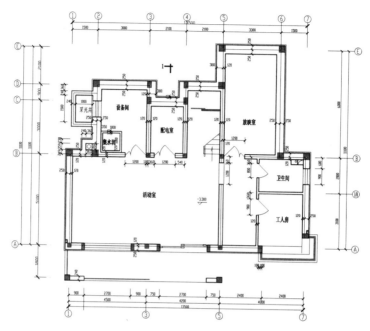

图9-116　添加文字说明

3）单击"修改"工具栏中的"镜像"按钮，选择上一步图形为镜像对象，对其进行水平镜像，如图9-117所示。

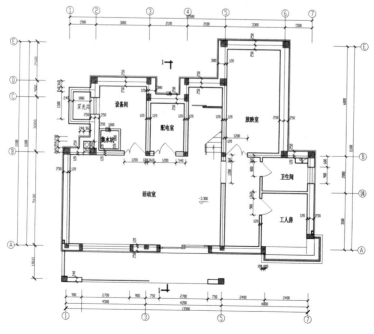

图9-117　镜像图形

4）利用上述方法完成剩余剖切符号的绘制，如图 9-118 所示。

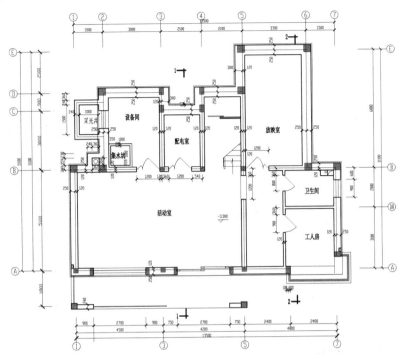

图 9-118　绘制剖切符号

5）利用上述方法最终完成地下室平面图的绘制，如图 9-119 所示。

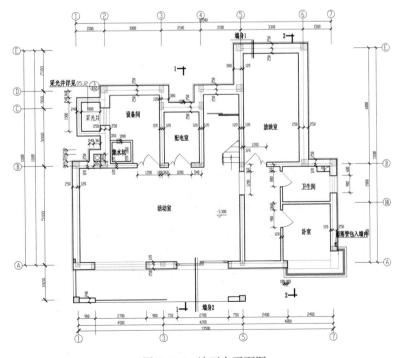

图 9-119　地下室平面图

6）单击"绘图"工具栏中的"多行文字"按钮 **A**，为图形添加注释说明，如图 9-120 所示。

建筑面积：地下：128.35　㎡
地上：235.44　㎡

图 9-120　添加注释说明

9.2.12　插入图框

1）单击"绘图"工具栏中的"插入块"按钮 ，弹出"插入"对话框，如图 9-121 所示。单击"浏览"按钮，弹出"选择图形文件"对话框，选择"源文件/图块/A2 图框"图块，将其放置到图形适当位置。

2）单击"绘图"工具栏中的"直线"按钮 和"多行文字"按钮 **A**，为图形添加总图名称，最终完成地下室平面图的绘制，如图 9-2 所示。

图 9-121　"插入"对话框

9.3　首层平面图

本节思路

首层主要包括客厅、餐厅、厨房、客卧室、卫生间、门厅、车库、露台。首层平面图是在地下层平面图的基础上发展而来的，所以可以通过修改地下室的平面图，获得一层建筑平面图。一层的布局与地下室只有细微差别，可对某些不同之处用文字标明，如图 9-122 所示。

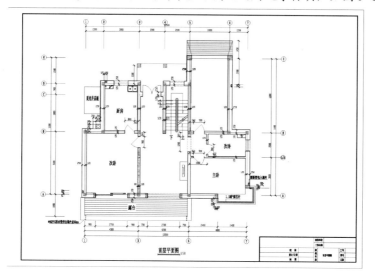

图 9-122　首层平面图

光盘\视频教学\第9章\首层平面图.avi

9.3.1 准备工作

1）单击"标准"工具栏中的"打开"按钮，打开"源文件/地下层平面图"。

2）执行菜单栏中的"文件"→"另存为"命令，将打开的"地下层平面图"另存为"首层平面图"。

3）单击"修改"工具栏中的"删除"按钮，删除图形，保留部分柱子图形，结果如图9-123所示。

4）单击"绘图"工具栏中的"矩形"按钮，在图形空白区域绘制一个"240×240"的正方形，如图9-124所示。

图9-123 修改图形 　　　　　　图9-124 绘制正方形

5）单击"绘图"工具栏中的"图案填充"按钮，打开"图案填充创建"选项板，选择"ANSI31"，比例设置为10，单击"拾取点"按钮选择相应区域内一点，确认后，效果如图9-125所示。

6）单击"修改"工具栏中的"移动"按钮，选择上一步绘制的"240×240"的柱子图形为移动对象，将其放置到柱子图形中，如图9-126所示。

7）利用上述方法完成"400×370"的柱子的绘制。单击"修改"工具栏中的"移动"按钮，选择"400×370"矩形为移动对象，将其放置到适当位置，如图9-127所示。

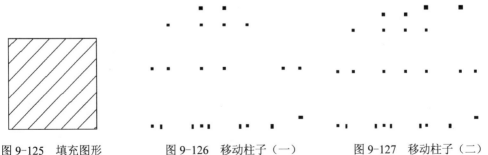

图9-125 填充图形　　　　图9-126 移动柱子（一）　　　　图9-127 移动柱子（二）

9.3.2 绘制补充墙体

1）单击"绘图"工具栏中的"多段线"按钮，指定起点宽度为25、端点宽度为25，绘制柱子间的墙体连接线，如图 9-128 所示。

2）单击"绘图"工具栏中的"多段线"按钮，指定起点宽度为 0、端点宽度为 0，在图形适当位置绘制连续多段线，如图 9-129 所示。

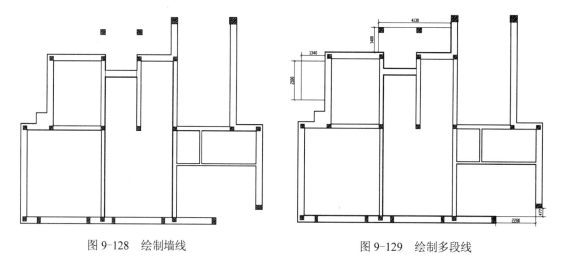

图 9-128　绘制墙线　　　　　　　　　　图 9-129　绘制多段线

9.3.3　修剪门窗洞口

1）单击"绘图"工具栏中的"直线"按钮，在上一步绘制的墙体上绘制一条适当长度的竖直直线，如图 9-130 所示。

2）单击"修改"工具栏中的"偏移"按钮，选择上一步绘制的竖直直线为偏移对象，向右进行偏移，偏移距离为 1200，如图 9-131 所示。

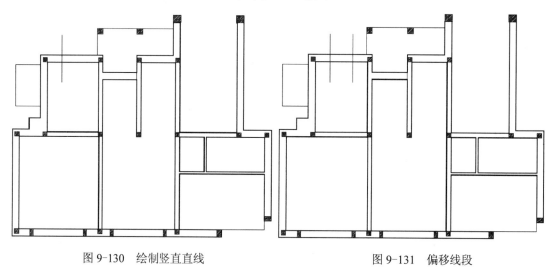

图 9-130　绘制竖直直线　　　　　　　　图 9-131　偏移线段

利用上述方法完成图形中剩余窗线的绘制，结果如图 9-132 所示。

3）单击"修改"工具栏中的"修剪"按钮，选择上一步偏移线段间墙体为修剪对象对上一步偏移的线段进行修剪，如图 9-133 所示。

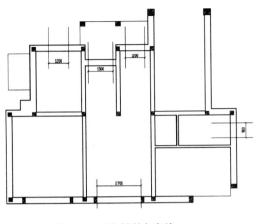

图 9-132　绘制剩余窗线

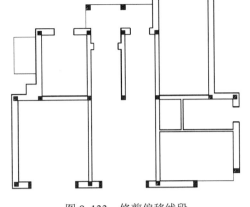

图 9-133　修剪偏移线段

门洞的绘制方法基本与窗洞的绘制方法相同，不再赘述，完成绘制后的结果如图 9-134 所示。

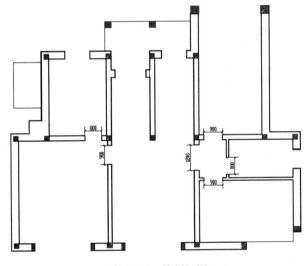

图 9-134　绘制门洞

9.3.4　绘制门窗

1）执行菜单栏中"格式"→"多线样式"命令，打开"多线样式"对话框。

2）在"多线样式"对话框中，单击右侧的"新建"按钮，打开"创建新的多线样式"对话框，如图 9-41 所示。在"新样式名"文本框中输入"窗"，作为多线的名称。单击"继续"按钮，打开"新建多线样式：窗"对话框，如图 9-42 所示。

3）设置窗户所在墙体宽度为 370，将偏移距离分别修改为 185 和-185，68.6 和-68.6，单击"确定"按钮，回到"多线样式"对话框中，单击"置为当前"按钮，将创建的多线样式设为当前多线样式，单击"确定"按钮，回到绘图状态。

4）选择菜单栏中的"绘图"→"多线"命令，绘制上一步修剪窗洞的窗线，如图 9-135 所示。

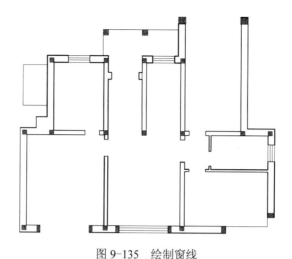

图 9-135 绘制窗线

5）单击"绘图"工具栏中的"多段线"按钮，指定起点宽度为 10、端点宽度为 10，在窗拐角处绘制连续多段线，如图 9-136 所示。

6）单击"绘图"工具栏中的"多段线"按钮，指定起点宽度为 0、端点宽度为 0，在上一步图形下端继续绘制连续多段线，如图 9-137 所示。

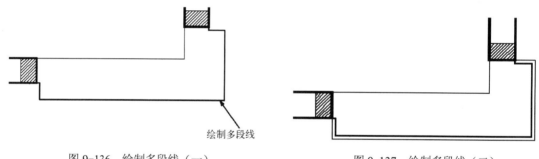

图 9-136 绘制多段线（一）　　　　　　　图 9-137 绘制多段线（二）

7）单击"修改"工具栏中的"偏移"按钮，选择上一步绘制的多段线为偏移对象，向外进行偏移，偏移距离为 34、33、100，如图 9-138 所示。

利用前面所讲的方法完成单扇门的添加，结果如图 9-139 所示。

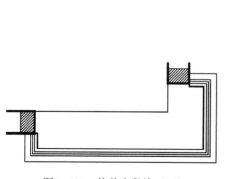

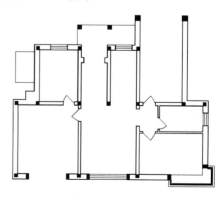

图 9-138 偏移多段线（三）　　　　图 9-139 添加单扇门

8）单击"绘图"工具栏中的"直线"按钮 ╱ 和"圆弧"按钮 ╱，绘制一个单扇门，如图 9-140 所示。

9）单击"修改"工具栏中的"镜像"按钮 ⚟，选择上一步绘制的单扇门图形为镜像对象对其进行竖直镜像，完成双扇门的绘制，如图 9-141 所示。

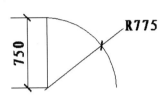

图 9-140　绘制单扇门

图 9-141　镜像图形

10）在命令行中输入"WBLOCK"命令，打开"写块"对话框，选择上一步绘制的双扇门图形为定义对象，将其定义为块。

11）单击"修改"工具栏中的"移动"按钮 ✥，选择上一步绘制的双扇门图形为移动对象，将其放置到双扇门门洞处，如图 9-142 所示。

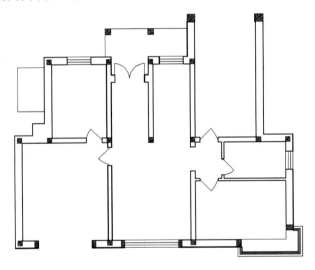

图 9-142　移动双扇门

12）单击"绘图"工具栏中的"多段线"按钮 ⤵，指定起点宽度为 9、端点宽度为 9，在图形适当位置绘制一个"178×74"的矩形，如图 9-143 所示。

图 9-143　绘制矩形

13）单击"修改"工具栏中的"复制"按钮 ❀，选择上一步绘制的矩形为复制对象，对其进行复制，如图 9-144 所示。

图 9-144 复制矩形

14）单击"绘图"工具栏中的"直线"按钮／，在上一步图形内绘制连接线，如图 9-145 所示。

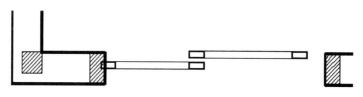

图 9-145 绘制连接线

15）单击"绘图"工具栏中的"图案填充"按钮，打开"图案填充创建"选项板，选择"ANSI31"选项，比例设置为10，单击"拾取点"按钮选择相应区域内一点，确认后，效果如图 9-146 所示。

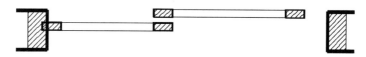

图 9-146 填充图形

16）单击"绘图"工具栏中的"多段线"按钮，指定起点宽度为 22、端点宽度为 22，在图形适当位置绘制一个"360×360"的正方形，如图 9-147 所示。

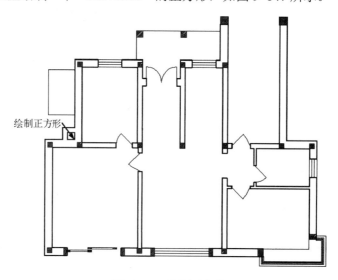

图 9-147 绘制正方形

17）单击"绘图"工具栏中的"直线"按钮／，选择上一步绘制的正方形四边中点为直线起点绘制十字交叉线，如图 9-148 所示。

18）单击"绘图"工具栏中的"圆"按钮 ⊙，以上一步绘制的十字交叉线中点为圆心，绘制一个半径为 105 的圆，如图 9-149 所示。

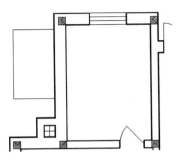

图 9-148 绘制十字交叉线

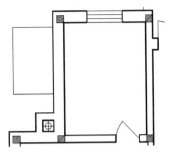

图 9-149 绘制圆

19）单击"修改"工具栏中的"删除"按钮 ✐，选择上一步绘制的十字交叉线为删除对象对其进行删除，如图 9-150 所示。

20）单击"绘图"工具栏中的"多段线"按钮 ⊃，指定起点距离为 22、端点距离为 22，在图形适当位置绘制连续多段线，如图 9-151 所示。

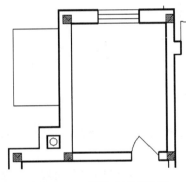

图 9-150 删除十字交叉线

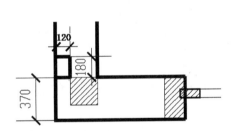

图 9-151 绘制多段线

21）单击"绘图"工具栏中的"圆"按钮 ⊙，在上一步图形内绘制一个半径为 45 的圆，如图 9-152 所示。

利用上述方法完成相同图形的绘制，结果如图 9-153 所示。

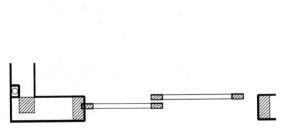

图 9-152 绘制圆

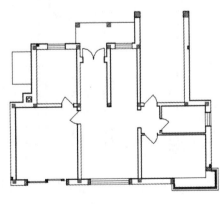

图 9-153 绘制相同图形

9.3.5　绘制楼梯

1）单击"绘图"工具栏中的"矩形"按钮 ▢，在楼梯间位置绘制一个"210×2750"的矩形，如图 9-154 所示。

2）单击"修改"工具栏中的"倒角"按钮 ▱，选择上一步绘制矩形的四边为倒角对象，设置倒角距离为 45，完成倒角操作，如图 9-155 所示。

3）单击"修改"工具栏中的"偏移"按钮 ⬰，选择上一步倒角后的矩形为偏移对象向内进行偏移，偏移距离为 50，如图 9-156 所示。

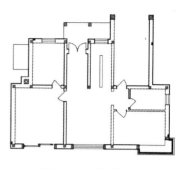

图 9-154　绘制矩形

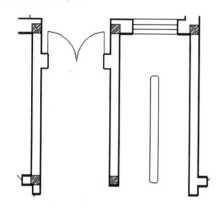

图 9-155　倒角操作

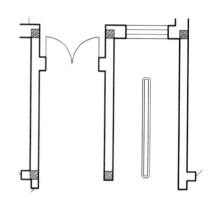

图 9-156　偏移矩形

4）单击"绘图"工具栏中的"直线"按钮 ／，在楼梯间适当位置绘制一条水平直线，如图 9-157 所示。

5）单击"修改"工具栏中的"偏移"按钮 ⬰，选择上一步绘制的水平直线为偏移对象向下进行偏移，偏移距离为 270，共偏移 9 次，如图 9-158 所示。

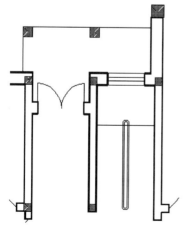

图 9-157　绘制水平直线

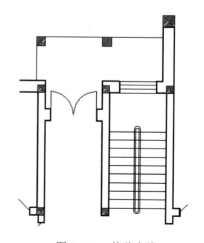

图 9-158　偏移直线

6）单击"绘图"工具栏中的"直线"按钮，在上一步绘制的梯段线上绘制一条竖直直线，如图9-159所示。

7）单击"修改"工具栏中的"偏移"按钮，选择上一步绘制的竖直直线为偏移对象向右进行偏移，偏移距离为60，如图9-160所示。

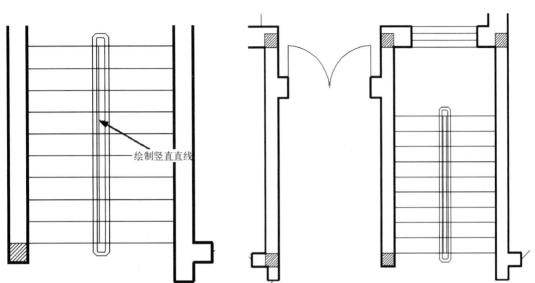

图9-159 绘制竖直直线   图9-160 偏移直线

8）单击"修改"工具栏中的"修剪"按钮，选择上一步偏移线段间的墙体为修剪对象进行修剪处理，如图9-161所示。

9）单击"绘图"工具栏中的"多段线"按钮，指定起点宽度为0、端点宽度为0，绘制楼梯方向指引箭头，如图9-162所示。

10）单击"绘图"工具栏中的"多段线"按钮，指定起点宽度为5、端点宽度为5，在上一步的图形中绘制一条斜向直线，如图9-163所示。

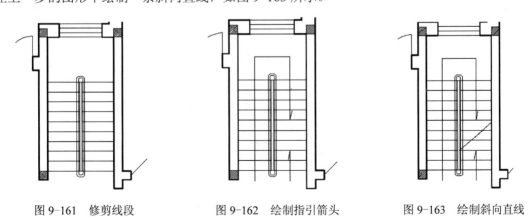

图9-161 修剪线段   图9-162 绘制指引箭头   图9-163 绘制斜向直线

11）单击"绘图"工具栏中的"多段线"按钮，指定起点宽度为5，端点宽度为5，在上一步绘制的斜向直线上绘制连续折线，如图9-164所示。

12）单击"修改"工具栏中的"修剪"按钮，对上一步绘制的多段线进行修剪处理，如图 9-165 所示。

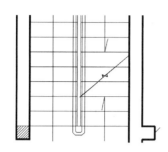
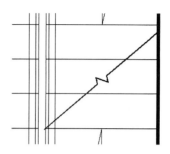

图 9-164　绘制连续折线　　　　　　　图 9-165　修剪处理

用同样方法绘制下部相同线段，如图 9-166 所示。

13）单击"修改"工具栏中的"修剪"按钮，选择上一步图形中绘制的多余线段为修剪对象，对其进行修剪，如图 9-167 所示。

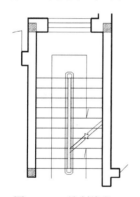
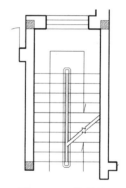

图 9-166　绘制线段　　　　　　　　　图 9-167　修剪处理

9.3.6　绘制坡道及露台

1）单击"绘图"工具栏中的"矩形"按钮，在图形适当位置绘制一个"3797×1200"的矩形，如图 9-168 所示。

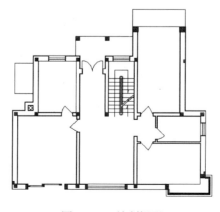

图 9-168　绘制矩形

2）单击"绘图"工具栏中的"直线"按钮 ✎，在上一步绘制的图形的适当位置处绘制一条斜向直线，如图 9-169 所示。

3）单击"修改"工具栏中的"镜像"按钮 ⚎，选择上一步绘制的斜向直线为镜像对象，对其进行竖直镜像，结果如图 9-170 所示。

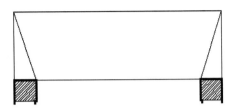

图 9-169　绘制斜向直线　　　　　　　　　图 9-170　镜像线段

4）单击"绘图"工具栏中的"图案填充"按钮 ▨，打开"图案填充创建"选项板，选择"LINE"，比例设置为 30，单击"拾取点"按钮选择相应区域内一点，确认后，效果如图 9-171 所示。

5）单击"绘图"工具栏中的"直线"按钮 ✎，绘制墙体内部标注辅助线，如图 9-172 所示。

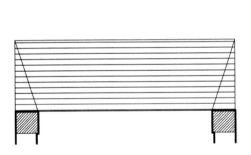

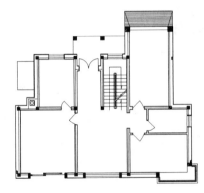

图 9-171　填充图形　　　　　　　　　　图 9-172　绘制墙体辅助线

6）单击"绘图"工具栏中的"多段线"按钮 ⤵，绘制露台外围辅助线，如图 9-173 所示。

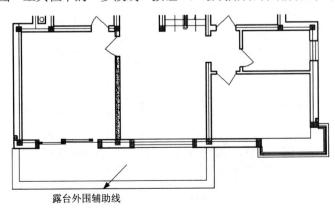

露台外围辅助线

图 9-173　绘制露台外围辅助线

7）单击"绘图"工具栏中的"图案填充"按钮，打开"图案填充创建"选项板，选择"LINE"选项，设置比例为 50，单击"拾取点"按钮选择相应区域内一点，进行填充，效果如图 9-174 所示。

结合所学知识完成首层平面图的绘制，如图 9-175 所示。

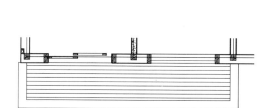

图 9-174　填充图形

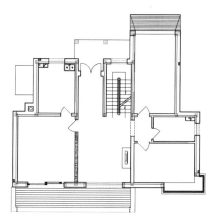

图 9-175　绘制的首层平面图

9.3.7　添加标注

1）在"图层"工具栏的下拉列表中，选择"尺寸"图层为当前层，如图 9-176 所示。

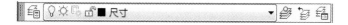

图 9-176　设置当前图层

2）单击"标注"工具栏中的"线性"按钮，标注图形细部尺寸，如图 9-177 所示。

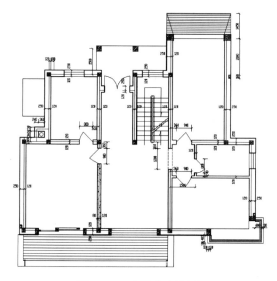

图 9-177　标注细部尺寸

打开已关闭标注的外围图层，如图 9-178 所示。

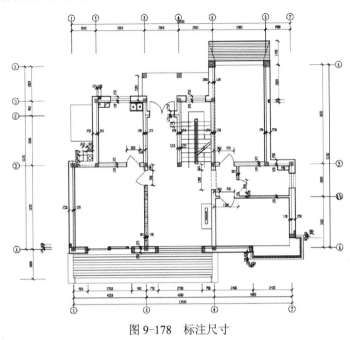

图 9-178　标注尺寸

9.3.8　文字标注

1）单击"绘图"工具栏中的"多行文字"按钮 A，为图形添加文字说明。利用上述方法完成剩余首层平面图的绘制，如图 9-179 所示。

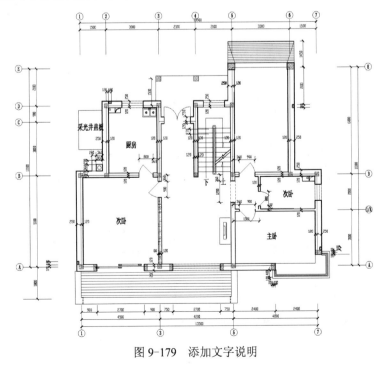

图 9-179　添加文字说明

2）单击"绘图"工具栏中的"多行文字"按钮 A 和"直线"按钮，为图形添加剩余文字说明，如图 9-180 所示。

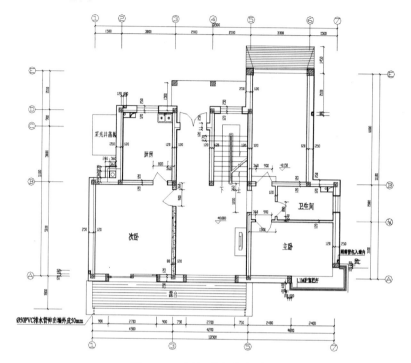

图 9-180　添加剩余文字说明

9.3.9　插入图框

单击"绘图"工具栏中的"插入块"按钮，弹出"插入"对话框，如图 9-181 所示。单击"浏览"按钮，弹出"选择图形文件"对话框，选择"源文件/图块/A2 图框"图块，将其放置到图形适当位置，最终完成首层平面图的绘制。单击"绘图"工具栏中的"直线"按钮和"多行文字"按钮 A，为图形添加总图名称，最终完成首层平面图的绘制，如图 9-122 所示。

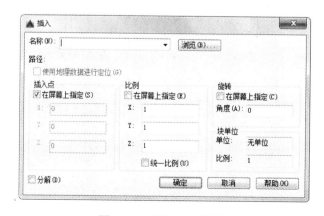

图 9-181　"插入"对话框

9.4　二层平面图

本节思路

　　二层主要包括主卧、次卧、卫生间、更衣室、书房、过道、露台。利用上述方法完成二层平面图的绘制，结果如图9-182所示。

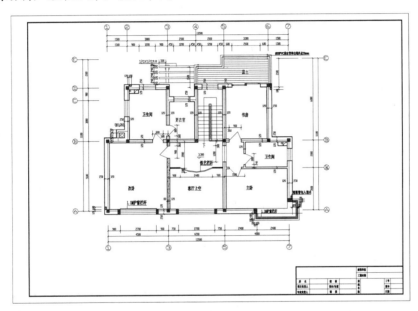

图 9-182　二层平面图

第 10 章　别墅装饰平面图的绘制

 知识导引

装饰平面图主要是用来表达建筑室内装饰和布置细节的图样。本章将详细讲述独立别墅的室内装饰设计思路及其相关装饰图的绘制方法与技巧，包括别墅地下室、首层及二层装饰平面图的绘制方法。

 内容要点

➤ 地下室装饰平面图。
➤ 首层装饰平面图。
➤ 二层装饰平面图。

10.1　地下室装饰平面图

本节思路

地下室由于其建筑单元布置的特点，装饰布置相对简单，主要是放映室、工人房和卫生间以及洗衣房要进行简单的布置。本节主要讲述地下室装饰平面图的绘制过程，如图 10-1 所示。

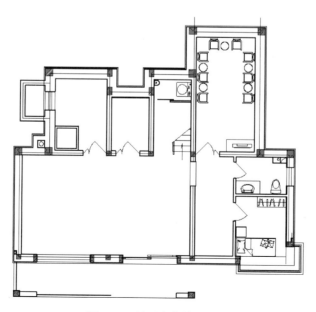

图 10-1　地下室装饰平面图

光盘\视频教学\第10章\地下室装饰平面图.avi

10.1.1　绘图准备

1）单击"标准"工具栏中的"打开"按钮 🖼，打开"源文件/地下室平面图"。

2）选择菜单栏中的"文件"→"另存为"命令，将打开的"地下室平面图"另存为"地下室装饰平面图"。

3）单击"修改"工具栏中的"删除"按钮 ✐，删除除了轴线层外的其他所有图形，并关闭标注图层，整理结果如图10-2所示。

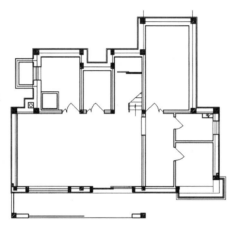

图10-2　绘制图形

10.1.2　绘制家具

新建家具图层，如图10-3所示。

| ✓ 家具 | 💡 | ☼ | 🔓 ■白 | Continu... | —— 默认 | 0 | Color_7 | 🖨 | 🗔 |

图10-3　新建家具图层

1. 绘制椅子茶几

1）单击"绘图"工具栏中的"直线"按钮 ✐，在图形空白区域任选一点为起点，绘制一条长度为343的水平直线，如图10-4所示。

2）单击"绘图"工具栏中的"圆弧"按钮 ✐，在图形适当位置绘制两段适当半径的圆弧，如图10-5所示。

图10-4　绘制水平直线

图10-5　绘制圆弧

3）单击"绘图"工具栏中的"矩形"按钮▢，在图形底部位置绘制一个"500×497"的矩形，如图 10-6 所示。

4）单击"修改"工具栏中的"偏移"按钮▱，选择上一步绘制矩形为偏移对象，向内进行偏移，偏移距离分别为 50、12，如图 10-7 所示。

图 10-6　绘制矩形

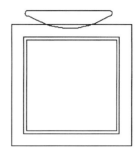

图 10-7　偏移矩形

5）单击"修改"工具栏中的"圆角"按钮◻，选择上一步偏移图形为圆角对象对其进行圆角处理，圆角半径为 100、80、60，如图 10-8 所示。

6）单击"修改"工具栏中的"修剪"按钮⊹，对上一步圆角后的矩形进行修剪处理，如图 10-9 所示。

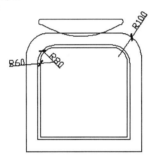

图 10-8　圆角处理

图 10-9　修剪图形

7）单击"修改"工具栏中的"分解"按钮▦，选择最外部矩形为分解对象，按〈Enter〉键确认进行分解。

8）单击"修改"工具栏中的"延伸"按钮⊸，选择第二个矩形竖直边为延伸对象，向下进行延伸，如图 10-10 所示。

9）单击"修改"工具栏中的"修剪"按钮⊹，选择上一步图形为修剪对象对其进行修剪，如图 10-11 所示。

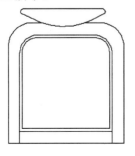

图 10-10　延伸线段

图 10-11　修剪线段

10）单击"绘图"工具栏中的"直线"按钮 ✏，在上一步图形适当位置绘制连续直线，如图 10-12 所示。

11）单击"绘图"工具栏中的"圆"按钮 ⊙，在上一步绘制的椅子图形右侧绘制一个半径为 210 的圆，如图 10-13 所示。

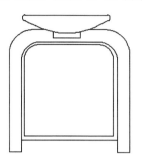 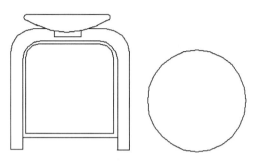

图 10-12　绘制连续直线　　　　　　　　图 10-13　绘制圆

12）单击"修改"工具栏中的"偏移"按钮 ⧉，选择上述绘制的圆为偏移对象向内进行偏移，偏移距离为 10，如图 10-14 所示。

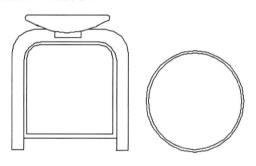

图 10-14　偏移圆

13）单击"修改"工具栏中的"镜像"按钮 ⚏，选择绘制的椅子图形为镜像对象，对其向右进行镜像，如图 10-15 所示。

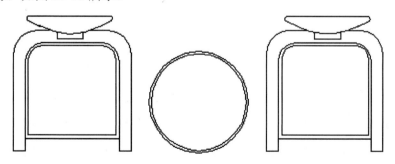

图 10-15　镜像处理

14）单击"绘图"工具栏中的"创建块"按钮 ⊟，弹出"块定义"对话框，如图 10-16 所示，选择上一步图形为定义对象，选择任意一点为基点，将其定义为块，块名为"单人座椅"。

图 10-16 "块定义"对话框

2．绘制单人床及矮柜

1）单击"绘图"工具栏中的"矩形"按钮口，在图形空白区域绘制一个"900×2000"的矩形，如图 10-17 所示。

2）单击"修改"工具栏中的"分解"按钮，选择上一步绘制的矩形为分解对象，单击确认进行分解。

3）单击"修改"工具栏中的"偏移"按钮，选择上一步分解矩形的上部水平边为偏移对象，向下进行偏移，偏移距离为 52，如图 10-18 所示。

4）单击"绘图"工具栏中的"样条曲线"按钮 和"圆弧"按钮，在上一步偏移直线下方绘制枕头外部轮廓线，如图 10-19 所示。

5）单击"绘图"工具栏中的"圆弧"按钮，在上一步绘制的枕头外部轮廓线内绘制装饰线，如图 10-20 所示。

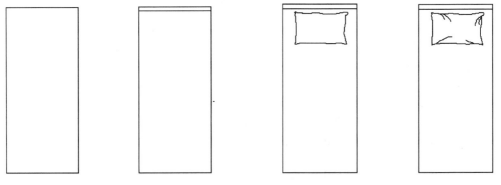

图 10-17 绘制矩形　　图 10-18 偏移直线　　图 10-19 绘制枕头外部轮廓线　　图 10-20 绘制圆弧

6）单击"绘图"工具栏中的"矩形"按钮口，在上一步绘制图形内绘制一个"846×1499"的矩形，如图 10-21 所示。

7）单击"修改"工具栏中的"分解"按钮，选择上一步绘制矩形为分解对象，单击确认进行分解。

8）单击"修改"工具栏中的"偏移"按钮，选择上一步分解矩形的上部水平边为偏移对象向下进行偏移，偏移距离为 273，如图 10-22 所示。

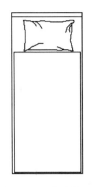

图 10-21　绘制矩形

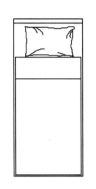

图 10-22　偏移线段

9）单击"绘图"工具栏中的"直线"按钮 ✏ 和"圆弧"按钮 ╭，绘制被角图形，如图 10-23 所示。

10）单击"修改"工具栏中的"修剪"按钮 ╱ ，选择上一步绘制的被角图形为修剪对象，对其进行修剪，如图 10-24 所示。

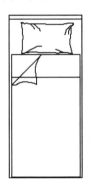

图 10-23　绘制被角图形

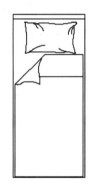

图 10-24　修剪线段

11）单击"修改"工具栏中的"圆角"按钮 ▢，选择步骤 6）绘制的"846×1499"的矩形为圆角对象对其进行圆角处理，圆角半径为 20，如图 10-25 所示。

结合所学知识完成单人床图形剩余部分的绘制，如图 10-26 所示。

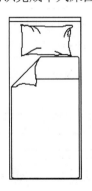

图 10-25　圆角处理

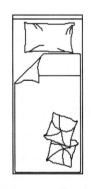

图 10-26　单人床

12）单击"绘图"工具栏中的"矩形"按钮 ▢，在上一步图形右侧绘制一个"500×

500"的正方形，如图 10-27 所示。

13）单击"修改"工具栏中的"分解"按钮 🗊，选择上一步绘制的正方形为分解对象，确认进行分解。

14）单击"修改"工具栏中的"偏移"按钮 ⬄，选择上一步绘制的正方形的左右两侧竖直边线为偏移对象，分别向内进行偏移，偏移距离为 7，完成床头柜图形的绘制，如图 10-28 所示。

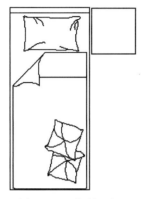
图 10-27　绘制正方形

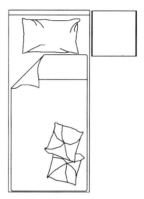
图 10-28　偏移线段

15）单击"绘图"工具栏中的"创建块"按钮 🔩，弹出"块定义"对话框，如图 10-16 所示，选择上一步图形为定义对象，选择任意一点为基点，将其定义为块，块名为"单人床及床头柜"。

3．绘制电视机

1）单击"绘图"工具栏中的"矩形"按钮 ▢，在图形空白区域绘制一个"956×157"的矩形，如图 10-29 所示。

2）单击"绘图"工具栏中的"矩形"按钮 ▢，在上一步图形内绘制一个"521×84"的矩形，单击"修改"工具栏中的"移动"按钮 ✣，选择上一步绘制的矩形为移动对象，将其放置到适当位置，如图 10-30 所示。

图 10-29　绘制矩形　　　　　　　　　　　图 10-30　绘制并移动矩形

3）单击"绘图"工具栏中的"直线"按钮 ∕，在上一步图形适当位置处绘制连续直线，如图 10-31 所示。

4）单击"绘图"工具栏中的"创建块"按钮 🔩，弹出"块定义"对话框，如图 10-16 所示，选择上一步绘制的图形为定义对象，选择任意一点为基点，将其定义为块，块名为"电视机"。

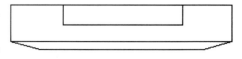
图 10-31　绘制连续直线

4．绘制洗衣机

1）单击"绘图"工具栏中的"矩形"按钮 ▢，在图形空白区域绘制一个"690×720"的矩形，如图 10-32 所示。

2）单击"修改"工具栏中的"圆角"按钮⌐，选择上一步绘制的矩形为圆角对象，对其进行圆角处理，圆角半径为 50，如图 10-33 所示。

图 10-32　绘制矩形

图 10-33　圆角处理

3）单击"绘图"工具栏中的"直线"按钮✓，在上一步图形内适当位置绘制一条水平直线，如图 10-34 所示。

4）单击"绘图"工具栏中的"圆"按钮⊘，在上一步绘制直线上方绘制一个半径为 30 的圆，如图 10-35 所示。

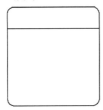

图 10-34　绘制直线

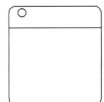

图 10-35　绘制圆

5）单击"绘图"工具栏中的"圆"按钮⊘，在上一步绘制的圆的斜下方绘制一个半径为 18 的圆，如图 10-36 所示。

6）单击"修改"工具栏中的"复制"按钮°C，选择上一步绘制的圆图形为复制对象，将其向右侧进行连续复制，选择圆心为复制基点，复制间距为 51，完成复制，如图 10-37 所示。

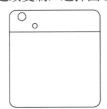

图 10-36　绘制圆

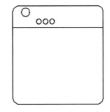

图 10-37　复制圆

7）单击"绘图"工具栏中的"圆"按钮⊘，在如图 10-37 所示的位置绘制一个半径为 45 的圆，如 10-38 所示。

8）单击"绘图"工具栏中的"直线"按钮✓，在上一步绘制的圆内绘制两条斜向直线，如图 10-39 所示。

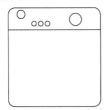

图 10-38　绘制圆

图 10-39　绘制斜向直线

9）单击"绘图"工具栏中的"矩形"按钮 □，在上一步图形右侧位置绘制一个"69×42"的矩形，如图 10-40 所示。

10）单击"绘图"工具栏中的"圆"按钮 ⊙，在上一步图形内绘制一个半径为 240 的圆，如图 10-41 所示。

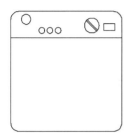

图 10-40　绘制矩形

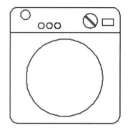

图 10-41　绘制圆

11）单击"绘图"工具栏中的"创建块"按钮 □，弹出"块定义"对话框，如图 10-16 所示，选择上一步图形为定义对象，选择上一步图形上任意一点为基点，将其定义为块，块名为洗衣机。

5．绘制衣柜

1）单击"绘图"工具栏中的"矩形"按钮 □，在图形适当位置绘制一个"519×1458"的矩形，如图 10-42 所示。

2）单击"绘图"工具栏中的"直线"按钮 ／，选取上一步绘制的矩形左侧竖直边中点为直线起点，向右绘制一条水平直线，如图 10-43 所示。

图 10-42　绘制矩形

图 10-43　绘制直线

3）单击"绘图"工具栏中的"矩形"按钮 □ 和"修改"工具栏中的"旋转"按钮 ○，完成剩余图形的绘制，如图 10-44 所示。

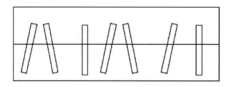

图 10-44　绘制剩余图形

4）单击"绘图"工具栏中的"创建块"按钮 □，弹出"块定义"对话框，如图 10-16 所示，选择上一步图形为定义对象，选择任意一点为基点，将上一步绘制图形定义为块，块名为衣柜。

6．绘制洗手盆

1）单击"绘图"工具栏中的"多段线"按钮 ⌐，指定起点宽度为 3、端点宽度为 3，绘制连续多段线，如图 10-45 所示。

2）单击"绘图"工具栏中的"多段线"按钮 ，指定起点宽度为 3、端点宽度为 3，在上一步图形内绘制一条水平直线，如图 10-46 所示。

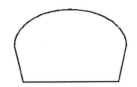   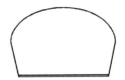

图 10-45 绘制连续多段线   图 10-46 绘制直线

3）单击"绘图"工具栏中的"圆弧"按钮 和"直线"按钮 ，在图形内部绘制连续线段，如图 10-47 所示。

4）单击"绘图"工具栏中的"圆"按钮 ，在上一步图形中绘制一个半径为 38 的圆，如图 10-48 所示。

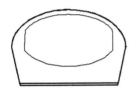   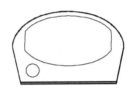

图 10-47 绘制连续线段   图 10-48 绘制圆

5）单击"绘图"工具栏中的"直线"按钮 ，绘制与上一步图形之间的连接线，如图 10-49 所示。

6）单击"修改"工具栏中的"镜像"按钮 ，选择绘制的圆及连接线为镜像对象向右进行竖直镜像，如图 10-50 所示。

   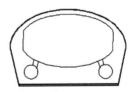

图 10-49 绘制连接线   图 10-50 镜像图形

7）单击"绘图"工具栏中的"创建块"按钮 ，弹出"块定义"对话框，如图 10-16 所示，选择上一步图形为定义对象，选择任意一点为基点，将其定义为块，块名为洗手盆。

7. 绘制坐便器

1）单击"绘图"工具栏中的"圆弧"按钮 ，在图形空白位置绘制一段适当半径的圆弧，如图 10-51 所示。

2）单击"绘图"工具栏中的"直线"按钮 ，分别以上一步绘制的圆弧左右两端点为直线起点，向下绘制两段斜向直线，如图 10-52 所示。

3）单击"绘图"工具栏中的"椭圆"按钮 ，在上一步图形中绘制一个适当大小的椭圆，如图 10-53 所示。

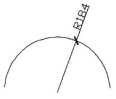

图 10-51　绘制圆弧

图 10-52　绘制直线

4）单击"绘图"工具栏中的"直线"按钮 和"圆弧"按钮 ，在上一步图形底部绘制图形，如图 10-54 所示。

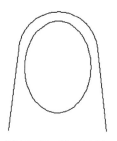

图 10-53　绘制椭圆

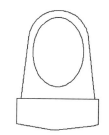

图 10-54　绘制图形

5）单击"修改"工具栏中的"偏移"按钮 ，选择上一步绘制的左右线段和圆弧为偏移对象，向内进行偏移，偏移距离为 10，如图 10-55 所示。

6）单击"修改"工具栏中的"修剪"按钮 ，选择上一步偏移线段为修剪对象，对其进行修剪处理，如图 10-56 所示。

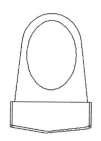

图 10-55　偏移线段

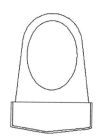

图 10-56　修剪线段

7）单击"修改"工具栏中的"圆角"按钮 ，选择上一步图形下部矩形边为圆角对象，对图形进行圆角处理，圆角半径为 20，如图 10-57 所示。

8）单击"修改"工具栏中的"修剪"按钮 ，选择上一步圆角后的线段为修剪对象对其进行修剪，完成坐便器的绘制，如图 10-58 所示。

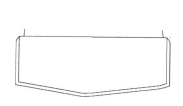

图 10-57　圆角处理

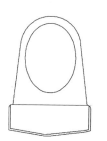

图 10-58　圆角处理

9）单击"绘图"工具栏中的"创建块"按钮，弹出"块定义"对话框，如图 10-16 所示，选择上一步图形为定义对象，选择任意一点为基点，将其定义为块，块名为坐便器。

8．绘制墩布池

1）单击"绘图"工具栏中的"多段线"按钮，在图形空白位置选择适当一点为多段线起点，绘制连续多段线，如图 10-59 所示。

2）单击"修改"工具栏中的"分解"按钮，选择上一步绘制的连续多段线为分解对象，确认进行分解。

3）单击"修改"工具栏中的"偏移"按钮，选择上一步绘制的连续多段线为偏移对象，分别向内进行偏移，偏移距离为 16、20，如图 10-60 所示。

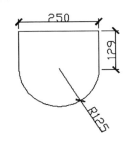

图 10-59　绘制连续多段线

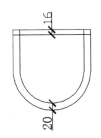

图 10-60　偏移线段

4）单击"修改"工具栏中的"修剪"按钮，选择上一步偏移线段为修剪对象，对其进行修剪处理，如图 10-61 所示。

5）单击"修改"工具栏中的"椭圆"按钮，在上一步图形内绘制一个适当大小的椭圆，如图 10-62 所示。

6）单击"修改"工具栏中的"偏移"按钮，选择上一步绘制的椭圆为偏移对象向内进行偏移，偏移距离为 9，如图 10-63 所示。

图 10-61　修剪处理

图 10-62　绘制椭圆

图 10-63　偏移椭圆

10.1.3　布置家具

1）单击"绘图"工具栏中的"插入块"按钮，弹出"插入"对话框。单击"浏览"按钮，弹出"选择图形文件"对话框，选择"源文件/图块/椅子茶几"图块，单击"打开"按钮，回到"插入"对话框，单击"确定"按钮，完成图块插入，如图 10-64 所示。

2）单击"绘图"工具栏中的"插入块"按钮，弹出"插入"对话框。单击"浏览"按钮，弹出"选择图形文件"对话框，选择"源文件/图块/单人床及床头柜"图块，单击"打开"按钮，回到"插入"对话框，单击"确定"按钮，完成图块插入，如图 10-65 所示。

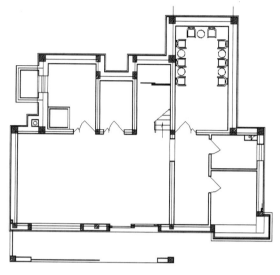

图 10-64　插入椅子茶几　　　　　　　　　　图 10-65　插入单人床及柜

3）单击"绘图"工具栏中的"插入块"按钮，弹出"插入"对话框。单击"浏览"按钮，弹出"选择图形文件"对话框，选择"源文件/图块/衣柜"图块，单击"打开"按钮，回到"插入"对话框，单击"确定"按钮，完成图块插入，如图 10-66 所示。

4）单击"绘图"工具栏中的"多段线"按钮，指定起点宽度为 0、端点宽度为 0，在卫生间位置绘制连续直线，如图 10-67 所示。

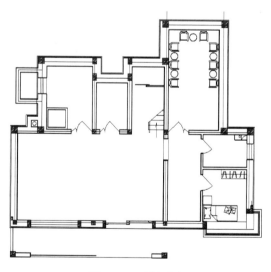

图 10-66　插入衣柜

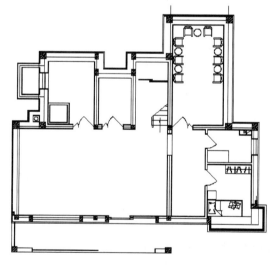

图 10-67　绘制连续直线

5）单击"绘图"工具栏中的"插入块"按钮，弹出"插入"对话框。单击"浏览"按钮，弹出"选择图形文件"对话框，选择"源文件/图块/洗手盆"图块，单击"打开"按钮，回到"插入"对话框，单击"确定"按钮，完成图块插入，如图 10-68 所示。

6）单击"绘图"工具栏中的"插入块"按钮，弹出"插入"对话框。单击"浏览"按钮，弹出"选择图形文件"对话框，选择"源文件/图块/坐便器"图块，单击"打开"按钮，回到"插入"对话框，单击"确定"按钮，完成图块插入，如图 10-69 所示。

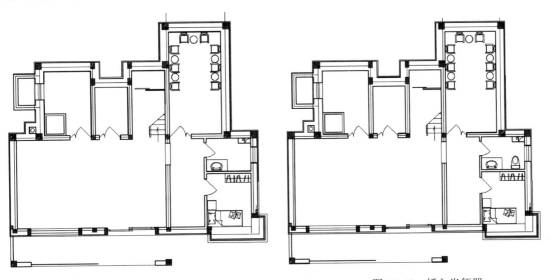

图 10-68 插入洗手盆　　　　　　　　　图 10-69 插入坐便器

7）单击"绘图"工具栏中的"直线"按钮✐，在放映室位置绘制连续直线，如图 10-70 所示。

8）单击"绘图"工具栏中的"插入块"按钮🔲，弹出"插入"对话框。单击"浏览"按钮，弹出"选择图形文件"对话框，选择"源文件/图块/电视机"图块，单击"打开"按钮，回到"插入"对话框，单击"确定"按钮，完成图块插入，如图 10-71 所示。

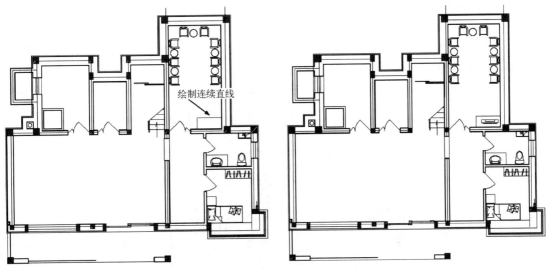

图 10-70 绘制连续直线　　　　　　　　　图 10-71 插入电视机

9）单击"绘图"工具栏中的"插入块"按钮🔲，弹出"插入"对话框。单击"浏览"按钮，弹出"选择图形文件"对话框，选择"源文件/图块/洗衣机"图块，单击"打开"按钮，回到"插入"对话框，单击"确定"按钮，完成图块插入，如图 10-72 所示。

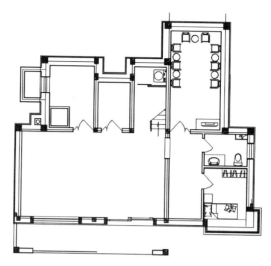

图 10-72　插入洗衣机

10）单击"绘图"工具栏中的"插入块"按钮，弹出"插入"对话框。单击"浏览"按钮，弹出"选择图形文件"对话框，选择"源文件/图块/墩布池"图块，单击"打开"按钮，回到"插入"对话框，单击"确定"按钮，完成图块插入。

11）继续将其他图块进行插入，最终完成地下室装饰平面图的绘制，如图 10-1 所示。

10.2　首层装饰平面图

本节思路

别墅首层装饰主要是对别墅首层几个建筑单元内部的家具进行布置。本节主要讲述别墅首层装饰平面图的绘制过程，如图 10-73 所示。

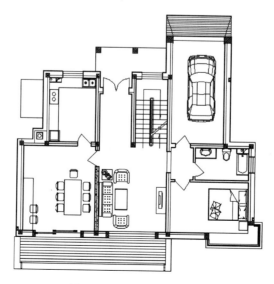

图 10-73　首层装饰平面图

光盘\视频教学\第 10 章\首层装饰平面图.avi

10.2.1　绘图准备

1）单击"标准"工具栏中的"打开"按钮，打开"源文件/首层平面图"。

2）选择菜单栏中的"文件"→"另存为"命令，将打开的"首层平面图"另存为"首层装饰平面图"。

3）单击"修改"工具栏中的"删除"按钮，删除除轴线层外的其他所有图形，并关闭标注图层，整理结果如图 10-74 所示。

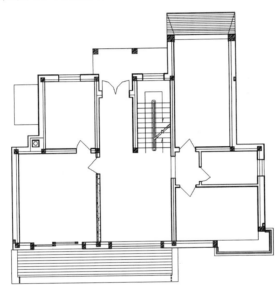

图 10-74　首层平面图整理

10.2.2　绘制家具

1．绘制单人椅

1）单击"绘图"工具栏中的"矩形"按钮，在图形适当位置绘制一个"450×360"的矩形，如图 10-75 所示。

2）单击"修改"工具栏中的"圆角"按钮，选择上一步绘制的矩形四边进行圆角处理，圆角半径为 68，如图 10-76 所示。

图 10-75　绘制矩形

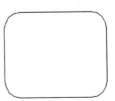

图 10-76　圆角处理

3）单击"绘图"工具栏中的"直线"按钮 ，在上一步圆角后的矩形上方绘制一条水平直线，如图 10-77 所示。

4）单击"绘图"工具栏中的"圆弧"按钮 ，在上一步绘制的直线上绘制两条弧线，如图 10-78 所示。

5）单击"绘图"工具栏中的"圆弧"按钮 ，连接上一步绘制的两条圆弧，如图 10-79 所示。

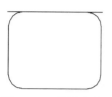 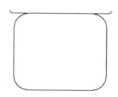 

图 10-77　绘制直线　　　　图 10-78　绘制弧线　　　　图 10-79　连接圆弧

6）单击"绘图"工具栏中的"创建块"按钮 ，弹出"块定义"对话框，如图 10-16 所示，选择上一步图形为定义对象，选择任意一点为基点，将其定义为块，块名为单人椅。

2．绘制餐桌

1）单击"绘图"工具栏中的"矩形"按钮 ，在图形适当位置绘制一个"1000×2000"的矩形，如图 10-80 所示。

2）单击"绘图"工具栏中的"插入块"按钮 ，弹出"插入"对话框。单击"浏览"按钮，弹出"选择图形文件"对话框，选择"源文件/图块/单人座椅"图块，单击"打开"按钮，回到"插入"对话框，单击"确定"按钮，完成图块插入，如图 10-81 所示。

 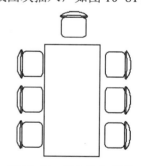

图 10-80　绘制矩形　　　　　　　　图 10-81　插入单人座椅

3）单击"绘图"工具栏中的"创建块"按钮 ，弹出"块定义"对话框，如图 10-16 所示，选择上一步的图形为定义对象，选择任意一点为基点，将其定义为块，块名为"餐桌"。

3．绘制沙发

1）单击"绘图"工具栏中的"矩形"按钮 ，在图形适当位置绘制一个"2016×570"的矩形，如图 10-82 所示。

图 10-82　绘制矩形

2）单击"修改"工具栏中的"分解"按钮 🗗，选择上一步绘制的矩形为分解对象按确认进行分解。

3）选择上一步分解矩形下部水平边为等分对象，将其进行 3 等分，单击"绘图"工具栏中的"直线"按钮 ✎，绘制等分点之间的连接线，如图 10-83 所示。

4）单击"修改"工具栏中的"圆角"按钮，对矩形四角进行圆角处理，圆角半径为50，如图 10-84 所示。

图 10-83　等分图形　　　　　　　　　　图 10-84　圆角处理

5）单击"绘图"工具栏中的"圆角"按钮 ▱，对上一步绘制的等分线进行不修剪圆角处理，圆角半径为 30，如图 10-85 所示。

6）单击"修改"工具栏中的"修剪"按钮 ⊹，选择上一步圆角后的图形为修剪对象对其进行修剪处理，如图 10-86 所示。

图 10-85　不修剪圆角处理　　　　　　　图 10-86　修剪线段

7）单击"绘图"工具栏中的"矩形"按钮 ▭，在上一步图形的适当位置绘制一个"241×511"的矩形，如图 10-87 所示。

8）单击"绘图"工具栏中的"修剪"按钮 ⊹，选择上一步绘制矩形内的多余线段为修剪对象，对其进行修剪处理，如图 10-88 所示。

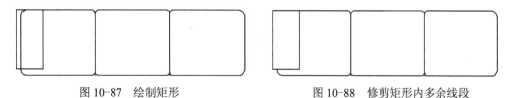

图 10-87　绘制矩形　　　　　　　　　　图 10-88　修剪矩形内多余线段

9）单击"修改"工具栏中的"圆角"按钮 ▱，对上一步图形中的矩形进行不修剪圆角处理，圆角半径为50，如图 10-89 所示。

10）单击"修改"工具栏中的"修剪"按钮 ⊹，对上一步圆角处理后的图形进行修剪处理，如图 10-90 所示。

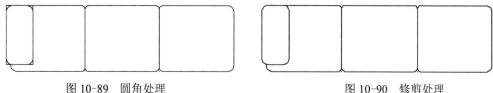

图 10-89　圆角处理　　　　　　　　　　图 10-90　修剪处理

利用上述方法完成右侧相同图形的绘制，如图 10-91 所示。

11）单击"绘图"工具栏中的"直线"按钮，在上一步图形顶部位置绘制一条水平直线，如图 10-92 所示。

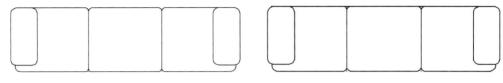

图 10-91　绘制右侧图形　　　　　　　　　　图 10-92　绘制水平直线

12）单击"修改"工具栏中的"偏移"按钮，选择上一步绘制的水平直线为偏移对象向上进行偏移，偏移距离为 50、150，如图 10-93 所示。

13）单击"绘图"工具栏中的"直线"按钮，绘制两条竖直直线来连接上一步偏移线段，如图 10-94 所示。

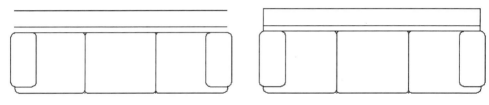

图 10-93　偏移线段　　　　　　　　　　　图 10-94　绘制竖直直线

14）单击"修改"工具栏中的"圆角"按钮，选择上一步绘制的竖直线进行圆角处理，圆角半径为 50，如图 10-95 所示。

15）单击"绘图"工具栏中的"直线"按钮在上一步绘制的图形内绘制十字交叉线，如图 10-96 所示。

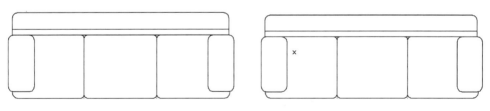

图 10-95　圆角处理　　　　　　　　　　　图 10-96　绘制十字交叉线

16）单击"修改"工具栏中的"复制"按钮，选择上一步绘制的十字交叉线为复制对象，对其进行连续复制，如图 10-97 所示。

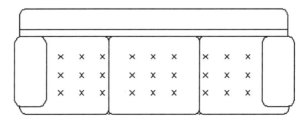

图 10-97　复制十字交叉线

17）单击"绘图"工具栏中的"矩形"按钮▢，在上一步绘制的沙发图形下方绘制一个"1200×700"的矩形，如图 10-98 所示。

18）单击"修改"工具栏中的"分解"按钮▢，选择上一步绘制的矩形为分解对象，按〈Enter〉键确认进行分解。

19）单击"修改"工具栏中的"偏移"按钮▣，选择上一步分解矩形的左侧竖直边为偏移对象向右进行偏移，偏移距离为 17、1159、24，如图 10-99 所示。

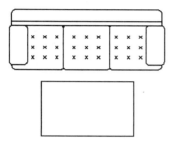

图 10-98　绘制矩形

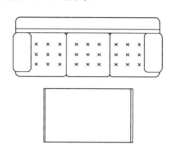

图 10-99　偏移线段

利用前面讲述的绘制沙发的方法，完成左右两侧小沙发的绘制，如图 10-100 所示。

20）单击"绘图"工具栏中的"矩形"按钮▢，在长沙发右侧选一点为矩形起点，绘制一个"600×600"的矩形，如图 10-101 所示。

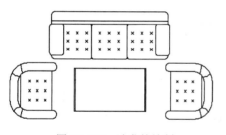

图 10-100　沙发的绘制

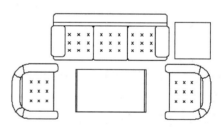

图 10-101　绘制矩形

21）单击"修改"工具栏中的"圆角"按钮▢，选择上一步绘制的矩形为圆角对象，对其进行圆角处理，圆角半径为 71，如图 10-102 所示。

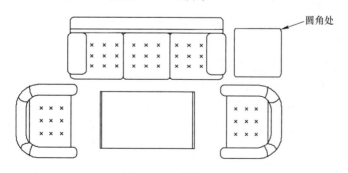

图 10-102　圆角处理

22）单击"绘图"工具栏中的"圆"按钮◎，在上一步圆角后的矩形内绘制一个半径为 160 的圆，如图 10-103 所示。

23）单击"绘图"工具栏中的"圆"按钮⊘，在上一步绘制的圆内选一点为圆心绘制一个半径为 60 的圆，如图 10-104 所示。

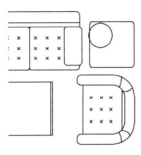
图 10-103　绘制圆

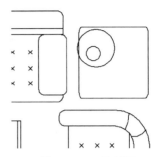
图 10-104　绘制圆

24）单击"绘图"工具栏中的"直线"按钮 ✏️，在上一步图形内绘制多条直线，如图 10-105 所示。

结合所学知识完成茶几上的电话机的绘制，如图 10-106 所示。

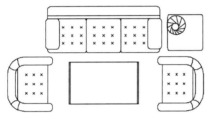
图 10-105　绘制直线

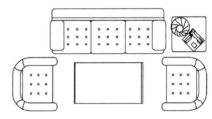
图 10-106　绘制电话机

25）单击"绘图"工具栏中的"创建块"按钮🔲，弹出"块定义"对话框。单击"拾取点"按钮，拾取"三人沙发"靠背中点为基点，单击"选择对象"按钮，选择绘制的组合沙发按〈Enter〉键，返回到"对定义"对话框，输入名称为"三人沙发"，单击"确定"按钮，完成图块的创建。

4. 绘制双人床

1）单击"绘图"工具栏中的"矩形"按钮🔲，在图形适当位置绘制一个"1800×2300"的矩形，如图 10-107 所示。

2）单击"修改"工具栏中的"分解"按钮🔲，选择上一步绘制的矩形为分解对象，按〈Enter〉键确认对其分解。

3）单击"修改"工具栏中的"偏移"按钮🔲，选择分解矩形的上部水平线为偏移对象向下进行偏移，偏移距离为 60，如图 10-108 所示。

图 10-107　绘制矩形

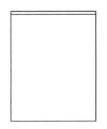
图 10-108　偏移线段

4）单击"绘图"工具栏中的"矩形"按钮□，在上一步绘制的矩形内绘制一个"1735×1724"的矩形，如图 10-109 所示。

5）单击"绘图"工具栏中的"样条曲线"按钮～，在上一步绘制的矩形左上角位置绘制连续多段线，如图 10-110 所示。

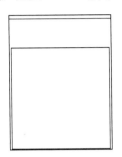

图 10-109　绘制矩形

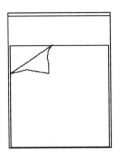

图 10-110　绘制连续多段线

6）单击"修改"工具栏中的"修剪"按钮┼，选择上一步绘制的图形为修剪对象，对其进行修剪，如图 10-111 所示。

7）单击"绘图"工具栏中的"直线"按钮╱，在上一步图形适当位置绘制一条水平直线，如图 10-112 所示。

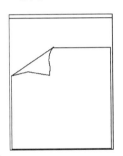

图 10-111　修剪图形

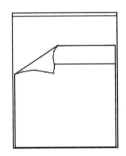

图 10-112　绘制直线

8）单击"修改"工具栏中的"圆角"按钮□，选择上一步图形进行圆角处理对线段进行不修剪模式处理，圆角半径为 23，如图 10-113 所示。

9）单击"修改"工具栏中的"修剪"按钮┼，对上一步圆角后的图形进行修剪处理，如图 10-114 所示。

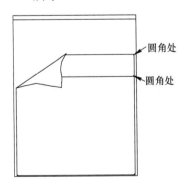

图 10-113　圆角处理

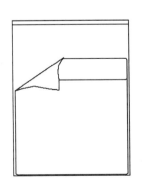

图 10-114　圆角处理

10）单击"绘图"工具栏中的"样条曲线"按钮 ∿ 和"直线"按钮 ╱，在上一步图形右下角位置绘制连续线段，如图 10-115 所示。

11）单击"绘图"工具栏中的"矩形"按钮 □，在上一步绘制图形的右侧绘制一个"500×500"的矩形，如图 10-116 所示。

12）单击"修改"工具栏中的"分解"按钮 ⊞，选择上一步绘制矩形为分解对象，按〈Enter〉键确认进行分解。

13）单击"修改"工具栏中的"偏移"按钮 ⊜，选择上一步分解矩形左侧竖直边为偏移对象向右进行偏移，偏移距离为 7、483，最终完成双人床及床头柜的绘制，如图 10-117 所示。

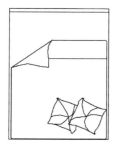
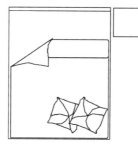
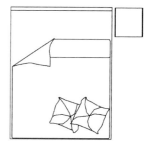

图 10-115　绘制连续线段　　　图 10-116　绘制矩形　　　图 10-117　偏移线段

14）单击"绘图"工具栏中的"创建块"按钮 ⊡，弹出"块定义"对话框。单击"拾取点"按钮，拾取"双人床及柜"任意一点点为基点，单击"选择对象"按钮，选择绘制的双人床按〈Enter〉键，返回到"对定义"对话框，输入名称为"双人床及柜"，单击"确定"按钮，完成图块的创建。

5．绘制电视机

1）单击"绘图"工具栏中的"矩形"按钮 □，在图形适当位置绘制一个"956×157"的矩形，如图 10-118 所示。

2）单击"绘图"工具栏中的"矩形"按钮 □，在上一步绘制的矩形内绘制一个"521×54"的矩形，如图 10-119 所示。

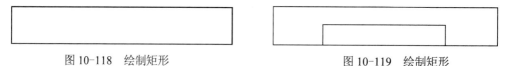

图 10-118　绘制矩形　　　　　　　　　　图 10-119　绘制矩形

3）单击"绘图"工具栏中的"直线"按钮 ╱，完成电视机图形剩余部分的绘制，如图 10-120 所示。

4）单击"绘图"工具栏中的"创建块"按钮 ⊡，弹出"块定义"对话框，如图 10-16 所示，选择上一步绘制的图形为定义对象，选择任意一点为基点，将其定义为块，块名为电视机。

图 10-120　绘制直线

6．绘制浴缸

1）单击"绘图"工具栏中的"矩形"按钮 □，在图形适当位置绘制一个"700×

1200"的矩形, 如图 10-121 所示。

2) 单击"修改"工具栏中的"偏移"按钮⚬, 选择上一步绘制的矩形为偏移对象向内进行偏移, 偏移距离为 19, 如图 10-122 所示。

图 10-121 绘制矩形   图 10-122 偏移矩形

3) 单击"绘图"工具栏中的"直线"按钮✐, 在上一步图形内绘制连续直线, 如图 10-123 所示。

4) 单击"绘图"工具栏中的"圆弧"按钮◠, 连接上一步绘制的多段线下部两端点, 绘制适当半径的圆弧, 如图 10-124 所示。

5) 单击"绘图"工具栏中的"椭圆"按钮⬯, 在上一步图形顶部位置绘制一个大小适当的椭圆, 完成浴缸图形的绘制, 如图 10-125 所示。

 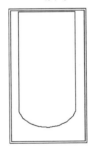 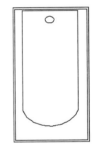

图 10-123 绘制直线   图 10-124 绘制圆弧   图 10-125 绘制椭圆

6) 单击"绘图"工具栏中的"创建块"按钮🖧, 弹出"块定义"对话框, 如图 10-16 所示, 选择上一步图形为定义对象, 选择任意一点为基点, 将其定义为块, 块名为浴缸。

7. 绘制洗菜盆

1) 单击"绘图"工具栏中的"多段线"按钮⤵, 指定起点宽度为 5、端点宽度为 5。在图形适当位置绘制连续多段线, 绘制如图 10-126 所示的图形。

2) 单击"绘图"工具栏中的"多段线"按钮⤵, 指定起点宽度为 0、端点宽度为 0, 在上一步图形内绘制连续多段线, 如图 10-127 所示。

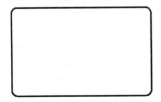 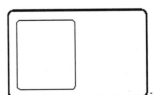

图 10-126 绘制多段线   图 10-127 绘制多段线

3）单击"绘图"工具栏中的"圆"按钮⊙，在上一步绘制的多段线内绘制一个半径为54的圆，如图 10-128 所示。

4）单击"修改"工具栏中的"偏移"按钮⬚，选择上一步绘制的圆为偏移对象向内进行偏移，偏移距离为 19，如图 10-129 所示。

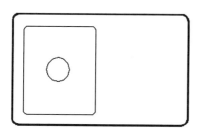

图 10-128　绘制圆

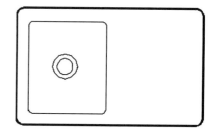

图 10-129　偏移圆

5）单击"修改"工具栏中的"复制"按钮❄，选择上一步绘制的图形为复制对象向右侧进行复制，间距为 380，如图 10-130 所示。

6）单击"绘图"工具栏中的"圆"按钮⊙，在上一步绘制的图形适当位置绘制一个半径为 13 的圆，如图 10-131 所示。

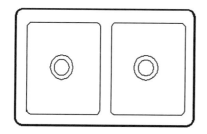

图 10-130　复制图形

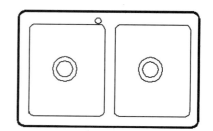

图 10-131　绘制圆

7）单击"修改"工具栏中的"复制"按钮❄，选择上一步绘制的圆为复制对象向右侧进行复制，如图 10-132 所示。

8）单击"绘图"工具栏中的"直线"按钮╱，在上一步绘制的圆之间绘制连续直线，完成洗菜盆的绘制，如图 10-133 所示。

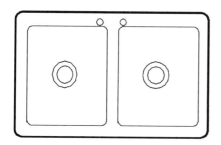

图 10-132　复制圆

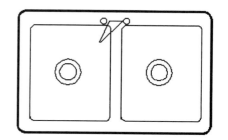

图 10-133　绘制连续直线

9）单击"绘图"工具栏中的"创建块"按钮➡，弹出"块定义"对话框，如图 10-16 所示，选择上一步图形为定义对象，选择任意一点为基点，将其定义为块，块名为"洗菜盆"。

10）单击"绘图"工具栏中的"插入块"按钮，弹出"插入"对话框。单击"浏览"按钮，弹出"选择图形文件"对话框，选择"源文件/图块/双人床及床头柜"图块，单击"打开"按钮，回到"插入"对话框，单击"确定"按钮，完成图块插入，如图 10-134 所示。

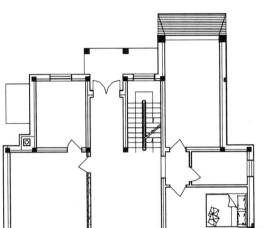

图 10-134　插入双人床及柜

11）单击"绘图"工具栏中的"直线"按钮，在客厅靠墙位置绘制连续直线，如图 10-135 所示。

12）单击"绘图"工具栏中的"插入块"按钮，弹出"插入"对话框。单击"浏览"按钮，弹出"选择图形文件"对话框，选择"源文件/图块/电视机"图块，单击"打开"按钮，回到"插入"对话框，单击"确定"按钮，完成图块插入，如图 10-136 所示。

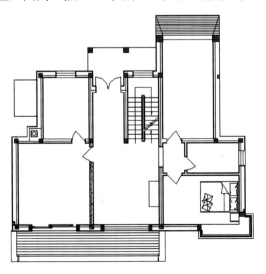

图 10-135　绘制直线

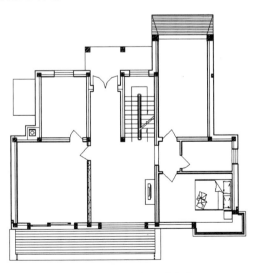

图 10-136　插入电视机

13）单击"绘图"工具栏中的"插入块"按钮，弹出"插入"对话框。单击"浏览"按钮，弹出"选择图形文件"对话框，选择"源文件/图块/沙发"图块，单击"打开"按钮，回到"插入"对话框，单击"确定"按钮，完成图块插入，如图10-137所示。

14）单击"绘图"工具栏中的"插入块"按钮，弹出"插入"对话框。单击"浏览"按钮，弹出"选择图形文件"对话框，选择"源文件/图块/餐桌"图块，单击"打开"按钮，回到"插入"对话框，单击"确定"按钮，完成图块插入，如图10-138所示。

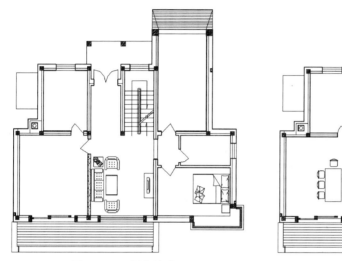 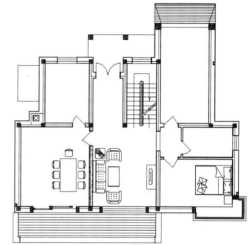

图 10-137　插入沙发　　　　　　　　　　　图 10-138　插入餐桌

15）单击"绘图"工具栏中的"直线"按钮，在餐厅位置绘制连续直线，如图 10-139所示。

16）单击"绘图"工具栏中的"插入块"按钮，弹出"插入"对话框。单击"浏览"按钮，弹出"选择图形文件"对话框，选择"源文件/图块/餐椅"图块，单击"打开"按钮，回到"插入"对话框，单击"确定"按钮，完成图块插入，如图10-140所示。

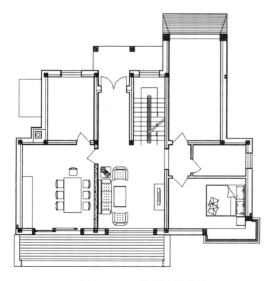 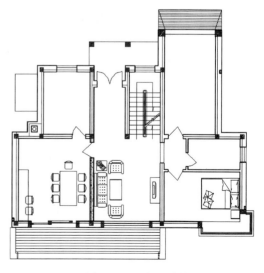

图 10-139　绘制连续直线　　　　　　　　　图 10-140　插入餐椅

17）单击"绘图"工具栏中的"多段线"按钮➜，指定起点宽度为 25、端点宽度为 25，在厨房角落绘制连续直线，如图 10-141 所示。

18）单击"绘图"工具栏中的"圆"按钮⊘，在上一步绘制的图形内绘制一个半径为 50 的圆，如图 10-142 所示。

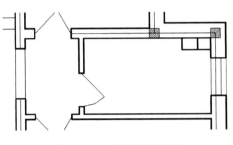

图 10-141　绘制连续直线

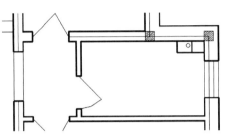

图 10-142　绘制圆

19）单击"绘图"工具栏中的"直线"按钮／，在上一步绘制的图形内绘制连续直线，如图 10-143 所示。

利用上述方法绘制剩余相同图形的绘制，如图 10-144 所示。

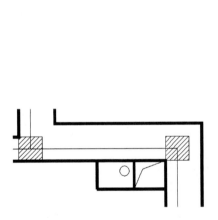

图 10-143　绘制连续直线

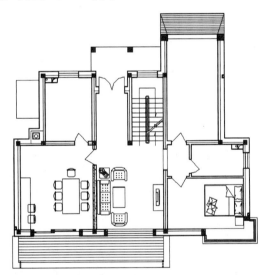

图 10-144　绘制图形

20）单击"绘图"工具栏中的"插入块"按钮🔄，弹出"插入"对话框。单击"浏览"按钮，弹出"选择图形文件"对话框，选择"源文件/图块/浴缸"图块，单击"打开"按钮，回到"插入"对话框，单击"确定"按钮，完成图块插入，如图 10-145 所示。

21）单击"绘图"工具栏中的"插入块"按钮🔄，弹出"插入"对话框。单击"浏览"按钮，弹出"选择图形文件"对话框，选择"源文件/图块/坐便器"图块，单击"打开"按钮，回到"插入"对话框，单击"确定"按钮，完成图块插入，如图 10-146 所示。

图 10-145　插入浴缸

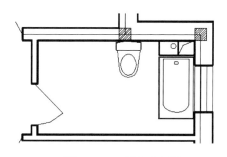

图 10-146　插入坐便器

22）单击"绘图"工具栏中的"多段线"按钮，指定起点宽度为 25、端点宽度为 25，在卫生间角落绘制连续直线，如图 10-147 所示。

23）单击"绘图"工具栏中的"插入块"按钮，弹出"插入"对话框。单击"浏览"按钮，弹出"选择图形文件"对话框，选择"源文件/图块/洗手盆"图块，单击"打开"按钮，回到"插入"对话框，单击"确定"按钮，完成图块插入，如图 10-148 所示。

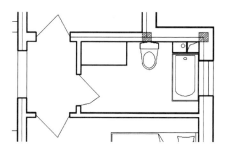

图 10-147　绘制连续直线

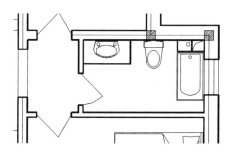

图 10-148　插入洗手盆

24）单击"绘图"工具栏中的"插入块"按钮，弹出"插入"对话框。单击"浏览"按钮，弹出"选择图形文件"对话框，选择"源文件/图块/汽车"图块，单击"打开"按钮，回到"插入"对话框，单击"确定"按钮，完成图块插入，如图 10-149 所示。

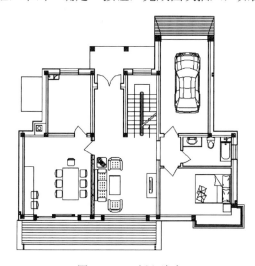

图 10-149　插入汽车

25）单击"绘图"工具栏中的"直线"按钮 ✎ ，在厨房内的适当位置绘制连续直线，如图 10-150 所示。

26）单击"绘图"工具栏中的"插入块"按钮 ，弹出"插入"对话框。单击"浏览"按钮，弹出"选择图形文件"对话框，选择"源文件/图块/洗菜盆"图块，单击"打开"按钮，回到"插入"对话框，单击"确定"按钮，完成图块插入，如图 10-151 所示。

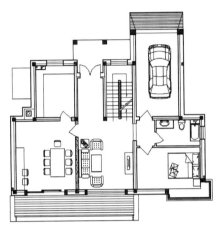

图 10-150　绘制连续直线

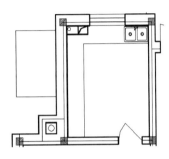

图 10-151　插入洗菜盆

利用上述方法完成剩余图形的绘制，结果如图 10-73 所示。

10.3　二层装饰平面图

☞ 本节思路

别墅二层装饰主要是对别墅二层几个建筑单元内部的家具进行布置。利用上述方法完成二层装饰平面图的绘制，如图 10-152 所示。

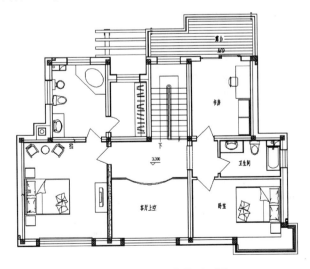

图 10-152　二层装饰平面图

第 11 章　别墅立面图的绘制

 知识导引

　　立面图是用直接正投影法将建筑各个墙面进行投影所得到的正投影图。本章以别墅立面图为例，详细讲述这些建筑立面图的 CAD 绘制方法与相关技巧。

内容要点

　　➤ 建筑立面图绘制概述。
　　➤ A-E 立面图的绘制。
　　➤ E-A 立面图的绘制。
　　➤ 1-7 立面图的绘制。
　　➤ 7-1 立面图的绘制。

11.1　A-E 立面图的绘制

本节思路

　　从 A-E 立面图可以很明显地看出，由于地势地形的客观情况，本别墅的地下室实际上是一种半地下的结构，别墅南面的地下室完全露出地面，只是在北面的部分是深入到地下的。这主要是因地制宜的结果。总体来说，这种结构既利用了地形，使整个别墅建筑与自然地形融为一体，达到建筑与自然和谐共生的效果，同时也使地下室部分具有良好的采光性。

　　本例主要讲述 A-E 立面图的绘制方法，如图 11-1 所示。

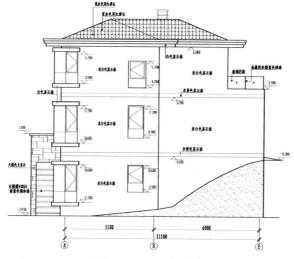

图 11-1　A-E 立面图

光盘\视频教学\第 11 章\A-E 立面图.avi

11.1.1　绘制基础图形

1）单击"绘图"工具栏中的"多段线"按钮↷，指定起点宽度为 30、端点宽度为 30，在图形空白区域绘制一条长度为 15496 的水平多段线，如图 11-2 所示。

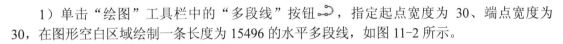

图 11-2　绘制直线

2）单击"绘图"工具栏中的"多段线"按钮↷，指定起点宽度为 25、端点宽度为 25，在上一步绘制的水平多段线上选择一点为直线起点向上绘制一条长度为 9450 的竖直多段线，如图 11-3 所示。

3）单击"修改"工具栏中的"偏移"按钮△，选择上一步绘制的多段线为偏移对象连续向右进行偏移，偏移距离为 5600、6000，如图 11-4 所示。

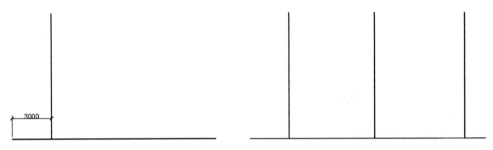

图 11-3　绘制竖直直线　　　　　　　　　　图 11-4　偏移线段

4）单击"绘图"工具栏中的"直线"按钮／，在上一步图形上选择一点为直线起点，向右绘制一条水平直线，如图 11-5 所示。

5）单击"修改"工具栏中的"偏移"按钮△，选择上一步绘制的水平直线为偏移对象，向上进行偏移，偏移距离为 200，如图 11-6 所示。

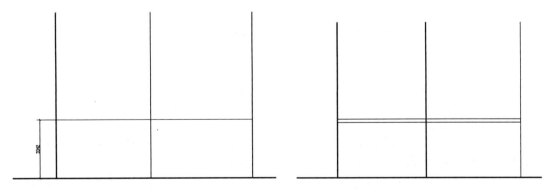

图 11-5　绘制水平直线　　　　　　　　　　图 11-6　偏移线段

6）单击"绘图"工具栏中的"多段线"按钮 ➥，指定起点宽度为 25、端点宽度为 25，在上一步图形适当位置处绘制一个"1550×200"的矩形，如图 11-7 所示。

7）单击"修改"工具栏中的"复制"按钮 ，选择上一步绘制的矩形为复制对象向上进行复制，复制间距为 2300，如图 11-8 所示。

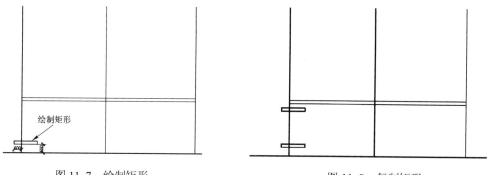

图 11-7　绘制矩形　　　　　　　　　　图 11-8　复制矩形

8）单击"绘图"工具栏中的"多段线"按钮 ➥，指定起点宽度为 15、端点宽度为 15，在上一步图形适当位置绘制一条竖直直线，连接上一步复制的两图形，如图 11-9 所示。

9）单击"修改"工具栏中的"偏移"按钮 ，选择上一步绘制的竖直直线为偏移对象，向右进行偏移，偏移距离为 1350，如图 11-10 所示。

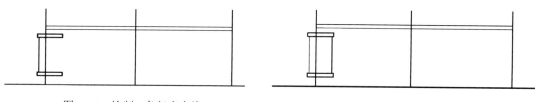

图 11-9　绘制一条竖直直线　　　　　　图 11-10　偏移直线

10）单击"修改"工具栏中的"修剪"按钮 ，选择上一步偏移线段之间的线段为修剪线段对其进行修剪，如图 11-11 所示。

11）单击"绘图"工具栏中的"直线"按钮 ，在上一步图形内绘制一条水平直线和一条竖直直线，如图 11-12 所示。

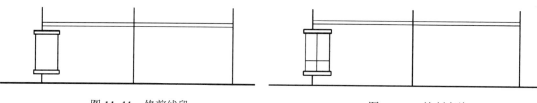

图 11-11　修剪线段　　　　　　　　　图 11-12　绘制直线

12）单击"修改"工具栏中的"偏移"按钮 ，选择上一步绘制的竖直直线为偏移对象向右进行偏移，偏移距离为 47、600，如图 11-13 所示。

13）单击"修改"工具栏中的"偏移"按钮 ，选择上一步绘制的水平直线为偏移对象向上进行偏移，偏移距离为 50、1386，如图 11-14 所示。

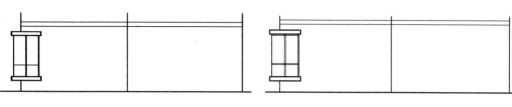

图 11-13　偏移线段　　　　　　　　　　图 11-14　偏移线段

14）单击"修改"工具栏中的"修剪"按钮 ，选择上一步偏移线段为修剪对象对其进行修剪处理，如图 11-15 所示。

15）单击"绘图"工具栏中的"多段线"按钮 ，指定起点宽度为 15、端点宽度为 15，在上一步图形右侧位置绘制连续多段线，如图 11-16 所示。

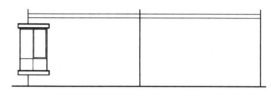

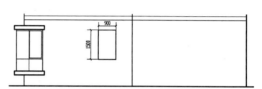

图 11-15　修剪线段　　　　　　　　　　图 11-16　绘制连续多段线

16）单击"绘图"工具栏中的"直线"按钮 ，在上一步图形内绘制一条水平直线，如图 11-17 所示。

17）单击"绘图"工具栏中的"矩形"按钮 ，在上一步图形内绘制一个"800×886"的矩形，如图 11-18 所示。

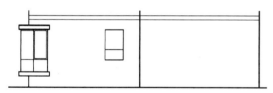

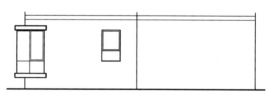

图 11-17　绘制水平直线　　　　　　　　图 11-18　绘制矩形

18）单击"绘图"工具栏中的"直线"按钮 ，在上一步绘制的图形内绘制两条斜向直线，如图 11-19 所示。

19）单击"绘图"工具栏中的"多段线"按钮 ，指定起点宽度为 25、端点宽度为 25，在上一步图形内绘制连续多段线，如图 11-20 所示。

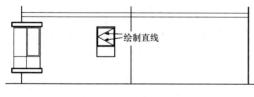

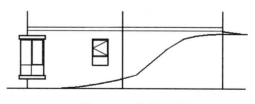

图 11-19　绘制直线　　　　　　　　　　图 11-20　绘制多段线

20）单击"修改"工具栏中的"修剪"按钮 ，选择上一步绘制的多段线内的线段为修剪对象，对其进行修剪处理，如图 11-21 所示。

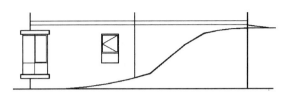

图 11-21　修剪处理

21）单击"绘图"工具栏中的"图案填充"按钮，打开"图案填充创建"选项板，选择"AR-SAND"，并设置相关参数，如图 11-22 所示，单击"拾取点"按钮选择相应区域内一点，确认后，填充得到的最终结果如图 11-23 所示。

图 11-22　"图案填充创建"选项卡

22）单击"修改"工具栏中的"偏移"按钮，选择如图 11-24 所示的水平直线为偏移线段向上进行偏移，偏移距离为 3100、200，如图 11-24 所示。

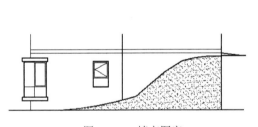

图 11-23　填充图案

图 11-24　偏移线段

23）单击"修改"工具栏中的"复制"按钮，选择地下室立面图中的窗户图形为复制对象向上进行复制，复制间距为 3300，将其放置到首层立面位置处，并利用上述绘制小窗户的方法绘制相同图形，如图 11-25 所示。

24）利用地下室窗户图形的绘制方法绘制二层平面图中的窗户图形，如图 11-26 所示。

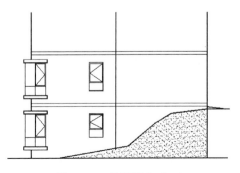

图 11-25　绘制窗户（一）

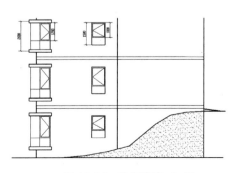

图 11-26　绘制窗户（二）

25）单击"绘图"工具栏中的"多段线"按钮 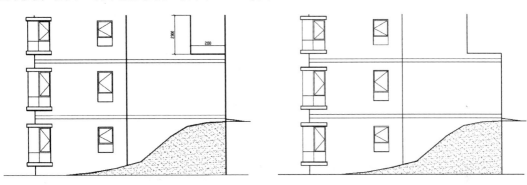，指定起点宽度为 25、端点宽度为 25，在图形适当位置绘制连续直线，如图 11-27 所示。

26）单击"修改"工具栏中的"修剪"按钮，选择上一步绘制的连续多段线外的线段为修剪对象，对其进行修剪，如图 11-28 所示。

图 11-27　绘制连续直线　　　　　　　　　　图 11-28　修剪对象

27）单击"绘图"工具栏中的"多段线"按钮，指定起点宽度为 0、端点宽度为 0，在图形适当位置绘制连续直线，如图 11-29 所示。

28）单击"修改"工具栏中的"偏移"按钮，选择上一步绘制的连续多段线为偏移对象向内进行偏移，偏移距离为 25，如图 11-30 所示。

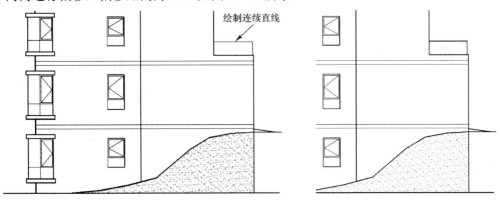

图 11-29　绘制连续直线　　　　　　　　　　图 11-30　偏移多段线

29）单击"绘图"工具栏中的"直线"按钮，在上一步偏移的线段内绘制一条竖直直线，如图 11-31 所示。

30）单击"修改"工具栏中的"偏移"按钮，选择上一步绘制的竖直直线为偏移对象分别向两侧进行偏移，偏移距离为 11.5，如图 11-32 所示。

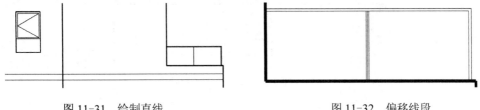

图 11-31　绘制直线　　　　　　　　　　图 11-32　偏移线段

31）单击"修改"工具栏中的"删除"按钮 ✎ ，选择中间线段为删除对象对其进行删除，如图 11-33 所示。

32）单击"绘图"工具栏中的"多段线"按钮 ⌐⊃，指定起点宽度为 25、端点宽度为 25，在上一步图形上方绘制长度为 11599 的水平多段线，如图 11-34 所示。

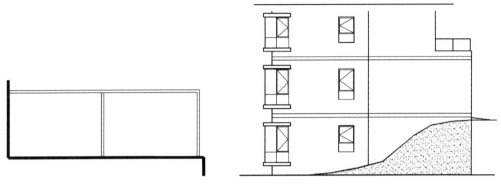

图 11-33 删除线段   图 11-34 绘制多段线

33）单击"修改"工具栏中的"偏移"按钮 ⿴，指定起点宽度为 25、端点宽度为 25，选择上一步绘制的水平多段线为偏移对象向下进行偏移，偏移距离为 120、120、160，如图 11-35 所示。

34）单击"绘图"工具栏中的"多段线"按钮 ⌐⊃，指定起点宽度为 25、端点宽度为 25，绘制上一步偏移线段左侧的连接线，如图 11-36 所示。

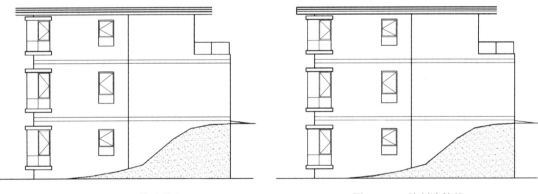

图 11-35 偏移线段   图 11-36 绘制连接线

35）单击"修改"工具栏中的"偏移"按钮 ⿴，选择上一步绘制的竖直直线为偏移对象向右进行偏移，偏移距离为 50、100、7399、100、50、3750、100、50，如图 11-37 所示。

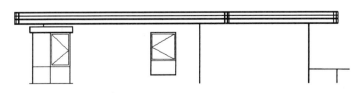

图 11-37 偏移竖直直线

36）单击"修改"工具栏中的"修剪"按钮 ⊬，选择上一步偏移线段为修剪对象，对其进行修剪处理，如图 11-38 所示。

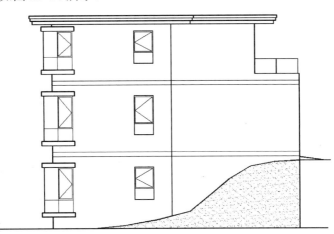

图 11-38 修剪图形

37）单击"绘图"工具栏中的"多段线"按钮 ⊸，指定起点宽度为 25、端点宽度为 25，在图形上部位置绘制连续多段线，如图 11-39 所示。

38）单击"绘图"工具栏中的"直线"按钮 ✓，在上一步图形内绘制一条斜向直线，如图 11-40 所示。

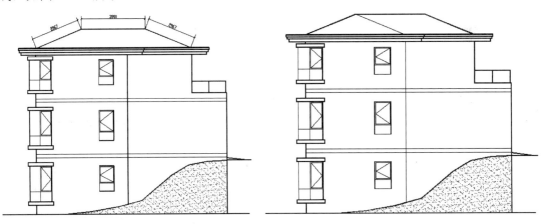

图 11-39 绘制多段线　　　　　　图 11-40 绘制斜向直线

39）单击"绘图"工具栏中的"直线"按钮 ✓ 和"圆弧"按钮 ⌒，在上一步图形内绘制屋顶立面瓦片，如图 11-41 所示。

40）单击"绘图"工具栏中的"矩形"按钮 ▭，在屋顶上方适当位置选择一点为矩形起点，绘制一个"619×526"的矩形，如图 11-42 所示。

41）单击"修改"工具栏中的"分解"按钮 ⬚，选择上一步绘制的矩形为分解对象按〈Enter〉键确认进行分解。

42）单击"修改"工具栏中的"偏移"按钮 ⬚，选择上一步绘制的矩形左侧边线为偏移对象向右进行偏移，偏移距离为 50、519、50，如图 11-43 所示。

图 11-41　绘制屋顶

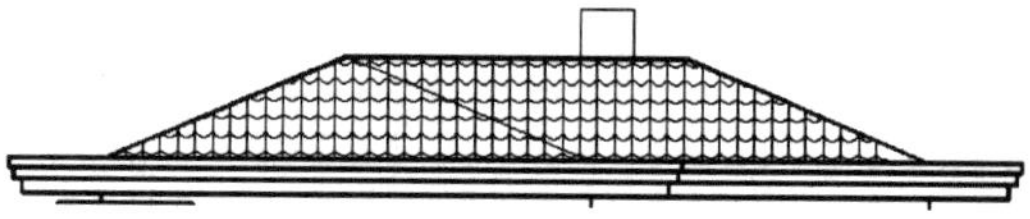

图 11-42　绘制矩形

43）单击"修改"工具栏中的"偏移"按钮🔊，选择分解矩形水平边为偏移对象向下进行偏移，偏移距离为 60、195、50、195，如图 11-44 所示。

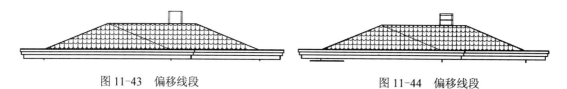

图 11-43　偏移线段

图 11-44　偏移线段

44）单击"修改"工具栏中的"修剪"按钮╱，选择上一步偏移线段为修剪对象，对其进行修剪处理，如图 11-45 所示。

45）利用上述方法完成 A-E 轴立面图的绘制，如图 11-46 所示。

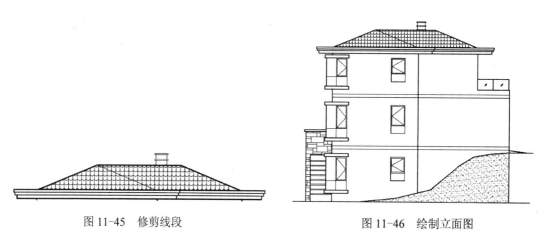

图 11-45　修剪线段

图 11-46　绘制立面图

11.1.2　标注文字及标高

1. 新建图层

单击"图层"工具栏中的"图层"按钮🔊，新建"尺寸"图层，并将其置为当前图层，如图 11-47 所示。

图 11-47 设置当前图层

2. 设置标注样式

1）选择菜单栏中的"格式"→"标注样式"命令，弹出"标注样式管理器"对话框，如图 11-48 所示。

2）单击"新建"按钮，弹出"创建新标注样式"对话框，如图 11-49 所示。"新样式名"设为"立面"，单击"线"选项卡，对话框显示如图 11-50 所示，按照图中的参数修改标注样式。

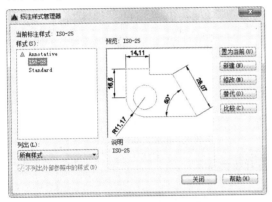

图 11-48 "标注样式管理器"对话框

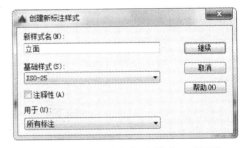

图 11-49 "创建新标注样式"对话框

3）单击"符号和箭头"选项卡，按照图 11-51 所示的设置进行修改，箭头样式选择为"建筑标记"，箭头大小修改为"200"。

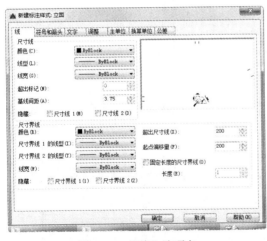

图 11-50 "线"选项卡

图 11-51 "符号和箭头"选项卡

4）在"文字"选项卡中设置"文字高度"为"250"，如图 11-52 所示。

5）"主单位"选项卡中的设置如图 11-53 所示。

3. 修改并标注图样

1）单击"标注"工具栏中的"线性"按钮和"连续"按钮，为图形添加总尺寸标注，如图 11-54 和图 11-55 所示。

2）单击"修改"工具栏中的"分解"按钮，选择上一步添加的尺寸为分解对象，按〈Ener〉键确认进行分解。

图 11-52 "文字"选项卡

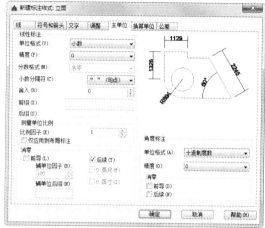

图 11-53 "主单位"选项卡

图 11-54 标注第一道尺寸

3）单击"绘图"工具栏中的"直线"按钮，在标注线底部绘制一条水平直线，如图 11-56 所示。

图 11-55 标注总尺寸

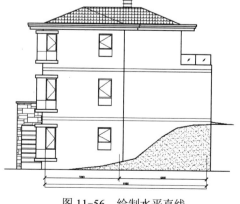

图 11-56 绘制水平直线

4）单击"修改"工具栏中的"延伸"按钮，将竖直直线延伸至上一步绘制的水平直线，如图 11-57 所示。

图 11-57 延伸直线

5）单击"修改"工具栏中的"删除"按钮，选择上一步绘制的水平直线为删除对象将其删除，如图 11-58 所示。

6）利用前面章节讲述的方法，完成轴号的添加，如图 11-59 所示。

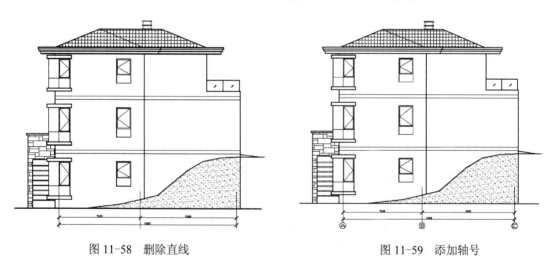

图 11-58 删除直线　　　　　　　　图 11-59 添加轴号

7）单击"绘图"工具栏中的"插入块"按钮，弹出"插入"对话框。单击"浏览"按钮，弹出"选择图形文件"对话框，选择"源文件/图块/标高"图块，单击"打开"按钮，回到"插入"对话框，单击"确定"按钮，完成图块插入，如图 11-60 所示。

8）利用上述方法完成剩余标高的添加，如图 11-61 所示。

9）在命令行中输入"QLEADER"命令，为图形添加文字说明，最终结果如图 11-1 所示。

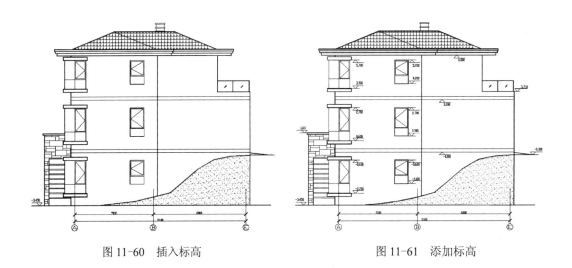

图 11-60　插入标高　　　　　　　　　　　　　图 11-61　添加标高

11.2　E-A 立面图的绘制

本节思路

　　E-A 立面图的绘制方法基本与 A-E 的绘制方法相同，这里不再详细阐述，如图 11-62 所示。

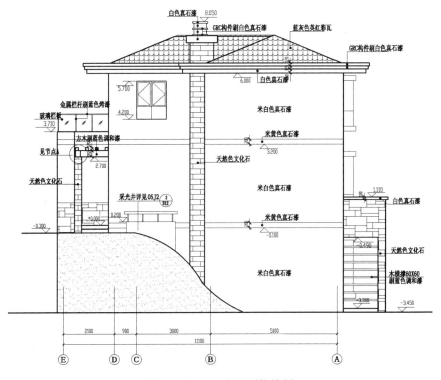

图 11-62　E-A 立面图的绘制

11.3 1-7 立面图的绘制

 本节思路

别墅 1-7 立面图主要表达了该立面上的门窗布置和构造、屋顶的构造，以及地下室南面砖石立墙的结构细节。其中地下室南面砖石立墙的设计既要对其上面的露台起到支撑作用，同时又要进行镂空，增加地下室的透光性。这里木立撑和木横撑的设计目的就是既增强支撑的牢固性，又不影响总体透光。本例主要讲述 1-7 立面图的绘制方法，如图 11-63 所示。

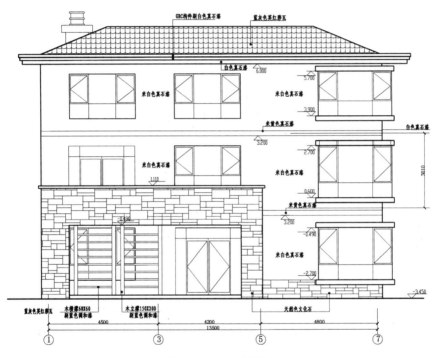

图 11-63 1-7 立面图

光盘\视频教学\第 11 章\立面图.avi

11.3.1 绘制基础图形

1）单击"绘图"工具栏中的"多段线"按钮 ，指定起点宽度为 30、端点宽度为 30，在图形空白区域绘制一条长度为 18421 的水平多段线，如图 11-64 所示。

图 11-64 绘制直线

2）单击"绘图"工具栏中的"多段线"按钮 ，指定起点宽度为 25、端点宽度为

25，在上一步绘制的水平直线上，选一点为多段线起点向上绘制一条长度为 9450 的竖直多段线，如图 11-65 所示。

3）单击"修改"工具栏中的"偏移"按钮，选择上一步绘制的竖直直线为偏移对象向右进行偏移，偏移距离为 9073、4926，如图 11-66 所示。

图 11-65　绘制竖直直线　　　　　　　　图 11-66　偏移竖直直线

4）单击"绘图"工具栏中的"多段线"按钮，指定起点宽度为 25、端点宽度为 25，在上一步图形内适当位置绘制一个"9278×100"的矩形，如图 11-67 所示。

5）单击"修改"工具栏中的"修剪"按钮，选择上一步绘制矩形内的多余线段为修剪对象，对其进行修剪处理，如图 11-68 所示。

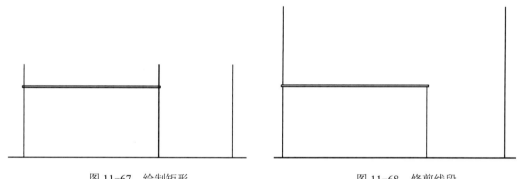

图 11-67　绘制矩形　　　　　　　　　　图 11-68　修剪线段

6）单击"绘图"工具栏中的"多段线"按钮，指定起点宽度 25、端点宽度为 25，在上一步图形内绘制连续多段线，如图 11-69 所示。

7）单击"绘图"工具栏中的"多段线"按钮，指定起点宽度 25、端点宽度为 25，在上一步绘制图形内绘制一条水平直线，如图 11-70 所示。

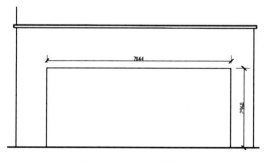

图 11-69　绘制多段线

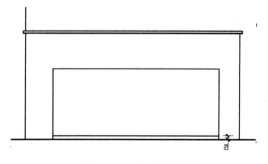

图 11-70　绘制水平直线

8）单击"绘图"工具栏中的"直线"按钮 ╱，在上一步图形内绘制一条竖直直线，如图 11-71 所示。

9）单击"修改"工具栏中的"偏移"按钮 ◱，选择上一步绘制的竖直直线为偏移对象向右进行偏移，偏移距离为 150、1375、175、200、150、1400、150，如图 11-72 所示。

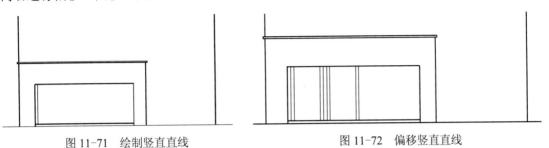

图 11-71　绘制竖直直线　　　　图 11-72　偏移竖直直线

10）单击"绘图"工具栏中的"多段线"按钮 ↜ 和"直线"按钮 ╱，绘制图形内线段，如图 11-73 所示。

11）单击"绘图"工具栏中的"矩形"按钮 □ 和"修改"工具栏中的"复制"按钮 ⁰⁰，完成立面墙中的文化石图形的绘制，如图 11-74 所示。

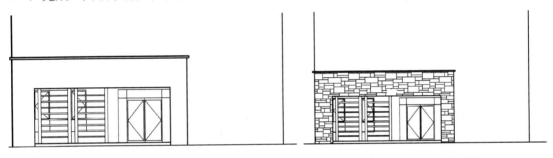

图 11-73　绘制线段　　　　　　图 11-74　绘制文化石

12）单击"绘图"工具栏中的"多段线"按钮 ↜，在上一步图形的适当位置绘制一个"3246×200"的矩形，如图 11-75 所示。

13）单击"修改"工具栏中的"复制"按钮 ⁰⁰，选择上一步绘制的矩形为复制对象对其进行复制，复制间距为 2300，如图 11-76 所示。

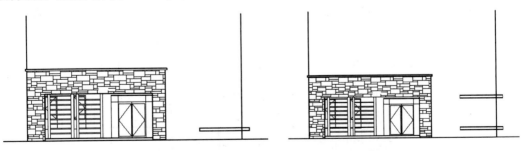

图 11-75　绘制矩形　　　　　　图 11-76　复制矩形

14）单击"修改"工具栏中的"修剪"按钮 ⁄⁻，选择上一步绘制的矩形内的多余线段为修剪对象，对其进行修剪处理，如图 11-77 所示。

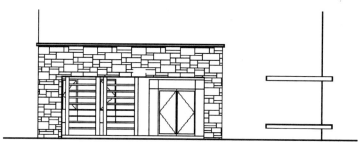

图 11-77　修剪对象

15）单击"绘图"工具栏中的"多段线"按钮 ，指定起点宽度为 15、端点宽度为 15，在上一步复制的矩形间，绘制一条竖直直线，如图 11-78 所示。

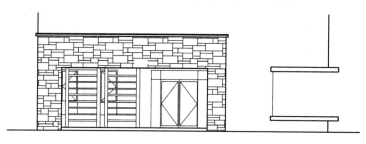

图 11-78　绘制竖直直线

16）单击"修改"工具栏中的"偏移"按钮 ，选择上一步绘制的竖直直线为偏移对象向右进行偏移，偏移距离为 3046，如图 11-79 所示。

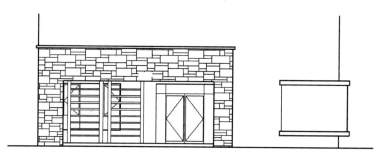

图 11-79　偏移线段

17）单击"绘图"工具栏中的"直线"按钮 ，在上一步偏移线段内绘制一条水平直线，如图 11-80 所示。

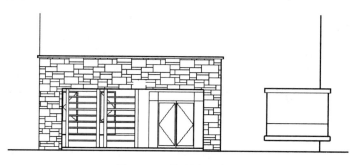

图 11-80　绘制水平直线

18）单击"绘图"工具栏中的"直线"按钮✐，在上一步偏移线段内绘制一条竖直直线，如图 11-81 所示。

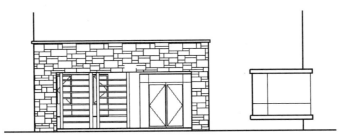

图 11-81　绘制竖直直线

19）单击"修改"工具栏中的"偏移"按钮叠，选择上一步绘制的竖直直线为偏移对象向右进行偏移，偏移距离为 1446，如图 11-82 所示。

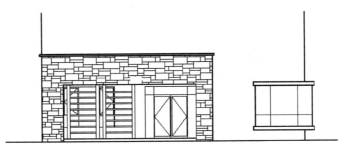

图 11-82　偏移线段

20）单击"修改"工具栏中的"偏移"按钮叠，选择上一步绘制的左侧的竖直直线为偏移对象向左进行偏移，偏移距离为 53、700，如图 11-83 所示。

图 11-83　偏移线段

21）单击"修改"工具栏中的"偏移"按钮叠，选择上一步绘制的水平直线为偏移对象向上进行偏移，偏移距离为 50、1386，如图 11-84 所示。

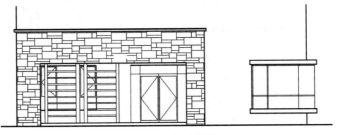

图 11-84　偏移线段

22）单击"修改"工具栏中的"修剪"按钮 ⊱，选择上一步偏移的线段为修剪对象对其进行修剪处理，如图 11-85 所示。

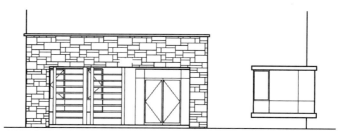

图 11-85 修剪处理

23）单击"绘图"工具栏中的"直线"按钮 ✐，在上一步修剪后的图形内绘制斜向直线，如图 11-86 所示。

图 11-86 绘制直线

24）利用上述方法完成剩余相同图形的绘制，如图 11-87 所示。

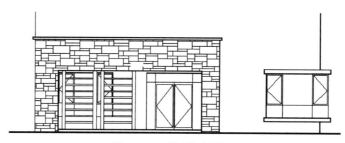

图 11-87 绘制相同图形

25）单击"修改"工具栏中的"复制"按钮 ⅋，选择上一步绘制的立面窗户图形为复制对象向上进行复制，复制间距为 3300，如图 11-88 所示。

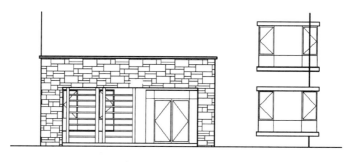

图 11-88 复制图形

26）单击"修改"工具栏中的"修剪"按钮 ／，以上一步复制图形内的多余线段为修剪对象对其进行修剪处理，如图 11-89 所示。

27）利用 2500 高立面窗户的绘制方法完成 2300 高窗户的绘制，如图 11-90 所示。

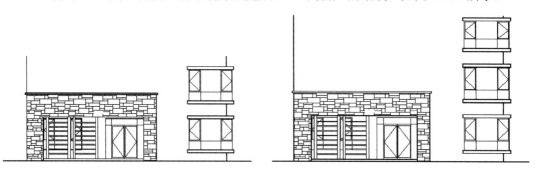

图 11-89 修剪处理   图 11-90 绘制窗户

28）利用上述方法完成剩余窗户图形的绘制，如图 11-91 所示。

图 11-91 绘制剩余窗户

29）单击"绘图"工具栏中的"多段线"按钮 ⌐⊃，指定起点宽度为 25、端点宽度为 25，在图形适当位置绘制一条水平多段线，如图 11-92 所示。

30）单击"修改"工具栏中的"偏移"按钮 ⬠，选择上一步绘制的水平多段线为偏移对象向上进行偏移，偏移距离为 160、120、120，如图 11-93 所示。

图 11-92 绘制多段线   图 11-93 偏移多段线

31）单击"绘图"工具栏中的"多段线"按钮 ↪，绘制上一步偏移线段之间左侧的连接线，如图 11-94 所示。

32）单击"修改"工具栏中的"偏移"按钮 ⊿，选择上一步绘制的竖直多段线为偏移对象向右进行偏移，偏移距离为 51、100、15799、100、50，如图 11-95 所示。

图 11-94　绘制连接线

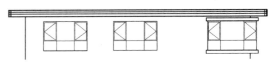

图 11-95　偏移竖直直线

33）单击"修改"工具栏中的"修剪"按钮 ⊹，以上一步偏移线段为修剪对象对其进行修剪处理，如图 11-96 所示。

图 11-96　修剪线段

34）利用所学知识，结合所学命令完成 1-7 立面图的绘制，如图 11-97 所示。

图 11-97　绘制立面图

11.3.2 标注文字及标高

1）利用前面讲述的方法为图形添加标注及轴号，如图 11-98 所示。

图 11-98 添加标注与轴号

2）单击"绘图"工具栏中的"插入块"按钮，弹出"插入"对话框。单击"浏览"按钮，弹出"选择图形文件"对话框，选择"源文件/图块/标高"图块，单击"打开"按钮，回到"插入"对话框，单击"确定"按钮，完成图块插入，如图 11-99 所示。

图 11-99 插入标高

3）利用上述方法完成剩余标高的绘制，如图 11-100 所示。

图 11-100　添加标高

4）在命令行中输入"QLEADER"命令，为图形添加文字说明，最终结果如图 11-63 所示。

11.4　7-1 立面图的绘制

本节思路

7-1 立面图的绘制方法基本与 1-7 立面图的绘制方法相同，不再赘述，如图 11-101 所示。

图 11-101　7-1 立面图

第 12 章 别墅剖面图的绘制

 知识导引

建筑剖面图主要反映建筑物的结构形式、垂直空间利用、各层构造做法和门窗洞口高度等。本章以别墅剖面图为例，详细论述建筑剖面图的 CAD 绘制方法与相关技巧。

内容要点

➤ 建筑剖面图绘制概述。

➤ 1-1 剖面图绘制。

➤ 2-2 剖面绘制。

12.1 1-1 剖面图绘制

本节思路

本节以别墅剖面图为例，通过绘制墙体、门窗等剖面图形，建立地下室建筑剖面图及首层、二层剖面轮廓图，完成整个剖面图绘制。整个剖面图把该别墅墙体构造、门洞以及窗口高度、垂直空间利用情况表达得非常清楚，如图 12-1 所示。

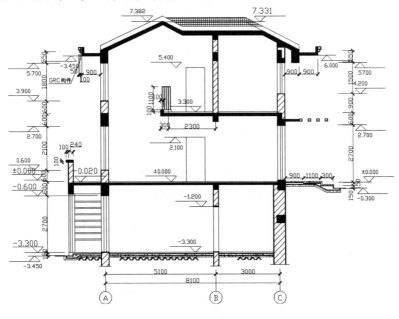

图 12-1 1-1 剖面图

光盘\视频教学\第 12 章\剖面图.avi

12.1.1 设置绘图环境

1）在命令行中输入"LIMITS"命令设置图幅：设置图幅为 42000×29700。

2）单击"图层"工具栏中的"图层特性管理器"按钮，创建"剖面"图层，并将其设置为当前图层，如图 12-2 所示。

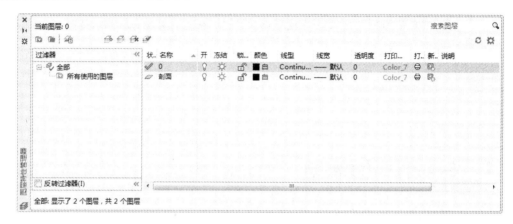

图 12-2　新建图层

12.1.2 绘制楼板

1）单击"绘图"工具栏中的"多段线"按钮，指定起点宽度为 25、端点宽度为 25，在图形空白区域绘制连续多段线，如图 12-3 所示。

图 12-3　绘制连续多段线

2）单击"绘图"工具栏中的"多段线"按钮，指定起点宽度为 0、端点宽度为 0，在上一步多段线下方绘制连续多段线，如图 12-4 所示。

图 12-4　绘制连续多段线

3）单击"绘图"工具栏中的"多段线"按钮，在上一步图形适当位置处绘制连续多段线，如图 12-5 所示。

图 12-5　绘制连续多段线

4）单击"绘图"工具栏中的"直线"按钮 ，在上一步图形底部绘制一条水平直线，如图 12-6 所示。

图 12-6　绘制水平直线

5）单击"修改"工具栏中的"修剪"按钮 ，对上一步图形内的多余线段进行修剪，如图 12-7 所示。

图 12-7　修剪线段

6）利用上述方法完成右侧相同图形的绘制，如图 12-8 所示。

图 12-8　绘制相同图形

7）单击"绘图"工具栏中的"图案填充"按钮 ，打开"图案填充创建"选项板，选择"ANSI31"，并设置相关参数，如图 12-9 所示，单击"拾取点"按钮选择相应区域内一点，进行填充，效果如图 12-10 所示。

图 12-9　"图案填充创建"选项卡

图 12-10　填充图形

8）单击"绘图"工具栏中的"直线"按钮 和"修改"工具栏中的"复制"按钮 ，在图形底部绘制图案，如图 12-11 所示。

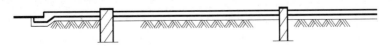

图 12-11　绘制图案

9）单击"绘图"工具栏中的"多段线"按钮 ，指定起点宽度为 25、端点宽度为 25，在图形上方位置绘制一个"1491×240"的矩形，如图 12-12 所示。

10）单击"绘图"工具栏中的"多段线"按钮 ，指定起点宽度为 25、端点宽度为 25，在上一步绘制的矩形上方绘制一个"343×100"的矩形，如图 12-13 所示。

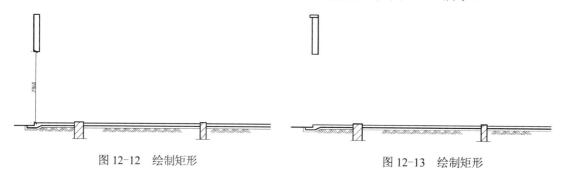

图 12-12　绘制矩形　　　　　　　　　　　　图 12-13　绘制矩形

11）单击"绘图"工具栏中的"多段线"按钮 ，在图形右侧绘制一个"370×1200"的矩形，如图 12-14 所示。

图 12-14　绘制矩形

12）利用上述方法完成右侧剩余矩形的绘制，如图 12-15 所示。

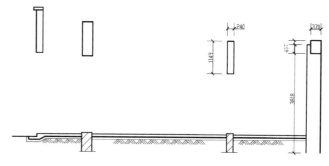

图 12-15　绘制剩余矩形

13）单击"绘图"工具栏中的"多段线"按钮 ，指定起点宽度为 23、端点宽度为 23，绘制上一步矩形之间的连接线，如图 12-16 所示。

14）单击"绘图"工具栏中的"直线"按钮 ，在上一步图形底部绘制一条水平直线，如图 12-17 所示。

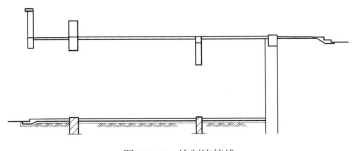

图 12-16　绘制连接线

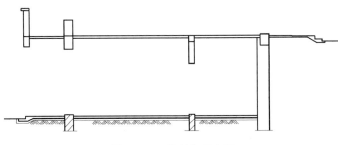

图 12-17　绘制水平直线

15）单击"绘图"工具栏中的"直线"按钮，在剖面窗左侧窗洞处绘制一条竖直直线，如图 12-18 所示。

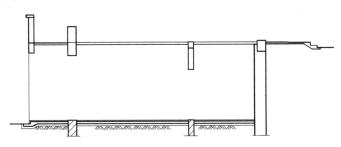

图 12-18　绘制竖直直线

16）单击"修改"工具栏中的"偏移"按钮，选择上一步绘制的竖直直线为偏移对象向右进行偏移，偏移距离为 70、100、130，如图 12-19 所示。

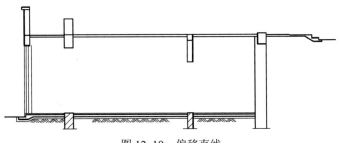

图 12-19　偏移直线

17）单击"绘图"工具栏中的"直线"按钮，在上一步图形适当位置绘制一条竖直直线，如图 12-20 所示。

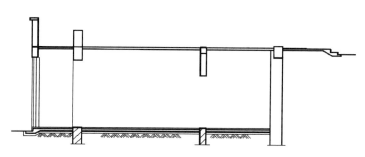

图 12-20　绘制竖直直线

18）单击"修改"工具栏中的"偏移"按钮 ，选择上一步绘制的竖直直线为偏移对象向右进行偏移，偏移距离为 123、123、124，如图 12-21 所示。

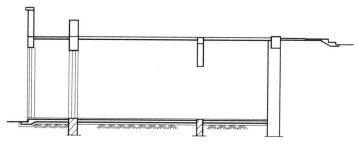

图 12-21　偏移直线

19）单击"绘图"工具栏中的"直线"按钮 ，在上一步图形适当位置绘制一条水平直线，如图 12-22 所示。

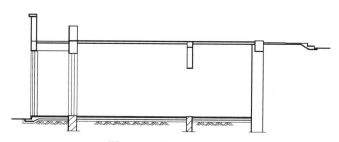

图 12-22　绘制水平直线

20）单击"修改"工具栏中的"偏移"按钮 ，选择上一步绘制的水平直线为偏移对象向下进行偏移，偏移距离为 354、60、240、60、240、60、240、60、240、60、240、60、240、60、240、60，如图 12-23 所示。

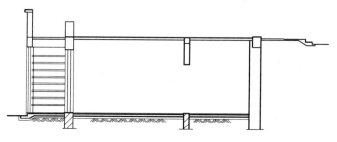

图 12-23　偏移直线

21）单击"修改"工具栏中的"修剪"按钮 ，选择上一步偏移线段为修剪对象，对其进行修剪处理，如图 12-24 所示。

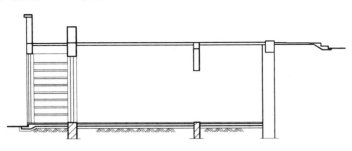

图 12-24　修剪直线

22）利用上述方法完成右侧剩余图形的绘制，如图 12-25 所示。

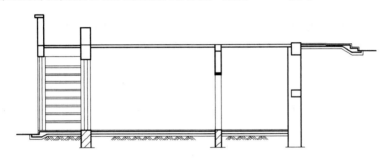

图 12-25　绘制剩余图形

23）单击"绘图"工具栏中的"图案填充"按钮 ，打开"图案填充创建"选项板，选择"ANSI31"选项，并设置相关参数，如图 12-26 所示，单击"拾取点"按钮选择相应区域内一点，确认后，填充得到的最终结果如图 12-27 所示。

图 12-26　"图案填充创建"选项卡

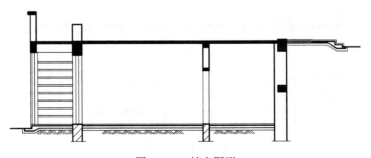

图 12-27　填充图形

24）单击"绘图"工具栏中的"图案填充"按钮，打开"图案填充创建"选项板，选择"ANSI31"选项，并设置相关参数，如图 12-28 所示，单击"拾取点"按钮选择相应区域内一点，进行填充，效果如图 12-29 所示。

图 12-28 "图案填充创建"选项卡

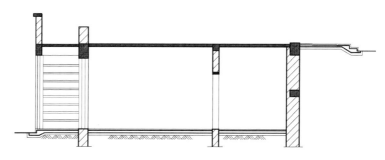

图 12-29 填充图形

25）单击"绘图"工具栏中的"图案填充"按钮，打开"图案填充创建"选项板，选择"AR-CONC"选项，并设置相关参数，如图 12-30 所示，单击"拾取点"按钮选择相应区域内一点，确认后，填充得到的最终结果如图 12-31 所示。

图 12-30 "图案填充创建"选项卡

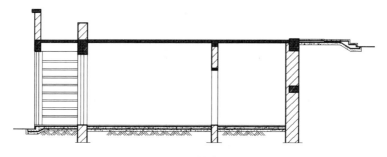

图 12-31 填充图形

26）利用绘制楼板线的方法完成首层楼板的绘制，如图 12-32 所示。

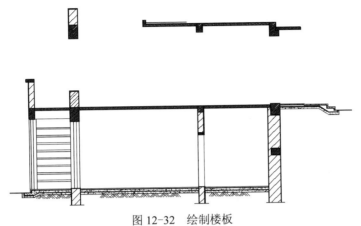

图 12-32 绘制楼板

27）单击"绘图"工具栏中的"多段线"按钮⏟，指定起点宽度为 25、端点宽度为 25，在图形适当位置绘制"119×116"的矩形，如图 12-33 所示。

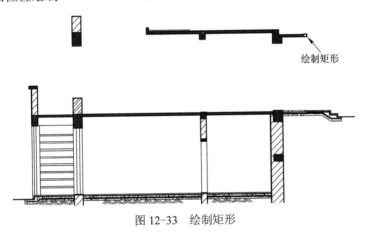

绘制矩形

图 12-33 绘制矩形

28）单击"修改"工具栏中的"复制"按钮⏞，选择上一步绘制的矩形为复制对象向右进行复制，复制间距为 410，如图 12-34 所示。

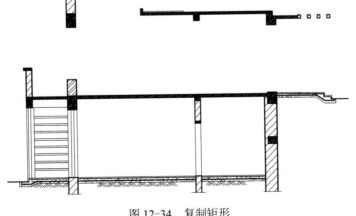

图 12-34 复制矩形

29）单击"绘图"工具栏中的"直线"按钮 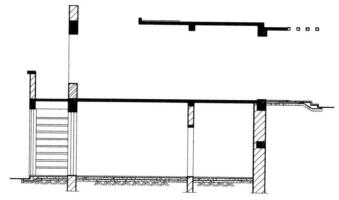，在二层立面窗洞处绘制一条竖直直线，如图 12-35 所示。

图 12-35　绘制竖直直线

30）单击"修改"工具栏中的"偏移"按钮 ，选择上一步绘制的竖直直线为偏移对象，向右进行偏移，偏移距离为 145、80、145，如图 12-36 所示。

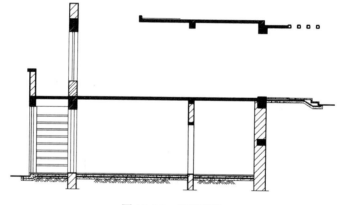

图 12-36　偏移直线

31）单击"绘图"工具栏中的"直线"按钮 ，在图形适当位置绘制水平直线，如图 12-37 所示。

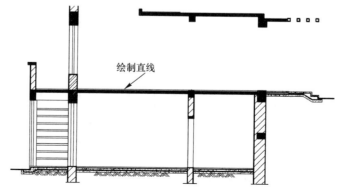

绘制直线

图 12-37　绘制水平直线

32）单击"绘图"工具栏中的"矩形"按钮 ，在二层立面的适当位置绘制一个"2100×900"的矩形，如图12-38所示。

33）单击"绘图"工具栏中的"直线"按钮 和"偏移"按钮 ，完成右侧剩余的立面窗户图形的绘制，如图12-39所示。

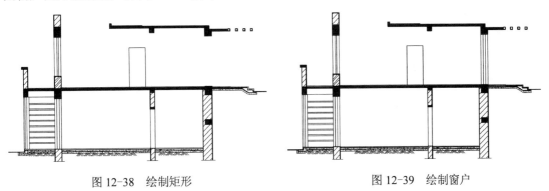

图12-38　绘制矩形　　　　　　　　　　　图12-39　绘制窗户

34）利用上述方法完成剩余立面图形的绘制，如图12-40所示。

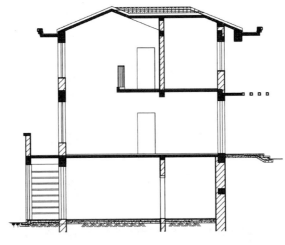

图12-40　绘制立面图

35）单击"绘图"工具栏中的"多段线"按钮 ，命令行提示与操作如下：

命令:PLINE↙

指定起点: ↙

当前线宽为 0

指定下一个点或 [圆弧(A)/半宽(H)/长度(L)/放弃(U)/宽度(W)]: ↙

指定下一点或 [圆弧(A)/闭合(C)/半宽(H)/长度(L)/放弃(U)/宽度(W)]: w↙

指定起点宽度 <0>: 80↙

指定端点宽度 <80>: 0↙

指定下一点或 [圆弧(A)/闭合(C)/半宽(H)/长度(L)/放弃(U)/宽度(W)]: ↙

指定下一点或 [圆弧(A)/闭合(C)/半宽(H)/长度(L)/放弃(U)/宽度(W)]: *取消*

结果如图12-41所示。

图12-41　绘制指引箭头

36）单击"修改"工具栏中的"移动"按钮✥，选择上一步绘制的箭头图形为移动对象，将其放置到图形适当位置，如图 12-42 所示。

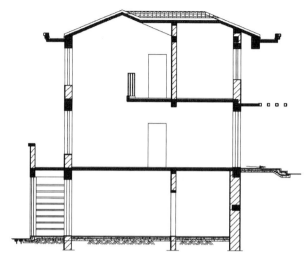

图 12-42　移动指引箭头

37）利用前面讲述的方法完成 1-1 剖面图尺寸及轴号的添加，如图 12-43 所示。

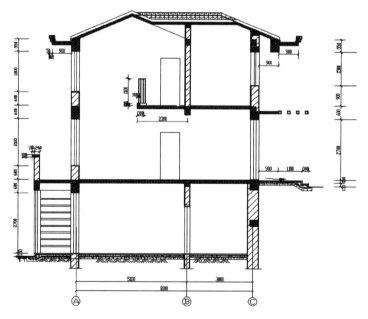

图 12-43　添加轴号及标注

38）单击"绘图"工具栏中的"插入块"按钮，弹出"插入"对话框。单击"浏览"按钮，弹出"选择图形文件"对话框，选择"源文件/图块/标高"图块，单击"打开"按钮，回到"插入"对话框，单击"确定"按钮，完成图块插入，如图 12-44 所示。

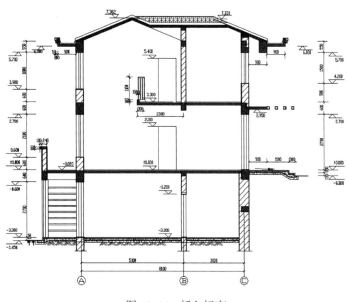

图 12-44　插入标高

39）在命令行中输入"QLEADER"命令，为图形添加文字说明，如图 12-1 所示。

12.2　2-2 剖面图绘制

👉 **本节思路**

2-2 剖面图的绘制方法基本与 1-1 剖面图的绘制方法相同，不再赘述，如图 12-45 所示。

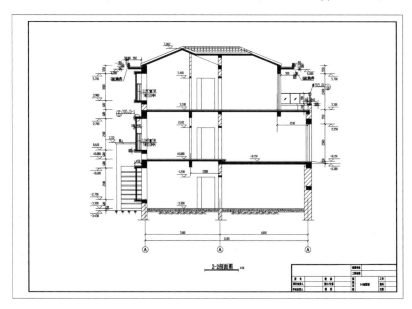

图 12-45　2-2 剖面图

第4篇

酒店建筑设计
实例篇

本篇介绍以下主要知识点:

- 工程及施工图概况
- 酒店平面图的绘制
- 酒店立面图的绘制
- 酒店剖面图的绘制
- 酒店结构详图绘制

第 13 章　工程及施工图概况

 知识导引

本节简要介绍一下工程概况和建筑施工图概况，为后面的设计展开进行必要的准备。

13.1　工程概况

☞ **本节思路**

工程概况应主要介绍工程所处的地理位置，工程建设条件（包括地形、水文地质情况、不同深度的土壤分析、冻结期和冻层厚度、冬雨季时间、主导风向等因素），工程性质、名称、用途、规模以及建筑设计的特点及要求。

13.2　建筑施工图概况

建筑施工图是在总体规划的前提下，根据建设任务要求和工程技术条件，表达房屋建筑的总体布局、房屋的空间组合设计、内部房间布置情况、外部形状、建筑各部分的构造做法及施工要求等，它是整个设计的先行，处于主导地位，是房屋建筑施工的主要依据，也是结构设计、设备设计的依据，但必须与其他设计工种配合。

建筑施工图包括基本图和详图，其中基本图有总平面图、建筑平面图、立面图和剖面图等，详图有墙身、楼梯、门窗、厕所、檐口以及各种装修构造的详细做法。

建筑施工图的图示特点如下：

1）施工图主要用正投影法绘制，在图幅大小允许时，可将平面图、立面图、剖面图按投影关系画在同一张图纸上，如图幅过小，可分别画在几张图纸上。

2）施工图一般用较小的比例绘制，在小比例图中无法表达清楚的结构，需要配以比例较大的详图来表达。

3）为使作图简便，国家标准规定了一系列的图形符号来代表建筑构配件、卫生设备、建筑材料等。这些图形符号称为"图例"。为读图方便，国家标准还规定了许多标注符号。

本例中的施工图包括封面、目录、施工图设计说明、设计图样 4 个部分。其中施工图设计说明包括文字部分、装修做法表、门窗统计表；设计图样包括各层平面图 7 张、立面图 4 张、剖面图 1 张和详图 5 张（楼梯、门窗、外墙、电梯）。由于整个小区项目较大，总图归属总平面专业图样体系，故未列入建筑专业范围。

13.3 建筑目录的制作

本节简要介绍施工图的封面和目录制作的基本方法和大体内容。

目录用来说明图样的编排顺序和所在位置。

就建筑专业来说，一般图样编排顺序是：封面、目录、施工图设计说明、装修做法表、门窗统计表、总平面图、各层平面图（由低向高排）、立面图、剖面图、详图（先主要后次要）等。先列新绘制的图样，后列选用的标准图及重复使用的图样。

目录的内容最起码要包括序号、图名、图号、页数、图幅、备注等项目，如果目录单独成页，还应包括工程名称、制表、审核、校正、图纸编号、日期等标题栏的内容。

本目录表格较复杂，可以用线条直接绘制，也可以用 AutoCAD 表格功能。

1）插入表格：单击"绘图"工具栏中的"表格"按钮，弹出"插入表格"对话框，如图 13-1 所示。单击"表格样式"后面的按钮，弹出的"表格样式"对话框中，单击"修改"按钮，如图 13-2 所示。

图 13-1 插入表格对话框

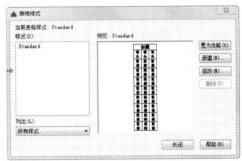

图 13-2 表格样式对话框

然后弹出"修改表格样式"对话框，将对齐方式改为"正中"，文字高度改为"6"，如图 13-3 所示。

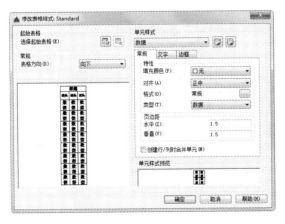

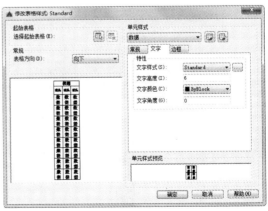

图 13-3 修改表格样式对话框

单击"确定"按钮，回到"插入表格"对话框，并将列设置为"4"，列宽设置为"63.5"，数据行设置为"16"，行高设置为"2"，如图 13-4 所示。

图 13-4　插入表格对话框

单击"确定"按钮，将表格插入到绘图区域，插入后的图形如图 13-5 所示。

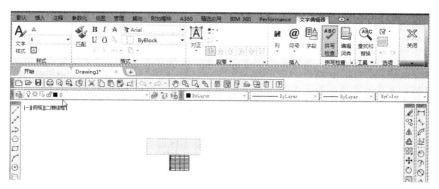

图 13-5　插入后的表格

2）调整表格：从本节开始的样表可以看出，第一列和第三列比较窄，二、四列比较宽，这是根据表格内容的多少来决定的。

单击第一列的任一表格，选中表格，并将鼠标放置在右关键点上，如图 13-6 所示。

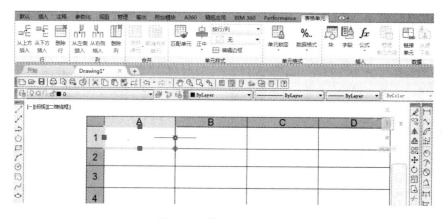

图 13-6　捕捉移动关键点

拖动右关键点，向左移动，则第一列表格的宽度就变小，同理可以将第三列表格宽度变小，第二列和第四列表格宽度变大。

另外，还可以运用表格特性对列宽进行调整：用右键单击要修改的列中的任一表格，从快捷菜单中选择"特性"，如图13-7所示。

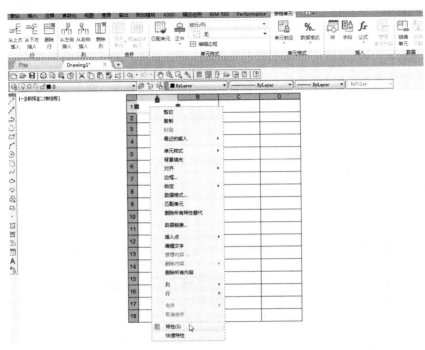

图13-7　调整后的表格

在弹出的"特性"菜单中，将"单元宽度"选项中的数字输入为"50"，按〈Enter〉键，则第一列的列宽就变窄，如图13-8所示。同理可以将第二列的列宽加大到150，调整后的表格如图13-9所示。

图13-8　特性表格

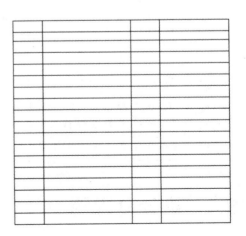

图13-9　调整后的表格

3）新建文字样式：执行菜单栏中的"格式"→"文字样式"命令，弹出"文字样式"对话框，单击"新建"选项，弹出"新建文字样式"对话框，在对话框中输入新的文字样式的名称，也可以默认为"样式 1"，单击"确定"按钮回到"文字样式"对话框。在"字体名"下拉选项中选择"宋体"选项，单击"应用"按钮，退出"文字样式"对话框。

4）输入文字：双击第一行的表格，弹出"文字格式"对话框，同时，被双击的表格处于编辑状态，在"文字格式"对话框中选择"样式1"，如图 13-10 所示。

图 13-10　选择字体格式

根据图样目录输入文字，文字的大小可以通过图 13-8 所示的"文字格式"对话框中字体大小进行调整。最终键入后的结果如图 13-11 所示。

编　号	图 纸 内 容	编　号	图 纸 内 容
J 1/31	设计说明　图纸目录	J 18/31	2-2 剖面　3-3 剖面
J 2/31	门窗表　门窗、卫生间大样	J 19/31	1#楼梯样图
J 3/31	地下室平时平面	J 20/31	2#楼梯详图
J 4/31	地下室战时平面	J 21/31	3#楼梯详图
J 5/31	一层平面	J 22/31	4#5#6#楼梯详图
J 6/31	二层平面	J 23/31	7#3#楼梯详图
J 7/31	三层平面	J 24/31	8#楼梯详图
J 8/31	四层平面	J 25/31	交通核放大平面图　电梯机房
J 9/31	设备层平面	J 26/31	人防口部大样　墙身大样
J 10/31	五~六层平面	J 27/31	入口雨篷大样
J 11/31	七~二十一层平面　机房、屋面平面	J 28/31	墙身大样
J 12/31	水箱间、屋顶层平面	J 29/31	墙身大样
J 13/31	Ⓐ-Ⓗ 立面	J 30/31	墙身大样
J 14/31	Ⓗ-Ⓐ 立面	J 31/31	节点大样
J 15/31	Ⓐ-Ⓓ 立面		
J 16/31	Ⓓ-Ⓐ 立面		
J 17/31	1-1 剖面　4-4 剖面		

图 13-11　键入文字

说　明

对键入表格中的文字排版格式如果不满意，可以统一，一次性进行修改，使用鼠标拖曳出矩形框来选中要编辑的文字表格，单击右键，选择"特性"选项，在"特性"栏里可以修改字体大小、字体在表格中的对齐方式以及字体样式等，如图 13-10 所示。

13.4　设计总说明

对于设计阶段的施工图应有详细的设计总说明。设计总说明应包括以下内容：

1．施工依据

1）本院编制的《××国际大酒店及商贸中心初步设计》文件。

2）××市发展计划局专题会议纪要[2004]3 号，《××国际大酒店及国际商贸中心项目初步设计审查会议纪要》。

3）本院与华信集团签订的工程设计合同。

4）甲方在初步设计后所提出的各种技术要求及最终确认的方案。

2．建筑概况

××国际大酒店位于××市中山路与和平路交叉口的西北侧，桃花江东岸，和平中学南侧，用地南侧道路对面为新落成的中山广场。它是一个由酒店、餐饮、会议、商贸、商务等部分组成的五星级酒店，建筑地下一层，地上二十一层，总建筑高度 77.5m，总建筑面积 34126m²，其中地上建筑面积 29411m²，地下建筑面积 6179m²，建筑物占地面积 3962 m²，该建筑为一类建筑，抗震设防烈度为 6 度，主楼按一级耐火等级，结构体系为框架筒体。

3．设计标高

设计标高±0.000 相当于绝对标高（黄海高程）7.400m，室内外高差 600。

4．地下室防水（防水等级为二级）

地下室防水采用混凝土自防水方式，混凝土设计抗渗等级为 S8，混凝土内掺加 10-15 量 UEA 形混凝土膨胀剂取代混凝土内等量水泥。抗渗混凝土的配比、施工缝的留设及构造，按照《地下工程防水技术规范》（GB 50108-2008）等有关技术规范执行，地下室各种管线穿侧墙时，起标高及平面位置见各工种详图，其节点的防水构造，也要求按 GB 50108-2008 套管防水法处理，墙内侧及地板面粉刷 25 厚防水砂浆（1：3 水泥砂浆掺 3%防水剂）后再做面层，地下室侧墙外侧底板用防水水泥砂浆填平蜂窝缺陷后，抹 20 厚防水水泥砂浆，再做 JS 复合防水涂料或 SBC 聚乙烯丙纶复合防水卷材，作为保护层：侧板为 50 厚聚苯乙烯泡沫塑料板刷防水涂料（阳离子氯丁胶沥青防水涂料）二涂车库砼从防水顶板上由上到下至小区车道位置。

- 60 厚砼随捣随抹平（⌀6@200 双向）。
- 10 厚石灰砂浆粉刷（4 隔离层）。
- 刷防水涂料（阳离子氯丁胶沥青防水涂料）二涂。
- 20 厚防水砂浆粉刷（1：3 水泥砂浆掺 3%防水剂）。
- 100 厚 C15 细石砼找平。

5．墙体材料

1）外墙、局部内墙：用 240 厚粘土空心砖。

2）剪力墙、地下室侧壁用钢筋砼浇筑，标号及厚度详见结构图。

3）楼梯间及防水墙处用 120 空心砖土砖砌筑。

4）用于卫生间隔断的墙体采用蒸压加气混凝土砌块。

5）其余内墙采用双层轻钢龙骨纸面石膏板，其构造措施详见生产厂家产品样本。

6．屋面做法：（做法具体位置详见屋顶平面图）

1）屋面一：上人保温屋面位置，位置详见图样。保温屋面做法参 99 浙 J14 9/13。

- 保护层：刚性防水层：40 厚 C20 细石砼随捣随抹平，⌀6@200 双向设置分仓缝 6000×6000。

- 隔离层：干铺油毡一层。
- 保温层：40 厚硬泡聚氨酯或 40 厚聚苯乙烯泡沫塑料。
- 防水层：12mm 厚三元乙丙高分子卷材。
- 找平层：20 厚 1:2 水泥砂浆找平。
- 矿渣砼找坡层最薄处 30mm 厚处采用 0-30 1：4 水泥砂浆找坡。
- 现浇防水砼屋面板清理后纯水泥浆掺 5%防水剂清扫填毛细缝。

2）屋面（不上人保温屋面）。

- 保护层：刚性防水层：40 厚 c20 细石砼随捣随抹平（∅ 6@200 双向）设置分仓缝 6m ×6m。
- 隔离层：干铺油毡一层。
- 保温层：25 厚挤塑泡沫保温隔热板。
- 防水层：4 厚 SBS 改性防水卷材。
- 找平层：20 厚 1：3 水泥砂浆找平。
- 现浇屋面板清理后纯水泥砂浆掺 5%防水剂清扫填毛细缝。

3）机房及楼梯间屋顶 (由上至下)(不上人不保温)屋面 B。

- SBS 改性防水卷材 4 厚自带云母保护层。
- 基层刷汽油稀释氯丁橡胶沥青粘接剂。
- 20 厚 1：3 水泥砂浆找平，檐沟底做 1%坡度坡向雨水口。
- 现浇屋面板清理后纯水泥浆掺 5%防水剂清扫填毛细缝。

4）地下室屋顶绿化考虑绿化覆土 300 种植草皮及灌木。

局部路面为彩色地砖路面，具体由园林设计，防水做法 C 如下：

- 植被：选植浅根，耐旱，耐热，耐寒，耐贫脊型地被草。
- 种植层：200-300 厚 2 耕作土掺粗砂 30~50%。
- 排（蓄）水层：100mm 厚砂石（稍大石子在下，小石子在上，顶铺粗砂）。
- 刚性防水层：40C25 厚细石砼（内配 4@150 双向，置于上部）掺微膨胀剂 3%~5%，随捣随抹平，分格缝宽 20mm，纵横间距<6m，缝内嵌密封材料。顶粘贴 250mm 宽防水卷材。
- 隔离层：油毡一层。
- 刷防水涂料（阳离子氯丁胶沥青防水涂料）二涂。
- 找平层：20 厚防水砂浆找平层，（1：3 水泥砂浆掺 3%防水剂）。
- 结构防水层：现浇钢筋砼结构自防水屋面，随捣随抹平。

7．卫生间.阳台

1）卫生间及阳台标高皆低于室内地坪 30。

2）卫生间地面四周墙均需从墙身底侧用 c20 细石砼掺 3%防水剂上翻 120，卫生间及阳台地面找平层均需用 1：2 水泥砂浆掺 3%防水剂做 0.5%坡度坡向地漏。

3）烟道及卫生间排气道选用成品安装，土建预留孔洞选用图集浙 J113-94 烟道及厨卫管道落地处上翻 50 防漏。

8．外墙装修

水泥砂浆抹面，掺外墙防裂剂，详见浙 85J801，Y7/3 外墙涂料饰面。颜色需做样板，施工前涂料颜色由甲方单位和设计单位共同认可方可施工。外墙 1，浅灰色金属漆（主楼大面积外墙）外墙 2，白色外墙弹性涂料外墙 3，灰色毛面花岗石饰面（用于裙房）干挂装修另行委托设计。

9．内墙装修

1）内墙 1：粘土空心砖与钢筋混凝土基层：混合砂浆底纸筋灰面，详见浙 85J801，表面刷白色乳胶漆。

2）内墙 2：双层纸面石膏板板基层表面抹光（外层材料见具体装修要求）。

3）内墙 3：纸面石膏板基层表面花色瓷砖饰面，磁转用 6 厚 1：2 水泥砂浆粘贴于基层，要配齐阴阳角条，瓷砖顶高于吊顶底面。

4）内墙 4：大理石饰面，做法见浙 85J801，颜色由二次装修定。

5）地下室内墙 5：25 厚防水砂浆（1：3 水泥砂浆掺 3%防水剂）加涂浅色内墙涂料。

6）地下室顶板 6：不做粉刷，面刷白色内墙涂料。

10．踢脚：无特殊说明，踢脚一般高 120，做法引 2000 浙 J37

1）踢脚 1：木踢脚板。

2）踢脚 2：大理石踢脚板。

3）踢脚 3：缸砖踢脚板。

4）踢脚 4：水泥砂浆踢脚（用于地下室）。

11．楼（地）面：做法引自 2000 浙 J37 图集

1）楼面 1：水泥砂浆楼面。

2）楼面 2：防滑地砖面。

3）楼面 3：木楼面。

4）楼面 4：花岗石面：20 厚花岗石（磨光）灌稀水泥浆擦缝；5 厚 1：1 水泥砂浆结合层；20 厚 1：3 水泥砂浆找平层；钢筋砼楼板。

12．顶棚

1）顶棚 1：吊板材料必须符合装修消防规范规定，必须达到应有的强度，具体材料，应由装修单位、甲方、设计单位共同商定。

2）顶棚 2：钢筋砼板底纸筋灰抹面，浙 85J801，表面刷白色内墙乳胶二度。

3）顶棚 3：钢筋砼板底抹面，浙 85J801。

13．关于电梯设置

电梯型号根据建设单位建议参照 XIZI OTIS 系列，1, 2, 3, 4, 5 号电梯采用 OH5000 系列客梯，载重 1000kg，速度 2.5m/s；6, 7, 8, 9 号电梯采用 OH5000 系列客梯，载重 1000kg,速度 1.5m/s；电梯施工前须由定标的电梯生产厂家确认土建做法并提供预埋件要求，以免返工。

14．防火门的设置

1）下列部位门为甲级防火门：地下室的机房、配电房。

2）乙级防火门：前室、合用前室、防烟楼梯间、封闭楼梯间。

3）丙级防火门：管道井检修门。

4）防火卷帘位置见平面图，要求防火极限大于 3h。

15．管道井的防火分隔

集中管道井的防火分隔板的耐火极限大于 1.5h，每层封堵。穿孔处用防火材料封堵耐火极限大于 1.5h。

16．门窗

1）铁灰色涂塑铝合金门窗：要与设计人员共同商讨后再制作。局部门窗尺寸较大，其框料和玻璃厚度需经计算后才能制作，制作尺寸须留有外墙面装饰尺寸，并根据实测尺寸稍作调整。

2）涂塑铝合金门窗的物理性能建议抗风等级九层以下为二级，九层以上为三级，50m以上为四级，水密性能为△P=1000，气密性能为四级。

3）由于建筑为临近城市主干道的高层建筑，考虑到隔音和抗风压，故建议外墙窗为单框中空层玻璃窗，玻璃厚度为 6mm(窗扇面积小于 $2m^2$）由于涂塑铝合金门窗暂无标准图集，故确定厂家后，个别大面积门窗需计算后才可制作。

4）幕墙的要求：玻璃幕墙在选用时需满足耐风压、变形、隔热、水密性等方面要求，另外，幕墙必须有施工资质的专业幕墙施工队施工，必须符合建设部（1994）776 号文件（关于确保玻璃幕墙质量与安全的通知）的要求。

5）未标注编号的门窗均在二次装修时设计安装。

17．关于伸缩缝处理

一般室内外做法如下：

1）屋面：见节点大样。

2）楼地面：见 99 浙 J35　盖板材料同楼地面装修材料。

3）内墙：见 99 浙 J35　材料、颜色同墙面装修材料。

4）外墙：见 99 浙 J35。

另外，遇到长板玻璃、大堂中庭拦板时由甲方装修单位、设计单位、施工单位共同商定，但土建施工时必须在两侧预埋好。

18．关于人防地下室

地下室人防为六级人防，平时作为汽车库，设计中考虑平战功能转换，平时使用的门战时用钢筋砼板进行封堵，人防地下室的防护密闭门采用国标图集，人防面积 $999m^2$，分为 2 个抗暴单元，一个 $542\ m^2$，一个 $457\ m^2$。

19．备注

1）二次装修设计图纸应符合国家规范，并且报本设计院认可。

2）对于主要的建筑材料或装饰材料，如纸面石膏板轻质隔墙材料，吊顶材料，防水、保温外墙材料，均应事先经甲方、设计单位共同认可后方可使用。

3）除注明外，所有管道井门均设 150 高的门槛。

4）所有外露铁件，均应刷红丹防锈后，浅灰色调和漆二度。

5）对于各种留孔情况，应在本图基础上，对照设备图纸及施工图纸，施工中不得遗漏，如有矛盾，必须及时与设计单位联系。

6）本说明、未提到的，按有关图纸说明及规范规定执行。

13.4.1 绘制内容总说明

📖 本节思路

上一小节是对总说明的内容做了概述，下面对如何在 AutoCAD 2016 中绘制设计总说明做进一步的讲述。

13.4.2 绘图准备

1）建立新文件：打开 AutoCAD 2016 应用程序，执行菜单栏中的"文件"→"新建"命令，打开"选择样板"对话框，单击"打开"按钮右侧的▾下拉按钮，以"无样板打开—公制"（毫米）方式建立新文件，如图 13-12 所示；将新文件命名为"《宁波华信国际大酒店及国际商贸中心酒店》部分建筑总说明.dwg"并保存。

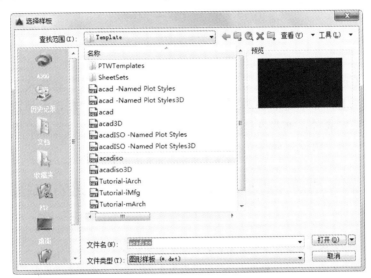

图 13-12 "选择样板"对话框

2）设置图形界限：执行菜单栏中的"格式"→"图形界限"命令，命令行提示如下：

命令: LIMITS ✓

重新设置模型空间界限:

指定左下角点或 [开(ON)/关(OFF)] <0.0000,0.0000>: ✓

指定右上角点 <420.0000,297.0000>: 594,420✓ （即使用 A2 图纸）

3）新建文字样式：执行菜单栏中的"格式"→"文字样式"命令，弹出"文字样式"对话框，单击"新建"选项，弹出"新建文字样式"对话框，在对话框中输入新的文字样式的名称，也可以默认为"样式 1"，单击"确定"按钮回到"文字样式"对话框。在"字体名"下拉选项中选择"宋体"选项，单击"应用"按钮，退出"文字样式"对话框，如图 13-13 所示。

图 13-13 "文字样式"对话框

📖 **说 明**

当新建一个绘图文件的时候,字体样式都是默认的,所以,在输入字体前要重新对字体样式进行设置,如果想省去第三步,可以直接打开以前的绘图文件,可以将其另存为"设计总说明"文件,然后在绘图区域将原有的图形删除,这样可以直接输入文字,而文字样式还保持上次设置的样式。

---

4)单击"绘图"工具栏中的"多行文字"按钮 **A**,在图形空白的适当位置填充文字。命令行提示如下:

命令: _mtext✓

指定第一角点: (在绘图区域指定第一点)✓

指定对角点 或[高度(H)/对正(J)/行距(L)/旋转(R)/样式(S)/宽度(W)/栏(C)]:✓

在绘图区域弹出"文字格式"对话框,并且出现编辑状态区域,如图 13-14 所示。输入相应的文字,结果如图 13-15 所示。

图 13-14 输入文字对话框

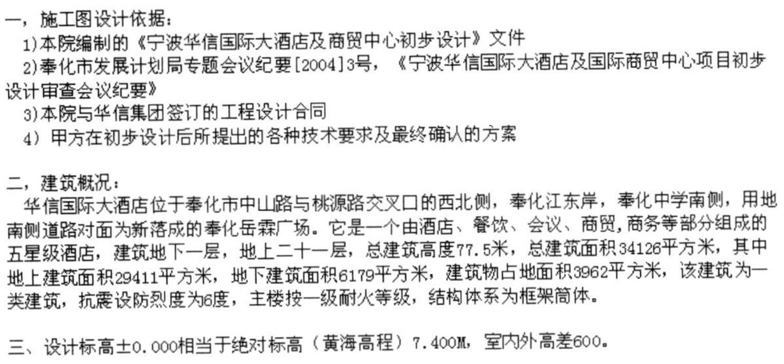
一、施工图设计依据：
1)本院编制的《宁波华信国际大酒店及商贸中心初步设计》文件
2)奉化市发展计划局专题会议纪要[2004]3号，《宁波华信国际大酒店及国际商贸中心项目初步设计审查会议纪要》
3)本院与华信集团签订的工程设计合同
4) 甲方在初步设计后所提出的各种技术要求及最终确认的方案

二，建筑概况：
华信国际大酒店位于奉化市中山路与桃源路交叉口的西北侧，奉化江东岸，奉化中学南侧，用地南侧道路对面为新落成的奉化岳霖广场。它是一个由酒店、餐饮、会议、商贸，商务等部分组成的五星级酒店，建筑地下一层，地上二十一层，总建筑高度77.5米，总建筑面积34126平方米，其中地上建筑面积29411平方米，地下建筑面积6179平方米，建筑物占地面积3962平方米，该建筑为一类建筑，抗震设防烈度为6度，主楼按一级耐火等级，结构体系为框架筒体。

三、设计标高±0.000相当于绝对标高（黄海高程）7.400M，室内外高差600。

图 13-15　输入文字

最终文字录入整理完成后如图 13-16 所示。

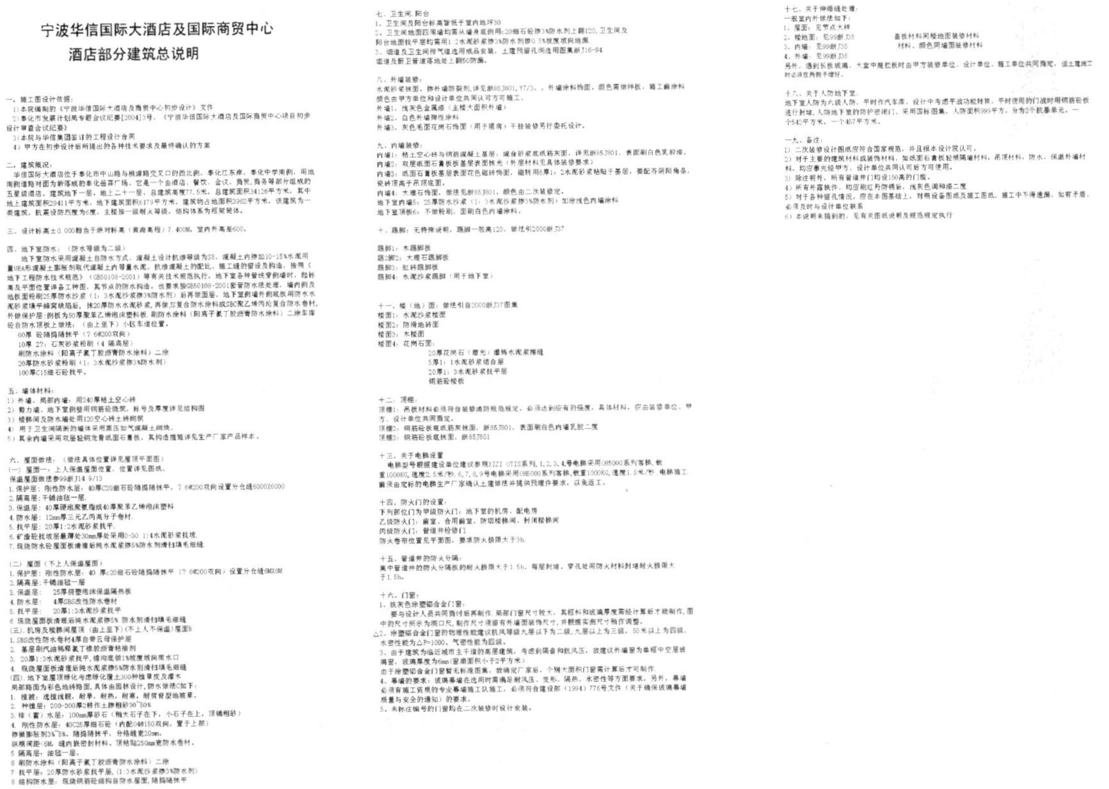
宁波华信国际大酒店及国际商贸中心
酒店部分建筑总说明

图 13-16　文字录入

总说明布置，如图 13-17 所示。

插入图框：单击“绘图”工具栏中的“插入块”按钮，弹出“插入”对话框，如图 13-18 所示。单击“浏览”选项，选择所需要的图块，然后将其插入到图中合适的位置。

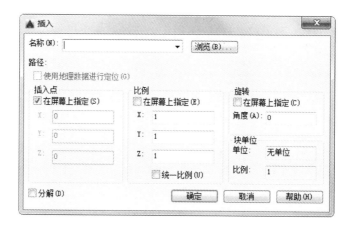

图 13-17 设计说明布置图

图 13-18 "插入"对话框

插入图块后，调整布局，最终结果如图 13-19 所示。

当然设计总说明中还包括很多其他的内容，在此就不一一绘制，但总体来说，施工图中的设计总说明的形式及绘制方法已经在本章中详细讲述，读者可以通过翻阅实际的施工图纸来加深理解。

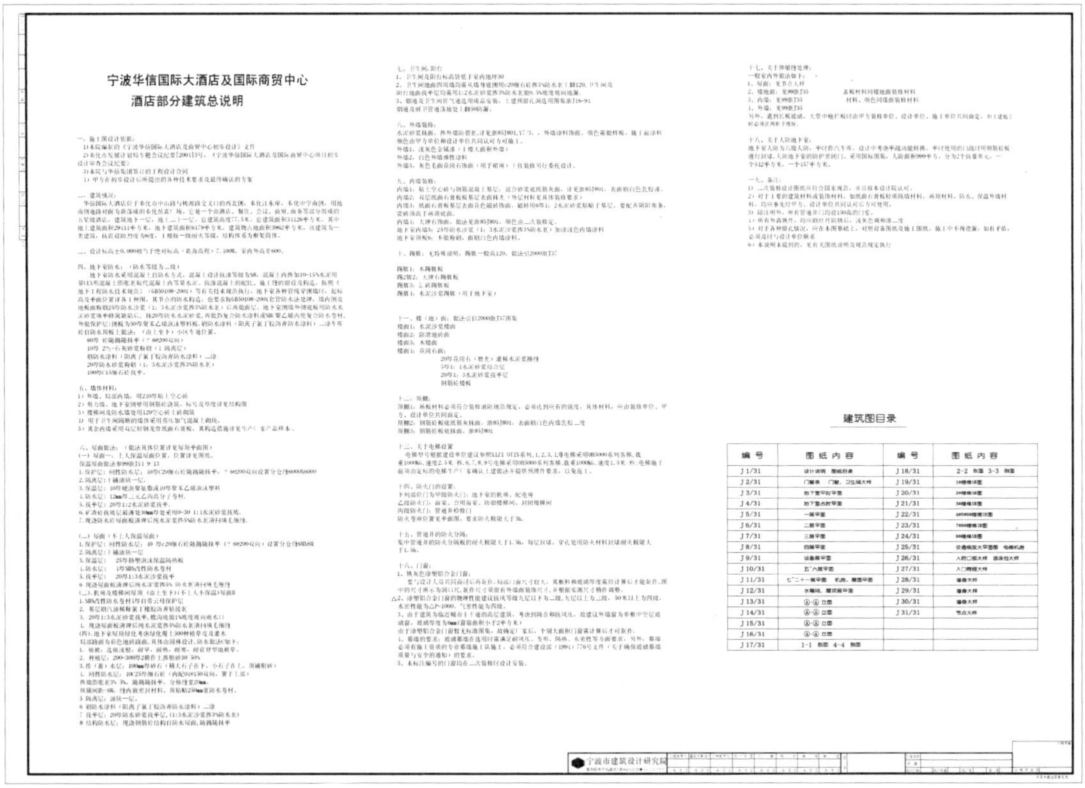

图 13-19　结构总说明整体布局

第14章 酒店平面图的绘制

知识导引

建筑平面图表示建筑的平面形式、大小尺寸、房间布置、建筑入口、门厅及楼梯布置的情况，表明墙、柱的位置、厚度和所用材料以及门窗的类型、位置等情况。主要图纸讲述地下一层平时平面图、地下一层战时平面图、一层平面图、剩余机房层平面图、楼梯平面图简略概述等。本章详细介绍建筑平面图的绘制方法。

14.1 地下一层平面图

本节思路

某五星级大酒店地下一层平面图如图 14-1 所示，下面讲述其绘制步骤和方法。

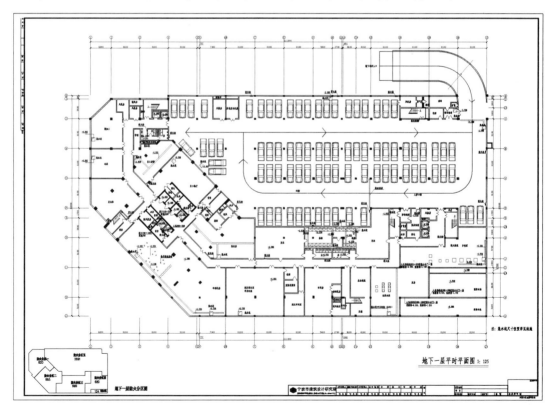

图 14-1 地下一层平面图

光盘\视频教学\第 14 章\地下一层平面图.avi

14.1.1　绘图准备

1）打开 AutoCAD 2016，单击"标准"工具栏中的"新建"按钮，弹出"选择样板"对话框，如图 14-2 所示。以"acadiso.dwt"为样板文件，建立新文件。

2）设置单位。执行菜单栏中的"格式"→"单位"命令，系统打开"图形单位"对话框，如图 14-3 所示。设置长度"类型"为"小数"，"精度"为"0"；设置角度"类型"为"十进制度数"，"精度"为"0"；系统默认方向为顺时针，插入时的缩放比例设置为"无单位"。

图 14-2　新建样板文件

图 14-3　图形单位对话框

3）在命令行中输入"LIMITS"命令设置图幅：420000×297000。命令行提示与操作如下：

命令：LIMITS↙

重新设置模型空间界限：

指定左下角点或 [开(ON)/关(OFF)]<0.0000,0.0000>：↙

指定右上角点 <12.0000,9.0000>：42000,29700↙

4）新建图层。

① 单击"图层"工具栏中的"图层特性管理器"按钮，弹出"图层特性管理器"对话框，如图 14-4 所示。

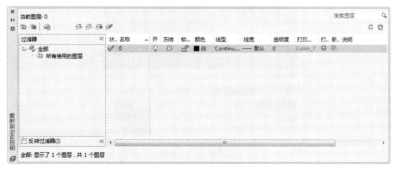

图 14-4　"图层特性管理器"对话框

在绘图过程中，往往有不同的绘图内容，如轴线、墙线、装饰布置图块、地板、标注、文字等，如果将这些内容均放置在一起，绘图之后如果要删除或编辑某一类型的图形，将带来选取的困难。AutoCAD 提供了图层功能，为编辑带来了极大的方便。

在绘图初期可以建立不同的图层，将不同类型的图形绘制在不同的图层当中，在编辑时可以利用图层的显示和隐藏功能、锁定功能来操作图层中的图形，十分利于编辑运用。

② 单击"图层特性管理器"对话框中的"新建图层"按钮 ☜，新建一个图层，如图 14-5 所示。

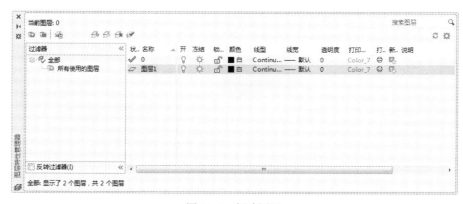

图 14-5　新建图层

③ 新建图层的图层名称默认为"图层 1"，将其修改为"轴线"。图层名称后面的选项由左至右依次为："开/关图层"、"在所有视口中冻结/解冻图层"、"锁定/解锁图层"、"图层默认颜色"、"图层默认线型"、"图层默认线宽"、"打印样式"等。其中，编辑图形时最常用的是"图层的开/关"、"锁定以及图层颜色"、"线型的设置"等。

④ 单击新建的"轴线"图层"颜色"栏中的色块，弹出"选择颜色"对话框，如图 14-6 所示，选择红色为轴线图层的默认颜色。单击"确定"按钮，返回"图层特性管理器"对话框。

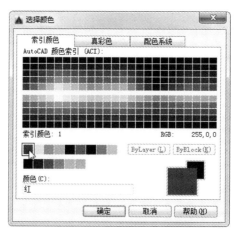

图 14-6　"选择颜色"对话框

⑤ 单击"线型"栏中的选项，弹出"选择线型"对话框，如图 14-7 所示。轴线一般在绘图中应用点画线进行绘制，因此应将"轴线"图层的默认线型设为中心线。单击"加载"按钮，弹出"加载或重载线型"对话框，如图 14-8 所示。

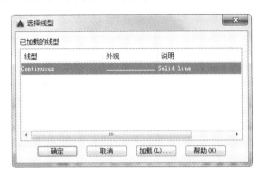

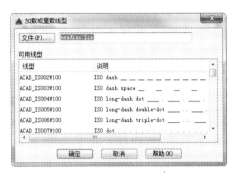

图 14-7　"选择线型"对话框　　　　图 14-8　"加载或重载线型"对话框

⑥ 在"可用线型"列表框中选择"CENTER"线型，单击"确定"按钮，返回"选择线型"对话框。选择刚刚加载的线型，单击"确定"按钮，轴线图层设置完毕。

注　意

　　修改系统变量 DRAGMODE，推荐修改为"AUTO"。系统变量为"ON"时，再选定要拖动的对象后，仅当在命令行中输入"DRAG"后才在拖动时显示对象的轮廓；系统变量为"OFF"时，在拖动时不显示对象的轮廓；系统变量为"AUTO"时，在拖动时总是显示对象的轮廓。

⑦ 采用相同的方法按照以下说明，新建其他几个图层。
● "墙体"图层：颜色为白色，线型为实线，线宽为 0.3mm。
● "门窗"图层：颜色为蓝色，线型为实线，线宽为默认。
● "尺寸"图层：颜色为白色，线型为实线，线宽为默认。
● "文字"图层：颜色为洋红色，线型为实线，线宽为默认。
● "标注"图层：颜色为蓝色，线型为实线，线宽为默认。
● "柱子"图层：颜色为白色，线型为实线，线宽为默认。
● "设备"图层：颜色为蓝色，线型为实线，线宽为默认。

说　明

　　如何删除顽固图层？
　　方法 1：将无用的图层关闭，全选，复制粘贴至一新文件中，那些无用的图层就不会贴过来。如果曾经在这个不要的图层中定义过块，又在另一图层中插入了这个块，那么这个不要的图层是不能用这种方法删除的。
　　方法 2：选择需要留下的图形，然后选择文件菜单→输出→块文件，这样的块文件就是选中部分的图形了，如果这些图形中没有指定的层，这些层也不会被保存在新的图块图形中。

方法 3: 打开一个 CAD 文件, 把要删的层先关闭, 在图面上只留下需要的可见图形, 单击文件菜单→另存为, 确定文件名, 在文件类型栏选*.DXF 格式, 在弹出的对话窗口中单击工具→选项→DXF 选项, 再在选择对象处打钩, 单击"确定"按钮, 接着单击"保存"按钮, 就可选择保存对象了, 把可见或要用的图形选上就可以确定保存了, 完成后退出这个刚保存的文件, 再打开来看看, 会发现不想要的图层不见了。

方法 4: 用命令 laytrans, 可将需删除的图层映射为 0 层即可, 这个方法可以删除具有实体对象或被其他块嵌套定义的图层。

在绘制的平面图中, 包括轴线、门窗、设备、文字和尺寸标注几项内容, 分别按照上面所介绍的方式设置图层。其中的颜色可以依照读者的绘图习惯自行设置, 并没有具体的要求。设置完成后的"图层特性管理器"对话框如图 14-9 所示。

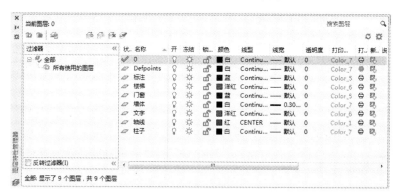

图 14-9 设置图层

14.1.2 绘制轴线

1) 在"图层"工具栏的下拉列表中, 选择"轴线"图层, 并将其设置为当前层, 如图 14-10 所示。

图 14-10 设置当前图层

2) 单击"绘图"工具栏中的"直线"按钮 ，打开状态栏中的"正交模式", 在图中空白区域内任选一点作为直线起点, 绘制一条长度为 111300 的水平轴线。命令行提示与操作如下:

命令: LINE↙

指定第一点: (任选起点) ↙

指定下一点或 [放弃(U)]: @111300,0↙

如图 14-11 所示。

3) 单击"绘图"工具栏中的"直线"按钮 ，以上一步绘制的水平轴线的左端点为直线的起点, 竖直向下绘制一条长度为 60000 的竖直轴线, 如图 14-12 所示。

图 14-11　绘制水平轴线　　　　　　　　　图 14-12　绘制竖直轴线

📖 **说　明**

使用"直线"命令时，若为正交轴网，可按下"正交"按钮，根据正交方向提示，直接输入下一点的距离即可，而不需要输入@符号，若为斜线，则可按下"极轴"按钮，设置斜线角度，此时，图形即进入了自动捕捉所需角度的状态，可大大提高制图时输入直线距离的速度。注意，两者不能同时使用。

4）此时，轴线的线型虽然为中心线，但是由于比例太小，显示出来还是实线的形式。选择刚刚绘制的轴线并单击鼠标右键，弹出如图 14-13 所示的快捷菜单，选择"特性"命令，弹出"特性"对话框，如图 14-14 所示。将"线型比例"设置为"100"，轴线显示如图 14-15 所示。

图 14-13　快捷菜单

图 14-14　"特性"对话框

📖 **说　明**

通过全局修改或单个修改每个对象的线型比例因子，可以以不同的比例使用同一个线型。默认情况下，全局线型和单个线型比例均设置为 4.0。比例越小，每个绘图单位中生成的重复图案就越多。例如，设置为 0.5 时，每一个图形单位在线型定义中显示重复两次的同一图案。不能显示完整线型图案的短线段显示为连续线。对于太短，甚至不能显示一个虚线小段的线段，可以使用更小的线型比例。

5）单击"修改"工具栏中的"偏移"按钮，设置"偏移距离"为"900"，按〈Enter〉键确认后选择水平直线为偏移对象，在直线右侧单击鼠标左键，将水平轴线向下偏移"900"的距离，命令行提示与操作如下：

命令：_offset✓

当前设置：删除源=否　图层=源　OFFSETGAPTYPE=0✓

指定偏移距离或[通过(T)/删除(E)/图层(L)]<通过>：900✓

选择要偏移的对象或[退出(E)/放弃(U)]<退出>：（选择水平直线）✓

指定要偏移的那一侧上的点或[退出(E)/多个(M)/放弃(U)]<退出>（在水平直线下侧单击鼠标左键）：✓

选择要偏移的对象或[退出(E)/放弃(U)]<退出>：✓

结果如图 14-16 所示。

图 14-15　修改轴线比例 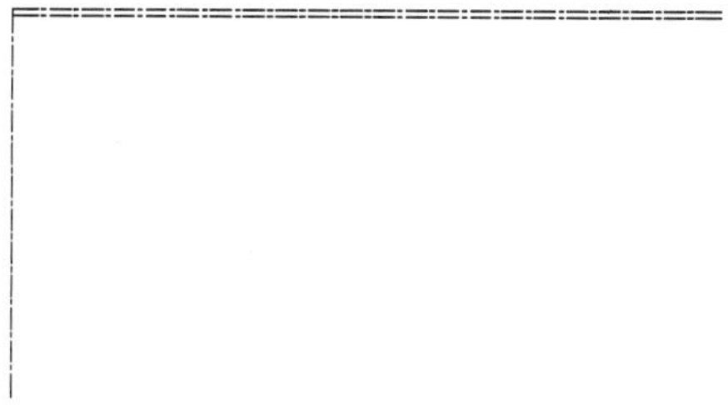　　　　　　　　　　图 14-16　偏移水平直线

6）单击"修改"工具栏中的"偏移"按钮，选择偏移后的轴线为起始轴线，连续向下偏移，偏移的距离依次为：2400、3000、8100、8100、8100、2700、2400、3000、5700、2400、1500、6600、5100，如图 14-17 所示。

图 14-17　偏移水平轴线

7）单击"修改"工具栏中的"偏移"按钮，设置"偏移距离"为"6000"，按〈Enter〉键确认后选择竖直直线为偏移对象，在直线上侧单击鼠标左键，将直线向右偏移"6000"的距离，命令行提示与操作如下：

命令：_offset✓

当前设置：删除源=否　图层=源　OFFSETGAPTYPE=0✓

指定偏移距离或[通过(T)/删除(E)/图层(L)]<通过>：6000✓

选择要偏移的对象或[退出(E)/放弃(U)]<退出>：（选择竖直直线）✓

指定要偏移的那一侧上的点或[退出(E)/多个(M)/放弃(U)]<退出>：（在竖直直线右侧单击鼠标左键）✓

选择要偏移的对象或[退出(E)/放弃(U)]<退出>：✓

结果如图 14-18 所示。

图 14-18　偏移竖直轴线

8）单击"修改"工具栏中的"偏移"按钮⬚，继续向右偏移，偏移距离为 8100、8100、8100、757、7343、8100、8100、8100、5400、2700、340、3600、4160、8100、8100、8100、8100，如图 14-19 所示。

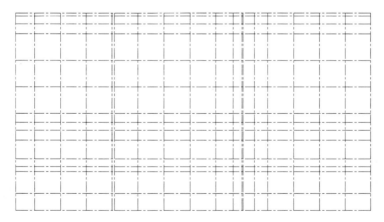

图 14-19　竖直直线

📖 说　明

依次执行"工具"→"选项"→"配置"→"重置"命令；或执行"MENULOAD"命令，然后单击"浏览"按钮，在打开的对话框中选择"ACAD.MNC"选项加载即可。

14.1.3　绘制及布置墙体柱子

1）在"图层"工具栏的下拉列表中，选择"柱子"图层为当前层，如图 14-20 所示。

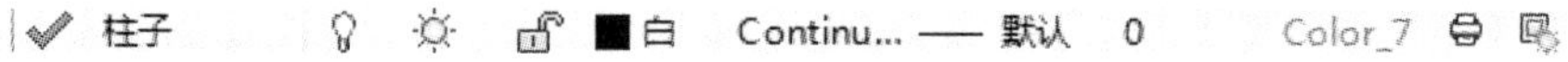

图 14-20　设置当前图层

2）单击"绘图"工具栏中的"矩形"按钮▢，在图形空白区域任选一点为矩形起点，绘制一个 600×600 的矩形，命令行提示与操作如下：

命令: _rectang✓

指定第一个角点或 [倒角(C)/标高(E)/圆角(F)/厚度(T)/宽度(W)]: ✓

指定另一个角点或 [面积(A)/尺寸(D)/旋转(R)]: d✓

指定矩形的长度 <10.0000>: 600✓

指定矩形的宽度 <10.0000>: 600✓

指定另一个角点或 [面积(A)/尺寸(D)/旋转(R)]: ✓

如图 14-21 所示。

图 14-21　绘制矩形

3）单击"绘图"工具栏中的"图案填充"按钮▨，打开"图案填充创建"选项板，选择"SOLID"选项，并设置相关参数，如图 14-22 所示，单击"拾取点"按钮选择相应区域内一点，确认后，填充得到的最终结果如图 14-23 所示。

图 14-22　"图案填充创建"选项卡

图 14-23　填充图形

4）利用上述绘制柱子的方法绘制图形中的剩余柱子图形，尺寸分别是 400×400、400×1450、450×450、450×500、450×550、450×900、500×500、500×550、500×650、500×700、550×550、550×1800、600×550、600×700、650×600、700×700、700×800、750×750、750×700、750×800。

5）单击"修改"工具栏中的"移动"按钮✛，选择第 4 步中绘制的"600×600"的柱子图形为移动对象，将其移动到如图 14-24 所示的轴线位置。

6）单击"修改"工具栏中的"移动"按钮✛，选择第 4 步中绘制的"400×400"的柱子图形为移动对象，将其移动到如图 14-25 所示的轴线位置。

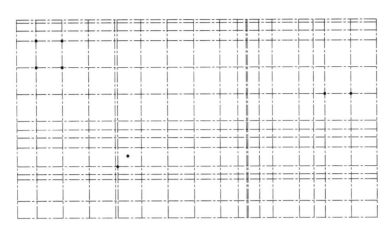

图 14-24　布置 600×600 的柱子

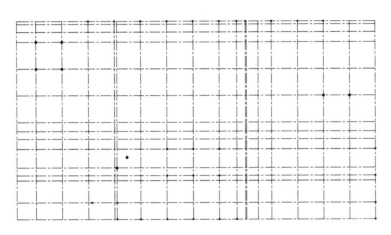

图 14-25　布置 400×400 的柱子

7）单击"修改"工具栏中的"移动"按钮✛，选择第 4 步中绘制的"450×450"的柱子图形为移动对象，将其移动到如图 14-26 所示的轴线位置。

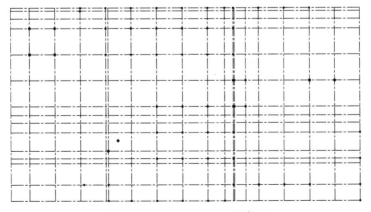

图 14-26　布置 450×450 的柱子

8）单击"修改"工具栏中的"移动"按钮✛，选择第 4 步中绘制的"500×450"的柱子图形为移动对象，将其移动到如图 14-27 所示的轴线位置。

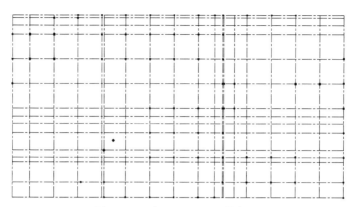

图 14-27 布置 500×450 的柱子

9）单击"修改"工具栏中的"复制"按钮，选择第 4 步中绘制的"500×500"的柱子图形为移动对象，将其移动到如图 14-28 所示的轴线位置。

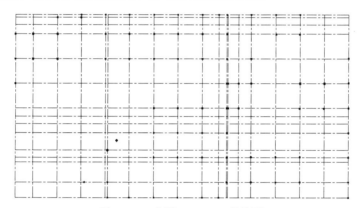

图 14-28 布置 500×500 的柱子

10）利用第 4 步～第 10 步的方法完成地下一层平时平面图剩余柱子图形的绘制，结果如图 14-29 所示。

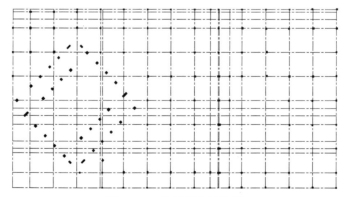

图 14-29 布置剩余的柱子

14.1.4 绘制墙线

一般建筑结构的墙线均可通过 AutoCAD 中的"多线"命令来绘制。本例将利用"多线"

"修剪"和"偏移"命令完成绘制。

1）在"图层"工具栏的下拉列表中，选择"墙体"图层并将其设置为当前层，如图 14-30 所示。

图 14-30 设置当前图层

2）设置多线样式。

① 打开"图层"工具栏中的下拉列表，选择"柱子"图层，单击前面的按钮 💡，关闭柱子图层。

② 单击菜单栏"格式"→"多线样式"命令，打开"多线样式"对话框，如图 14-31 所示。

③ 在多线样式对话框中，样式栏中只有系统自带的 STANDARD 样式，单击右侧的"新建"按钮，打开"创建新的多线样式"对话框，如图 14-32 所示。在新样式名文本框中输入"240"，作为多线的名称。单击"继续"按钮，打开"新建多线样式：300"对话框，如图 14-33 所示。

图 14-31 多线样式对话框

图 14-32 新建多线样式

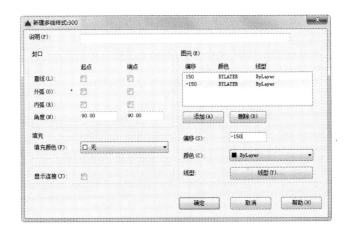

图 14-33 编辑新建多线样式

④ 外墙的宽度为"300",将偏移分别修改为"150"和"-150",单击"确定"按钮回到"多线样式"对话框,单击"置为当前"按钮,将创建的多线样式设为当前多线样式,单击"确定"按钮,回到绘图状态。

3)绘制墙线。

① 单击菜单栏"绘图"→"多线"命令,绘制地下室平时平面图中的 300 厚的墙体。命令行提示与操作如下:

命令: mline↙

当前设置: 对正=上,比例=20.00,样式=STANDARD

指定起点或[对正(J)/比例(S)/样式(ST)]: st(设置多线样式)↙

输入多线样式名或[?]: 300(多线样式为300)↙

当前设置: 对正=上,比例=20.00,样式=300

指定起点或[对正(J)/比例(S)/样式(ST)]: j↙

输入对正类型[上(T)/无(Z)/下(B)]<上>: z(设置对中模式为无)↙

当前设置: 对正=无,比例=20.00,样式=墙

指定起点或[对正(J)/比例(S)/样式(ST)]: s↙

输入多线比例<20.00>: 1(设置线型比例为1)↙

当前设置: 对正=无,比例=1.00,样式=墙

指定起点或[对正(J)/比例(S)/样式(ST)]: (选择左侧竖直直线下端点)↙

指定下一点: 指定下一点或[放弃(U)]: ↙

如图 14-34 所示。

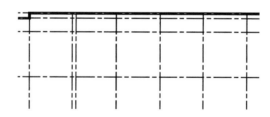

图 14-34 绘制 300 墙体

② 利用上述方法完成平面图中剩余 300 厚墙体的绘制,如图 14-35 所示。

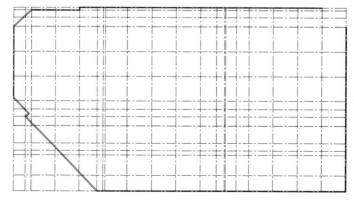

图 14-35 绘制剩余墙体

4）设置多线样式。

在建筑结构中，通常包括承载受力的承重墙结构和用来分割空间、美化环境的非承重墙结构。

① 执行菜单栏"格式"→"多线样式"命令，打开"多线样式"对话框，如图 14-36 所示。

② 在多线样式对话框中，单击右侧的"新建"按钮，打开"创建新的多线样式"对话框，如图 14-37 所示。在新样式名文本框中输入"200"，作为多线的名称。单击"继续"按钮，打开新建多线的对话框，如图 14-38 所示。

图 14-36　多线样式对话框

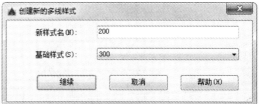

图 14-37　新建多线样式

③ 墙体的宽度为"200"，将偏移分别设置为"100"和"-100"，单击"置为当前"按钮，将创建的多线样式设为当前多线样式，单击"确定"按钮，回到绘图状态。

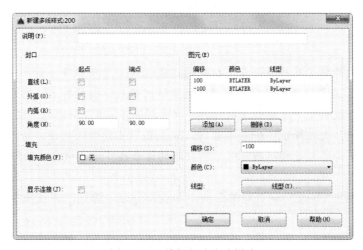

图 14-38　编辑新建多线样式

④ 执行菜单栏"绘图"→"多线"命令，在轴线基础上完成地下一层平时平面图中 200 厚墙体的绘制，如图 14-39 所示。

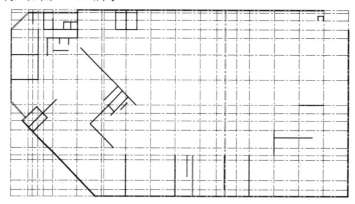

图 14-39　200 厚墙体

5）利用第 4 步绘制 200 厚墙体的方法，绘制地下一层平时平面图中 240 厚墙、100 厚墙、120 厚墙等。墙体绘制完成如图 14-40 所示。

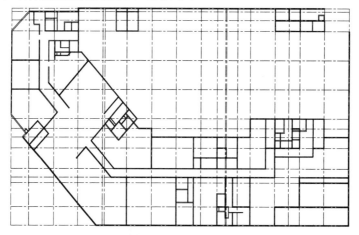

图 14-40　绘制墙体

📖 说　明

目前，国内开发了多套适合我国规范的建筑 CAD 专业软件，如天正、广厦等。这些以 AutoCAD 为平台开发的制图软件，通常根据建筑制图的特点，对许多图形进行模块化、参数化，故在使用这些专业软件时，大大提高了 CAD 制图的速度，而且 CAD 制图格式规范统一，大大降低了一些单靠 CAD 制图易出现的小错误，给制图人员带来了极大的方便，节约了大量的制图时间，感兴趣的读者也可试一试这些软件。

6）执行菜单栏"修改"→"对象"→"多线"命令，弹出"多线编辑工具"对话框，如图 14-41 所示。

7）单击对话框的"T 形合并"选项，选取多线进行操作，使两段墙体贯穿，完成多线修剪，如图 14-42 所示。

图 14-41 绘制墙体

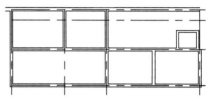

图 14-42 T 形打开

8）利用上述方法结合其他多线编辑命令，完成图形墙线的编辑，如图 14-43 所示。

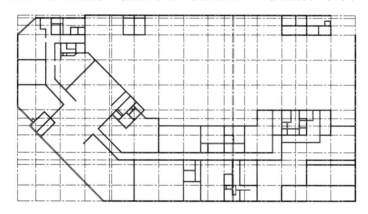

图 14-43 多线修改

!注 意

有一些多线并不适合利用"多线编辑"命令修改，我们可以先将多线分解，直接利用"修剪"命令进行修改。

9）单击"图层"工具栏中的"图层特性管理器"按钮，弹出"图层特性管理器"对话框，新建"结构剪力墙"图层，并将"结构剪力墙"设置为当前图层，如图 14-44 所示。

 结构剪力墙 ☼ ☼ ┌ ■红 Continu... ── 0.30... 0 Color_7 ⊖ ⊡

图 14-44 新建"结构剪力墙"图层

10）单击"绘图"工具栏中的"多段线"按钮，指定起点宽度为 280、端点宽度为

280，在上步绘制图形中绘制结构剪力墙，结果如图 14-45 所示。

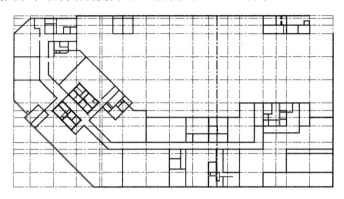

图 14-45　绘制结构剪力墙

14.1.5　绘制门窗

1）修剪门窗洞口。

① 打开"图层"工具栏中的下拉列表，选择"轴线"图层，单击前面的按钮💡，关闭轴线图层。

利用第一步讲述关闭轴线图层的方法，关闭"柱子"图层。

② 在"图层"工具栏的下拉列表中，选择"门窗"图层，将其设置为当前层，如图 14-46 所示。

▱ 门窗　　　💡　☼　🔓　■蓝　Continu...　── 默认　0　　　Color_5　🖶　🗟

图 14-46　设置当前图层

③ 单击"修改"工具栏中的"偏移"按钮⬢，选择如图 14-1 所示的竖直墙线为偏移对象向右进行偏移，偏移距离分别为 560、1100、1290、1100、1250、1500、1480、1700，如图 14-47 所示。

④ 单击"修改"工具栏中的"修剪"按钮⊬，选择偏移线段间墙体为修剪对象对其进行修剪，如图 14-48 所示。

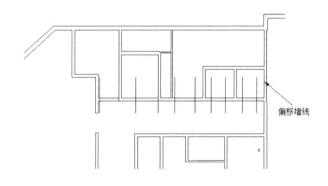

偏移墙线

图 14-47　偏移墙线

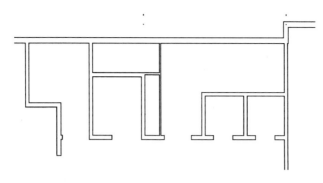

图 14-48　偏移墙线

⑤ 利用上述方法完成平面图中剩余的门线的创建，如图 14-49 所示。

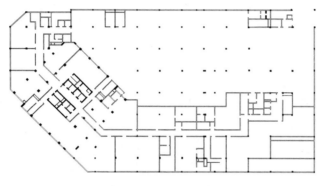

图 14-49　绘制门线

⑥ 打开"图层"工具栏中的下拉列表，选择"轴线"图层，单击前面的按钮 💡，打开关闭的轴线图层如图 14-50 所示。

2）绘制门。

① 单击"绘图"工具栏中的"直线"按钮 ✏，选择如图 14-51 所示的点为直线起点绘制一条倾斜角度为 30°，长度为 1000 的直线，如图 14-51 所示。

② 单击"绘图"工具栏中的"圆弧"按钮 ✐，以"起点、端点、角度"方式绘制圆弧，命令行提示与操作如下：

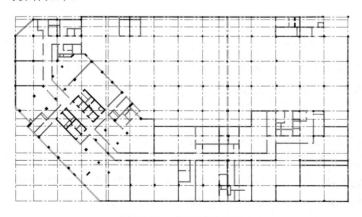

图 14-50　打开轴线图层

命令：_arc

指定圆弧的起点或 [圆心(C)]:（指定刚绘制的直线上端点为起点）

指定圆弧的第二个点或 [圆心(C)/端点(E)]: e

指定圆弧的端点：

指定圆弧的中心点(按住〈Ctrl〉键以切换方向)或 [角度(A)/方向(D)/半径(R)]: R

指定圆弧的半径(按住〈Ctrl〉键以切换方向): 1000

如图 14-52 所示。

绘制斜向直线

图 14-51 绘制直线

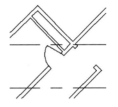

图 14-52 绘制圆弧

③单击"绘图"工具栏中的"创建块"按钮，弹出"块定义"对话框，如图 14-53 所示。选择上步绘制的单扇门图形为定义对象，选择任意点为基点，将其定义为块，块名为"单扇门"，如图 14-54 所示。

图 14-53 块定义对话框

图 14-54 定义单扇门

注意

绘制圆弧时，注意指定合适的端点或圆心，指定端点的时针方向即为绘制圆弧的方向。例如，要绘制图示的下半圆弧，则起始端点应在左侧，终端店应在右侧，此时端点的时针方向为逆时针，即得到相应的逆时针圆弧。

3）绘制双扇门。

① 利用上述单扇门的绘制方法首先绘制出一个相同尺寸的单扇门。

② 单击"修改"工具栏中的"镜像"按钮，选取绘制的单扇门图形为镜像对象，选择竖直上下两点为镜像点对图形进行镜像，完成双扇门的绘制，结果如图 14-55 所示。

③ 单击"绘图"工具栏中的"创建块"按钮，弹出"块定义"对话框，选择绘制的双扇门图形为定义对象，选择任意点为基点，将其定义为块，块名为"双扇门"，

如图 14-56 所示。

图 14-55 双扇门

图 14-56 定义双扇门

> **注 意**
>
> 在布置单扇门时可以单击"绘图"工具栏中的"插入块"按钮 🖼️，弹出"插入"对话框，如图 14-57 所示。选择前面创建的单扇门，单击"确定"按钮，将单扇门插入到图形的适当位置。

4）利用上述方法绘制不同尺寸的双开门以及单开门图形，如图 14-58 所示。

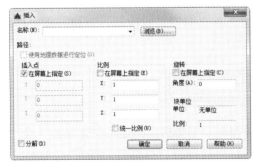

图 14-57 "插入"对话框

图 14-58 绘制门

5）单击"修改"工具栏中的"复制"按钮 ⧉，选择前面定义为块的单扇门图形为复制对象，对其进行复制，结合所学修改命令完成图形中所有单扇门的绘制，如图 14-59 所示。

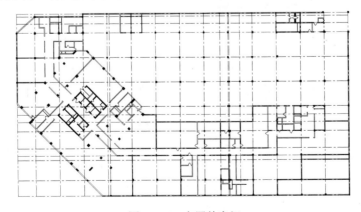

图 14-59 布置单扇门

6）单击"修改"工具栏中的"复制"按钮，选择前面定义为"块"的双扇门图形为复制对象，对其进行复制，结合所学修改命令完成图形中所有双扇门的绘制，如图 14-60 所示。

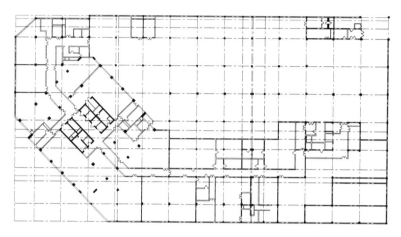

图 14-60　布置双扇门

14.1.6　绘制楼梯

1）单击"图层特性管理器"对话框中的"新建图层"按钮，新建一个"楼梯"图层，并将其设置为"当前层"，如图 14-61 所示。

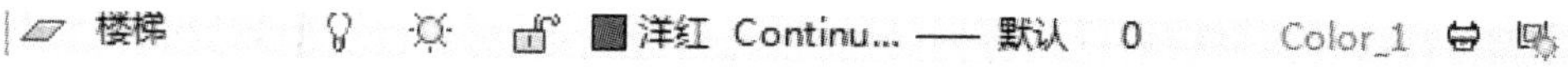

楼梯　　　🔆　🔅　🔓　■洋红　Continu...　—— 默认　0　　　Color_1　🖨　🖳

图 14-61　新建"楼梯"图层

2）单击"绘图"工具栏中的"矩形"按钮，在楼梯间的适当位置绘制一个"210×2400"的矩形，如图 14-62 所示。

3）单击"修改"工具栏中的"偏移"按钮，将上步绘制的矩形向内进行偏移，偏移距离为 80，偏移结果如图 14-63 所示。

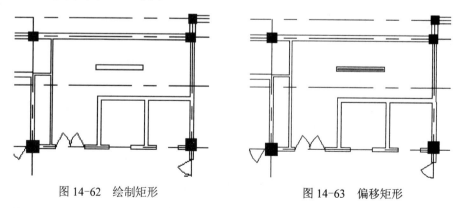

图 14-62　绘制矩形　　　　　　　　　　　图 14-63　偏移矩形

4）单击"绘图"工具栏中的"直线"按钮，在绘制的矩形上选取一点为直线起点，向下绘制一条长为 1285 的水平直线，如图 14-64 所示。

5）单击"修改"工具栏中的"偏移"按钮🖴，选择上步绘制的竖直直线为偏移对象向右进行偏移，偏移距离为"280×8"，如图 14-65 所示。

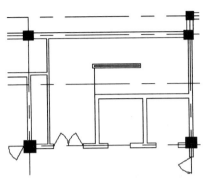

图 14-64　绘制直线

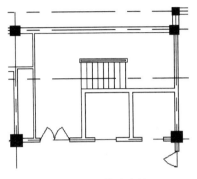

图 14-65　偏移直线

6）单击"绘图"工具栏中的"直线"按钮✐，在上步偏移的线段上绘制一条斜向直线，如图 14-66 所示。

7）单击"修改"工具栏中的"偏移"按钮🖴，选择上步绘制的斜向直线为偏移对象向右进行偏移，偏移距离为 50，如图 14-67 所示。

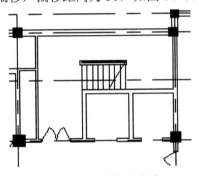

图 14-66　绘制斜向直线

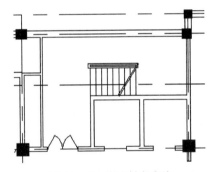

图 14-67　偏移斜向直线

8）单击"绘图"工具栏中的"直线"按钮✐，在上步绘制直线上绘制连续直线，如图 14-68 所示。

9）单击"修改"工具栏中的"修剪"按钮⊹，对上步线段进行修剪，如图 14-69 所示。

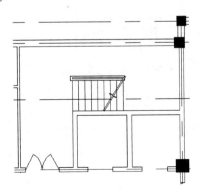

图 14-68　绘制连续直线

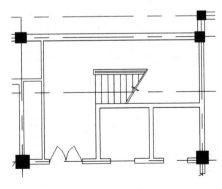

图 14-69　修剪线段

10）单击"绘图"工具栏中的"多段线"按钮 ⤳，在楼梯踢断线上绘制指引箭头，命令行提示与操作如下：

命令: PLINE↙

指定起点: ↙

当前线宽为 0.0000↙

指定下一个点或 [圆弧(A)/半宽(H)/长度(L)/放弃(U)/宽度(W)]: ↙

指定下一点或 [圆弧(A)/闭合(C)/半宽(H)/长度(L)/放弃(U)/宽度(W)]: w↙

指定起点宽度 <0.0000>: 50↙

指定端点宽度 <50.0000>: 0↙

指定下一点或 [圆弧(A)/闭合(C)/半宽(H)/长度(L)/放弃(U)/宽度(W)]: ↙

指定下一点或 [圆弧(A)/闭合(C)/半宽(H)/长度(L)/放弃(U)/宽度(W)]: *取消*↙

如图 14-70 所示。

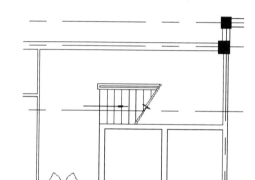

图 14-70　绘制指引箭头

11）楼梯的绘制方法基本相同不再详细阐述，结果如图 14-71 所示。

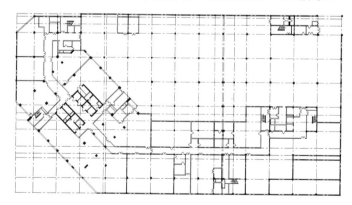

图 14-71　绘制楼梯

14.1.7　绘制电梯

1）单击"绘图"工具栏中的"矩形"按钮 ▭，在电梯间的适当位置选择一点为矩形起点，绘制一个"200×1610"的矩形，如图14-72所示。

2）单击"绘图"工具栏中的"矩形"按钮□，在上步绘制的矩形下方选择一点为矩形起点，绘制一个"1650×1970"的矩形，如图14-73所示。

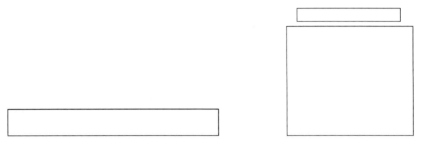

图14-72 200×1610矩形   图14-73 1650×1970矩形

3）单击"修改"工具栏中的"偏移"按钮❧，选择上步绘制的矩形作为偏移对象将其向内进行偏移，偏移距离设置为"50"，结果如图14-74所示。

4）单击"绘图"工具栏中的"直线"按钮✐，分别以上步偏移矩形内部四角点为直线起点，在矩形内部绘制对角线，结果如图14-75所示。

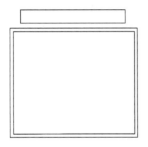   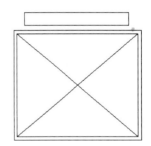

图14-74 偏移距离   图14-75 绘制对角线

5）单击"修改"工具栏中的"复制"按钮❀，选择上步绘制的电梯图形为复制对象，对其进行复制操作，将其放置到地下一层平时平面图剩余的电梯间中，绘制结果如图14-76所示。

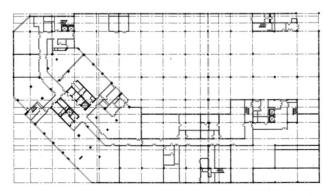

图14-76 绘制电梯

14.1.8 绘制地下停车场坡道

1）单击"绘图"工具栏中的"直线"按钮✓，在如图 14-77 所示的位置绘制一条长度为 16000 的水平直线。

2）单击"绘图"工具栏中的"圆弧"按钮✓，以上步绘制水平直线右端点为圆弧起点向下绘制一段适当半径的圆弧，如图 14-78 所示。

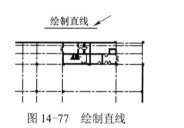

图 14-77 绘制直线

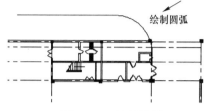

图 14-78 绘制圆弧

3）单击"修改"工具栏中的"偏移"按钮▣，选择上步绘制的水平直线和圆弧为偏移对象分别向下偏移，偏移距离为 240。

4）单击"修改"工具栏中的"修剪"按钮✓，选择上步偏移线段为修剪对象对其进行修剪处理，如图 14-79 所示。

5）单击"修改"工具栏中的"偏移"按钮▣，选择第三步中绘制的水平直线和圆弧为偏移对象分别向上偏移，偏移距离为 7860，结果如图 14-80 所示。

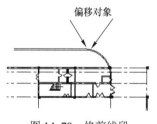

图 14-79 修剪线段

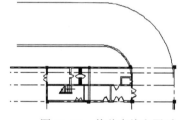

图 14-80 偏移直线和圆弧

6）单击"修改"工具栏中的"偏移"按钮▣，选择上面偏移得到的水平直线和圆弧为偏移对象分别向上偏移，偏移距离为 240。

单击"修改"工具栏中的"修剪"按钮✓，选择上步偏移线段为修剪对象对其进行修剪处理，结果如图 14-81 所示。

7）单击"绘图"工具栏中的"直线"按钮✓，以如图 14-83 所示的起点及端点绘制一条竖直直线，结果如图 14-82 所示。

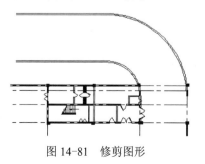

图 14-81 修剪图形

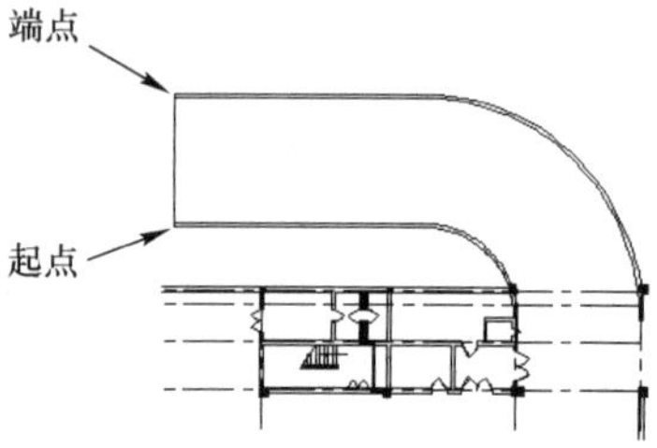

图 14-82 绘制直线

8）单击"修改"工具栏中的"偏移"按钮 ，选择上步绘制的竖直直线为偏移对象将其向右偏移，偏移距离为3600，结果如图14-83所示。

9）单击"修改"工具栏中的"修剪"按钮 ，选择第 4 步～第 8 步中绘制的图形为修剪对象对其进行修剪处理，结果如图14-84所示。

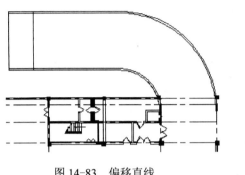
图14-83 偏移直线

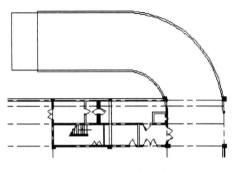
图14-84 修剪线段

10）单击"绘图"工具栏中的"直线"按钮 ，在如图14-85所示的位置绘制一条斜向直线。

11）单击"绘图"工具栏中的"直线"按钮 ，在上步绘制的斜向直线上选择一点为直线起点，绘制连续直线，如图14-86所示。

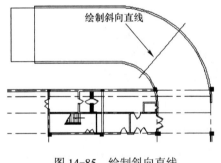
图14-85 绘制斜向直线

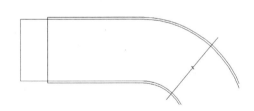
图14-86 绘制连续直线

12）单击"修改"工具栏中的"修剪"按钮 ，选择上步绘制的连续线段与上步绘制的斜向直线间线段为修剪对象，对其进行修剪处理，如图14-87所示。

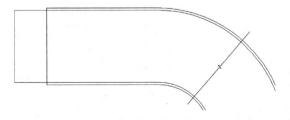
图14-87 修剪线段

13）单击"绘图"工具栏中的"直线"按钮 ，在图形上步位置绘制一条长度为 80089 的水平直线，如图14-88所示。

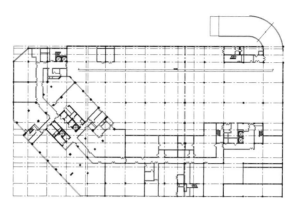

图 14-88　绘制水平直线

14）单击"绘图"工具栏中的"直线"按钮 ，在上步绘制的水平直线上选取一点为直线起点，结果如图 14-89 所示。

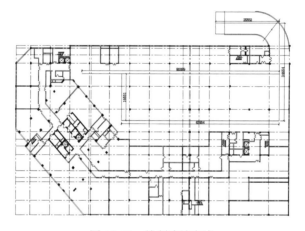

图 14-89　绘制连续直线

15）单击"修改"工具栏中的"圆角"按钮 ，选择上步图形中的直线为圆角对象，对其进行圆角处理，底部两竖直直线与水平直线圆角半径为 6000，剩余圆角半径分别为 9930，结果如图 14-90 所示。

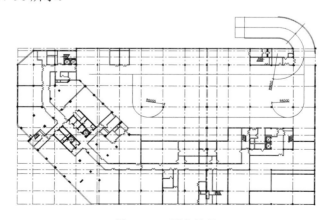

图 14-90　圆角处理

16）单击"绘图"工具栏中的"直线"按钮 ✎ ，在如图 14-91 所示的位置绘制一条倾斜直线。

17）单击"修改"工具栏中的"镜像"按钮 ⚏ ，选择上步绘制的斜向直线为镜像对象对其进行竖直镜像，完成停车场坡道的车辆走向路线的绘制，如图 14-92 所示。

> **注 意**
>
> 如果不事先设置线型，除了基本的 continuous 线型外，其他的线型不会显示在"线型"选项后面的下拉列表框中。

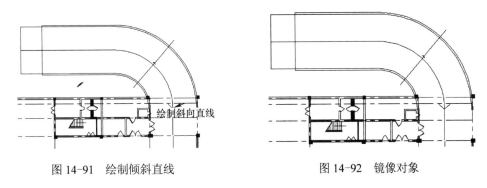

图 14-91 绘制倾斜直线　　　　图 14-92 镜像对象

18）利用第 12 步和第 13 步的方法完成剩余的停车场坡道车辆走向线路，绘制结果如图 14-93 所示。

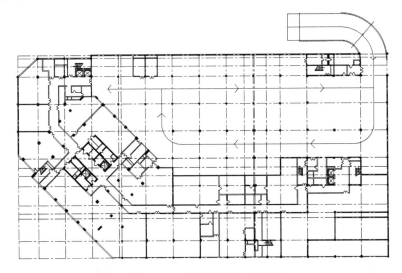

图 14-93 坡道车辆走向线路

14.1.9 添加设备

1）在"图层"工具栏的下拉列表中，选择"设备"图层，将其设置为当前层，如图 14-94 所示。

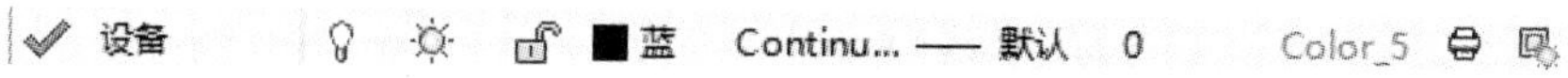

✓ 设备　　　♀ ☼　　🔓 ■蓝　　Continu...　──默认　0　　Color_5　🖨 🕮

图 14-94　设置当前图层

2）单击"绘图"工具栏中的"直线"按钮／，在如图 14-95 所示的位置适当位置绘制一条竖直直线。

3）单击"绘图"工具栏中的"插入块"按钮🖫，弹出"插入"对话框，结果如图 14-96 所示。单击"浏览"按钮，弹出"选择图形文件"对话框，结果如图 14-97 所示。选择"源文件/图块/洗手池"图块，单击"打开"按钮，回到插入对话框，单击"确定"按钮，完成图块插入，如图 14-98 所示。

4）单击"修改"工具栏中的"复制"按钮🖏，选择上步插入的洗手池图形为复制对象，将其向下进行复制，如图 14-99 所示。

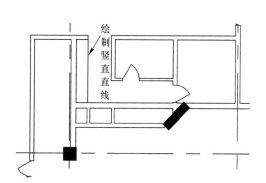

图 14-95　绘制直线

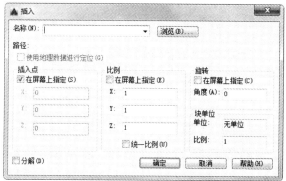

图 14-96　"插入"对话框

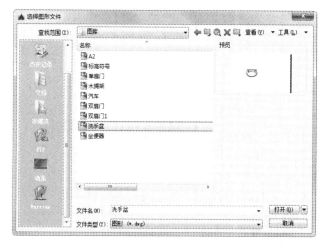

图 14-97　"选择图形文件"对话框

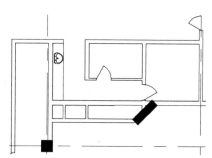

图 14-98　插入洗手池

5）单击"绘图"工具栏中的"直线"按钮／，在如图 14-99 所示的位置绘制一条竖直直线，如图 14-100 所示。

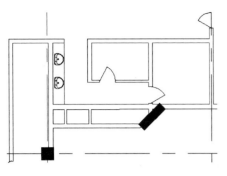
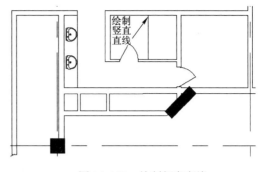

图 14-99 复制图形   图 14-100 绘制竖直直线

6）单击"绘图"工具栏中的"直线"按钮⚊，以上步绘制的竖直直线中点为直线起点向右绘制一条水平直线，如图 14-101 所示。

7）单击"修改"工具栏中的"镜像"按钮⚌，选择第 5 步和第 6 步绘制的线段为镜像对象将其向右侧进行竖直镜像，如图 14-102 所示。

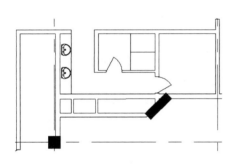
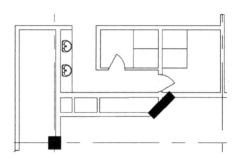

图 14-101 绘制水平直线   图 14-102 镜像线段

8）单击"绘图"工具栏中的"插入块"按钮，弹出"插入"对话框。单击"浏览"按钮，弹出"选择图形文件"对话框，选择"源文件/图块/坐便器"图块，单击"打开"按钮，回到插入对话框，单击"确定"按钮，完成图块插入，如图 14-103 所示。

9）单击"绘图"工具栏中的"插入块"按钮，弹出"插入"对话框。单击"浏览"按钮，弹出"选择图形文件"对话框，选择"源文件/图块/小便器"图块，单击"打开"按钮，回到插入对话框，单击"确定"按钮，完成图块插入，如图 14-104 所示。

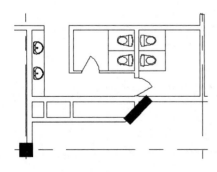
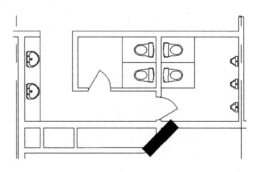

图 14-103 插入坐便器   图 14-104 插入小便器

10）利用第 5 步和第 6 步的方法，插入其他卫生间的洗手池、坐便器以及小便器，结果如图 14-105 所示。

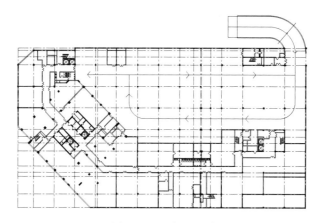

图 14-105　插入图块

11）绘制淋浴隔板。

① 单击"绘图"工具栏中的"矩形"按钮□，在图形空白区域任选一点为矩形起点，绘制一个"1100×1100"的矩形，绘制结果如图 14-106 所示。

② 单击"绘图"工具栏中的"直线"按钮✐，分别以矩形上下两水平边起点和端点为直线起点，绘制矩形的对角线，绘制结果如图 14-107 所示。

图 14-106　绘制矩形

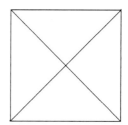

图 14-107　绘制对角线

③ 单击"修改"工具栏中的"复制"按钮❀，选择上步绘制的淋浴隔板为复制对象，对其进行复制操作，复制结果如图 14-108 所示。

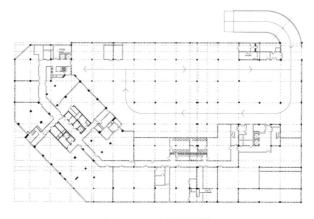

图 14-108　淋浴隔板

④ 单击"绘图"工具栏中的"圆"按钮 ，以如图 14-108 所示的位置为圆心绘制一个半径为 150 的圆，结果如图 14-109 所示。

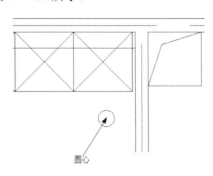

图 14-109　绘制圆

⑤ 单击"绘图"工具栏中的"图案填充"按钮 ，打开"图案填充创建"选项板，选择"ANSI31"选项，并设置相关参数，如图 14-110 所示，单击"拾取点"按钮选择相应区域内一点，确认后，填充得到的最终结果如图 14-111 所示。

图 14-110　"图案填充创建"选项卡

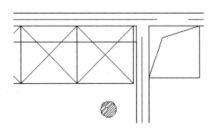

图 14-111　填充图形

12）绘制集水坑。

① 单击"图层特性管理器"对话框中的"新建图层"按钮 ，新建一个"集水坑"图层，并将其设置为"当前层"，如图 14-112 所示。

图 14-112　创建新图层

② 单击"绘图"工具栏中的"矩形"按钮 ，在淋浴隔板左侧选择一点为矩形起点，绘制一个"1000×1000"的矩形，绘制结果如图 14-113 所示。

③ 单击"绘图"工具栏中的"直线"按钮 ✐，在上步绘制的矩形内绘制连续直线，绘制结果如图 14-114 所示。

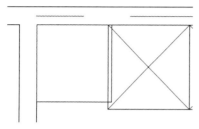

图 14-113　绘制矩形

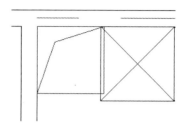

图 14-114　绘制折断线

④ 单击"绘图"工具栏中的"直线"按钮 ✐，以上步绘制矩形右边的下端点为直线起点，向下绘制一条长 4160 的竖直直线，绘制结果如图 14-115 所示。

⑤ 单击"修改"工具栏中的"偏移"按钮 ⚏，选择上步绘制的竖直直线为偏移对象，将其向内进行偏移，偏移距离为 300，偏移结果如图 14-116 所示。

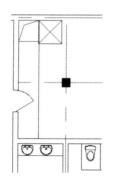

图 14-115　绘制直线

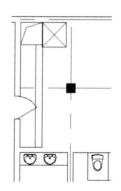

图 14-116　偏移直线

⑥ 单击"绘图"工具栏中的"直线"按钮 ✐，以上步偏移竖直直线下端点为直线起点向右绘制一条水平直线，如图 14-117 所示。

⑦ 单击"修改"工具栏中的"修剪"按钮 ⊶，选择上步绘制线段为修剪对象对其进行修剪处理，如图 14-118 所示。

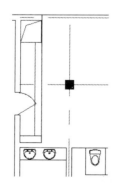

图 14-117　绘制水平直线

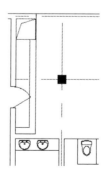

图 14-118　修剪线段

⑧ 利用上述方法，完成地下一层平时平面图中剩下的集水坑的绘制，结果如图 14-119 所示。

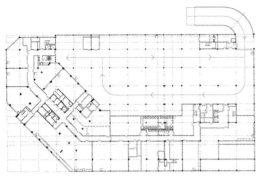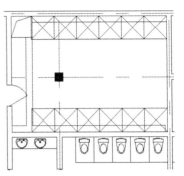

图 14-119　绘制集水坑

13）绘制消火栓。

① 单击"绘图"工具栏中的"矩形"按钮，在图形的空白位置任选一点为矩形起点，绘制一个"700×240"的矩形，绘制结果如图 14-120 所示。

② 单击"绘图"工具栏中的"直线"按钮，以上步绘制矩形左侧竖直边上起点为直线起点，右侧竖直直线下端点为直线终点绘制一条斜向直线，绘制结果如图 14-121 所示。

图 14-120　绘制矩形　　　　　　　图 14-121　绘制斜向直线

③ 单击"绘图"工具栏中的"图案填充"按钮，打开"图案填充创建"选项板，选择"SOLID"选项，并设置相关参数，如图 14-122 所示，单击"拾取点"按钮选择相应区域内一点，确认后，填充得到的最终结果如图 14-123 所示。

图 14-122　"图案填充创建"选项卡

图 14-123　填充图形

④ 单击"修改"工具栏中的"复制"按钮，选择上步绘制图形为复制对象对其进行复制操作，绘制结果如图 14-124 所示。

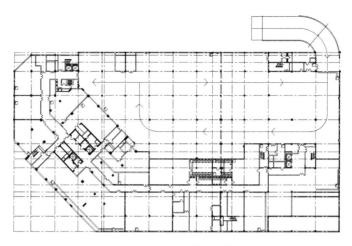

图 14-124　绘制消防栓

14）利用前面图形的绘制方法，绘制热交换器基础、防爆电缆井、自喷泵、汽车等，绘制结果如图 14-125 所示。

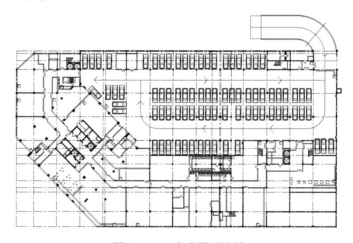

图 14-125　完成图形绘制

14.1.10　尺寸标注

1）在"图层"工具栏的下拉列表中，选择"尺寸"图层为当前层，如图 14-126 所示。

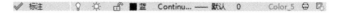

图 14-126　设置当前图层

2）设置标注样式。

① 单击菜单栏中的"格式"→"标注样式"命令，弹出"标注样式管理器"对话框，如图 14-127 所示。

② 单击"修改"按钮，弹出"修改标注样式"对话框。单击"线"选项卡，对话框显示如图 14-128 所示，按照图中的参数修改标注样式。

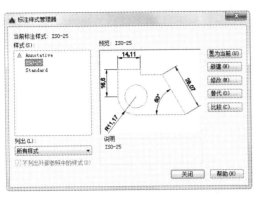

图 14-127　"标注样式管理器"对话框

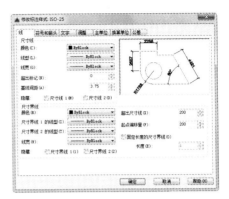

图 14-128　"线"选项卡

③ 单击"符号和箭头"选项卡，按照图 14-129 所示的设置进行修改，箭头样式选择为"建筑标记"，箭头大小修改为"300"，其他设置保持默认。

④ 在"文字"选项卡中设置"文字高度"为"400"，其他设置保持默认，如图 14-130所示。

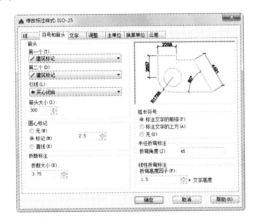

图 14-129　"符号和箭头"选项卡

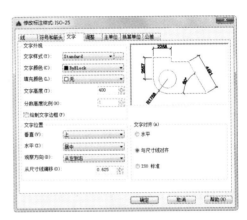

图 14-130　"文字"选项卡

⑤ 在"主单位"选项卡中设置单位精度为"0"，如图 14-131 所述。

图 14-131　"主单位"选项卡

3）在工具栏任意位置单击右键，在弹出的快捷菜单上选择"标注"选项，将"标注"工具栏显示在屏幕上，如图 14-132 所示。

4）单击"标注"工具栏中的"线性"按钮□和"连续"按钮□，为图形添加第一道尺寸标注，如图 14-133 所示。

图 14-132　选择"标注"选项和
　　　　　"标注"工具栏

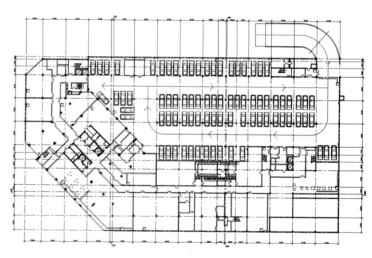

图 14-133　标注第一道尺寸

5）单击"标注"工具栏中的"线性"按钮□，为图形添加总尺寸标注，如图 14-134 所示。

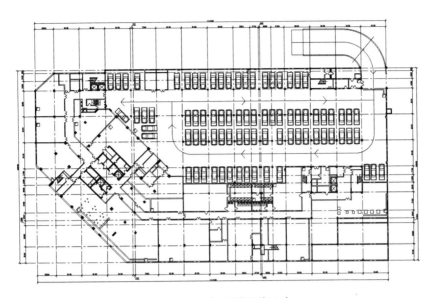

图 14-134　标注图形总尺寸

6）单击"绘图"工具栏中的"直线"按钮，分别在标注的尺寸线上方绘制直线，如图 14-135 所示。

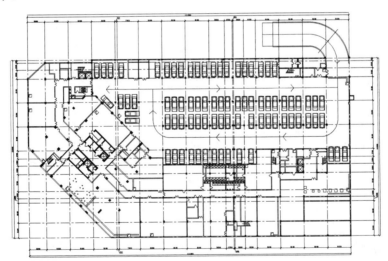

图 14-135　绘制直线

7）单击"修改"工具栏中的"分解"按钮，选择图形中所有尺寸标注为分解对象，按〈Enter〉键确认，将其进行分解。

8）单击"修改"工具栏中的"延伸"按钮，选取分解后的竖直尺寸标注线，稍微延伸对象，向上延伸至绘制的直线处，如图 14-136 所示。

9）单击"修改"工具栏中的"删除"按钮，选择尺寸线上方绘制的线段为删除对象将其删除，如图 14-137 所示。

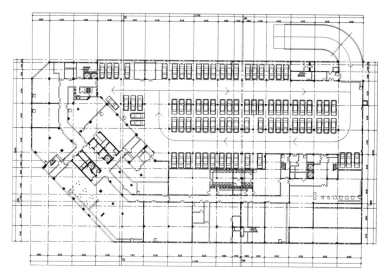

图 14-136 延伸直线

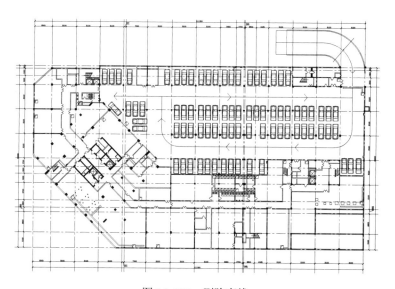

图 14-137 删除直线

14.1.11 添加轴号

1）单击"绘图"工具栏中的"圆"按钮 ⊙，绘制一个半径为 400 的圆，如图 14-138 所示。

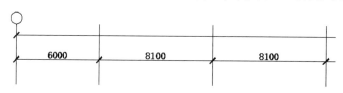

图 14-138 绘制圆

2）执行菜单栏"绘图"→"块"→"定义属性"命令，弹出"属性定义"对话框，对对话框进行设置，如图 14-139 所示，单击"确定"按钮，在圆心位置，输入一个块的属性值。设置完成后结果如图 14-140 所示。

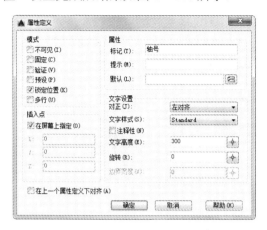

图 14-139　块属性定义

图 14-140　在圆心位置写入属性值

3）单击"插入"工具栏中的"块定义"按钮，弹出"块定义"对话框，如图 14-141 所示。在"名称"文本框中输入"轴号"，指定绘制圆圆心为定义基点；选择圆和输入的"轴号"标记为定义对象，单击"确定"按钮，弹出如图 14-142 所示的"编辑属性"对话框，在轴号文本框内输入"1"，单击"确定"按钮，轴号效果如图 14-143 所示。

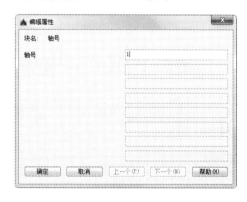

图 14-141　"块定义"对话框　　　　图 14-142　"编辑属性"对话框

图 14-143　输入轴号

4）单击"插入"工具栏中的"块"按钮，弹出"插入"对话框，将轴号图块插入到轴线上，依次插入并修改插入的轴号图块属性，最终完成图形中所有轴号的插入，结果如图 14-144 所示。

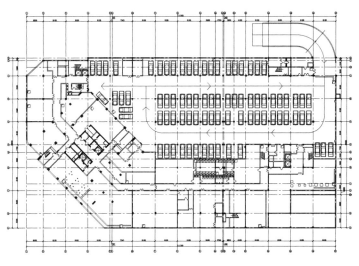

图 14-144　标注轴号

14.1.12　文字标注

1）在"图层"工具栏的下拉列表中，选择"文字"图层为当前层，关闭轴线图层，如图 14-145 所示。

图 14-145　设置当前图层

2）执行菜单栏"格式"→"文字样式"命令，弹出"文字样式"对话框，如图 14-146 所示。

3）单击"新建"按钮，弹出"新建文字样式"对话框，将文字样式命名为"说明"，如图 14-147 所示。

图 14-146　"文字样式"对话框　　　　　图 14-147　"新建文字样式"对话框

4）单击"确定"按钮，在"文字样式"对话框中取消勾选"使用大字体"复选框，然后在"字体名"下拉列表中选择"宋体",高度设置为"600",如图 14-148 所示。

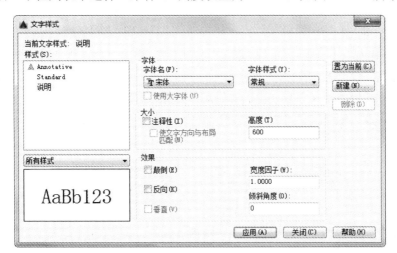

图 14-148 "文字样式"对话框

5）将"文字"图层设为当前层。单击"绘图"工具栏中的"多行文字"按钮**A**,为图形添加文字说明,最终完成图形中文字的标注,如图 14-149 所示。

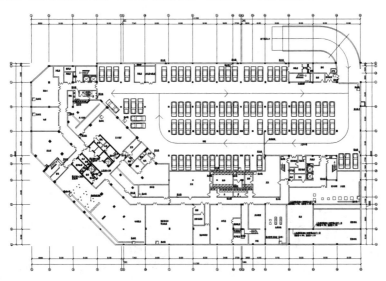

图 14-149 添加文字说明

14.1.13 标注标高

1）单击"绘图"工具栏中的"直线"按钮 ,在图形的适当位置绘制一条长度为 1680 的水平直线,如图 14-150 所示。

2）单击"绘图"工具栏中的"直线"按钮 ,捕捉上步绘制的水平直线左端点为起始点,绘制连续线段,如图 14-151 所示。

图 14-150　绘制直线　　　　　　　　　　图 14-151　绘制连续线段

3）单击"插入"工具栏中的"块定义"按钮，弹出"块定义"对话框，如图 14-152 所示。在"名称"文本框中输入"标高符号"，指定刚绘制的标高最下端端点为定义基点；选择直线和连续线段为定义对象，单击"确定"按钮，完成标高的块定义。

图 14-152　"块定义"对话框

4）单击"插入"工具栏中的"块"按钮，弹出"插入"对话框，将标高图块插入到适当位置上，最终完成图形中所有标高的插入，结果如图 14-153 所示。

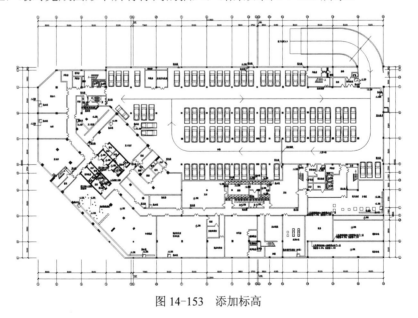

图 14-153　添加标高

14.1.14　插入图框

1）插入图框：单击"绘图"工具栏中的"插入块"按钮，弹出"插入"对话框，单击"浏览"选项，选择所需要的图块，然后将其插入到图中合适的位置，如图 14-154 所示。

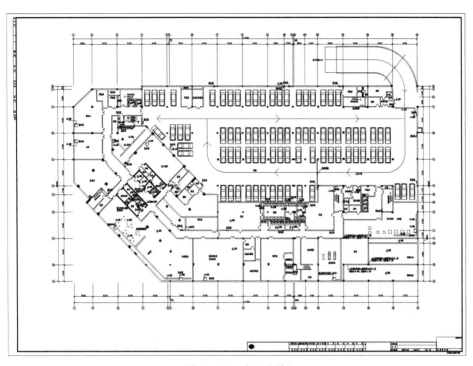

图 14-154　插入图框

2）单击"绘图"工具栏中的"多段线"按钮，指定起点宽度为 0，端点宽度为 0，在绘制完成的地下一层平时平面图底部绘制连续直线，如图 14-155 所示。

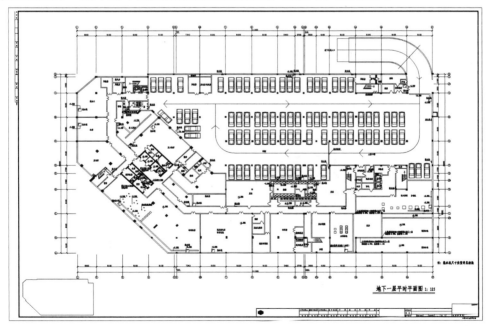

图 14-155　绘制连续多段线

3）单击"绘图"工具栏中的"直线"按钮，在上步绘制的连续多段线内绘制区域分割线，如图 14-156 所示。

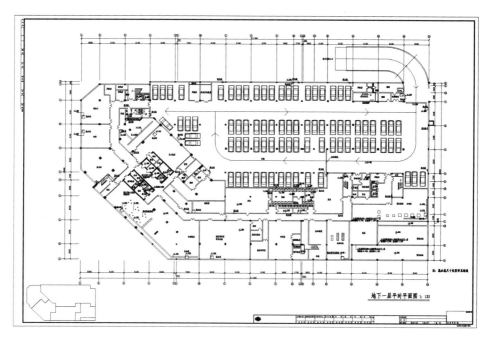

图 14-156 绘制连续直线

4）单击"绘图"工具栏中的"多行文字"按钮 **A**，指定文字类型为"Simples"，指定文字字高为"600"，在上步绘制的图形内添加文字，最终完成地下一层平面图的绘制，如图 14-157 所示。

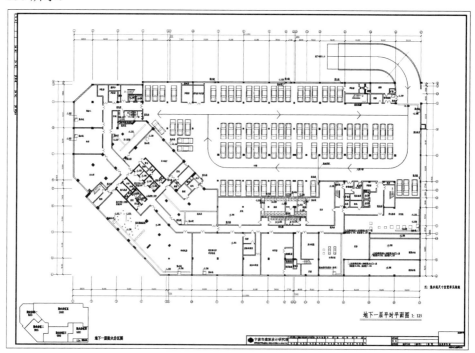

图 14-157 地下层平面图

14.2 机房层平面图的绘制

本节思路

某五星级大酒店机房层平面图如图 14-158 所示。下面讲述其绘制步骤和方法。

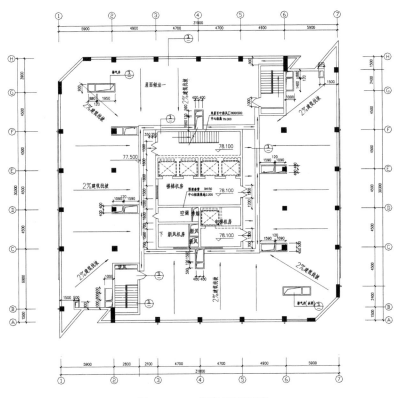

图 14-158 机房层平面图

光盘\视频教学\第 14 章\机房层平面图的绘制.avi

14.2.1 绘制轴线

1）在"图层"工具栏的下拉列表中，选择"轴线"图层，并将其设置为"当前层"，如图 14-159 所示。

✔ 轴线　　♀ ☼ 🔓 ■红　CENTER ── 默认 0　Color_1 🖨 🗐

图 14-159 设置当前图层

2）单击"绘图"工具栏中的"直线"按钮 ✏，在图形空白位置任选一点为直线起点，向右绘制一条长度为 34998 的水平直线，如图 14-160 所示。

图 14-160　地下室战时平面图

3）单击"修改"工具栏中的"偏移"按钮 ，选择上步绘制的直线为偏移对象，将其向上进行偏移，偏移距离为 1500、2400、4500、4500、4500、4500、4500、3900，如图 14-161 所示。

4）单击"绘图"工具栏中的"直线"按钮 ，在上步图形右侧选择一点为直线起点，向上绘制一条长度为 34700 的竖直直线，如图 14-162 所示。

图 14-161　偏移水平直线　　　　　　　　图 14-162　绘制竖直直线

5）单击"修改"工具栏中的"偏移"按钮 ，选择上步绘制的竖直直线为偏移对象，将其向右进行偏移，偏移距离为 5900、2800、2100、4700、4700、2100、2800、5900，如图 14-163 所示。

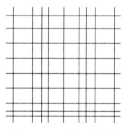

图 14-163　偏移线段

14.2.2　绘制柱子

1）单击"绘图"工具栏中的"矩形"按钮 ，在图形空白位置任选一点为矩形起点，绘制一个"500×500"的矩形，如图 14-164 所示。

2）单击"绘图"工具栏中的"图案填充"按钮 ，填充图案为"SOLID"，比例设置为"1"，选择上步绘制的矩形为填充区域，进行柱子的图案填充，效果如图 14-165 所示。

图 14-164　绘制矩形　　　　　　　　图 14-165　填充矩形

3）利用上述方法完成其余的"900×400"的矩形柱子的绘制，如图 14-166 所示。

4）利用上述方法完成其余的"500×600"的矩形柱子的绘制，如图 14-167 所示。利用上述方法完成剩余的"400×1450"的矩形柱子的绘制。

图 14-166 900×400 的矩形

图 14-167 500×600 的矩形

5）利用上述方法完成其余的"400×1450"的矩形柱子的绘制，如图 14-168 所示。

6）利用上述方法完成其余的"450×1750"的矩形柱子的绘制，如图 14-169 所示。

7）利用上述方法完成"600×600"的矩形柱子的绘制，如图 14-170 所示。

图 14-168 400×1450 的矩形　　图 14-169 450×1750 的矩形　　图 14-170 绘制矩形

利用上述方法完成"550×500"的矩形柱子的绘制。

8）单击"修改"工具栏中的"复制"按钮 ，选择绘制完成的"500×500"的矩形柱子图形为复制对象将其移动放置轴线处，如图 14-171 所示。

9）单击"修改"工具栏中的"复制"按钮 ，选择绘制完成的"1750×450"的矩形柱子图形为复制对象将其移动放置到轴线处，如图 14-172 所示。

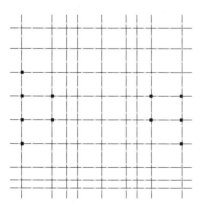
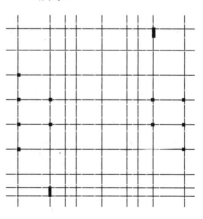

图 14-171 复制图形　　　　　　　图 14-172 1750×450

10）单击"修改"工具栏中的"复制"按钮，选择绘制完成的"1750×450"的矩形柱子图形为复制对象将其移动放置，如图 14-173 所示。

11）利用上述方法完成剩余柱子图形的布置，如图 14-174 所示。

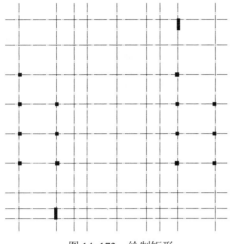

图 14-173　绘制矩形 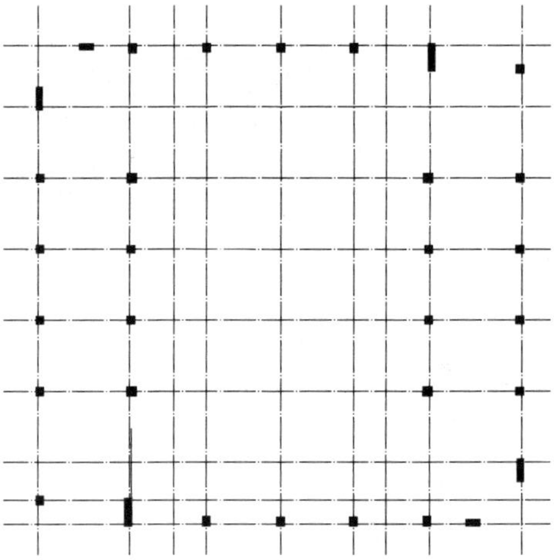　　　　　　　　图 14-174　布置图形

14.2.3　绘制墙体

1）在"图层"工具栏的下拉列表中，选择"墙体"图层并将其设置为"当前层"，如图 14-175 所示。

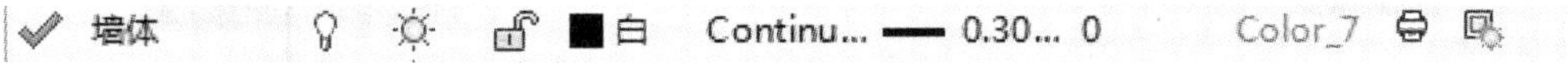

✓　墙体　　　♀　☼　🔓　■白　Continu... —— 0.30... 0　　　Color_7　🖶　🖳

图 14-175　设置当前图层

2）设置墙线。

① 执行菜单栏"格式"→"多线样式"命令，打开"多线样式"对话框。在多线样式对话框中，样式栏中只有系统自带的 STANDARD 样式，单击右侧的"新建"按钮，打开"创建新的多线样式"对话框。在新样式名文本框中输入"240"，作为多线的名称。单击"继续"按钮，打开"新建多线样式：240"对话框。

② 外墙的宽度为"240"，将偏移分别修改为"120"和"-120"，单击"确定"按钮回到"多线样式"对话框，单击"置为当前"按钮，将创建的多线样式设为当前多线样式，单击"确定"按钮，回到绘图状态。

3）绘制墙线。

执行菜单栏"绘图"→"多线"命令，绘制机房层平面图中的 240 厚的墙体，如图 14-176 所示。

4）设置墙线。

① 执行菜单栏"格式"→"多线样式"命令，打开"多线样式"对话框，在多线样式对话框中，单击右侧的"新建"按钮，打开"创建新的多线样式"对话框。在新样式名文本框中输入"500"，作为多线的名称。单击"继续"按钮，打开"新建多线样式：500"对话框。

② 外墙的宽度为"500"，将偏移分别修改为"250"和"-250"，单击"确定"按钮回

到"多线样式"对话框,单击"置为当前"按钮,将创建的多线样式设为当前多线样式,单击"确定"按钮,回到绘图状态。

5)绘制墙线。

执行菜单栏"绘图"→"多线"命令,绘制机房层平面图中的 500 厚的墙体作为结构剪力墙,如图 14-177 所示。

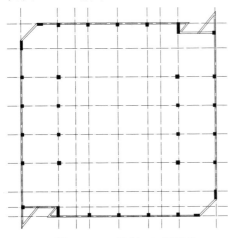

图 14-176 绘制 240 厚墙体

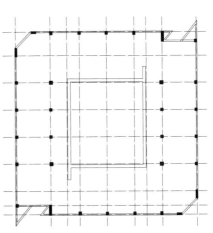

图 14-177 绘制 500 厚墙体

6)设置墙线。

① 执行菜单栏"格式"→"多线样式"命令,打开"多线样式"对话框,在多线样式对话框中,单击右侧的"新建"按钮,打开"创建新的多线样式"对话框。在新样式名文本框中输入"250",作为多线的名称。单击"继续"按钮,打开"新建多线样式:250"对话框。

② 外墙的宽度为"250",将偏移分别修改为"125"和"-125",单击"确定"按钮回到"多线样式"对话框,单击"置为当前"按钮,将创建的多线样式设为当前多线样式,单击"确定"按钮,回到绘图状态。

7)绘制墙线。

单击菜单栏"绘图"→"多线"命令,绘制机房层平面图中的 250 厚的墙体作为结构剪力墙,如图 14-178 所示。

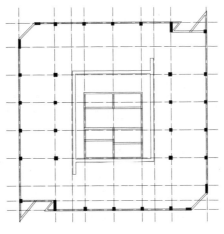

图 14-178 绘制 250 厚墙体

8）设置墙线。

① 执行菜单栏"格式"→"多线样式"命令，打开"多线样式"对话框，在多线样式对话框中，单击右侧的"新建"按钮，打开"创建新的多线样式"对话框。在新样式名文本框中输入"100"，作为多线的名称。单击"继续"按钮，打开"新建多线样式：100"对话框。

② 外墙的宽度为"100"，将偏移分别修改为"50"和"-50"，单击"确定"按钮回到"多线样式"对话框，单击"置为当前"按钮，将创建的多线样式设为当前多线样式，单击"确定"按钮，回到绘图状态。

③ 继续单击菜单栏"格式"→"多线样式"命令，打开"多线样式"对话框，在多线样式对话框中，单击右侧的"新建"按钮，打开"创建新的多线样式"对话框。在新样式名文本框中输入"200"，作为多线的名称。单击"继续"按钮，打开"新建多线样式：200"对话框。

④ 外墙的宽度为"200"，将偏移分别修改为"100"和"-100"，单击"确定"按钮回到"多线样式"对话框，单击"置为当前"按钮，将创建的多线样式设为当前多线样式，单击"确定"按钮，回到绘图状态。

9）绘制墙线。

单击菜单栏"绘图"→"多线"命令，绘制机房层平面图中的250厚的墙体作为结构剪力墙，如图14-179所示。

10）利用上述方法完成机房层平面图中所有墙体的绘制，如图14-180所示。

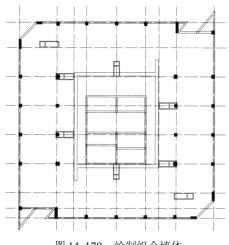

图14-179　绘制组合墙体

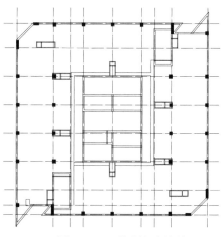

图14-180　绘制组合墙体

11）单击"修改"工具栏中的"分解"按钮，选择上步绘制完成的全部墙体为分解对象，按〈Enter〉键确认，进行分解，使上步绘制的多线墙体成为独立线段。

12）单击"修改"工具栏中的"修剪"按钮，选择上步分解后的墙体线为修剪对象，对其进行修剪处理，如图14-181所示。

13）选择上步图形中的部分墙线，单击鼠标右键，在弹出的快捷菜单中选择"特性"，在弹出的特性选项板中选择"HIDDEN"选项，将选择的墙线线型进行修改，如图14-182所示。

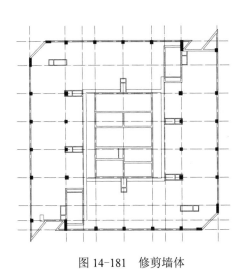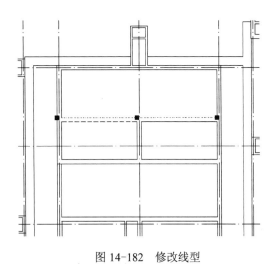

图 14-181　修剪墙体　　　　　　　图 14-182　修改线型

14.2.4　绘制门窗

1）单击"绘图"工具栏中的"直线"按钮，在上步图形中间墙线处，绘制一条竖直直线，如图 14-183 所示。

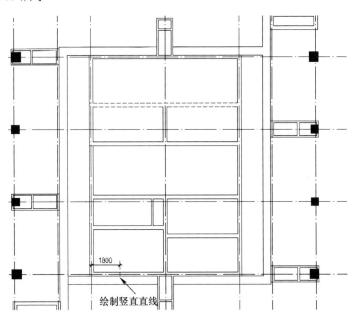

图 14-183　绘制竖直直线

2）单击"修改"工具栏中的"偏移"按钮，选择上步绘制的竖直直线为偏移对象，将其向右进行偏移，偏移距离为 1500、2000、1500，如图 14-184 所示。

3）利用上述方法完成机房层平面图中剩余窗线的绘制，如图 14-185 所示。

4）单击"修改"工具栏中的"修剪"按钮，选择上步偏移线段间墙体为修剪对象，对其进行修剪处理，如图 14-186 所示。

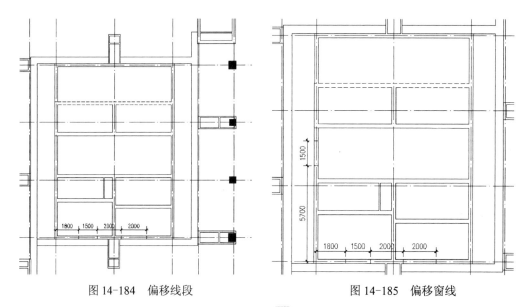

图 14-184　偏移线段　　　　　　　　　　　图 14-185　偏移窗线

5）单击"绘图"工具栏中的"直线"按钮，在上步修剪窗洞处绘制一条竖直直线，如图 14-187 所示。

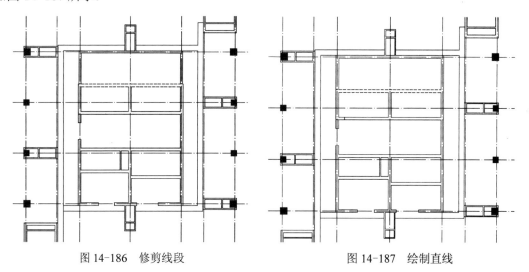

图 14-186　修剪线段　　　　　　　　　　　图 14-187　绘制直线

6）单击"修改"工具栏中的"偏移"按钮，选择上步绘制的竖直直线为偏移对象，将其向右进行偏移，偏移距离 1100、1200、1100、1300、1100、1200、1100，如图 14-188 所示。

7）单击"修改"工具栏中的"修剪"按钮，选择上步偏移线段间的墙体为修剪对象，对其进行修剪处理，如图 14-189 所示。

8）利用上述方法完成机房层平面图中剩余窗洞的绘制，如图 14-190 所示。

9）单击"绘图"工具栏中的"直线"按钮，在前面小节中绘制的窗洞处绘制一条竖直直线，如图 14-191 所示。

10）单击"修改"工具栏中的"偏移"按钮，选择上步绘制的竖直直线为偏移对象将其向右进行偏移，偏移距离为 83、83、83，如图 14-192 所示。

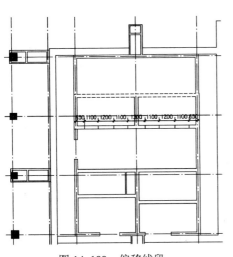

图 14-188 偏移线段   图 14-189 修剪墙体

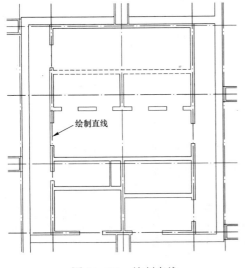

图 14-190 绘制剩余门洞

图 14-191 绘制直线   图 14-192 偏移直线

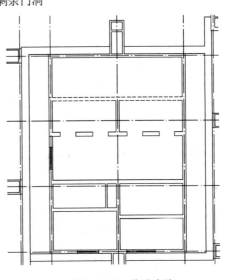

11）利用上述方法完成机房层平面图中剩余窗线的绘制。

12）单击"绘图"工具栏中的"插入块"按钮 🔄，弹出"插入"对话框。选择 14.2.4 节中创建的单扇门图形为插入对象，单击"确定"按钮，将单扇门插入到图形的适当位置，如图 14-193 所示。

13）单击"绘图"工具栏中的"插入块"按钮 🔄，弹出"插入"对话框。选择前面 14.3.3 小节中创建的双扇门图形为插入对象，单击"确定"按钮，将双扇门插入到如图 14-194 所示的位置。

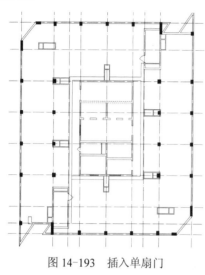
图 14-193　插入单扇门

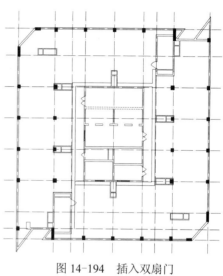
图 14-194　插入双扇门

14.2.5　绘制楼梯

1）单击"绘图"工具栏中的"矩形"按钮 □，在如图 14-195 所示的位置绘制一个"4420×60"的矩形。

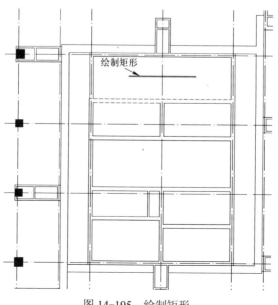
图 14-195　绘制矩形

2）单击"绘图"工具栏中的"直线"按钮，以上步绘制矩形左侧竖直边上端点为直线起点向上绘制一条竖直直线，如图 14-196 所示。

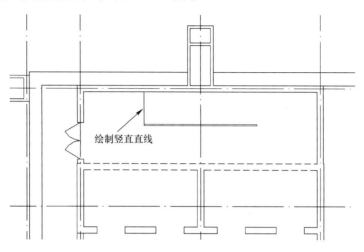

绘制竖直直线

图 14-196 绘制竖直直线

3）单击"修改"工具栏中的"偏移"按钮，选择上步绘制的竖直直线为偏移对象，将其向右进行偏移，偏移距离"17×260"（直线偏移七次偏移距离为260），如图 14-197 所示。

4）单击"绘图"工具栏中的"直线"按钮，在上步偏移线段下方选取一点为直线起点，绘制一条斜向上直线，如图 14-198 所示。

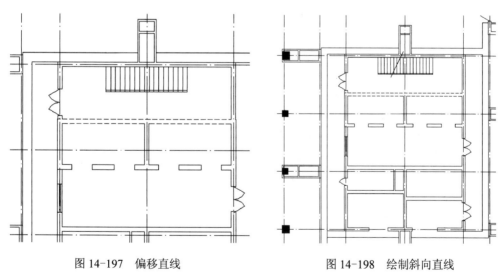

图 14-197 偏移直线　　　　　　图 14-198 绘制斜向直线

5）单击"绘图"工具栏中的"直线"按钮，在上步绘制的斜向上直线中段再绘制连续直线，如图 14-199 所示。

6）单击"修改"工具栏中的"修剪"按钮，选择上步连续直线间线段为修剪对象，对其进行修剪处理，如图 14-200 所示。

7）单击"绘图"工具栏中的"矩形"按钮，在上步楼梯间如图 14-201 所示的位置绘制一个"160×2640"的矩形。

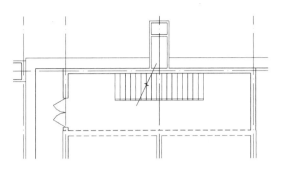

图 14-199　绘制连续直线　　　　　　　　　图 14-200　修剪线段

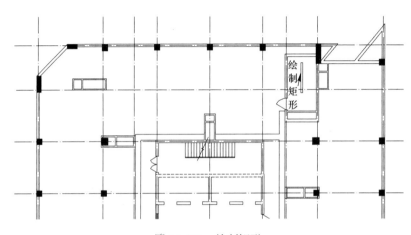

图 14-201　绘制矩形

8）单击"修改"工具栏中的"偏移"按钮，选择上步绘制矩形为偏移对象将其向内进行偏移，偏移距离为"50"，如图 14-202 所示。

9）单击"绘图"工具栏中的"直线"按钮，在上步偏移矩形下方选择一点为直线起点，向右绘制一条水平直线，如图 14-203 所示。

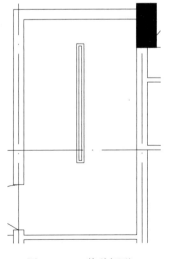

图 14-202　偏移矩形

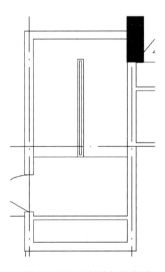

图 14-203　绘制水平直线

10）单击"修改"工具栏中的"偏移"按钮，选择上步绘制水平直线为偏移对象将其向上进行偏移，偏移距离为 60（9×280 偏移 9 次，偏移距离为 280），如图 14-204 所示。

11）单击"修改"工具栏中的"修剪"按钮，选择上步偏移的水平直线为修剪对象，对其进行修剪处理，如图 14-205 所示。

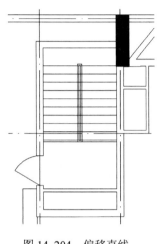

图 14-204　偏移直线

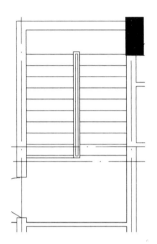

图 14-205　修剪直线

12）单击"绘图"工具栏中的"多段线"按钮，指定起点宽度为 0，端点宽度为 0，绘制一条长度为 2064 的竖直直线，在命令行中输入"W"重新指定线宽，指定起点宽度为 80，端点宽度为 0，绘制箭头，完成楼梯指引箭头的绘制，如图 14-206 所示。

13）利用上述方法完成机房层平面图中剩余楼梯图形的绘制，如图 14-207 所示。

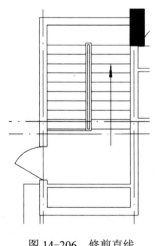

图 14-206　修剪直线

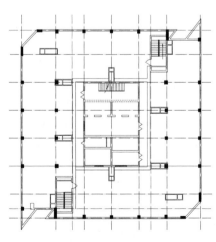

图 14-207　绘制楼梯

14）单击"绘图"工具栏中的"矩形"按钮，在如图 14-35 所示的位置绘制一个"1611×197"的矩形，如图 14-208 所示。

15）单击"绘图"工具栏中的"矩形"按钮，在上步绘制的矩形下方绘制一个"1966×1651"的矩形，如图 14-209 所示。

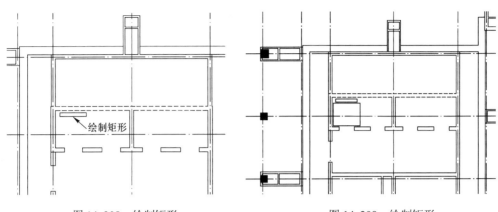

图 14-208　绘制矩形　　　　　　　　　图 14-209　绘制矩形

16）单击"修改"工具栏中的"偏移"按钮，选择上步绘制的矩形为偏移对象将其向内进行偏移，偏移距离为 50，如图 14-210 所示。

17）单击"绘图"工具栏中的"直线"按钮，在上步偏移矩形内绘制对角线，如图 14-211 所示。

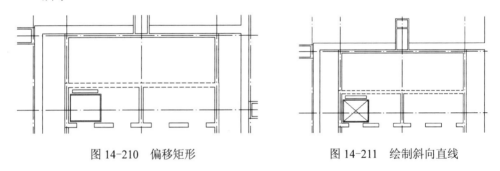

图 14-210　偏移矩形　　　　　　　　　图 14-211　绘制斜向直线

18）选择上步图形中的两个矩形及两条斜向交叉线，单击鼠标右键，在弹出的快捷菜单中单击"特性"选项，在弹出的特性选项板中修改选择对象线型，将其修改为"HIDDEN"，如图 14-212 所示。

19）单击"修改"工具栏中的"复制"按钮，选择上步修改线型后的图形为复制对象，对其向右进行复制，复制间距为 2325、2375、2325，如图 14-213 所示。

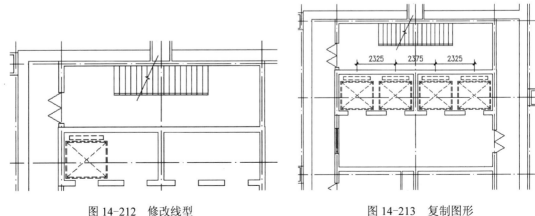

图 14-212　修改线型　　　　　　　　　图 14-213　复制图形

20）单击"修改"工具栏中的"复制"按钮，选择上步图形为复制对象，将其向下进行复制，复制间距为5699，如图14-214所示。

21）利用前面章节讲述的方法完成梯井隔墙线及隔墙门洞的绘制，如图14-215所示。

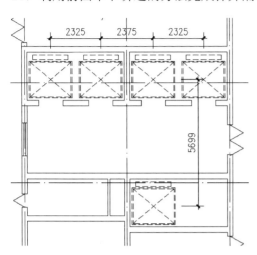

图14-214 复制图形

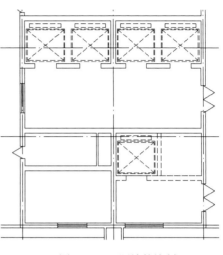

图14-215 隔墙的绘制

22）单击"绘图"工具栏中的"直线"按钮，在上步图形下部位置绘制一条竖直直线，如图14-216所示。

23）单击"修改"工具栏中的"偏移"按钮，选择上步绘制的竖直直线为偏移对象，将其向右进行偏移，偏移距离为100，如图14-217所示。

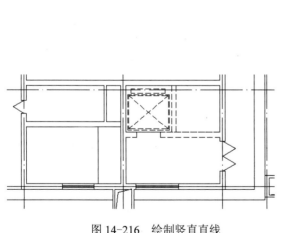

图14-216 绘制竖直直线

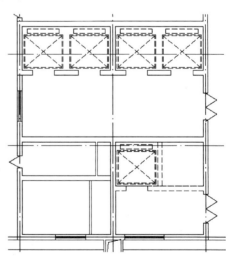

图14-217 偏移线段

24）单击"绘图"工具栏中的"直线"按钮，选择上步偏移竖直线段下部一点为直线起点，向右绘制一条水平直线，如图14-218所示。

25）单击"修改"工具栏中的"偏移"按钮，选择上步绘制的水平直线为偏移对象，将其向下进行偏移，偏移距离为100，如图14-219所示。

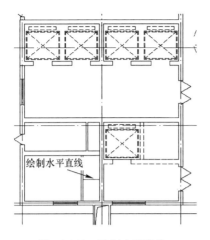

图 14-218　绘制水平直线

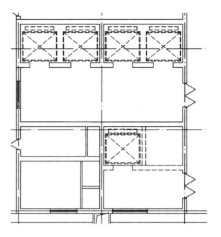

图 14-219　偏移水平直线

26）单击"绘图"工具栏中的"直线"按钮✏，在上步偏移线段内绘制连续斜向直线，如图 14-220 所示。

27）利用上述方法完成机房层平面图中相同线段的绘制，如图 14-221 所示。

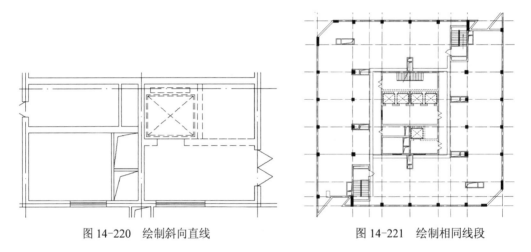

图 14-220　绘制斜向直线　　　　　　　　　　图 14-221　绘制相同线段

14.2.6　绘制剩余图形

1）单击"绘图"工具栏中的"圆"按钮⊘，在上步图形内绘制一个半径为 50 的圆，如图 14-222 所示。

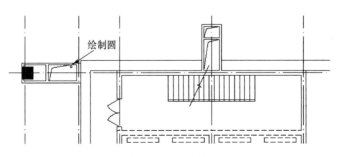

图 14-222　绘制圆

2）单击"修改"工具栏中的"复制"按钮，选择上步绘制的圆为复制对象将其布置到机房层平面图中其他位置，如图 14-223 所示。

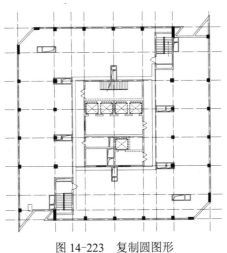

图 14-223 复制圆图形

3）单击"绘图"工具栏中的"矩形"按钮，在如图 14-224 所示的位置绘制一个"360×800"的矩形。

4）单击"绘图"工具栏中的"直线"按钮，在上步绘制的矩形内绘制连续线段，如图 14-225 所示。

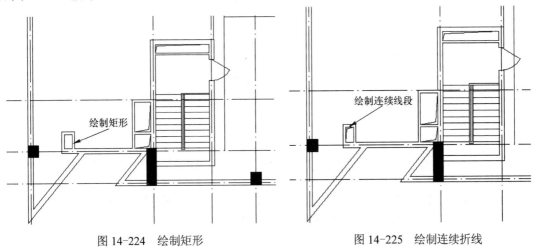

图 14-224 绘制矩形   图 14-225 绘制连续折线

5）单击"绘图"工具栏中的"矩形"按钮，在如图 14-226 所示的位置绘制 "620×1040"的矩形。

6）单击"修改"工具栏中的"修剪"按钮，选择上步绘制矩形内的线段为修剪对象，对其进行修剪处理，如图 14-227 所示。

7）单击"修改"工具栏中的"分解"按钮，选择第 3 步中绘制的矩形为分解对象，按〈Enter〉键确认对其进行分解，使上步绘制矩形分解为 4 条独立线段。

8）单击"修改"工具栏中的"偏移"按钮，选择上步分解矩形顶部水平边为偏移对象，将其向内进行偏移，偏移距离为 240，剩余三边向内进行偏移，距离为 120，如图 14-228 所示。

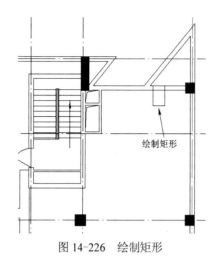

图 14-226　绘制矩形

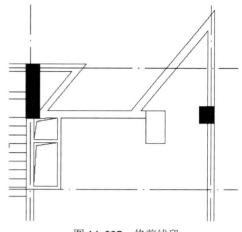

图 14-227　修剪线段

9）单击"绘图"工具栏中的"直线"按钮，在上步偏移线段内绘制连续直线，如图 14-229 所示。

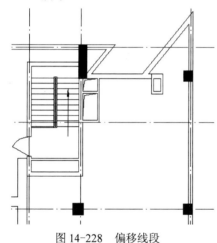

图 14-228　偏移线段

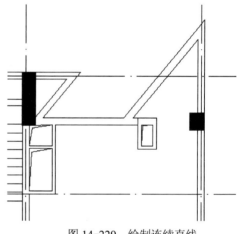

图 14-229　绘制连续直线

10）单击"绘图"工具栏中的"直线"按钮，在如图 14-230 所示的位置绘制一条水平直线。

11）单击"修改"工具栏中的"修剪"按钮，选择上步绘制直线右端点处的竖直直线为修剪对象，对其进行修剪处理，结果如图 14-231 所示。

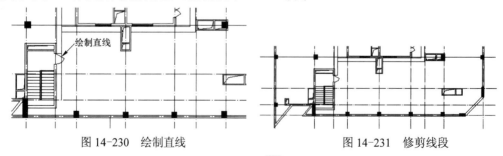

图 14-230　绘制直线　　　　　　　　　图 14-231　修剪线段

12）单击"绘图"工具栏中的"直线"按钮，在图形空白区域选择一点为直线起点，绘制一条长度为 366 的水平直线，如图 14-232 所示。

13）单击"绘图"工具栏中的"多段线"按钮 ⟲，以上步绘制的水平直线右端点为多段线起点，指定起点宽度为80，端点宽度为0，绘制长度为400的箭头线，如图14-233所示。

图 14-232 绘制水平直线   图 14-233 绘制箭头

14）利用上述方法完成机房层平面图中剩余找坡箭头的绘制，（尺寸不同绘制方法相同）如图14-234所示。

15）单击"修改"工具栏中的"复制"按钮 ⟲ 和"旋转"按钮 ⟳，选择上步绘制的箭头图形为操作对象对其进行操作，将其放置到机房层平面图其他位置，如图14-235所示。

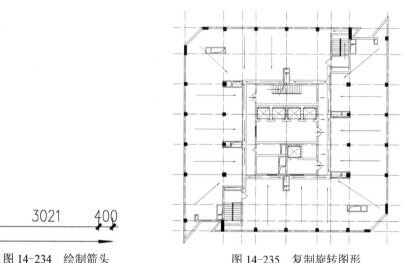

图 14-234 绘制箭头   图 14-235 复制旋转图形

16）单击"绘图"工具栏中的"矩形"按钮 ▭，在图形空白区域任选一点为矩形起点，绘制一个"100×200"的矩形，如图14-236所示。

17）单击"修改"工具栏中的"复制"按钮 ⟲，选择上步绘制的矩形为复制对象，对其进行复制操作，将其放置到机房层平面图中的其他位置，如图14-237所示。

图 14-236 绘制矩形

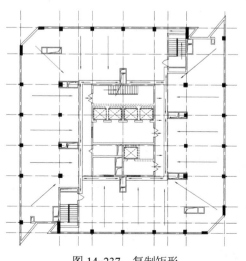

图 14-237 复制矩形

18）单击"绘图"工具栏中的"矩形"按钮 □，在上步图形左侧墙线上选择一点为矩形起点，绘制一个"100×20600"的矩形，如图 14-238 所示。

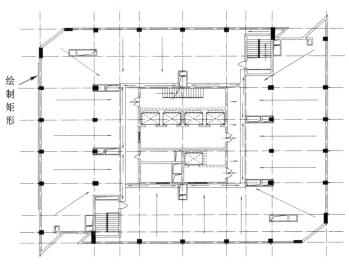

绘制矩形

图 14-238　绘制矩形

19）单击"修改"工具栏中的"修剪"按钮 ∠，选择上步绘制矩形内的多余线段为修剪对象，对其进行修剪处理，如图 14-239 所示。

20）利用上述方法完成机房层平面图中相同图形的绘制，如图 14-240 所示。

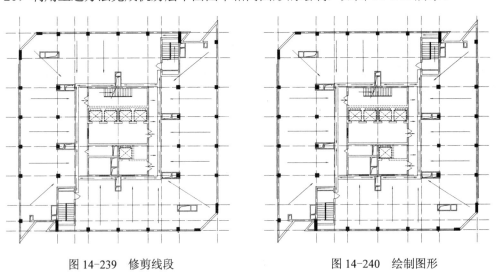

图 14-239　修剪线段　　　　　　　　　图 14-240　绘制图形

14.2.7　添加标注

1）单击"标注"工具栏中的"线性"按钮 □ 和"连续"按钮 ⊞，为机房层平面图添加第一道尺寸标注，如图 14-241 所示。

2）单击"标注"工具栏中的"线性"按钮 □，为机房层平面图添加总尺寸标注，如图 14-242 所示。

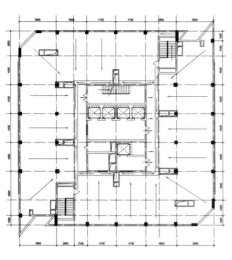

图 14-241　添加尺寸标注

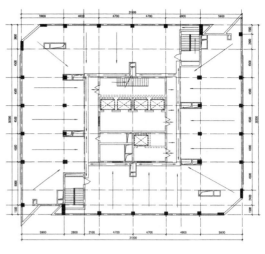

图 14-242　添加总尺寸标注

3）利用上述方法完成机房层平面图中轴号的添加，如图 14-243 所示。

4）单击"标注"工具栏中的"线性"按钮⊡，为机房层平面图添加细部尺寸标注，如图 14-244 所示。

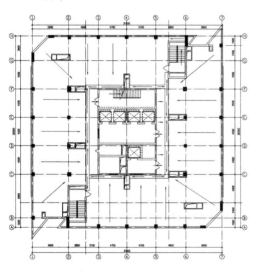

图 14-243　添加总尺寸标注

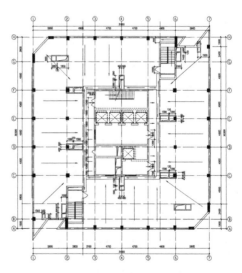

图 14-244　添加细部尺寸

14.2.8　添加文字说明

1）单击"绘图"工具栏中的"多行文字"按钮**A**，设置文字类型为"simples"，字体高度"600"，为图形在机房层平面图中绘制完成的找坡坡度添加文字，如图 14-245 所示。

2）单击"绘图"工具栏中的"多行文字"按钮**A**，设置文字类型为"simples"，字体高度"600"，为机房层平面图添加剩余的文字说明，如图 14-246 所示。

3）单击"绘图"工具栏中的"直线"按钮／和"多行文字"按钮**A**，文字类型为"simples"，字体高度"300"，为机房层平面图添加引线的文字说明，如图 14-247 所示。

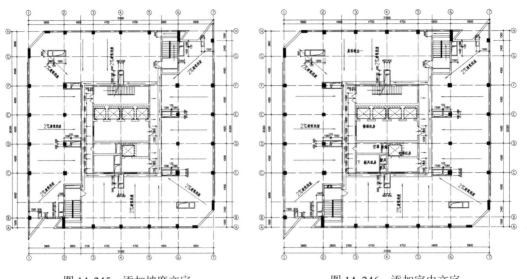

图 14-245　添加坡度文字　　　　　　　图 14-246　添加室内文字

4）关闭轴线图层，单击"修改"工具栏中的"移动"按钮 ✛，选择标注的尺寸线为移动对象，分别向外进行移动操作，移动距离为 2000，如图 14-248 所示。

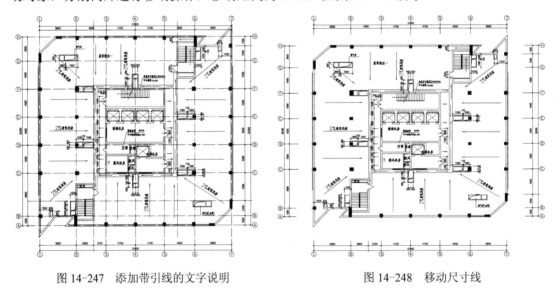

图 14-247　添加带引线的文字说明　　　　图 14-248　移动尺寸线

5）单击"绘图"工具栏中的"直线"按钮 ✎，在图形适当位置绘制连续直线作为文字说明的指引线，如图 14-249 所示。

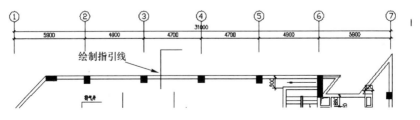

图 14-249　绘制指引线

6）单击"绘图"工具栏中的"圆"按钮，在上步绘制的连续直线上选取一点为圆心，绘制一个半径为 500 的圆，如图 14-250 所示。

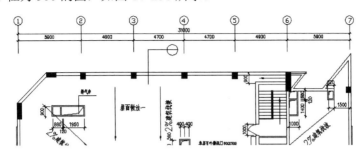

图 14-250 绘制圆

7）单击"绘图"工具栏中的"多行文字"按钮 A，在上步绘制的圆内添加文字，字体为"complex"，字体高度为"340"，如图 14-251 所示。

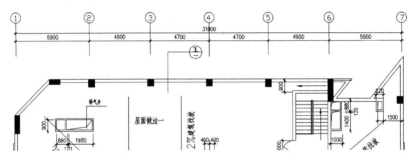

图 14-251 添加文字

8）利用上述方法完成相同图形的绘制，如图 14-252 所示。

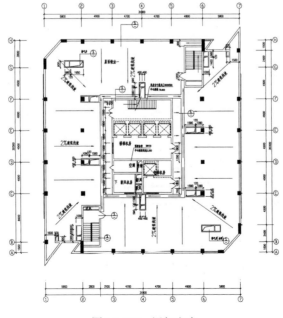

图 14-252 添加文字

9）单击"绘图"工具栏中的"直线"按钮，连续进行操作完成标高图形的绘制，如图 14-253 所示。

10）单击"绘图"工具栏中的"多行文字"按钮，在上步绘制的标高上添加文字，如图 14-254 所示。

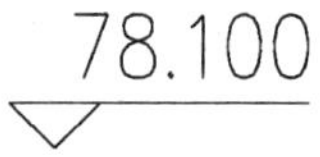

11）单击"修改"工具栏中的"复制"按钮，选择上步绘制的标高图形为复制对象对其进行复制操作，最终完成机房层平面图的绘制，结果如图 14-255 所示。

图 14-253 添加标高

78.100

图 14-254 添加文字

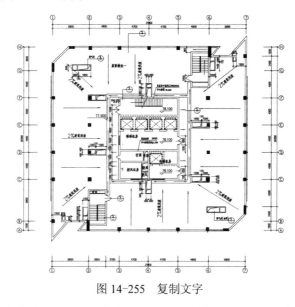

图 14-255 复制文字

12）利用上述方法完成 14-20 层平面图的绘制，如图 14-256 所示。

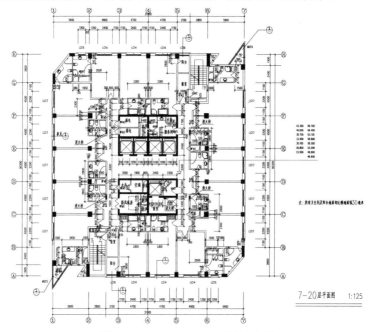

7-20层平面图   1:125

图 14-256 14-20 层平面图的绘制

13）利用上述方法完成 14-21 层平面图的绘制，如图 14-257 所示。

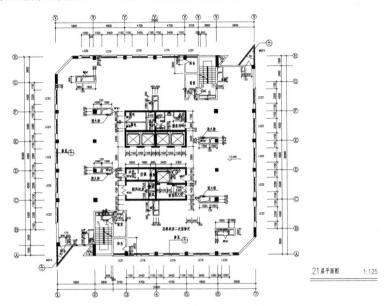

图 14-257 14-21 层平面图的绘制

14）利用前面章节讲述的方法完成机房顶平面图的绘制，如图 14-258 所示。

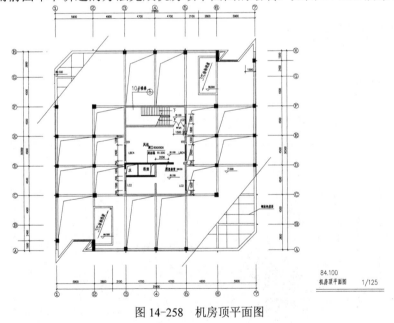

图 14-258 机房顶平面图

14.3 二层平面图

本节思路

利用前面章节讲述的方法完成二层平面图的绘制，如图 14-259 所示。

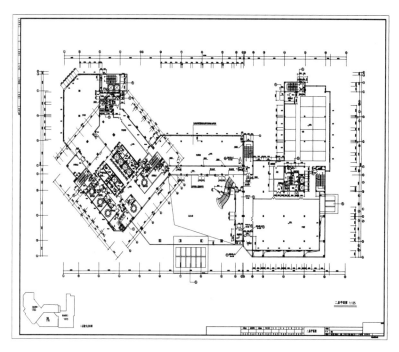

图 14-259　二层平面图

14.4　三层平面图

本节思路

利用上述方法完成三层平面图的绘制，如图 14-260 所示。

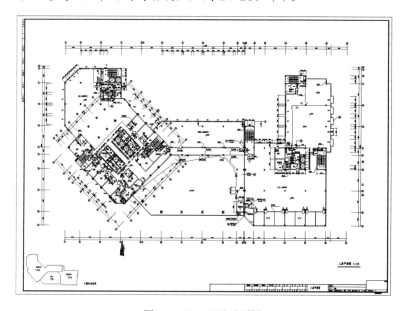

图 14-260　三层平面图

14.5 四层平面图

👉 **本节思路**

利用上述方法完成四层平面图的绘制，如图 14-261 所示。

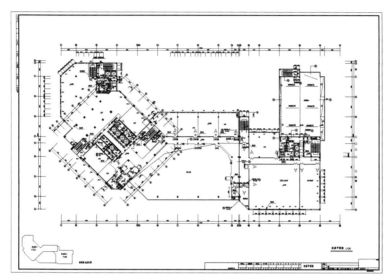

图 14-261 四层平面图

14.6 设备层平面图

👉 **本节思路**

利用上述方法完成设备层平面图的绘制，如图 14-262 所示。

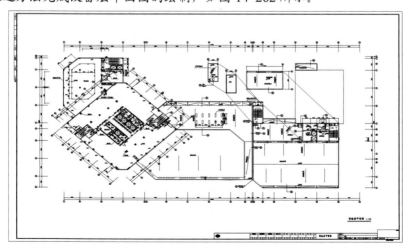

图 14-262 设备层平面图

第 15 章　酒店立面图的绘制

知识导引

本章将以平面图室内设计为例，详细讲述平面图的绘制过程。在讲述过程中，将逐步带领读者完成平面图的绘制，并讲述关于室内设计平面图绘制的相关理论知识和技巧。本章包括平面图绘制的知识要点、平面图的绘制步骤、装饰图块的绘制、尺寸文字标注等内容。

15.1　立面图 1、2、3 的绘制

本节思路

立面图 1、2、3 的绘制如图 15-1 所示。下面讲述其绘制步骤和方法。

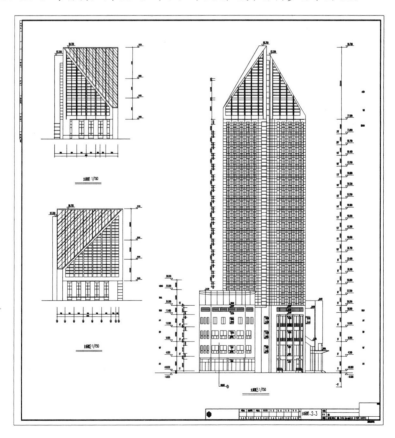

图 15-1　立面图 1、2、3

光盘\视频教学\第15章\立面图1、2、3.avi

15.1.1 立面图1的绘制

1）单击"绘图"工具栏中的"直线"按钮 ，在图形空白区域任选一点为直线起点绘制一条长度为44000的水平直线，完成立面图1的地坪线的绘制，如图15-2所示。

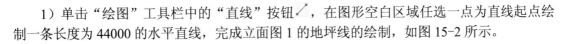

图15-2 绘制水平直线

2）单击"绘图"工具栏中的"直线"按钮 ，在上一步绘制的水平直线上方选取一点为直线起点，向上绘制一条长度为28261的竖直直线，如图15-3所示。

3）单击"修改"工具栏中的"偏移"按钮 ，选择上一步绘制的竖直直线为偏移对象，将其向右进行偏移，偏移距离为5900、4900、4700、4700、2100、2800、5900，如图15-4所示。

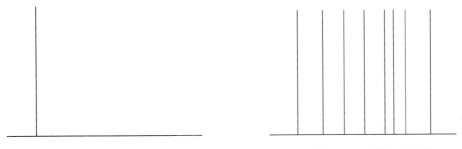

图15-3 绘制竖直直线　　　　　　　　　图15-4 偏移竖直直线

4）单击"修改"工具栏中的"偏移"按钮 ，选择第一步中绘制的水平直线为偏移对象，将其向上进行偏移，偏移距离为6050、6600、6000、9600，如图15-5所示。

5）单击"修改"工具栏中的"修剪"按钮 ，选择超出左右两侧竖直直线的边线为修剪对象，对其进行修剪处理，如图15-6所示。

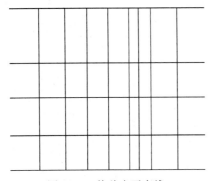
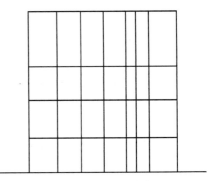

图15-5 偏移水平直线　　　　　　　　　图15-6 修剪线段

6）单击"修改"工具栏中的"偏移"按钮 ，选择底部水平直线为偏移对象向上进行偏移，偏移距离为 25861，如图 15-7 所示。

7）单击"修改"工具栏中的"偏移"按钮 ⚫，选择左侧竖直直线为偏移对象，将其向右进行偏移，偏移距离为 4058，如图 15-8 所示。

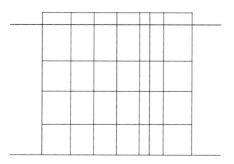

图 15-7　偏移水平线段　　　　　　　　　　　图 15-8　偏移直线

8）单击"修改"工具栏中的"修剪"按钮 ⚫，选择上一步偏移线段内的线段为修剪对象，对其进行修剪处理，如图 15-9 所示。

9）单击"绘图"工具栏中的"矩形"按钮 ⚫，在上一步修剪图形内绘制一个"23461×1450"的矩形，如图 15-10 所示。

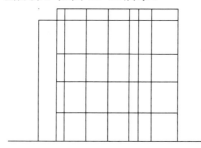
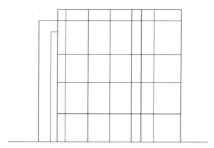

图 15-9　修剪线段　　　　　　　　　　　　　图 15-10　绘制矩形

10）单击"修改"工具栏中的"分解"按钮 ⚫，选择上一步绘制的矩形为分解对象，按〈Enter〉键确认进行分解，将绘制矩形分解为四条独立边。

11）单击"修改"工具栏中的"偏移"按钮 ⚫，选择分解的矩形上部水平边为偏移对象，将其向下偏移，偏移距离为 611、700、18×900（偏移 18 次偏移距离为 900），如图 15-11 所示。

12）单击"绘图"工具栏中的"矩形"按钮 ⚫，在上一步图形底部绘制一个"4819×2808"的矩形，如图 15-12 所示。

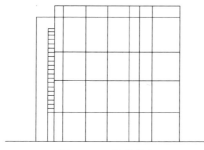
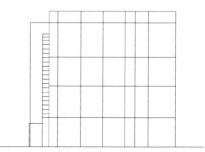

图 15-11　偏移线段　　　　　　　　　　　　　图 15-12　绘制矩形

13）单击"修改"工具栏中的"分解"按钮 ，选择上一步绘制的矩形为分解对象，按〈Enter〉键确认进行分解，将上一步绘制的矩形分解成为四条独立边。

14）单击"修改"工具栏中的"偏移"按钮 ，选择上一步分解的矩形左侧竖直边为偏移对象，向右进行偏移，偏移距离为2758。

15）单击"修改"工具栏中的"偏移"按钮 ，选择顶部水平直线向下进行偏移，偏移距离为50、1020、50、1020、50、40、50、1020、50，如图15-13所示。

16）单击"修改"工具栏中的"修剪"按钮 ，选择上一步偏移线段为修剪对象对其进行修剪处理，如图15-14所示。

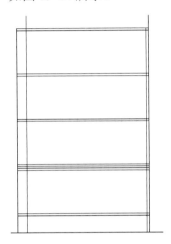

图15-13 偏移线段

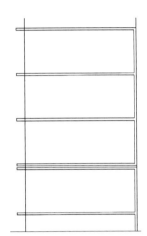

图15-14 修剪线段

17）单击"修改"工具栏中的"偏移"按钮 ，选择底部水平直线为偏移对象，将其向上进行偏移，偏移距离为250、800、100、600、1800、900、1000、500，如图15-15所示。

图15-15 偏移线段

18）单击"修改"工具栏中的"偏移"按钮 ，选择左侧竖直直线为偏移对象，将其向右进行偏移，偏移距离为7330、200、900、3540、2400、2300、2400、2300、2400、1950、1200、200、1250，如图15-16所示。

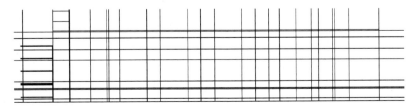

图15-16 偏移线段

19）单击"修改"工具栏中的"修剪"按钮，选择上一步偏移线段为修剪对象，对其进行修剪处理，如图15-17所示。

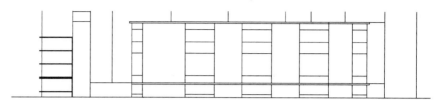

图15-17　修剪处理

20）单击"修改"工具栏中的"偏移"按钮，选择左侧竖直直线为偏移对象，将其向右进行偏移，偏移距离为13170、71、4629、71、4629、71，如图15-18所示。

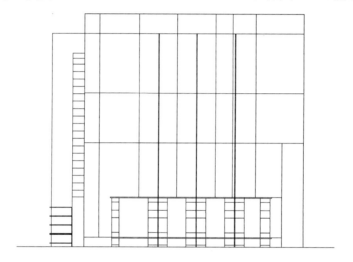

图15-18　偏移线段

21）单击"绘图"工具栏中的"直线"按钮，以最上端水平直线左侧起点为直线起点，向下绘制斜向角度为37°的斜向直线，如图15-19所示。

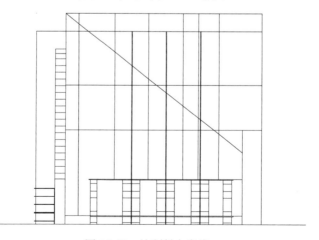

图15-19　绘制斜向直线

22）单击"修改"工具栏中的"偏移"按钮 🔛，选择上一步图形中中间 4 根竖直直线为偏移对象，分别向两侧进行偏移，偏移距离为 50，如图 15-20 所示。

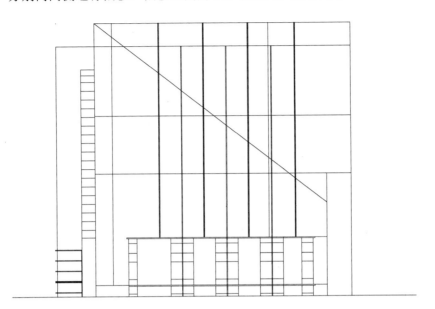

图 15-20　绘制斜向直线

23）单击"修改"工具栏中的"删除"按钮 ✎，选择上一步偏移线段中间的初始线段为删除对象对其进行删除处理，按〈Enter〉键确认进行修剪处理，如图 15-21 所示。

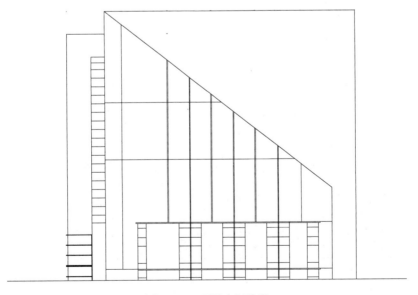

图 15-21　删除中间线段

24）单击"修改"工具栏中的"修剪"按钮 ⊬，选择底部图形中的多余线段为修剪对象，对其进行修剪处理，如图 15-22 所示。

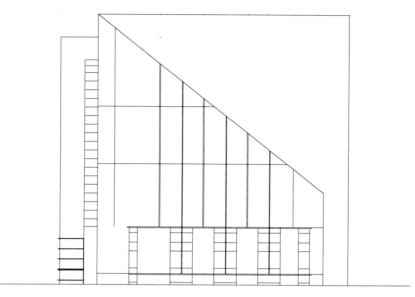

图 15-22　修剪线段

25）单击"修改"工具栏中的"偏移"按钮，选择如图 15-23 所示的线段为偏移对象，向上进行偏移，偏移距离为 700、200、700、200、700、200、700、200、700、200、700、200、700、200，如图 15-23 所示。

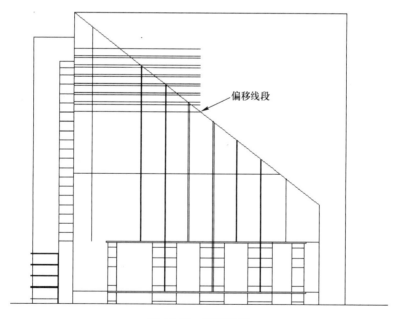

偏移线段

图 15-23　偏移线段

26）单击"修改"工具栏中的"偏移"按钮，选择中间水平线段为偏移对象，向下进行偏移，偏移距离为 600、900、200、700、200、700、200、700、200、1000，如图 15-24 所示。

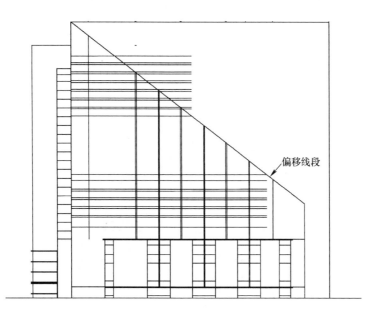

图 15-24 偏移线段

27）单击"修改"工具栏中的"偏移"按钮，选择图 15-24 所示的线段为偏移对象向上进行偏移，偏移距离为 700、200、700、200、700、200、700、200、900，如图 15-25所示。

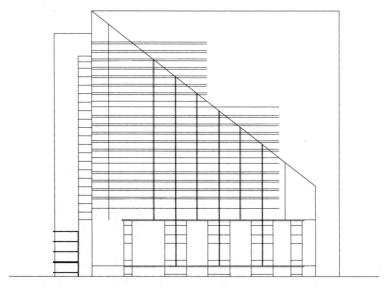

图 15-25 偏移线段

28）单击"修改"工具栏中的"偏移"按钮，选择前面绘制的斜向直线为偏移对象，将其向下进行偏移，偏移距离为 700，如图 15-26 所示。

29）单击"修改"工具栏中的"偏移"按钮，选择左侧竖直直线为偏移对象，向右进行偏移，偏移距离为 5550、100、2550、60、2240、600、4100、600、4100、600、4300、350、250、1520，如图 15-26 所示。

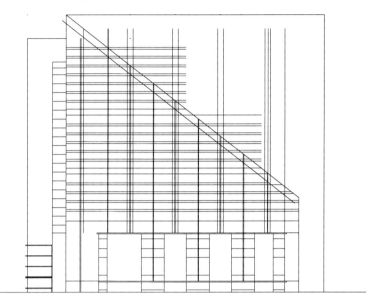

图 15-26　延伸线段

30）单击"修改"工具栏中的"修剪"按钮 ⊁ 和"延伸"命令 ⊸⌐，选择上一步偏移线段为修剪对象，对其进行修剪处理。单击"绘图"工具栏中的"直线"按钮 ∕，封闭偏移线段端口，结果如图 15-27 所示。

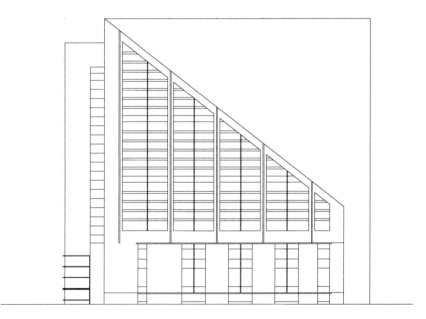

图 15-27　修剪线段

31）单击"绘图"工具栏中的"直线"按钮 ∕，以斜向直线下端点为直线起点，向右绘制一条水平直线，如同 15-28 所示。

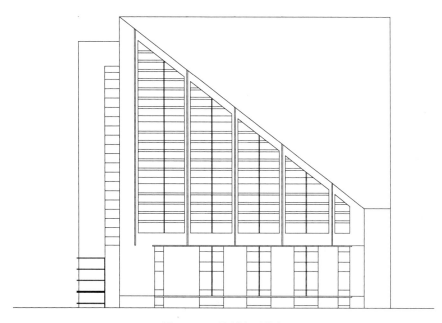

图 15-28　绘制水平线段

32）单击"修改"工具栏中的"偏移"按钮 🔲，选择上一步图形中的顶部水平边、斜向边线、右侧竖直边线及上部绘制的水平直线为偏移对象分别向内进行偏移，偏移距离为240，如图 15-29 所示。

33）单击"修改"工具栏中的"修剪"按钮 🔲，选择上一步偏移线段为修剪对象，对其进行修剪处理，如图 15-30 所示。

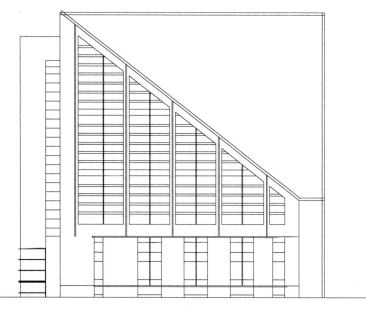

图 15-29　偏移线段

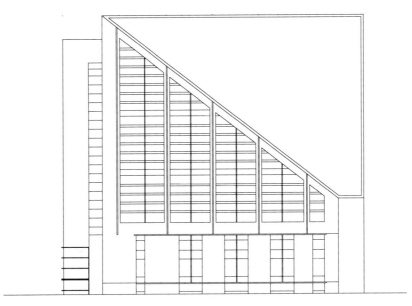

图 15-30　修剪线段

34）单击"修改"工具栏中的"偏移"按钮△，选择上一步绘制的斜向直线为偏移对象，向上进行偏移，偏移距离为 1206、605、240、686、761、595、241、686、761、600、243、861、955、747、301、861、955、747、301、861、955，如图 15-31 所示。

图 15-31　偏移线段

35）单击"修改"工具栏中的"延伸"按钮 ，选择上一步偏移线段与右侧竖直边接触的边线为延伸对象，将其延伸至左侧竖直直线处，如图 15-32 所示。

图 15-32 延伸直线

36）单击"修改"工具栏中的"修剪"按钮，选择上一步偏移线段为修剪对象，对其进行修剪处理，如图 15-33 所示。

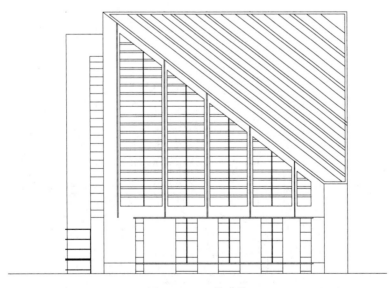

图 15-33 延伸直线

37）单击"修改"工具中的"偏移"按钮，选择右侧竖直边线为偏移对象，将其向左进行偏移，偏移距离为 2260、1900、1380、240、1380、1949、1331、240、1380、1900、1180、240、1380、1700、1380、240、1380、1900，如图 15-34 所示。

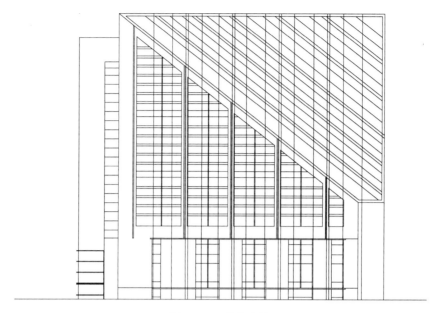

图 15-34   偏移直线

38）单击"修改"工具栏中的"修剪"按钮 ⊬，选择上一步偏移线段为修剪对象，对其进行修剪处理，如图 15-35 所示。

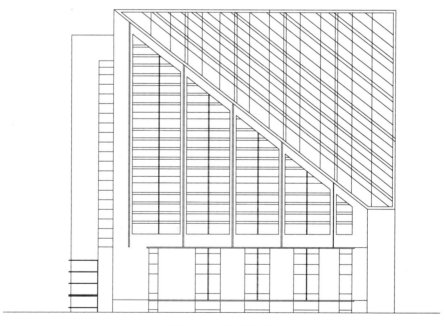

图 15-35   修剪线段

39）单击"标注"工具栏中的"线性"按钮 ⊢⊣ 和"连续"按钮 ⊞⊞，为立面图 1 添加第一道尺寸标注，如图 15-36 所示。

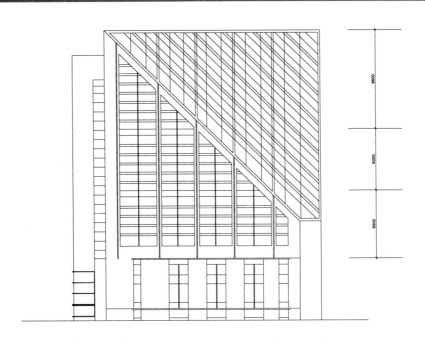

图 15-36 添加第一道尺寸标注

40）单击"标注"工具栏中的"线性"按钮□和"连续"按钮□，为立面图 1 添加总尺寸标注，如图 15-37 所示。

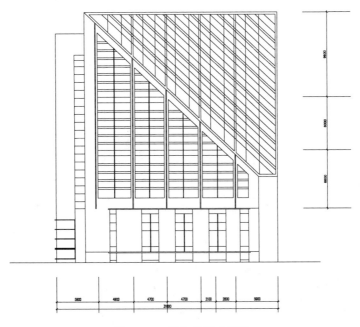

图 15-37 添加总尺寸标注

41）单击"绘图"工具栏中的"插入块"按钮□，弹出"插入"对话框，单击"浏览"按钮，弹出"选择图形文件"对话框，选择"源文件/图块/标高"，将其插入到图形中，完成立面 1 的绘制，如图 15-38 所示。

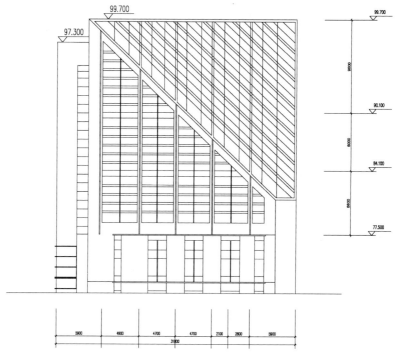

图 15-38　A 立面图

42）单击"绘图"工具栏中的"直线"按钮 和"多行文字"按钮 A，在上一步图形底部添加总图文字说明，如图 15-39 所示。

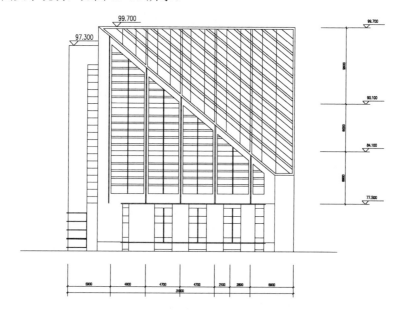

立面图1 1/150

图 15-39　添加总图文字说明

15.1.2　立面图 2 的绘制

利用上述方法完成 B 立面图的绘制，如图 15-40 所示。

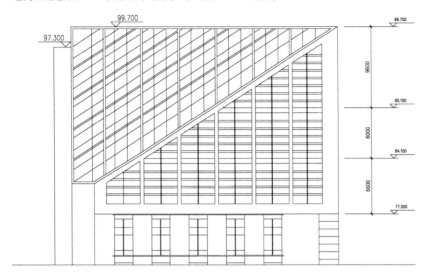

图 15-40　B 立面图

15.1.3　立面图 3 的绘制

1）单击"绘图"工具栏中的"直线"按钮，在图形空白区域任选一点为直线起点，向右绘制一条长度为 95081 的水平直线，如图 15-41 所示。

图 15-41　绘制直线

2）单击"绘图"工具栏中的"直线"按钮，在上一步绘制的水平直线上选择一点为直线起点，向上绘制一条长度为 25300 的竖直直线，如图 15-42 所示。

图 15-42　绘制竖直直线

3）单击"修改"工具栏中的"偏移"按钮，选择上一步绘制的竖直直线为偏移对象，将其向右进行偏移，偏移距离为 60700，如图 15-43 所示。

图 15-43　偏移线段

4）单击"修改"工具栏中的"偏移"按钮▣，选择底部水平直线为对象，将其向上进行偏移，偏移距离为300、150、150、4500、4500、4500、3900、2800，如图15-44所示。

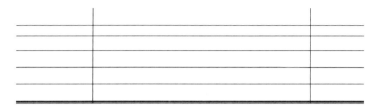

图15-44　偏移线段

5）单击"修改"工具栏中的"修剪"按钮▣，选择上一步偏移线段为修剪对象，对其进行修剪处理，如图15-45所示。

6）单击"修改"工具栏中的"偏移"按钮▣，选择左侧竖直直线为偏移对象，将其向右进行偏移，偏移距离为 39838、188、188、9020、188、188、8888、350、350、800、350、350，如图15-46所示。

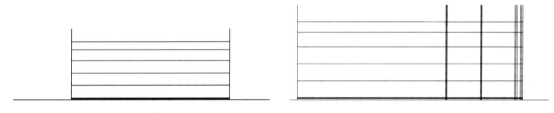

图15-45　修剪线段　　　　　　　　　　　图15-46　偏移线段

7）单击"修改"工具栏中的"修剪"按钮▣，选择上一步偏移线段为修剪对象，对其进行修剪处理，如图15-47所示。

图15-47　修剪线段

8）单击"修改"工具栏中的"偏移"按钮▣，选择左侧竖直直线为偏移对象，将其向右进行偏移，偏移距离为26789、3081、3586、1010、2772、13818、8245，如图15-48所示。

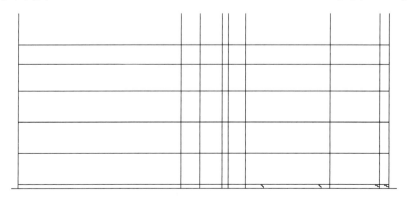

图15-48　偏移线段

9）单击"修改"工具栏中的"修剪"按钮 ⊬ ，选择上一步偏移线段为修剪对象，对其进行修剪处理，如图 15-49 所示。

图 15-49 修剪线段

10）单击"修改"工具栏中的"偏移"按钮 ⊯ ，选择底部直线为偏移对象，将其向上进行偏移，偏移距离为 4600，如图 15-50 所示。

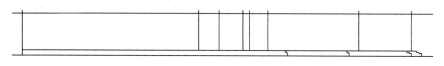

图 15-50 偏移线段

11）单击"绘图"工具栏中的"矩形"按钮 ▭ ，在上一步图形左侧位置绘制一个"4750×4000"的矩形，如图 15-51 所示。

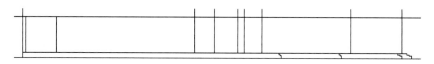

图 15-51 绘制矩形

12）单击"修改"工具栏中的"分解"按钮 ⊡ ，选择上一步绘制矩形为分解对象，按〈Enter〉键确认进行分解，将上一步绘制矩形分解成为四条独立的边线。

13）单击"修改"工具栏中的"偏移"按钮 ⊯ ，选择顶部水平边为偏移对象将其向下进行偏移，偏移距离为 400、900，如图 15-52 所示。

14）单击"修改"工具栏中的"偏移"按钮 ⊯ ，选择左侧竖直直线为偏移对象，将其向右进行偏移，偏移距离为 900、1475、1475，如图 15-53 所示。

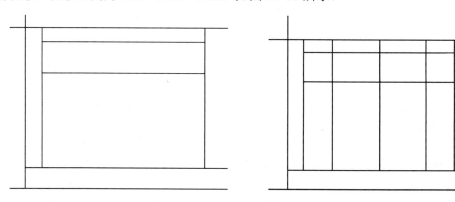

图 15-52 偏移线段　　　　　图 15-53 偏移线段

15）单击"修改"工具栏中的"修剪"按钮 ⊬ ，选择上一步偏移线段为修剪对象，对其进行修剪处理，如图 15-54 所示。

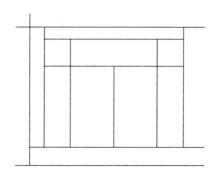

图 15-54　修剪线段

16）利用上述方法完成其余相同图形的绘制，如图 15-55 所示。

图 15-55　绘制相同图形

17）单击"绘图"工具栏中的"矩形"按钮▢，在如图 15-56 所示的位置绘制一个"849×2400"的矩形。

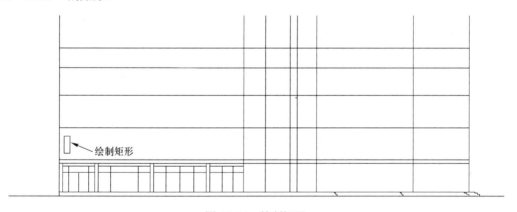

图 15-56　绘制矩形

18）单击"修改"工具栏中的"分解"按钮，选择上一步绘制的矩形为分解对象，按〈Enter〉键确认进行分解，将上一步绘制的矩形分解为四条独立边。

19）单击"修改"工具栏中的"偏移"按钮，选择上一步分解的矩形左侧竖直边为偏移对象将其向右偏移，偏移距离为 113。选择分解的矩形底部水平边为偏移对象将其向上进行偏移，偏移距离为 800、100，如图 15-57 所示。

20）单击"修改"工具栏中的"复制"按钮，选择分解的矩形顶部水平边中点为复制基点，向右进行水平复制，复制间距为 1489、1481，如图 15-58 所示。

21）单击"绘图"工具栏中的"矩形"按钮▢，在如图 15-59 所示的位置绘制一个"3250×2400"的矩形。

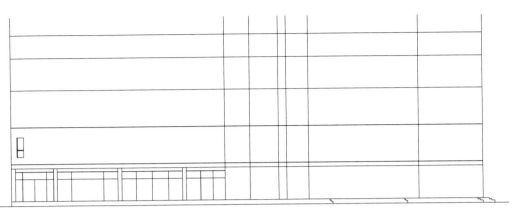

图 15-57　偏移线段

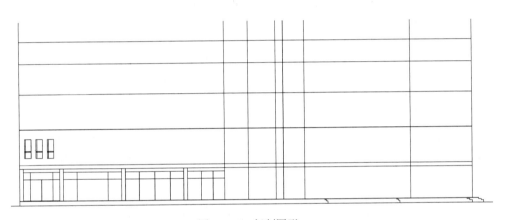

图 15-58　复制图形

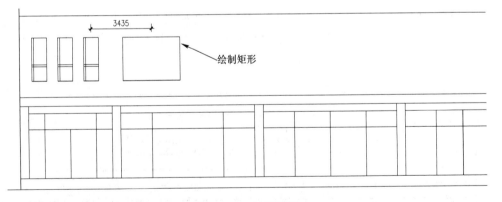

图 15-59　绘制矩形

22）单击"修改"工具栏中的"分解"按钮，选择上一步绘制的矩形为分解对象，按〈Enter〉键确认进行分解，将上一步绘制的矩形分解为四条独立边。

23）单击"修改"工具栏中的"偏移"按钮，选择上一步分解矩形左侧竖直边为偏移对象，将其向右进行偏移，偏移距离为 900、725、725，选择上一步绘制的矩形底部水平边为偏移对象，将其向上进行偏移，偏移距离为 800、100，如图 15-60 所示。

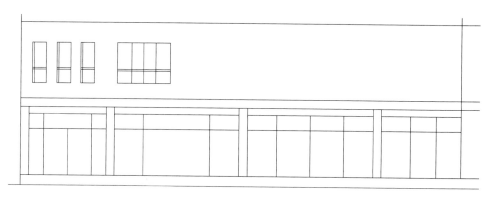

图 15-60　偏移距离

24）单击"修改"工具栏中的"修剪"按钮 ，选择上一步偏移线段为修剪对象，按〈Enter〉键确认，进行修剪，如图 15-61 所示。

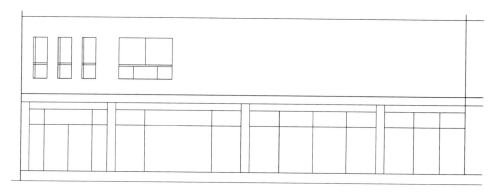

图 15-61　修剪图形

25）单击"修改"工具栏中的"复制"按钮 ，选择上一步修剪后的窗户图形为复制对象，选择矩形窗户上部水平边中点为复制基点将其向右进行复制，复制间距为 4050，如图 15-62 所示。

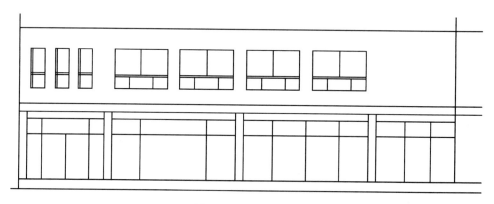

图 15-62　复制图形

26）利用上述方法完成"2298×2400"大小的窗户的绘制（尺寸不同绘制方法相同），如图 15-63 所示。

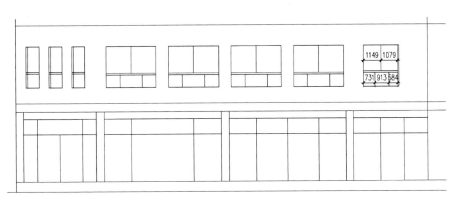

图 15-63 绘制矩形

27）单击"绘图"工具栏中的"矩形"按钮 ▢ 和"直线"按钮 ✎，完成"1697×2400"大小的窗户的绘制（尺寸不同绘制方法相同），如图 15-64 所示。

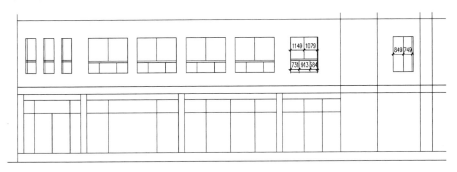

图 15-64 绘制窗户

28）单击"修改"工具栏中的"复制"按钮 ℀，选择图形中的窗户为复制对象，对其进行连续复制，竖直间距为 4500，如图 15-65 所示。

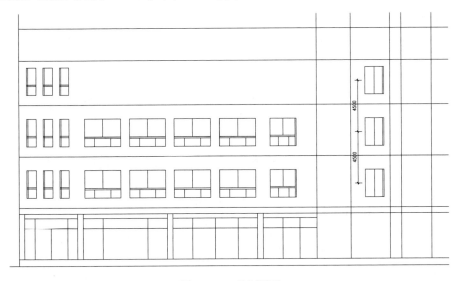

图 15-65 复制图形

29）利用上述方法完成其余小窗户的绘制，如图 15-66 所示。

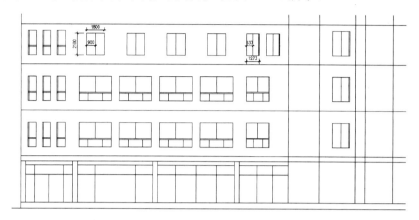

图 15-66　绘制小窗户

30）单击"修改"工具栏中的"修剪"按钮 ，选择竖直线段间的多余直线为修剪对象，对其进行修剪处理，如图 15-67 所示。

图 15-67　修剪线段

31）单击"修改"工具栏中的"偏移"按钮 ，选择底部水平直线为偏移对象，向上进行偏移，偏移距离为 18900、92、250、250、250、250、108，如图 15-68 所示。

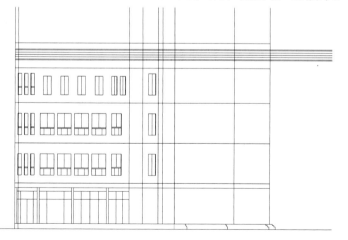

图 15-68　偏移水平直线

32）选择左侧竖直直线为偏移对象，将其向右偏移，偏移距离为 809、4091、1200、3150、600、3450、600、3450、600、3450、1222、3275、11341、1213、345、3014、345、2978、345、1256，如图 15-69 所示。

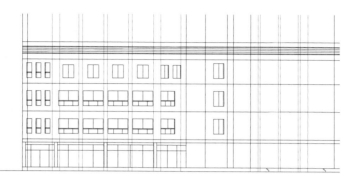

图 15-69　偏移线段

33）单击"修改"工具栏中的"修剪"按钮 ，选择上一步偏移线段为修剪对象，对其进行修剪处理，如图 15-70 所示

图 15-70　修剪线段

34）单击"绘图"工具栏中的"多段线"按钮 ，在上一步图形适当位置绘制连续多段线，如图 15-71 所示。

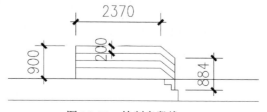

图 15-71　绘制多段线

35）单击"修改"工具栏中的"复制"按钮，选择上一步绘制的图形为复制对象，将其向右侧进行复制，如图 15-72 所示。

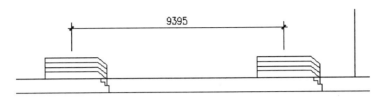

图 15-72　复制图形

36）单击"绘图"工具栏中的"矩形"按钮，在上一步复制图形上方选取一点为矩形起点，绘制一个"12799×18000"的矩形，如图 15-73 所示。

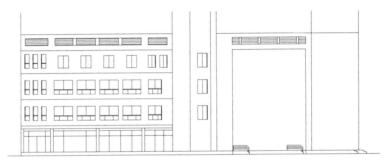

图 15-73　绘制矩形

37）单击"修改"工具栏中的"分解"按钮，选择上一步绘制的矩形为分解对象，按〈Enter〉键确认进行分解，将上一步绘制的矩形分解为四条独立边。

38）单击"修改"工具栏中的"偏移"按钮，选择上一步分解的矩形上部水平边为偏移对象，将其向下进行偏移，偏移距离为 500、3800、1200、3300、1200、3300、1200，如图 15-74 所示。

图 15-74　偏移线段

39）单击"修改"工具栏中的"偏移"按钮，选择分解的矩形左侧竖直直线为偏移对象，将其向右进行偏移，偏移距离为 1138、495、2864、495、2828、495、2828、495，如图 15-75 所示。

40）单击"修改"工具栏中的"修剪"按钮，选择上两步偏移线段为修剪对象，对其进行修剪处理，如图 15-76 所示。

图 15-75　偏移线段

图 15-76　修剪线段

41）单击"修改"工具栏中的"偏移"按钮 和"绘图"工具栏中的"直线"按钮 ，完成其余内部图形的绘制，如图 15-77 所示。

图 15-77　修剪线段

42）单击"绘图"工具栏中的"直线"按钮 ，在上一步图形右侧绘制连续直线，如图 15-78 所示。

绘制连续直线

图 15-78　绘制直线

43）单击"修改"工具栏中的"偏移"按钮，选择左侧竖直直线为偏移对象，将其向左进行偏移，偏移距离为 100、500、100、1400，1475、225、100、950、900，如图 15-79 所示。

图 15-79　偏移对象

44）单击"修改"工具栏中的"偏移"按钮，选择底部水平线段为偏移对象，将其向上进行偏移，偏移距离为 5400、700、200、1500、600、10800、2400，如图 15-80 所示。

图 15-80　偏移对象

45）单击"修改"工具栏中的"修剪"按钮，选择上一步偏移线段为修剪对象对其进行修剪处理，如图 15-81 所示。

图 15-81　修剪线段

46）单击"绘图"工具栏中的"直线"按钮和"圆弧"按钮，在图形右侧绘制伸出屋檐板，如图 15-82 所示。

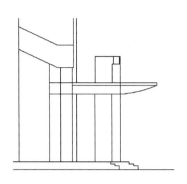

图 15-82　伸出屋檐板

47）单击"修改"工具栏中的"偏移"按钮，选择底部水平直线为偏移线段，将其向上进行偏移，偏移距离为 25300，如图 15-83 所示。

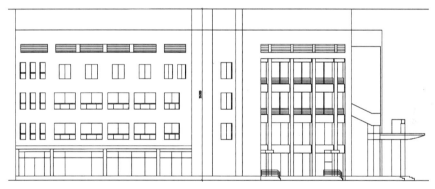

图 15-83　偏移水平直线

48）单击"修改"工具栏中的"偏移"按钮，选择左侧竖直直线为偏移对象，将其向右进行偏移，偏移距离为 2854、2646、3000、3000、3000、3000、3000、1574、2400，结果如图 15-84 所示。

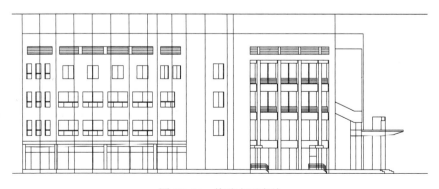

图 15-84　偏移水平直线

49）单击"绘图"工具栏中的"直线"按钮 ⁄，在上一步图形内绘制连续直线，如图 15-85 所示。

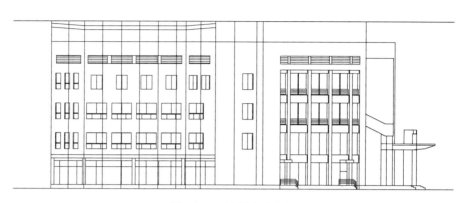

图 15-85　绘制连续直线

50）单击"修改"工具栏中的"偏移"按钮 ，选择偏移后的水平直线为偏移对象，将其向上进行偏移，偏移距离为 52800，如图 15-86 所示。

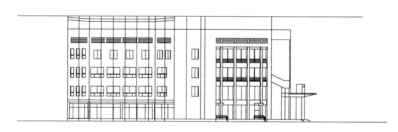

图 15-86　偏移连续直线

51）单击"绘图"工具栏中的"延伸"按钮 ，选择左右两侧竖直直线为延伸对象，将其延伸至上一步偏移线段处。

52）单击"修改"工具栏中的"修剪"按钮 ，选择上一步线段为修剪对象，对其进行修剪处理，如图 15-87 所示。

53）单击"修改"工具栏中的"偏移"按钮 ，选择左侧竖直直线为偏移对象，将其向右进行偏移，距离为 11301、1699、14284、2531、2318、5086，如图 15-88 所示。

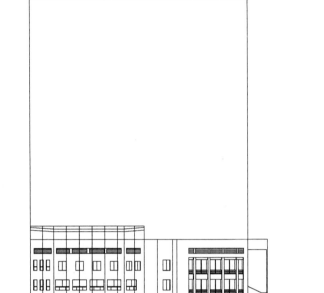

图 15-87 延伸线段

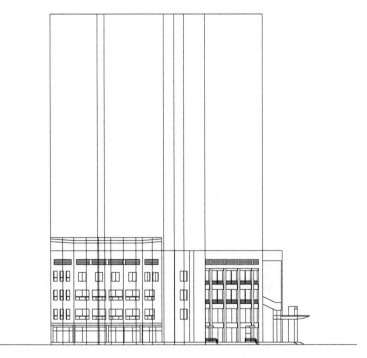

图 15-88 偏移线段

54）单击"修改"工具栏中的"修剪"按钮，选择上一步偏移线段为修剪对象，对其进行修剪处理，如图 15-89 所示。

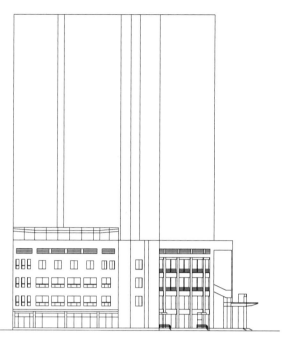

图 15-89　修剪线段

55）单击"修改"工具栏中的"偏移"按钮 ，选择上一步顶部水平线段为偏移对象，将其向下进行偏移，偏移距离为 4500、3300、3300、3300、3300、3300、3300、3300、3300、3300、3300、3300、3300、3300、3300，如图 15-90 所示。

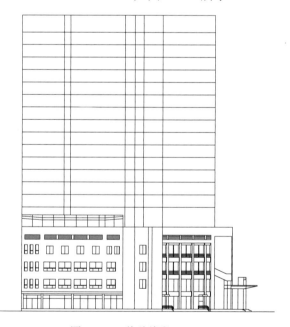

图 15-90　偏移线段

56）单击"绘图"工具栏中的"偏移"按钮 ，选择底部水平直线为偏移对象，将其向上进行偏移，偏移距离为 20800，如图 15-91 所示。

图 15-91 偏移线段

57）单击"修改"工具栏中的"延伸"按钮，选择竖直直线为延伸对象，将其向下
进行延伸，如图 15-92 所示。

图 15-92 延伸线段

58）单击"修改"工具栏中的"修剪"按钮，选择上一步延伸线段为修剪对象，对其
进行修剪处理，如图 15-93 所示。

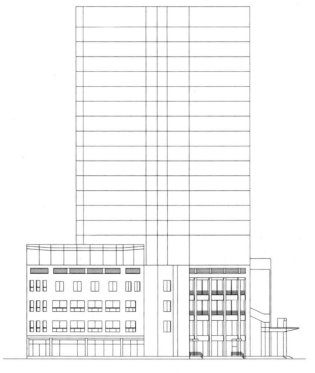

图 15-93 修剪线段

59）单击"修改"工具栏中的"偏移"按钮⤴，选择顶部水平直线为偏移对象，将其向下进行偏移，偏移距离为100，如图15-94所示。

图15-94　偏移线段

60）单击"修改"工具栏中的"偏移"按钮⤴，选择左侧竖直直线为偏移对象，将其向右进行偏移，偏移距离为1486、14566、71、9659、71、13103，如图15-95所示。

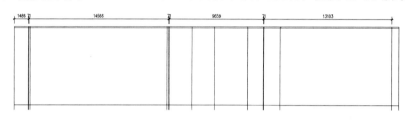

图15-95　偏移线段

61）单击"修改"工具栏中的"修剪"按钮✄，选择上一步偏移线段为修剪对象，对其进行修剪处理，如图15-96所示。

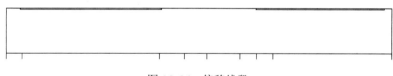

图15-96　偏移线段

62）单击"绘图"工具栏中的"矩形"按钮▭，在上一步图形适当位置绘制一个"3687×1556"的矩形，如图15-97所示。

图15-97　绘制矩形

63）单击"修改"工具栏中的"分解"按钮▥，选择上一步绘制矩形为分解对象，按〈Enter〉键确认进行分解，将上一步绘制的矩形分解为四条独立边。

64）单击"修改"工具栏中的"偏移"按钮⤴，选择上一步分解的矩形上部水平边为偏移对象，将其向下进行偏移，偏移距离为800、900、1387，如图15-98所示。

图15-98　偏移线段

65）单击"修改"工具栏中的"偏移"按钮，选择上一步分解的矩形左侧竖直边为偏移对象，将其向右进行偏移，偏移距离为 71、49、658、71、35、53、619，如图 15-99 所示。

66）单击"修改"工具栏中的"修剪"按钮，选择上一步偏移线段为修剪对象，对其进行修剪处理，如图 15-100 所示。

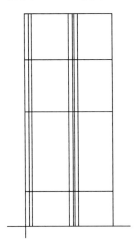

图 15-99　偏移线段

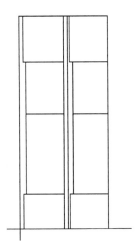

图 15-100　修剪线段

67）单击"修改"工具栏中的"复制"按钮，选择上一步修剪后的图形为复制对象，选择矩形上部水平边中点为复制基点，对其进行连续复制，复制距离为 3182，如图 15-101 所示。

图 15-101　复制图形

68）利用上述方法完成其余相同图形的绘制，如图 15-102 所示。

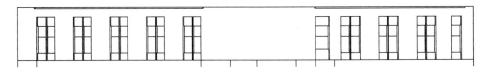

图 15-102　绘制相同图形

69）单击"修改"工具栏中的"偏移"按钮，选择上一步水平直线为偏移对象，将其向下进行偏移，偏移距离为 1000、900、900、700，如图 15-103 所示。

图 15-103　偏移线段

70）单击"修改"工具栏中的"修剪"按钮 ，选择上一步偏移线段为修剪对象对其进行修剪处理，如图 15-104 所示。

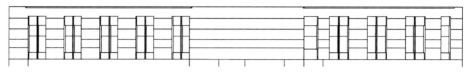

图 15-104　偏移线段

71）单击"绘图"工具栏中的"矩形"按钮 ，在上一步图形中间位置绘制一个"3717×2518"的矩形，如图 15-105 所示。

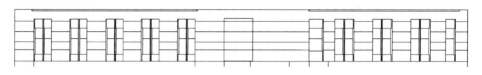

图 15-105　绘制矩形

72）单击"绘图"工具栏中的"分解"按钮 ，选择上一步绘制的矩形为分解对象，按〈Enter〉键确认进行分解，将上一步绘制的矩形分解为四条独立边。

73）单击"修改"工具栏中的"偏移"按钮 ，选择上一步分解的矩形上下侧及左侧边为偏移对象，将其分别向内进行偏移，偏移距离为 50。选择上一步水平边为偏移对象，将其向下进行偏移，偏移距离为 1427、50、1120、50，如图 15-106 所示。

74）单击"修改"工具栏中的"修剪"按钮 ，选择上一步偏移线段为修剪对象对其进行修剪处理，如图 15-107 所示

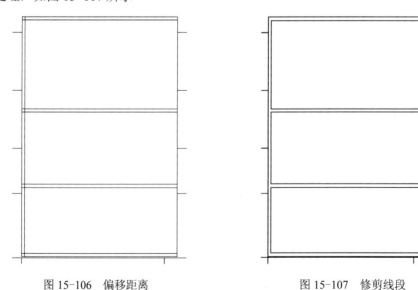

图 15-106　偏移距离　　　　　　　　图 15-107　修剪线段

75）利用上述方法完成相同图形的绘制，如图 15-108 所示。

76）单击"绘图"工具栏中的"矩形"按钮 ，以上侧水平直线左端点为矩形起点，绘制一个"39755×22624"的矩形，如图 15-109 所示。

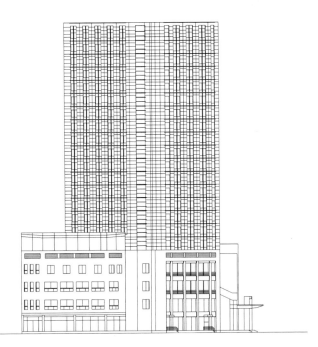

图 15-108　绘制相同图形

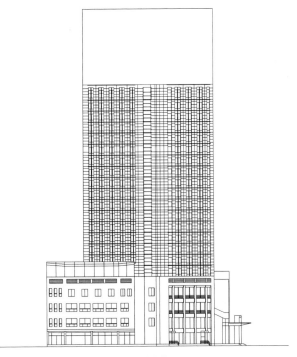

图 15-109　绘制矩形

77）单击"修改"工具栏中的"分解"按钮，选择上一步绘制的矩形为分解对象，按〈Enter〉键确认进行分解，将上一步绘制的矩形分解为四条独立边。

78）单击"修改"工具栏中的"偏移"按钮，选择上侧水平直线为偏移对象，将其向下进行偏移，偏移距离为2813、16262、2349，如图15-110所示。

79）单击"修改"工具栏中的"偏移"按钮 🖴，选择分解矩形左侧直线为偏移对象，将其向右进行偏移，偏移距离为 17212、3619、1744，如图 15-111 所示。

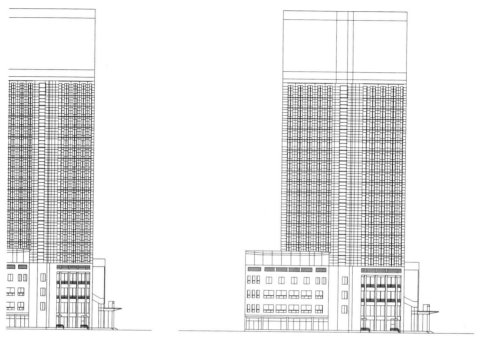

图 15-110 偏移线段   图 15-111 偏移线段

80）单击"绘图"工具栏中的"直线"按钮 ✏，结合上一步偏移线段绘制直线连接线，如图 15-112 所示。

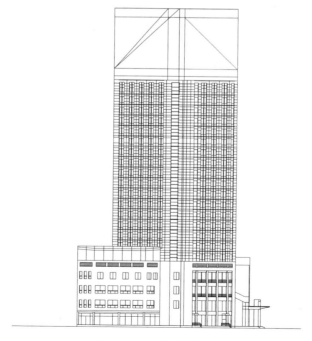

图 15-112 绘制连接线

81）单击"修改"工具栏中的"修剪"按钮，选择上一步绘制的线段为修剪对象，按〈Enter〉键确认进行修剪，如图 15-113 所示。

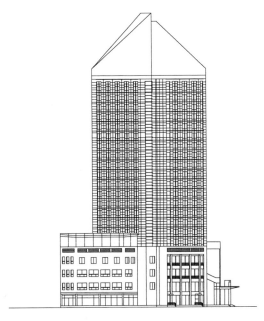

图 15-113　修剪线段

82）单击"修改"工具栏中的"偏移"按钮，选择左侧竖直直线为偏移对象，将其向右进行偏移，偏移距离为 4043、100、3082、100、3082、100、3082、100、3282、100、2186、70、2827、420、1119、100、3498、100、3210、100、3217、100，如图 15-114 所示。

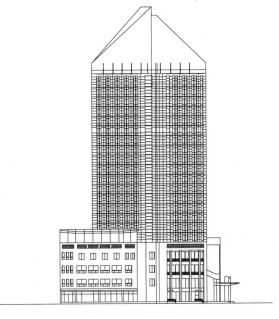

图 15-114　偏移线段

83）单击"修改"工具栏中的"延伸"按钮 ，选择上一步偏移竖直直线为延伸对象，将其向上延伸，延伸至顶面边，如图 15-115 所示。

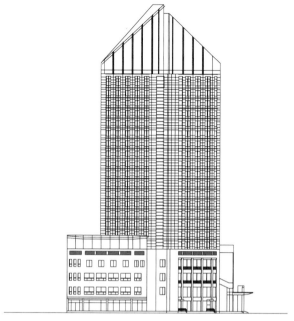

图 15-115　延伸线段

84）单击"修改"工具栏中的"偏移"按钮 ，选择左侧竖直直线为偏移对象，将其向右进行偏移，偏移距离为 1124、2732、450、2732、450、2732、450、2732、450、2932、450、1836、4887、3148、450、2860、450、2867、450、2984。

85）单击"修改"工具栏中的"延伸"按钮 ，选择上一步偏移线段为延伸对象，将其向上进行延伸，如图 15-116 所示。

86）单击"修改"工具栏中的"偏移"按钮 ，选择两条内部斜向直线为偏移对象，分别向内偏移，偏移距离为 600，如图 15-117 所示。

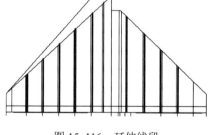

图 15-116　延伸线段

87）单击"修改"工具栏中的"修剪"按钮 ，选择上一步偏移线段为修剪对象，对其进行修剪处理，并结合"修改"工具栏中的"删除"按钮 ，选择多余线段为删除对象，对其进行删除处理，如图 15-118 所示。

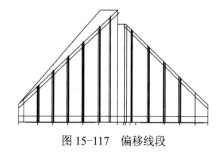

图 15-117　偏移线段

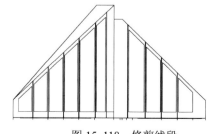

图 15-118　修剪线段

88）单击“修改”工具栏中的“偏移”按钮 ᵃ，选择底部水平直线为偏移对象，将其向上进行偏移，偏移距离为 80300、200、700、200、700、200、700、200、900、600、700、200、700、200、700、200、700、200、700、900、600、700、200、700、200、700、200、700、200、700、200、700、200、700，如图 15-119 所示。

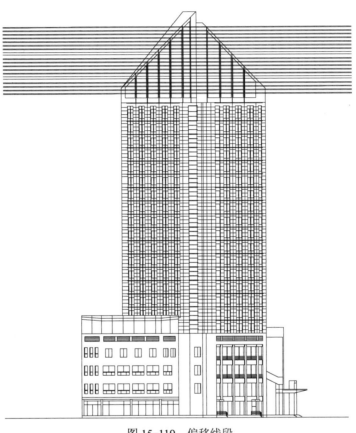

图 15-119　偏移线段

89）单击“修改”工具栏中的“修剪”按钮 ᵗ，选择上一步偏移线段为修剪对象，对其进行修剪处理，如图 15-120 所示。

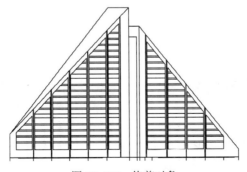

图 15-120　修剪对象

90）单击“绘图”工具栏中的“直线”按钮 ᵃ，在上一步图形内绘制多条水平直线，最终完成立面图的绘制，如图 15-121 所示。

91）单击"标注"工具栏中"线性"按钮 ，为图形添加第一道尺寸标注，如图 15-122 所示。

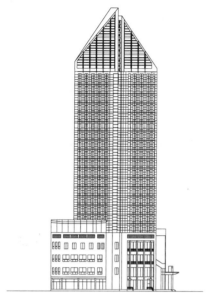

图 15-121　绘制水平直线

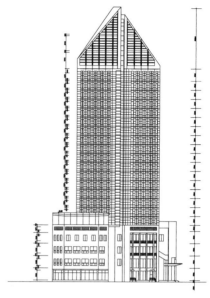

图 15-122　添加尺寸标注

92）单击"标注"工具栏中"线性"按钮 ，为图形添加第二道尺寸标注，如图 15-123 所示。

93）单击"绘图"工具栏中的"插入块"按钮 ，弹出"插入"对话框，单击"浏览"按钮，弹出"选择图形文件"对话框，选择"源文件/图块/标高"，将其插入到图形中，完成立面一的绘制，如图 15-124 所示。

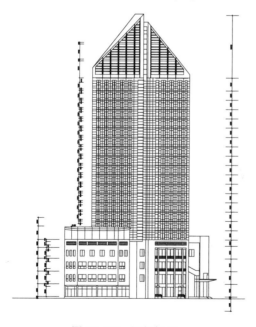

图 15-123　添加标注

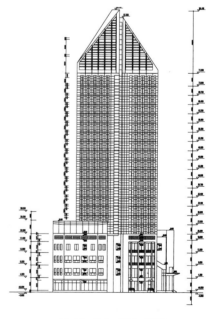

图 15-124　添加标高

94）单击"绘图"工具栏中的"多行文字"按钮 **A**，为图形添加文字说明，如图 15-125 所示。

95）单击"绘图"工具栏中的"直线"按钮 ，在上一步图形底部位置选取一点为直线起点，绘制连续直线，如图 15-126 所示。

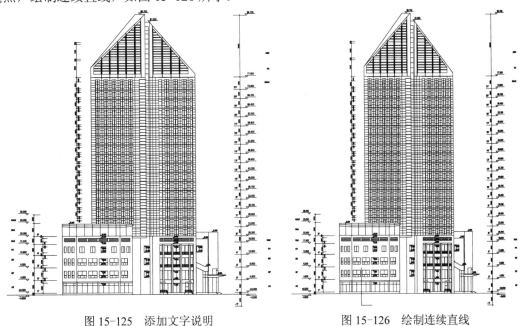

图 15-125　添加文字说明　　　　　图 15-126　绘制连续直线

96）单击"绘图"工具栏中的"圆"按钮 ，在上一步绘制的连续直线上选取一点为圆的圆心，绘制一个半径为 500 的圆，如图 15-127 所示。

97）单击"绘图"工具栏中的"多行文字"按钮 **A**，在上一步绘制的圆内添加多行文字，如图 15-128 所示。

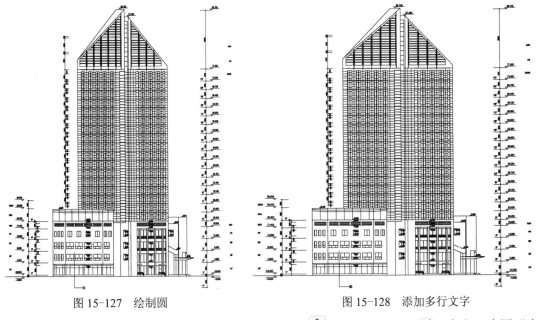

图 15-127　绘制圆　　　　　　图 15-128　添加多行文字

98）单击"绘图"工具栏中的"多行文字"按钮 **A** 和"直线"按钮 ，在上一步图形底部添加总图文字说明，最终完成立面图 2 的绘制，如图 15-129 所示。

99）单击"绘图"工具栏中的"插入块"按钮，弹出"插入"对话框，单击"浏览"按钮，弹出"选择图形文件"对话框，选择"源文件/图块/图框"，将其插入到图形中，完成立面图 1、2、3 的绘制，如图 15-130 所示。

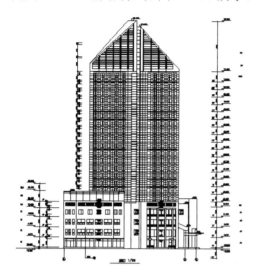

图 15-129　添加总图文字说明

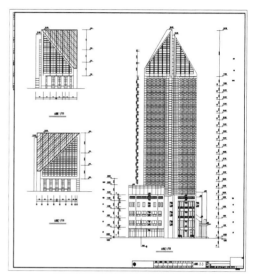

图 15-130　立面图 1、2、3

15.2　立面图 4 的绘制

☞ **本节思路**

利用上述方法完成立面图 4 的绘制，如图 15-131 所示。

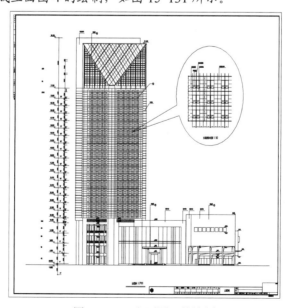

图 15-131　立面图 4 的绘制

15.3 立面图5、6、7的绘制

本节思路

利用上述方法完成立面图5、6、7的绘制，如图15-132所示。

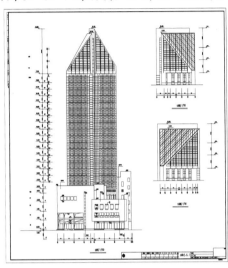

图 15-132 立面图5、6、7的绘制

15.4 立面图8的绘制

本节思路

利用上述方法完成立面图8的绘制，如图15-133所示。

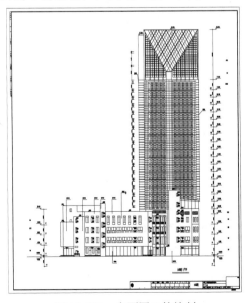

图 15-133 立面图8的绘制

第 16 章 酒店剖面图的绘制

 知识导引

　　建筑剖面图是指按一定比例绘制的建筑物竖直(纵向)的剖视图，即用一个假想的平面将住宅建筑物沿垂直方向像劈木柴一样纵向切开，切后的部分用图线和符号来表示住宅楼层的数量，室内立面的布置、楼板、地面、墙身、基础等的位置和尺寸，有的还配有家具的纵剖面图示符号。

　　本章将结合上一个建筑实例，详细介绍建筑剖面图和建筑详图的绘制方法。

16.1 3-3 剖面图

 本节思路

　　3-3 建筑剖面图的绘制如图 16-1 所示，下面是讲述其轮廓的绘制，添加标注及文字说明的步骤和方法。

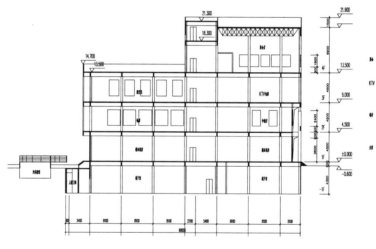

图 16-1 3-3 剖面图

 光盘\视频教学\第 16 章\3-3 剖面图.avi

16.1.1 剖面图轮廓的绘制

　　1）单击"绘图"工具栏中的"直线"按钮，在图形空白区域任选一点为直线起点，绘制一条长度为 60240 的水平直线，如图 16-2 所示。

2）单击"绘图"工具栏中的"直线"按钮，以上一步绘制水平直线左端点为直线起点向上绘制一条长度为 26800 的竖直直线，如图 16-3 所示。

3）单击"修改"工具栏中的"偏移"按钮，选择第一步中绘制的水平直线为偏移对象，将其向上进行偏移，偏移距离为 4900、4500、4500、4500、4800、3600，如图 16-4 所示。

图 16-2　绘制水平直线　　　图 16-3　绘制竖直直线　　　图 16-4　偏移水平直线

4）单击"修改"工具栏中的"偏移"按钮，选择左侧竖直直线为偏移对象，将其向右进行偏移，偏移距离为 370、1430、1500、240、2760、240、260、7470、125、250、125、7600、125、250、125、7730、240、260、7340、250、250、2160、240、5330、70、305、125、7600、125、250、125、4470、380、120，如图 16-5 所示。

5）单击"修改"工具栏中的"偏移"按钮，选择底部水平直线为偏移对象，将其向上进行偏移，偏移距离为 4200、580，如图 16-6 所示。

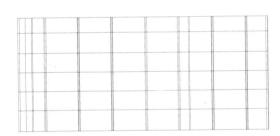

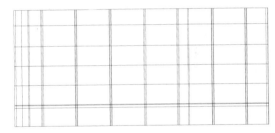

图 16-5　偏移竖直直线　　　　　　　　图 16-6　偏移水平直线

6）单击"修改"工具栏中的"修剪"按钮，选择上一步偏移线段为修剪对象，对其进行修剪处理，如图 16-7 所示。

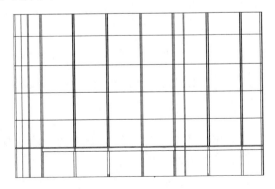

图 16-7　修剪线段

7）单击"修改"工具栏中的"偏移"按钮 ⚏，选择左侧竖直直线为偏移对象，将其连续向右偏移，偏移距离为 120、120，如图 16-8 所示。

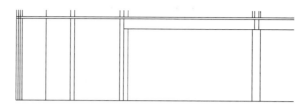

图 16-8　偏移竖直直线

8）单击"修改"工具栏中的"偏移"按钮 ⚏，选择底部水平直线为偏移对象将其向上进行偏移，偏移距离 2200、900、580、120，如图 16-9 所示。

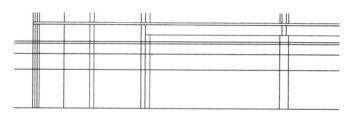

图 16-9　偏移线段

9）单击"修改"工具栏中的"修剪"按钮 ⚏，选择上一步偏移线段为修剪对象，对其进行修剪处理，如图 16-10 所示。

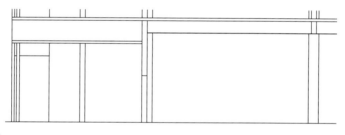

图 16-10　修剪线段

10）单击"绘图"工具栏中的"矩形"按钮 ▢，在上一步图形适当位置绘制一个"2850×1100"的矩形，如图 16-11 所示。

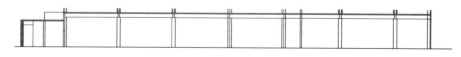

图 16-11　绘制矩形

11）单击"修改"工具栏中的"分解"按钮 ⚏，选择上一步绘制的矩形为分解对象，按〈Enter〉键确认进行分解，使其分解为四条独立边。

12）单击"修改"工具栏中的"偏移"按钮 ⚏，选择左侧竖直直线为偏移对象，将其向右进行偏移，偏移距离为 120、230、350、350，如图 16-12 所示。

13）单击"修改"工具栏中的"偏移"按钮 👝，选择上一步分解的矩形底部水平边线为偏移对象，将其向上进行偏移，偏移距离为420、230、150、150、30，如图16-13所示。

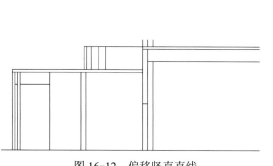
图16-12 偏移竖直直线

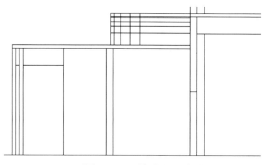
图16-13 偏移水平直线

14）单击"绘图"工具栏中的"直线"按钮 ✐，在上一步偏移线段适当位置选取一点为直线起点，绘制一条斜向直线，如图16-14所示。

15）单击"修改"工具栏中的"修剪"按钮 ✦，选择偏移线段和直线为修剪对象，对其进行修剪处理，如图16-15所示。

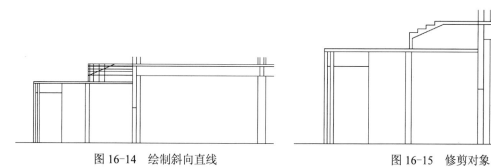
图16-14 绘制斜向直线   图16-15 修剪对象

16）单击"绘图"工具栏中的"矩形"按钮 ▢，在上一步图形适当位置绘制一个"8123×2457"的矩形，如图16-16所示。

17）单击"绘图"工具栏中的"矩形"按钮 ▢，分别以上一步绘制矩形的水平边起点和端点为矩形起点绘制两个"120×900"的矩形，如图16-17所示。

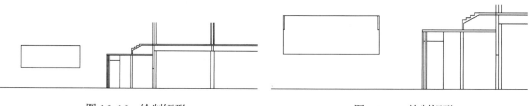
图16-16 绘制矩形   图16-17 绘制矩形

18）单击"绘图"工具栏中的"直线"按钮 ✐，在上一步绘制的矩形上选择一点为直线起点，绘制水平连接线，如图16-18所示。

19）单击"绘图"工具栏中的"矩形"按钮 ▢，在上一步图形上方选取一点为直线起点绘制一个"12208×950"的矩形，如图16-19所示。

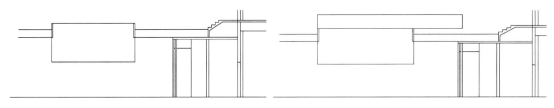

图 16-18　绘制连接线　　　　　　　　　　　图 16-19　绘制矩形

20）单击"修改"工具栏中的"分解"按钮 🗐，选择上一步绘制的矩形为分解对象，按〈Enter〉键确认，将其分解为四条独立边。

21）单击"修改"工具栏中的"偏移"按钮 ⚏，选择左侧竖直直线为偏移对象，将其向右进行偏移，偏移距离为 804、1047、1575、2230、2347、120、1037、1156、1773，如图 16-20 所示。

22）单击"修改"工具栏中的"偏移"按钮⚏，选择下侧竖直直线为偏移对象，将其向上进行偏移，偏移距离为 150、200、200、200，如图 16-21 所示。

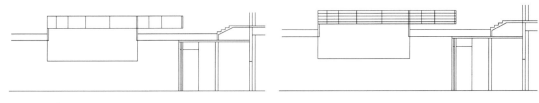

图 16-20　偏移竖直直线　　　　　　　　　　图 16-21　偏移线段

23）单击"绘图"工具栏中的"矩形"按钮 ▢，在图形右侧绘制一个"1400×600"的矩形，如图 16-22 所示。

24）单击"修改"工具栏中的"分解"按钮 🗐，选择上一步绘制的矩形为分解对象，按〈Enter〉键确认进行分解将上一步绘制的矩形分解为四条独立边。

25）单击"修改"工具栏中的"偏移"按钮⚏，选择分解的矩形左侧竖直边为偏移对象，将其向右进行偏移，偏移距离为 350、350、350，如图 16-23 所示。

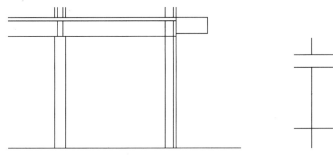
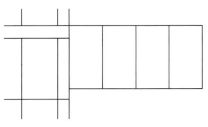

图 16-22　绘制矩形　　　　　　　　　　　　图 16-23　偏移竖直直线

26）单击"修改"工具栏中的"偏移"按钮⚏，选择上一步绘制水平直线为偏移对象，将其向下进行偏移，距离为 150、150、150、150，如图 16-24 所示。

27）单击"修改"工具栏中的"修剪"按钮 ✂，选择上一步偏移线段为修剪对象，对其进行修剪处理，如图 16-25 所示。

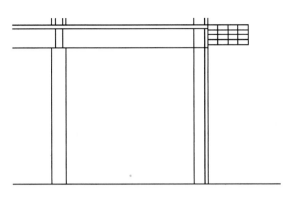

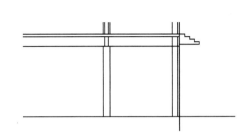

图 16-24 偏移水平直线　　　　　　　图 16-25 修剪按钮

28）单击"绘图"工具栏中的"图案填充"按钮，选择"SOLID"图案类型，选择上一步图形填充区域单击"确定"按钮，完成柱子的图案填充，效果如图 16-26 所示。

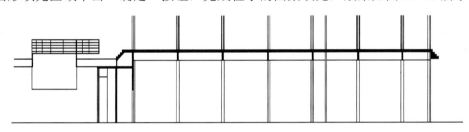

图 16-26 填充图形

29）单击"修改"工具栏中的"偏移"按钮，选择右侧竖直直线为偏移对象，将其向左进行偏移，偏移距离为700、1420、240、2610、50530、240，如图 16-27 所示。

30）单击"修改"工具栏中的"延伸"按钮，选择水平直线为延伸对象，将其延伸至偏移的竖直直线处，如图 16-28 所示。

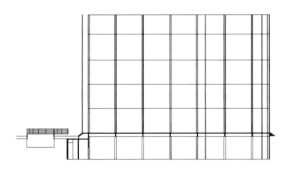

图 16-27 偏移竖直直线　　　　　　　图 16-28 延伸直线

31）单击"修改"工具栏中的"偏移"按钮，选择底部水平直线为偏移对象，将其向上进行偏移，偏移距离为8700、580、3920、580、3920、580、1320，如图 16-29 所示。

32）单击"修改"工具栏中的"修剪"按钮，选择上一步偏移线段为修剪对象，对其进行修剪处理，如图 16-30 所示。

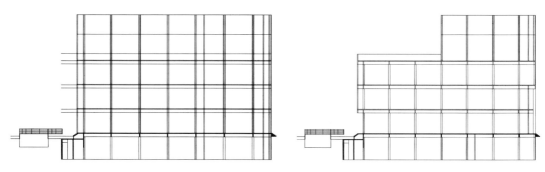

图 16-29　偏移直线　　　　　　　　　　　　图 16-30　修剪线段

33）单击"修改"工具栏中的"偏移"按钮 ，选择顶部水平直线为偏移对象，将其向下进行偏移，偏移距离为 600、120、780、150、1950、120、580，如图 16-31 所示。

34）单击"修改"工具栏中的"偏移"按钮 ，选择右侧竖直直线为偏移对象，将其向左进行偏移，偏移距离为 21420、8100，如图 16-32 所示。

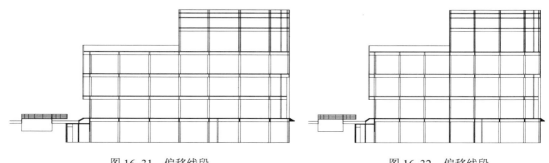

图 16-31　偏移线段　　　　　　　　　　　　图 16-32　偏移线段

35）单击"修改"工具栏中的"修剪"按钮 ，选择上一步偏移线段为修剪对象，对其进行修剪处理，如图 16-33 所示。

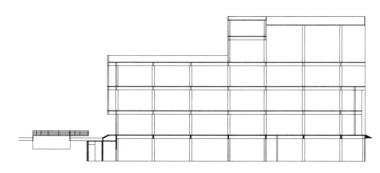

图 16-33　修剪线段

36）单击"修改"工具栏中的"偏移"按钮 ，选择顶部水平直线为偏移对象，将其向左进行偏移，距离为 240、120、240，如图 16-34 所示。

37）单击"修改"工具栏中的"偏移"按钮 ，选择上一步水平直线为偏移对象，将其向下进行偏移，偏移距离为 1300、1518，如图 16-35 所示。

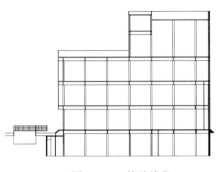

图 16-34 偏移线段

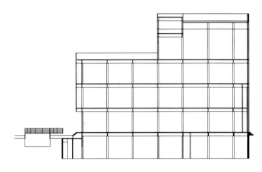

图 16-35 偏移水平线段

38）单击"修改"工具栏中的"修剪"按钮 ，选择上一步偏移图形为修剪对象，对其进行修剪处理，并单击"修改"工具栏中的"删除"按钮 ，选择多余线段为删除对象，将其删除，如图 16-36 所示。

39）单击"绘图"工具栏中的"图案填充"按钮 ，选择"SOLID"图案类型，选择上一步图形填充区域单击"确定"按钮，进行柱子的图案填充，效果如图 16-37 所示。

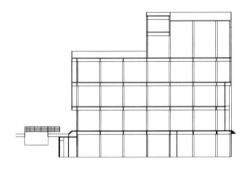

图 16-36 修剪线段

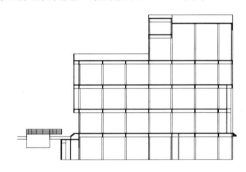

图 16-37 填充图形

40）单击"修改"工具栏中的"偏移"按钮 ，选择右侧竖直直线为偏移对象，将其向左进行偏移，偏移距离为 22572、750、750、2708、750、750，如图 16-38 所示。

41）单击"修改"工具栏中的"偏移"按钮 ，选择底部水平直线为偏移对象，将其向上进行偏移，偏移距离为 2200、4800、4500、4500、4500、4800，如图 16-39 所示。

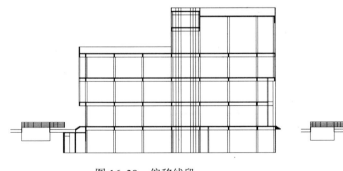

图 16-38 偏移线段

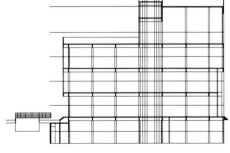

图 16-39 偏移线段

42）单击"修改"工具栏中的"修剪"按钮 ，选择上一步偏移线段为修剪对象，对其进行修剪处理，如图 16-40 所示。

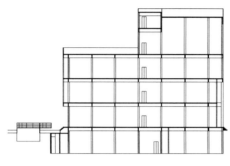

图 16-40   偏移线段

43）单击"绘图"工具栏中的"矩形"按钮 ▢，在上一步图形左侧位置绘制一个"2200×1800"的矩形，如图 16-41 所示。

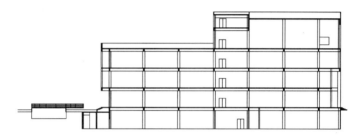

图 16-41   绘制矩形

44）单击"修改"工具栏中的"复制"按钮 ⌗，选择上一步绘制的矩形为复制对象，对其进行复制操作，复制间距为 2700，如图 16-42 所示。

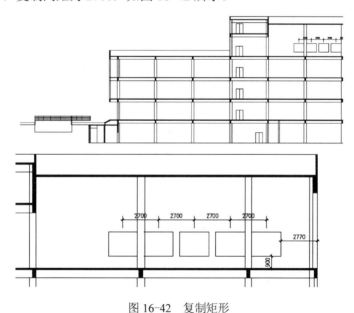

图 16-42   复制矩形

45）单击"绘图"工具栏中的"矩形"按钮 ▢，在上一步绘制的矩形下部位置选择一点为矩形起点，绘制一个"2100×2400"的矩形，如图 16-43 所示。

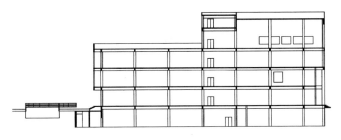

图 16-43　绘制矩形

46）单击"修改"工具栏中的"复制"按钮 ，选择上一步绘制的矩形为复制对象，对其进行复制操作，复制间距为 4200，如图 16-44 所示。

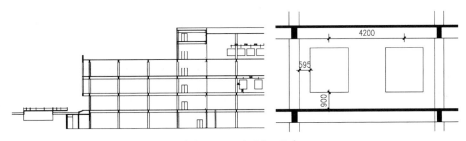

图 16-44　复制矩形

47）单击"绘图"工具栏中的"矩形"按钮 ，在上一步图形左侧位置绘制一个"2500×2400"的矩形，如图 16-45 所示。

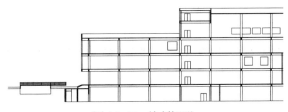

图 16-45　绘制矩形

48）单击"修改"工具栏中的"复制"按钮 ，选择上一步绘制的矩形为复制对象，对其进行复制操作，复制间距为 4050，如图 16-46 所示。

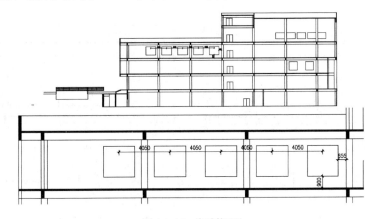

图 16-46　复制矩形

49）单击"修改"工具栏中的"矩形"按钮▢，在上一步绘制的矩形下方选取一点为矩形起点，绘制一个"3250×2400"的矩形，如图16-47所示。

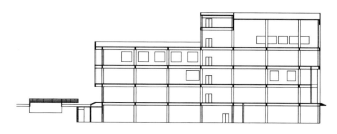

图16-47　绘制矩形

50）单击"修改"工具栏中的"复制"按钮❀，选择上一步绘制的矩形为复制对象，对其进行复制操作，复制间距为4050，如图16-48所示。

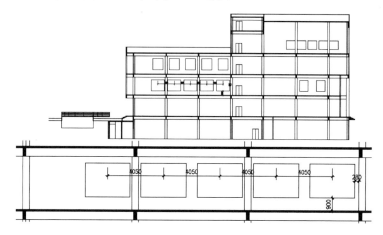

图16-48　复制矩形

51）单击"绘图"工具栏中的"矩形"按钮▢，在上一步图形顶部选取一点为矩形起点，绘制一个"20600×1200"的矩形，如图16-49所示。

52）单击"修改"工具栏中的"修剪"按钮✂，选择上一步绘制的矩形内的多余线段为修剪对象，对其进行修剪，如图16-50所示。

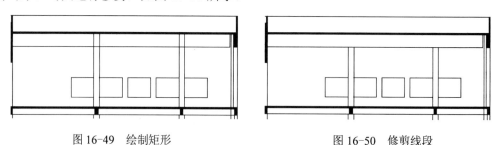

图16-49　绘制矩形　　　　　　　　图16-50　修剪线段

53）单击"修改"工具栏中的"分解"按钮🔩，选择上一步绘制的矩形为分解对象按〈Enter〉键确认对其进行分解，将绘制矩形分解为四条独立边。

54）单击"修改"工具栏中的"偏移"按钮🗂，选择左侧竖直直线为偏移对象将其向右进行偏移，偏移距离为1200、1200、1200、1200、1200、1200、1400，如图16-51所示。

55）单击"绘图"工具栏中的"直线"按钮✍，以上一步分解矩形的水平边左右端点为直线起点，绘制两条斜向直线，如图16-52所示。

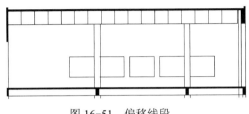

图 16-51 偏移线段

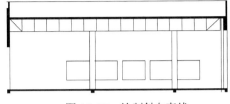

图 16-52 绘制斜向直线

56）单击"绘图"工具栏中的"直线"按钮✍，在上一步剩余偏移线段内绘制对角交叉线，如图16-53所示。

57）单击"修改"工具栏中的"修剪"按钮✄，选择上一步线段为修剪对象对其进行修剪处理，如图16-54所示。

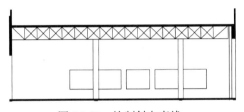

图 16-53 绘制斜向直线

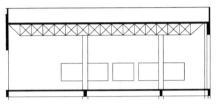

图 16-54 修剪线段

58）单击"绘图"工具栏中的"直线"按钮✍，在上一步图形适当位置选择一点为直线起点，绘制连续直线，如图16-55所示。

59）单击"修改"工具栏中的"偏移"按钮🖦，选择顶部水平直线为偏移对象将其向下偏移，偏移距离为120，右侧竖直直线为偏移对象将其向左进行偏移，偏移距离为240，如图16-56所示。

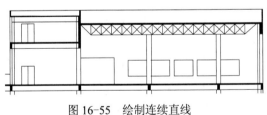

图 16-55 绘制连续直线

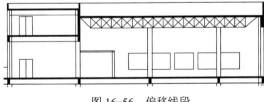

图 16-56 偏移线段

60）单击"修改"工具栏中的"修剪"按钮✄，选择上一步偏移线段为修剪对象，对其进行修剪处理，如图16-57所示。

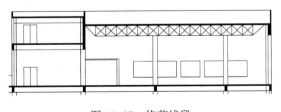

图 16-57 修剪线段

61）单击"绘图"工具栏中的"矩形"按钮▢，在上一步图形适当位置绘制一个"500×600"的矩形，如图 16-58 所示。

62）单击"修改"工具栏中的"分解"按钮◰，选择上一步绘制的矩形为分解对象，按〈Enter〉键确认，将其分解为四条独立边。

63）单击"修改"工具栏中的"延伸"按钮⊸，选择上一步分解矩形的底部水平边为延伸对象，将其向左右两竖直边延伸，如图 16-59 所示。

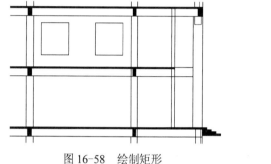

图 16-58　绘制矩形

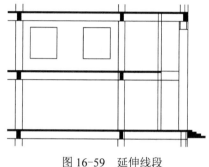

图 16-59　延伸线段

64）单击"修改"工具栏中的"修剪"按钮⊱，选择上一步延伸线段为修剪对象，对其进行修剪处理，如图 16-60 所示。

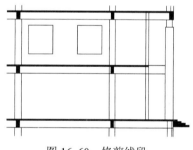

图 16-60　修剪线段

65）单击"绘图"工具栏中的"直线"按钮✎，在上一步绘制图形内绘制连续直线，如图 16-61 所示。

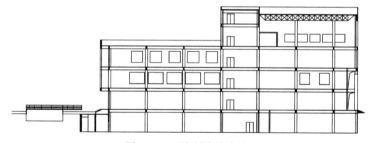

图 16-61　绘制连续直线

66）单击"修改"工具栏中的"偏移"按钮⬉，选择右侧竖直直线为偏移对象，将其向左进行偏移，偏移距离为 2200、80，如图 16-62 所示。

67）单击"修改"工具栏中"修剪"按钮⊱，选择上一步偏移线段为修剪对象，对其进行修剪处理，如图 16-63 所示。

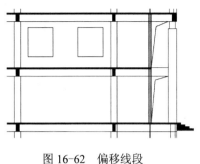
图 16-62　偏移线段

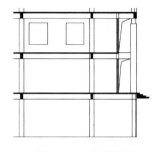
图 16-63　修剪线段

68）利用上述方法完成其余相同窗线的绘制，如图 16-64 所示。

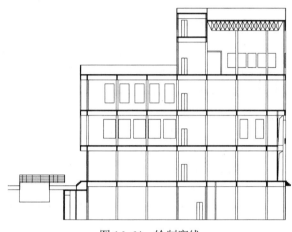
图 16-64　绘制窗线

16.1.2　添加标注

1）单击"标注"工具栏中的"线性"按钮 ⊢ 和"连续"按钮 ⊢⊢，为图形添加第一道水平尺寸标注，如图 16-65 所示。

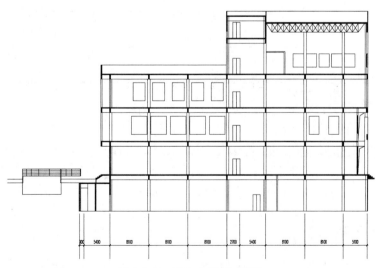
图 16-65　添加水平尺寸标注

2）单击"标注"工具栏中的"线性"按钮□和"连续"按钮□，为图形添加第一道竖直尺寸标注，如图 16-66 所示。

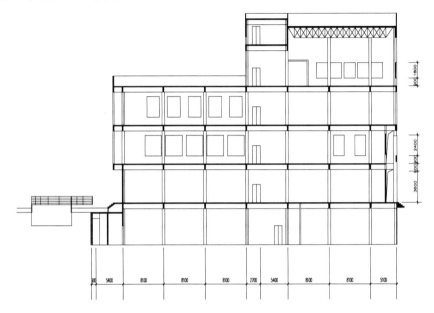

图 16-66　添加第一道竖直尺寸标注

3）单击"标注"工具栏中的"线性"按钮□和"连续"按钮□，为图形添加剩余的尺寸标注，如图 16-67 所示。

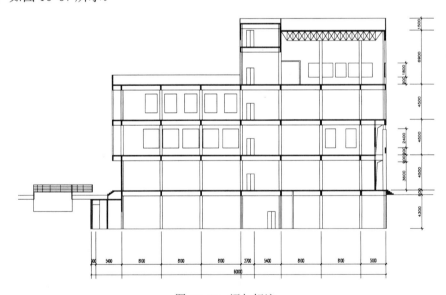

图 16-67　添加标注

16.1.3　添加文字说明

1）单击"绘图"中的"多行文字"按钮**A**，为图形添加文字说明，如图 16-68 所示。

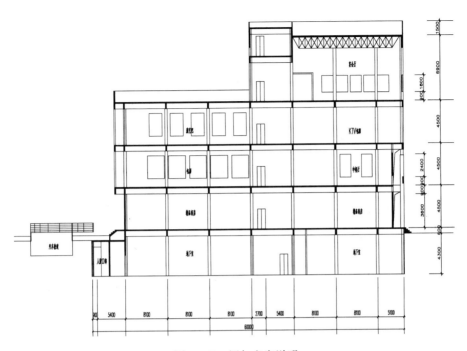

图 16-68　添加文字说明

2）单击"修改"工具栏中的"复制"按钮，选择前面章节绘制完成的标高符号为复制对象，将其放置在标注线上及绘制的剖面图中，如图 16-69 所示。

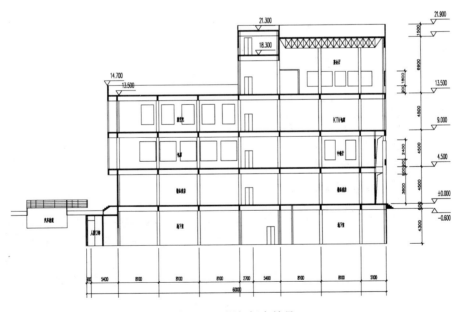

图 16-69　添加标高符号

3）单击"绘图"工具栏中的"多行文字"按钮 **A**，指定文字类型为"simples"，指定字高为"600"，为图形添加楼层文字说明，最终完成 3-3 剖面图，如图 16-70 所示。

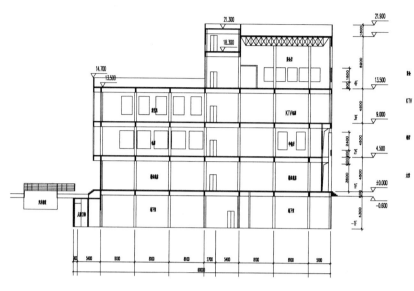

图 16-70 添加楼层说明

16.2 2-3 剖面图的绘制

本节思路

利用上述方法完成 2-3 剖面图的绘制，如图 16-71 所示。

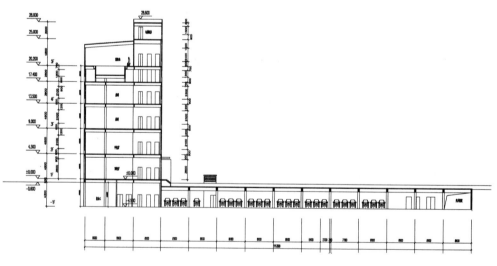

图 16-71 2-3 剖面图

第 17 章 建筑结构详图的绘制

 知识导引

建筑详图设计是建筑施工图绘制过程中的一项重要内容，与建筑构造设计息息相关。在本章中，首先简要介绍建筑详图的基本知识，然后结合实例讲解在 AutoCAD 中绘制详图的方法和技巧。

17.1 4#楼梯平面图

☞ **本节思路**

4#楼梯平面图如图 17-1 所示。下面讲述其绘制步骤和方法。

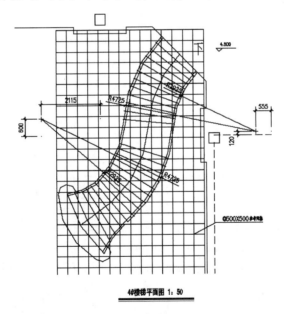

4#楼梯平面图 1：50

图 17-1 4#楼梯平面图

 光盘\动画演示\第 17 章\4#楼梯平面图.avi

17.1.1 绘制楼梯平面图

1）单击"绘图"工具栏中的"直线"按钮，在图形空白位置任选一点为直线起点绘制一条长度为 8479 的竖直直线，如图 17-2 所示。

2）单击"绘图"工具栏中的"直线"按钮 ⁄，选择上一步绘制的竖直直线上端点为直线起点，向右绘制一条长度为 5250 的水平直线，如图 17-3 所示。

图 17-2　绘制竖直直线　　　　　　　　　　　图 17-3　绘制水平直线

3）单击"修改"工具栏中的"偏移"按钮 ，选择水平直线为偏移对象，将其向下进行偏移，偏移距离为 375、375、375、375、375、375、375、375、375、375、375、375、375、375、375、375、375、375、375、375，如图 17-4 所示。

4）单击"修改"工具栏中的"偏移"按钮 ，选择左侧竖直直线为偏移对象，将其向右进行偏移，偏移距离为 375、375、375、375、375、375、375、375、375、375、375、375、375、375，如图 17-5 所示。

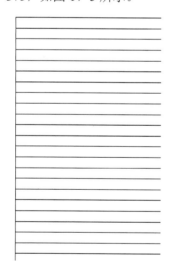
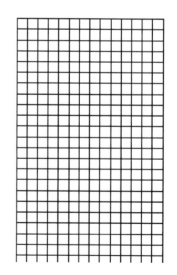

图 17-4　偏移水平直线　　　　　　　　　　　图 17-5　偏移竖直直线

5）单击"绘图"工具栏中的"多段线"按钮 ，指定起点宽度为 0，端点宽度为 0，以如图 17-6 所示的位置为多段线起点绘制连续多段线。

6）单击"绘图"工具栏中的"矩形"按钮 ，在如图 17-7 所示的位置绘制一个"375

×375"的矩形。

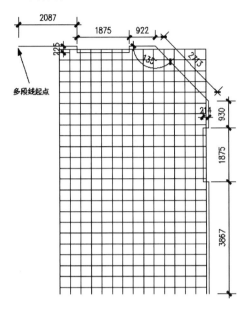

图 17-6　绘制连续多段线

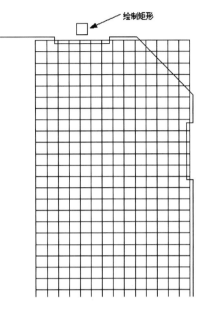

图 17-7　绘制矩形

7）单击"修改"工具栏中的"复制"按钮，选择上一步绘制的矩形为复制对象，对其进行复制操作，如图 17-8 所示。

8）单击"绘图"工具栏中的"直线"按钮。在复制矩形底部水平边中点上方选取一点为直线起点，向下绘制一条长度为 4542 的竖直直线，如图 17-9 所示。

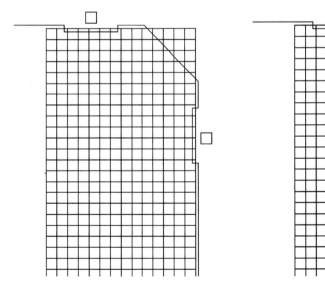

图 17-8　复制矩形

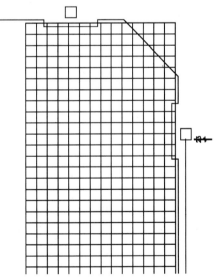

图 17-9　绘制竖直直线

9）单击"绘图"工具栏中的"圆弧"按钮，以如图 17-10 所示的位置为圆弧起点，以三点绘制圆弧的方式绘制圆弧。

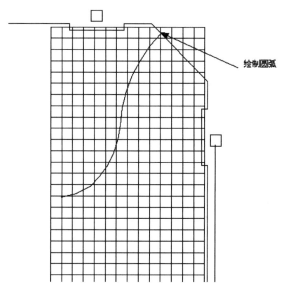

图 17-10　绘制圆弧

10）利用上一步绘制圆弧的方法完成 4#楼梯平面图中剩余圆弧的绘制，如图 17-11 所示。

11）单击"绘图"工具栏中的"直线"按钮，在上一步绘制的圆弧线段上选取一点为直线起点，绘制一条斜向直线，如图 17-12 所示。

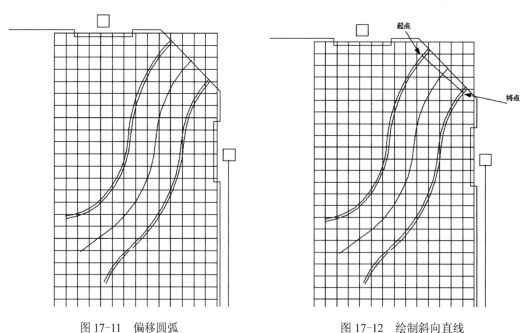

图 17-11　偏移圆弧　　　　　　　　图 17-12　绘制斜向直线

12）单击"绘图"工具栏中的"直线"按钮，重复进行直线命令，完成剩余直线的绘制，如图 17-13 所示。

13）单击"绘图"工具栏中的"圆弧"按钮，在上一步图形底部绘制一段适当半径的圆弧，如图 17-14 所示。

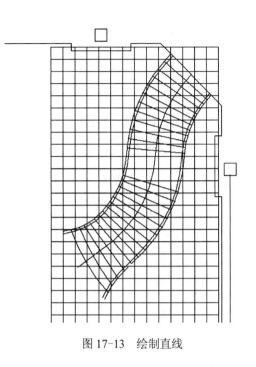

图 17-13　绘制直线　　　　　　　　　　图 17-14　绘制圆弧

14）单击"绘图"工具栏中的"多段线"按钮 ⤸，指定起点宽度为 0，端点宽度为 0，在上一步图形底部绘制由多段线形成的圆弧，如图 17-15 所示。

15）选择矩形下方的竖直直线为操作对象，单击鼠标右键，在弹出的快捷菜单中单击"特性"选项，在弹出的特性选项板中将线型修改为"HIDDEN"，如图 17-16 所示。

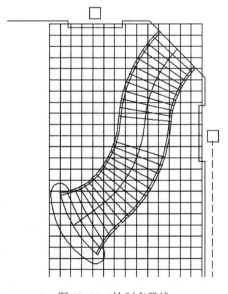

图 17-15　绘制多段线

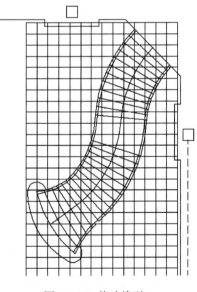

图 17-16　修改线型

16）单击"绘图"工具栏中的"直线"按钮 ⟋，在如图 17-17 中的矩形内部选取一点为直线起点向右绘制一条长度为 2025 的水平直线。

17）选择上一步绘制的水平直线为操作对象，单击鼠标右键，在弹出的快捷菜单中单击

"特性"选项，在弹出的特性选项板中将线型修改为"HIDDEN"，如图 17-18 所示。

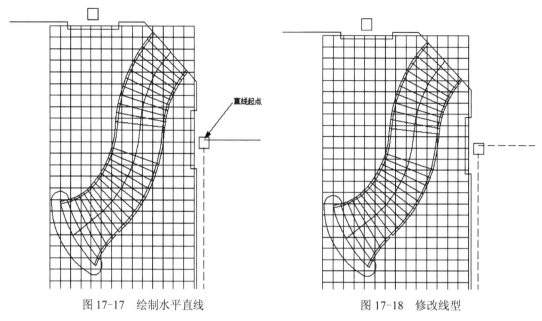

图 17-17　绘制水平直线　　　　　　　　　　图 17-18　修改线型

18）单击"绘图"工具栏中的"直线"按钮，在如图 17-19 所示的适当位置绘制长度均为"154×154"的十字交叉线。

19）单击"修改"工具栏中的"复制"按钮，选择上一步绘制的十字交叉线为复制对象，对其进行复制操作，如图 17-20 所示。

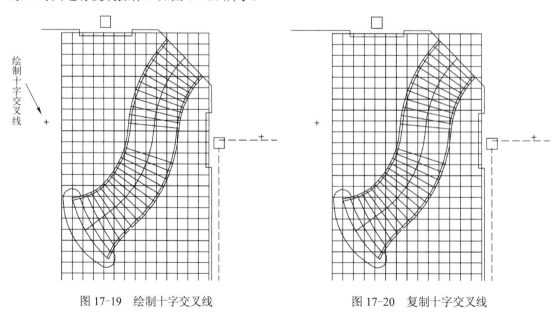

图 17-19　绘制十字交叉线　　　　　　　　　图 17-20　复制十字交叉线

17.1.2　添加标注

1）单击"标注"工具栏中的"线性"按钮，为 4#楼梯平面图添加细部尺寸标注，如

图 17-21 所示。

2）单击"绘图"工具栏中的"多行文字"按钮 **A** 和"直线"按钮 ✐，为 4#楼梯平面图添加文字说明，如图 17-22 所示。

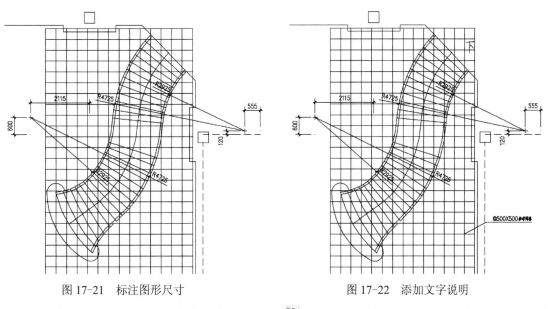

图 17-21 标注图形尺寸   图 17-22 添加文字说明

3）单击"修改"工具栏中的"复制"按钮 ⌖，选择前面小节中绘制的标高图形为复制对象，将其复制到 4#楼梯平面图中，如图 17-23 所示。

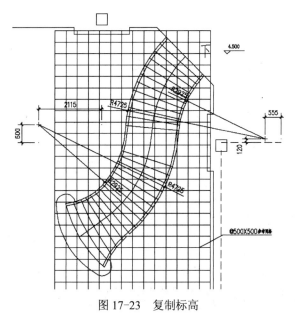

图 17-23 复制标高

17.1.3 添加文字说明

1）单击"绘图"工具栏中的"多段线"按钮 ⤿，指定起点宽度为 44，端点宽度为 44，在图 17-23 的底部绘制一条长度为 2675 的水平多段线，如图 17-24 所示。

2）单击"绘图"工具栏中的"多段线"按钮 ，指定起点宽度为 0，端点宽度为 0，在上一步绘制的多段线底部绘制长度为 2675 的水平多段线，如图 17-25 所示。

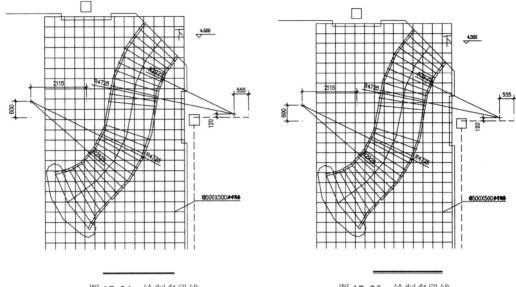

图 17-24　绘制多段线　　　　　　　　　图 17-25　绘制多段线

3）单击"绘图"工具栏中的"多行文字"按钮 ，在粗的水平多段线上添加文字，指定文字类型为"黑体"，字高为"188"，最终完成 4#楼梯平面图的绘制，如图 17-26 所示。

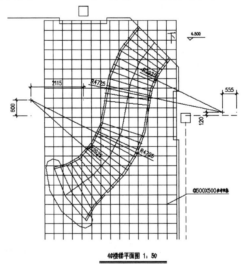

图 17-26　添加文字

17.2　4#楼梯 b-b 中心线展开图

👉 **本节思路**

4#楼梯 b-b 中心线展开图如图 17-27 所示，下面讲述其绘制步骤和方法。

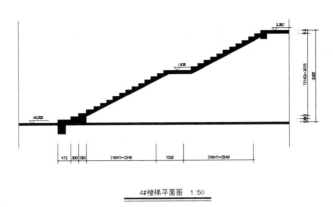

4#楼梯平面图   1:50

图 17-27   4#楼梯 b-b 中心线展开图

 参见
光盘

光盘\动画演示\第 17 章\4#楼梯 b-b 中心线展开图.avi

17.2.1   绘制楼梯展开图

1）单击"绘图"工具栏中的"直线"按钮，在楼梯平面图底部选取一点为直线起点，向右绘制一条长度为 10221 的水平直线，如图 17-28 所示。

10221

图 17-28   绘制水平直线

2）单击"绘图"工具栏中的"直线"按钮，在上一步绘制的水平直线左端点下方选择一点为直线起点，向上绘制一条长度为 4699 的竖直直线，如图 17-29 所示。

3）单击"修改"工具栏中的"偏移"按钮，选择上一步绘制的竖直直线为偏移对象，将其向右进行偏移，偏移距离为 10221，如图 17-30 所示。

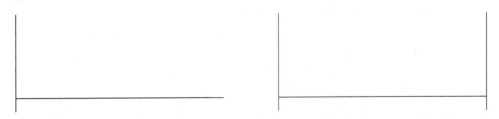

图 17-29   绘制竖直直线   图 17-30   偏移竖直直线

4）单击"修改"工具栏中的"偏移"按钮，选择底部水平直线为偏移对象，将其向上进行偏移，偏移距离为 75，如图 17-31 所示。

图 17-31   偏移水平直线

5）单击"绘图"工具栏中的"多段线"按钮⫼，指定起点宽度为 0，端点宽度为 0，在如图 17-32 所示的位置绘制连续多段线。

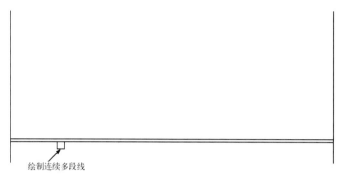

绘制连续多段线

图 17-32　绘制多段线

6）单击"修改"工具栏中的"修剪"按钮⫼，选择上一步绘制的连续多段线内的线段为修剪对象，对其进行修剪操作，如图 17-33 所示。

7）单击"修改"工具栏中的"偏移"按钮⫼，选择上一步图形中左侧竖直直线为偏移对象，将其向右进行偏移，偏移距离为 1501、473、300、293、293、240、240、240、240、240、240、240、240、240、240、240，如图 17-34 所示。

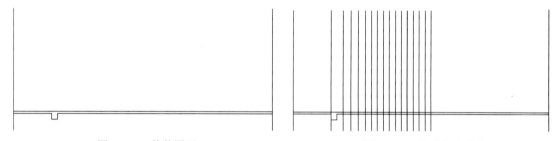

图 17-33　修剪图形　　　　　　　　　　　　　　　图 17-34　偏移竖直直线

8）单击"修改"工具栏中的"偏移"按钮⫼，选择底部水平直线为偏移对象，将其向上进行偏移，偏移距离为 129、113、121、121、121、121、121、121、121、121、121、121、121、121、121、121，如图 17-35 所示。

9）单击"绘图"工具栏中的"多段线"按钮⫼，指定起点宽度为 0，端点宽度为 0，在上一步偏移线段上绘制连续多段线。

10）单击"绘图"工具栏中的"直线"按钮⫼，在如图 17-36 所示的位置绘制一条斜向直线。

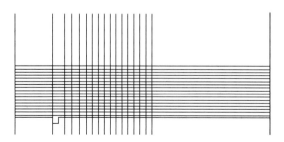

图 17-35　偏移水平直线

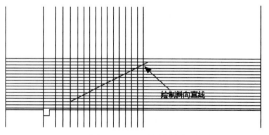

绘制斜向直线

图 17-36　绘制斜向直线

11）单击"修改"工具栏中的"删除"按钮 ，选择图形中的偏移线段为删除对象，将其删除，保留绘制的多段线及直线，如图 17-37 所示。

12）单击"修改"工具栏中的"偏移"按钮 ，选择右侧竖直直线为偏移对象，将其向左进行偏移，偏移距离为 826、225、240、240、240、240、240、240、240、240、240、240、791，如图 17-38 所示。

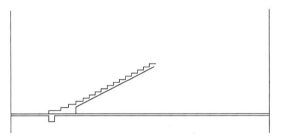

图 17-37　绘制连续多段线　　　　　　　图 17-38　偏移竖直直线

13）单击"修改"工具栏中的"偏移"按钮 ，选择底部水平直线为偏移对象，将其向上进行偏移，偏移距离为 1936、121、121、121、121、121、121、121、121、121、121、115，如图 17-39 所示。

14）单击"绘图"工具栏中的"多段线"按钮 ，指定起点宽度为 0，端点宽度为 0，在上一步偏移线段上绘制连续多段线。

15）单击"绘图"工具栏中的"直线"按钮 ，在上一步偏移直线适当位置绘制连续线段，如图 17-40 所示。

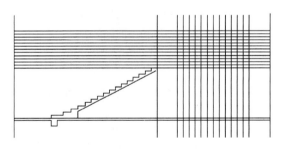

图 17-39　偏移竖直直线　　　　　　　图 17-40　绘制斜向直线

16）单击"修改"工具栏中的"删除"按钮 。选择偏移的水平线段及竖直线段为删除对象，对其进行删除处理，如图 17-41 所示。

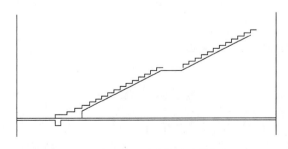

图 17-41　删除偏移线段

17）单击"绘图"工具栏中的"直线"按钮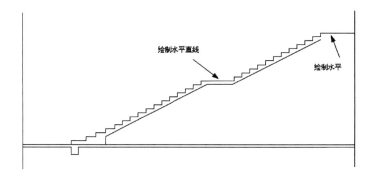，在如图 17-42 所示的位置绘制两条水平直线。

图 17-42　绘制直线

18）单击"绘图"工具栏中的"直线"按钮，在如图 17-43 所示的位置绘制连续直线。

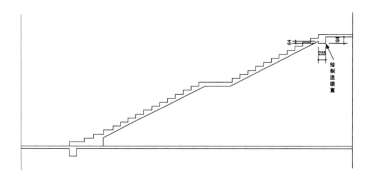

图 17-43　绘制连续直线

19）单击"修改"工具栏中的"修剪"按钮，选择上一步图形中的线段为修剪对象，对其进行修剪处理，如图 17-44 所示。

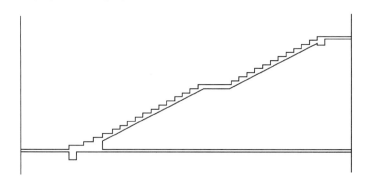

图 17-44　修剪线段

20）单击"绘图"工具栏中的"图案填充"按钮，选择"SOLID"图案类型，选择上一步绘制的图形作为填充区域，进行图案填充，效果如图 17-45 所示。

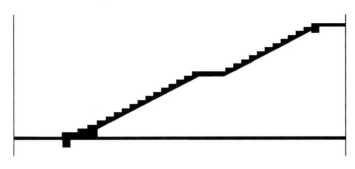

图 17-45　填充图形

17.2.2　添加标注

1）单击"标注"工具栏中的"线性"按钮 和"连续"按钮 ，为 4#楼梯 b-b 中心线展开图添加第一道尺寸标注，如图 17-46 所示。

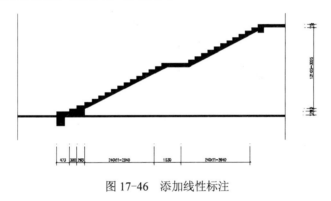

图 17-46　添加线性标注

2）单击"标注"工具栏中的"线性"按钮 ，为 4#楼梯 b-b 中心线展开图添加总尺寸标注，如图 17-47 所示。

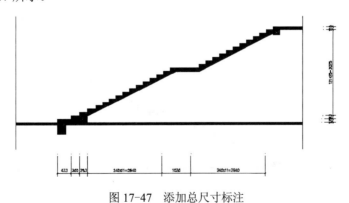

图 17-47　添加总尺寸标注

3）单击"修改"工具栏中的"复制"按钮 ，选择前面小节中绘制的标高图形为复制对象将其复制到 4#楼梯 b-b 平面图中，如图 17-48 所示。

4）单击"绘图"工具栏中的"直线"按钮 ，上一步绘制的多段线下方选择一点为直线起点，向右绘制一条水平直线，如图 17-49 所示。

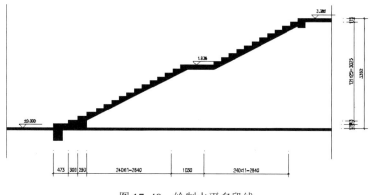

图 17-48　绘制水平多段线

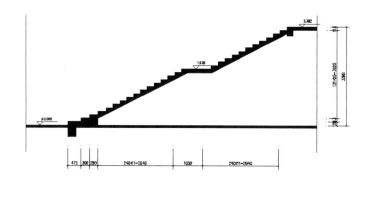

图 17-49　绘制水平直线

17.2.3　添加文字说明

　　单击"绘图"工具栏中的"多行文字"按钮**A**，为 4#楼梯 b-b 中心线展开图添加总图说明，结果如图 17-50 所示。

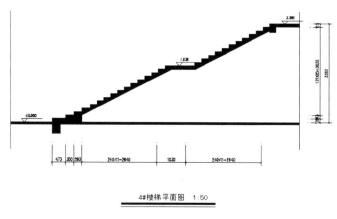

4#楼梯平面图　1:50

图 17-50　添加文字

17.3 门窗表及大样图的绘制

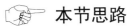 **本节思路**

门窗表及大样图的绘制如图 17-51 所示，下面讲述其绘制步骤和方法。

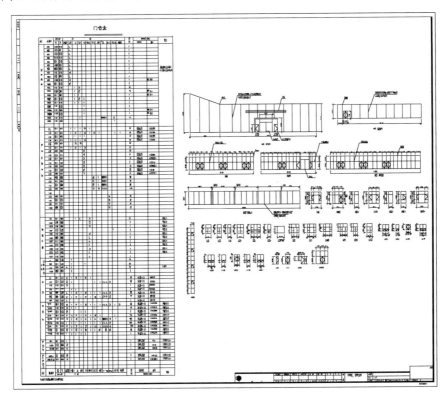

图 17-51 门窗表及大样图

 光盘\动画演示\第 17 章\门窗表及大详图.avi

17.3.1 MQ1 展开立面的绘制

1）单击"绘图"工具栏中的"直线"按钮，在图形空白位置任选一点为直线起点，绘制一条长度为 43938 的水平直线，如图 17-52 所示。

图 17-52 绘制水平直线

2）单击"绘图"工具栏中的"直线"按钮，以上一步绘制水平直线左端点为直线起点，向上绘制一条长度为 10867 的竖直直线，如图 17-53 所示。

图 17-53　绘制竖直直线

3）单击"修改"工具栏中的"偏移"按钮🔳，选择左侧竖直直线为偏移对象，将其向右进行偏移，偏移距离为 3279、3600、3600、4136、3000、3000、3000、3000、3000、3000、3000、3000、3000、2323，如图 17-54 所示。

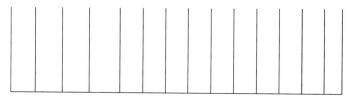

图 17-54　绘制竖直直线

4）单击"绘图"工具栏中的"直线"按钮✏️，以右侧竖直直线上端点为直线起点，向左绘制一条长度为 33459 的水平直线，如图 17-55 所示。

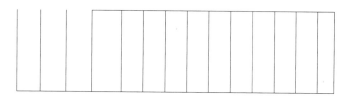

图 17-55　绘制水平直线

5）单击"修改"工具栏中的"偏移"按钮🔳，选择上一步水平直线为偏移对象，将其向下进行偏移，偏移距离为 3067，如图 17-56 所示。

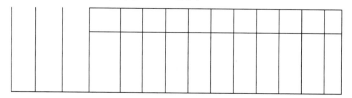

图 17-56　偏移水平直线

6）单击"修改"工具栏中的"删除"按钮✏️，选择顶部水平直线为删除对象，将其删除，如图 17-57 所示。

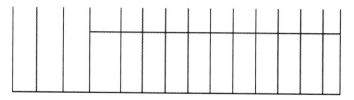

图 17-57　删除水平直线

7）单击"绘图"工具栏中的"直线"按钮✓，以上一步图形左侧竖直直线上端点为直线起点绘制水平直线，以左侧起点为直线端点，绘制一条斜向直线，如图 17-58 所示。

8）单击"修改"工具栏中的"修剪"按钮✂，选择上一步图形为修剪对象，对其进行修剪，如图 17-59 所示。

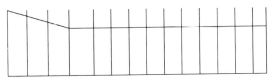

图 17-58　绘制斜向直线

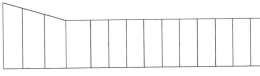

图 17-59　修剪线段

9）单击"绘图"工具栏中的"矩形"按钮▢，在上一步图形适当位置绘制一个"14000×600"的矩形，如图 17-60 所示。

10）单击"绘图"工具栏中的"直线"按钮✓，以上一步绘制的矩形左侧竖直直线中点为直线起点，向右进行绘制，如图 17-61 所示。

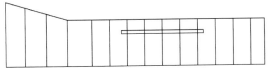

图 17-60　绘制矩形

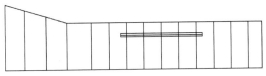

图 17-61　绘制直线

11）选择上一步绘制的矩形及直线，单击鼠标右键，在弹出的快捷菜单中选择"特性"，在弹出的特性选项板中修改线型为"HIDDEN"，如图 17-62 所示。

12）单击"绘图"工具栏中的"多段线"按钮⤵，在修改线型后的矩形下方绘制连续多段线，如图 17-63 所示。

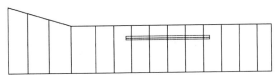

图 17-62　修改线型

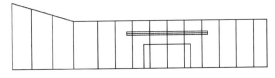

图 17-63　绘制连续多段线

13）单击"修改"工具栏中的"偏移"按钮⬚，选择上一步绘制的连续多段线为偏移对象，将其向内进行偏移，偏移距离为 300，如图 17-64 所示。

14）单击"修改"工具栏中的"修剪"按钮✂，选择上一步图形中的多段线为修剪对象，对其进行修剪处理，如图 17-65 所示。

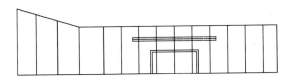

图 17-64　偏移多段线

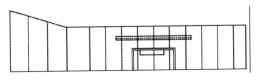

图 17-65　修剪线段

15）单击"绘图"工具栏中的"矩形"按钮▢，在上一步偏移多段线内绘制一个"4500

×900"的矩形,如图 17-66 所示。

16)单击"修改"工具栏中的"修剪"按钮┵,选择上一步绘制的矩形内线段进行修剪,并结合"修改"工具栏中的"删除"按钮✐,选择图形内多余的线段为删除对象,对其进行删除处理,如图 17-67 所示。

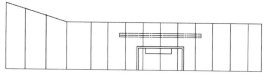

图 17-66 绘制矩形

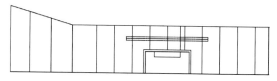

图 17-67 修剪线段

17)单击"绘图"工具栏中的"直线"按钮✐,以绘制的矩形底部水平线段左侧起点为直线起点,向下绘制一条竖直直线,如图 17-68 所示。

18)单击"修改"工具栏中的"偏移"按钮凸,选择上一步绘制的竖直直线为偏移对象,将其向右进行偏移,偏移距离为 2250、2250,如图 17-69 所示。

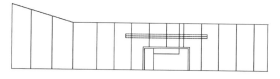

图 17-68 绘制竖直直线

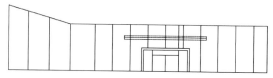

图 17-69 偏移竖直直线

19)单击"绘图"工具栏中的"矩形"按钮▢,以内部多段线下端点为矩形起点,绘制一个"1000×2100"的矩形,如图 17-70 所示。

20)单击"绘图"工具栏中的"直线"按钮✐,以上一步绘制的矩形左侧竖直边为直线起点,右侧竖直边上端点和下端点为直线终点绘制两条斜向直线,如图 17-71 所示。

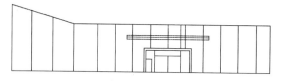

图 17-70 绘制矩形

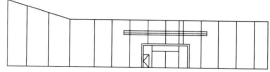

图 17-71 绘制斜向直线

21)单击"修改"工具栏中的"镜像"按钮▲,选择上一步绘制的图形为镜像对象,以多段线内部的竖直直线为镜像线对对象进行镜像处理,如图 17-72 所示。

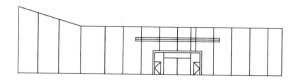

图 17-72 镜像图形

22)单击"标注"工具栏中的"线性"按钮▭,为 MQ1 展开立面图添加细部尺寸标注,如图 17-73 所示。

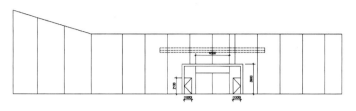

图 17-73　添加细部尺寸

23）单击"标注"工具栏中的"线性"按钮 ，为图形添加第一道尺寸标注，如图 17-74 所示。

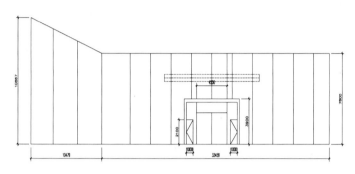

图 17-74　第一道尺寸

24）单击"绘图"工具栏中的"多行文字"按钮 **A**，为图形添加文字说明，如图 17-75 所示。

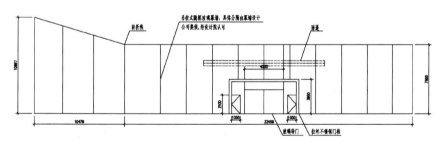

图 17-75　添加文字

17.3.2　MQ3 展开立面

1）单击"绘图"工具栏中的"矩形"按钮 ，在图形空白位置任选一点为矩形起点，绘制一个"22300×3600"的矩形，如图 17-76 所示。

图 17-76　绘制矩形

2）单击"修改"工具栏中的"分解"按钮 ，选择上一步绘制矩形为分解对象，将其分解为四条独立边。

3）单击“修改”工具栏中的“偏移”按钮，选择左侧竖直直线为偏移对象，将其向右进行偏移，偏移距离为 1050、1200、1500、1500、1700、1700、1700、1500、1500、1700、1700、1700、1500、1500，如图 17-77 所示。

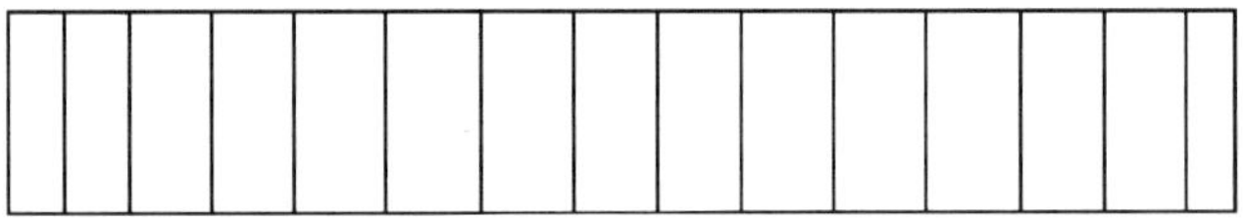

图 17-77　偏移线段

4）单击“修改”工具栏中的“偏移”按钮，选择顶部水平直线为偏移对象，将其向下进行偏移，偏移距离为 1500，如图 17-78 所示。

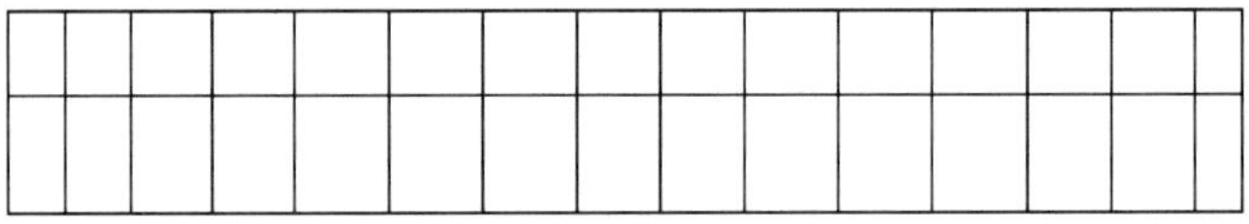

图 17-78　偏移线段

5）单击“绘图”工具栏中的“直线”按钮，在上一步图形适当位置绘制连续斜线，如图 17-79 所示。

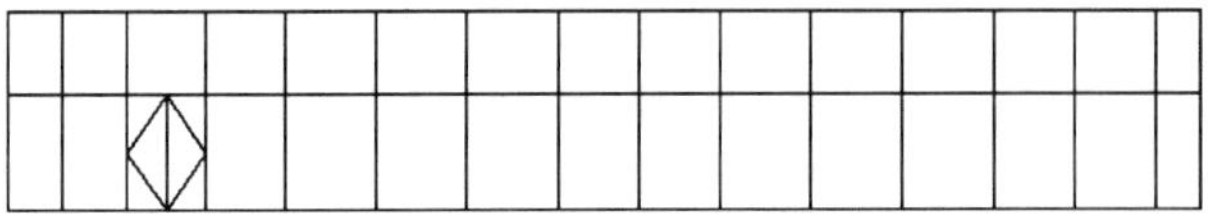

图 17-79　绘制线段

6）单击“修改”工具栏中的“复制”按钮，选择上一步绘制图形为复制对象，对其进行复制操作，如图 17-80 所示。

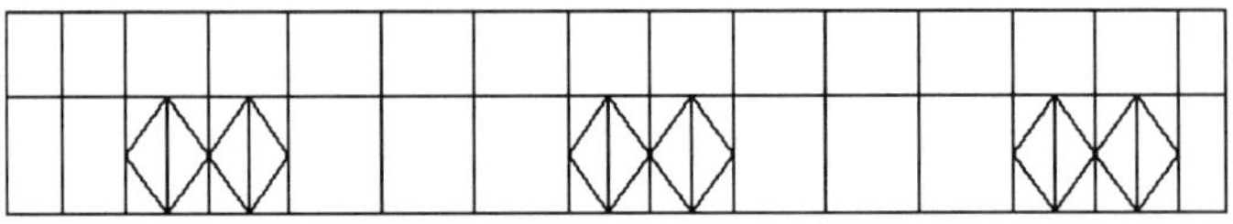

图 17-80　复制图形

7）单击“标注”工具栏中的“线性”按钮，为图形添加尺寸标注，如图 17-81 所示。

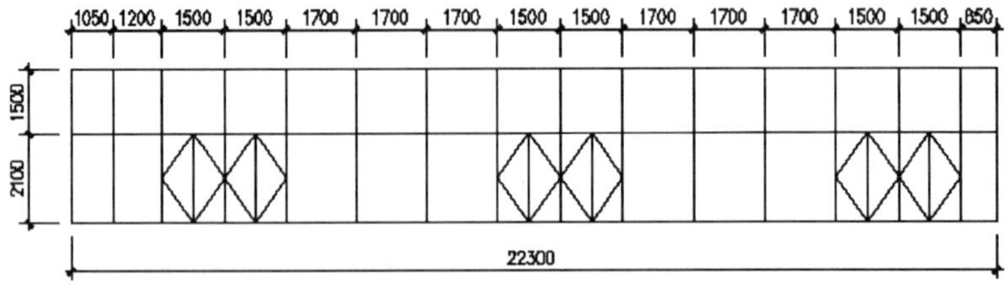

图 17-81　添加线性标注

8）单击“绘图”工具栏中的“直线”按钮和“多行文字”按钮，为图形添加文字说明，如图 17-82 所示。

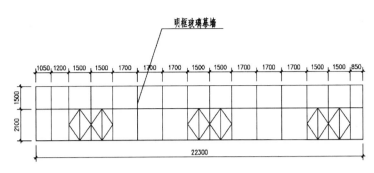

图 17-82 添加文字说明

17.3.3 LC1 展开立面

1）单击"绘图"工具栏中的"矩形"按钮□，在图形空白区域任选一点为矩形起点，绘制一个"1800×2400"的矩形，如图 17-83 所示。

2）单击"修改"工具栏中的"分解"按钮，选择上一步绘制的矩形为分解对象，按〈Enter〉键确认进行分解，将其分解为四条独立边。

3）单击"修改"工具栏中的"偏移"按钮，选择左侧竖直直线为偏移对象，将其向右偏移，偏移距离为 900，如图 17-84 所示。

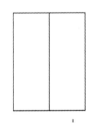

图 17-83 绘制矩形　　　　　　图 17-84 偏移竖直直线

4）单击"绘图"工具栏中的"偏移"按钮，选择上一步绘制的水平直线为偏移对象，将其向下进行偏移，偏移距离为 900，如图 17-85 所示。

5）单击"绘图"工具栏中的"直线"按钮，在上一步绘制的图形内绘制指引箭头，完成 LC1 展开立面的绘制，如图 17-86 所示。

6）单击"标注"工具栏中的"线性"按钮□和"连续"按钮，为 LC1 添加尺寸标注，如图 17-87 所示。

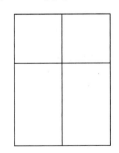
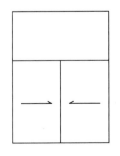
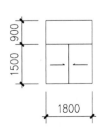

图 17-85 绘制竖直线　　　图 17-86 绘制指引箭头　　　图 17-87 添加尺寸标注

7）利用上述方法完成其余立面窗户展开立面图的绘制，如图 17-88 所示。

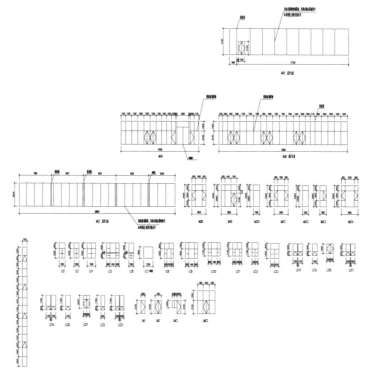

图 17-88　完成其余立面图的绘制

8）单击"绘图"工具栏中的"矩形"按钮□，在上一步图形左侧位置任选一点为矩形起点，绘制一个"46955×95351"的矩形，如图 17-89 所示。

9）单击"绘图"工具栏中的"直线"按钮，在上一步绘制的矩形内绘制多条分隔线，如图 17-90 所示。

图 17-89　绘制矩形

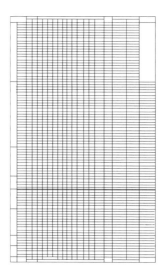

图 17-90　绘制分隔线

10）单击"绘图"工具栏中的"多行文字"按钮**A**，在上一步绘制的分隔线内添加文字，如图 17-91 所示。

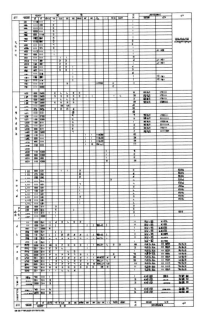

图 17-91 添加文字

11）单击"绘图"工具栏中的"插入块"按钮，弹出"插入"对话框，单击"浏览"按钮，弹出"选择图形文件"对话框，选择"源文件/图块/图框"，将其插入到图形中，完成门窗表及大样图的绘制，如图 17-92 所示。

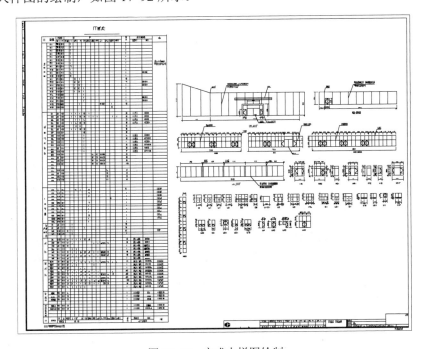

图 17-92 完成大样图绘制